# 독학
# 전산응용건축제도
### 기능사 실기

무료동영상

예담사

# Preface

이 책을 출판한 지도 어느덧 20년이 넘어갑니다. 많은 독자들의 의견과 충고, 질타를 통해 이 교재가 지금껏 사랑받고 유지될 수 있었습니다.

26년 전 수기도면으로 시작된 건축제도기능사 시험은 완전히 CAD로 전환되면서 정착되었고 다른 시험과목들도 점차 CAD로 전환되고 있습니다. 더불어 사회의 디지털화가 급속도로 이루어져 세움터를 통한 모든 인허가 착공, 준공을 넘어 전자정부 플랫폼 기반으로 운영되고 있습니다.

전산응용건축제도기능사 실기는 건축현장 및 건축설계 사무소에서 사용되는 기본적인 소양을 갖추기 위한 건축적 실무지식과 CAD 프로그램의 작도법을 실기 과목에 채택하고 있습니다.

현재까지 출제 경향은 단독주택 평면도를 제시하고 거기에 따라 조건을 부여하여 부분단면도와 입면도 각각 1개씩을 4시간 10분 안에 CAD로 작도하는 것입니다. 추후에는 배치 및 설계개요, 재료 마감표도 포함될 수 있을 거라 예상됩니다.

출제되는 단독주택 평면도는 동일하게 출제되지 않지만 나오는 요소들이 공통사항을 가지고 있기 때문에 저의 책의 진도에 맞게 공부하면 정답 제출로는 무난하다고 생각이 듭니다.

실기시험 정답은 100점이란 있을 수 없습니다. 매우 주관적으로 작도가 되기 때문에 정답이 수험자마다 다를 수 있다고 생각합니다. 그렇기 때문에 높은 점수를 목표로 하는 것보다 합격점수 60점을 무난히 넘겨 자격증을 취득하는 데 초점을 맞춰야 합니다. 그리고 최종적으로 자격증 취득을 하여 여러분들이 관련 회사에 취업을 하게 되어서 더 많은 것을 배울 수 있는 기초가 되었으면 하는 바람입니다.

여러분들의 노력에 저희 작은 힘이 보탬이 되길 바라며 최대한 이해하기 쉽고 작도하기 쉬운 CAD의 기술을 연구하며 공유하겠습니다.

끝으로 지속적으로 관심을 가져주신 도서출판 예문사 직원분들께 감사하는 마음을 전합니다.

저자 파란여우 **김 희 정**

# Contents

## 0일차 강의

### 시험 보기 전 꼭 확인해야 하는 CAD 명령어 모음 ·········· 2
▶ 동영상 강의 : 건축제도실기-00
1. Fillet으로 모든 것을 연결하라!
2. Trim으로 불필요한 것은 잘라라!
3. 왜 시험장에서는 선택이 자유롭지 않을까?
4. XLine의 비밀
5. 해치로 마무리 해결
6. 문자가 누워버리는 이유는?
▶ 작도요령

### 미리 익히는 건축재료 표현 방법들 ·········· 10
1. G.L선 표현
2. 잡석 다짐
3. 철근콘크리트
4. 홈통
5. 나무
6. 단면, 입면 기와표현
7. 굴뚝 표현
8. 손스침과 난간
▶ 작도요령

## 1일차 강의

### 오리엔테이션 ·········· 34
▶ 동영상 강의 : 건축제도실기-01-01
1. 오리엔테이션
2. 출제경향 분석

### 캐드 기초 설정 ·········· 39
▶ 동영상 강의 : 건축제도실기-01-02
1. AutoCAD 버전에 관계없이 작도환경 설정하기
▶ 작도요령

## 2일차 강의

### 벽체 ·········· 46
▶ 동영상 강의 : 전산제도실기-02-01
1. 벽체의 종류
2. 벽돌의 종류와 크기
3. 옹벽 벽체
▶ 작도요령

## 줄기초 ......... 52

▶ 동영상 강의 : 건축제도실기-02-02
1. 실의 높이
2. 외벽과 내벽의 차이
3. 외벽단열재
4. 동결선의 위치
5. 재료의 표현
▶ 작도요령

**3일차 강의**

## 현관 ......... 58

▶ 동영상 강의 : 건축제도실기-03-01
1. 실의 높이
2. 현관의 기초 깊이
▶ 작도요령

## 방바닥 ......... 61

▶ 동영상 강의 : 건축제도실기-03-02
1. 실의 높이
2. 방바닥의 구조
▶ 작도요령

**4일차 강의**

## 욕실 ......... 68

▶ 동영상 강의 : 건축제도실기-04
1. 실의 높이
2. 마감
▶ 작도요령

## 거실바닥 ......... 72

1. 실의 높이
2. 외벽구조인지 내벽구조인지 확인
3. 바닥구조 확인
4. 걸레받이
▶ 작도요령

| 차례 | Contents |    |

### 5일차 강의

## 창 입면·단면상세도 ......................................................... 76
▶ 동영상 강의 : 건축제도실기-05
1 창의 구조
2 창호의 치수
3 창대블록 쌓기
▶ 작도요령

### 6일차 강의

## 지하실 ............................................................................. 84
▶ 동영상 강의 : 건축제도실기-06
1 지하실의 구조
2 온통기초
3 외벽과 내벽의 두께(다름에 유의)
▶ 작도요령

### 7일차 강의

## 부엌 디테일 ..................................................................... 90
▶ 동영상 강의 : 건축제도실기-07-01
1 부엌에서 지하실 내려가는 통로 기초
2 주방문의 크기
3 입면도에서의 표현방법
▶ 작도요령

## 중문 디테일 ..................................................................... 95
▶ 동영상 강의 : 건축제도실기-07-02
1 현관과 연결되는 거실입구
2 중문 바닥
3 중문을 설치하는 이유
▶ 작도요령

### 8일차 강의

## 단면 아랫부분 전체 ......................................................... 102
▶ 동영상 강의 : 건축제도실기-08-01, 건축제도실기-08-02
1 기초 및 지하실 벽체
2 실의 바닥 높이
3 벽 구조
4 바닥 구조
5 창호
6 기타 조건

7 종이 영역(Limits)
8 지하실
9 창문
10 재료 표현
▶ 작도요령

## 9일차 강의

### 거실문·테라스 ·············· 114
▶ 동영상 강의 : 건축제도실기-09-01, 건축제도실기-09-02
1 기초 및 지하실 벽체
2 테라스·거실 바닥 높이 확인
3 외벽구조
4 개구부 크기와 구조
5 물끊기홈
▶ 작도요령

## 10일차 강의

### 현관·거실입구부분 상세도 ·············· 122
▶ 동영상 강의 : 건축제도실기-10-01, 건축제도실기-10-02
1 기초 및 지하실 벽체
2 현관·거실 바닥 높이 확인
3 외벽 구조
4 내벽 구조
5 개구부 크기와 구조
6 물끊기홈
▶ 작도요령

## 11일차 강의

### 천장·반자 구조 ·············· 130
▶ 동영상 강의 : 건축제도실기-11
1 천장고
2 반자 구조
▶ 작도요령

## 12일차 강의

### 기와 ·············· 136
▶ 동영상 강의 : 건축제도실기-12-01
1 물매 확인
2 지붕의 구조
3 Array를 사용하여 기와 작도하기
▶ 작도요령

# Contents

### 처마 상세도 ..... 141
▶ 동영상 강의 : 건축제도실기-12-02
1. 처마나옴의 높이 구조
2. 처마나옴
3. 테두리 보의 뜻과 산정
▶ 작도요령

**13일차 강의**

### 전체 지붕 ..... 146
▶ 동영상 강의 : 건축제도실기-13-01, 건축제도실기-13-02, 건축제도실기-13-tip
1. 용머리선을 확인
2. 장식 용머리
3. 기타 다른 보
4. 처마 수장
▶ 작도요령

**14일차 강의**

### 치수·문자정리 ..... 154
▶ 동영상 강의 : 건축제도실기-14-01, 건축제도실기-14-02
1. 조건에서 주어지는 치수
2. Dimension Styles
3. 도면에 꼭 들어가야 하는 문자
4. Text Style
5. 문자와 숫자 간격
▶ 작도요령 1
▶ 작도요령 2

**15일차 강의**

### 단면도 TEST ..... 166
▶ 동영상 강의 : 건축제도실기-15-01, 건축제도실기-15-02
1. 요구사항
2. 종이 영역(Limits)
3. 창문
4. 재료 표현
▶ 작도요령

## 입면도 Ⅰ ......... 180
▶ 동영상 강의 : 건축제도실기-16-01, 건축제도실기-16-02
1 실의 높이
2 천장고
3 기본 테두리보
4 처마나옴
5 기본 보 이용 높이 계산
6 Insert 이용하기
7 남측 입면도
▶ 작도요령

## 입면도 Ⅱ ......... 188
▶ 동영상 강의 : 건축제도실기-17
1 실의 높이
2 천장고
3 기본 테두리보
4 처마나옴
5 기본 보 이용 물매 계산
6 Insert 이용하기
7 동측 입면도
▶ 작도요령

## 타이틀 ......... 196
▶ 동영상 강의 : 건축제도실기-18-01
1 수검자 유의사항
2 표제란
3 용지
▶ 작도요령

## 출력 ......... 202
▶ 동영상 강의 : 건축제도실기-18-02
1 출력
2 표제란 Insert
▶ 작도요령

**Contents**

### 2019년 6월 정시검정 문제 [A단면 상세도 풀이] ······ 212

▶ 동영상 강의 : 건축제도실기-19-01, 건축제도실기-19-02
1 시험지의 요구 사항과 조건 확인
2 작도 영역(Limits)
3 단면 절단 표시
▶ 작도요령

### 2019년 6월 정시검정 문제 [남측 입면도 풀이] ······ 222

▶ 동영상 강의 : 건축제도실기-20-01, 건축제도실기-20-02
1 시험지의 요구 사항과 조건 확인
2 작도 영역(Limits)
3 입면도 표시
▶ 작도요령

### 2021년 예상 문제 [도면목록표 정답 풀이] ······ 230

▶ 동영상 강의 : 건축제도실기-21
1 시험지의 요구 사항과 조건 확인
2 작도 영역(Limits)
▶ 작도요령

### 2021년 예상 문제 [배치도 및 건축개요 정답 풀이] ······ 236

▶ 동영상 강의 : 건축제도실기-22-01, 건축제도실기-22-02
1 시험지의 요구 사항과 조건 확인
2 작도 영역(Limits)
▶ 작도요령

### 2021년 예상 문제 [평면도 정답 풀이] ······ 248

▶ 동영상 강의 : 건축제도실기-23-01, 건축제도실기-23-02
1 시험지의 요구 사항과 조건 확인
2 작도 영역(Limits)
▶ 작도요령

## 기출문제 유형별 문제 풀이

01 기출문제 유형 1(2019년 1회 실기 시험) / 256  PDF 파일 제공
02 기출문제 유형 2(2009년 1회 실기 시험) PDF 파일 제공
03 기출문제 유형 3(2009년 3회 실기 시험) PDF 파일 제공
04 기출문제 유형 4(2015년 5회 실기 시험) PDF 파일 제공
05 기출문제 유형 5(2011년 1회 실기 시험) PDF 파일 제공
06 기출문제 유형 6(2008년 5회 실기 시험) PDF 파일 제공
07 기출문제 유형 7(2010년 1회 실기 시험) PDF 파일 제공
08 기출문제 유형 8(2015년 3회 실기 시험) PDF 파일 제공
09 기출문제 유형 9(2016년 2회 실기 시험) PDF 파일 제공
10 기출문제 유형 10(2013년 2회 실기 시험) PDF 파일 제공
11 기출문제 유형 11(2012년 3회 실기 시험) PDF 파일 제공
12 기출문제 유형 12(2018년 3회 실기 시험) PDF 파일 제공
13 기출문제 유형 13(2017년 5회 실기 시험) PDF 파일 제공
14 기출문제 유형 14(2014년 3회 실기 시험) PDF 파일 제공
15 기출문제 유형 15(2018년 3회 실기 시험) PDF 파일 제공

## 기출문제 풀이

01 기출문제 2014년 3월 시험 ①형 / 272
02 기출문제 2014년 6월 시험 ①형 / 276
03 기출문제 2014년 9월 시험 ⑤형 / 280
04 기출문제 2014년 12월 시험 ④형 / 284
05 기출문제 2015년 3월 시험 ②형 / 288
06 기출문제 2015년 9월 시험 ①형 / 292
07 기출문제 2015년 11월 시험 ①형 / 296
08 기출문제 2016년 3월 시험 ①형 / 300
09 기출문제 2016년 5월 시험 ①형 / 304
10 기출문제 2017년 3월 시험 ①형 / 308
11 기출문제 2017년 8월 시험 ①형 / 312
12 기출문제 2017년 11월 시험 ①형 / 316
13 기출문제 2018년 3월 시험 ①형 / 320
14 기출문제 2024년 3월 시험 ①형 / 324
15 기출문제 2025년 3월 시험 ①형 / 328

※ PDF 파일은 예문사 홈페이지 자료실에서 다운로드할 수 있습니다. (패스워드: 김희정의독전실 )

#  국가기술자격검정 실기시험 예상채점 기준표

| 주요항목 | 세부사항 | 채점방법 | 배점 |
|---|---|---|---|
| 도면의 표현도 | 도면배치 | ① 도면이 한쪽으로 치우치거나 배치가 일정하지 못할 경우 2점 감점<br>② 도면의 테두리선을 하지 않거나 표제란을 잘못하여 출력할 경우 2점 감점 | 4 |
| | 도면의 청결도 | ① 도면이 부분적으로 파기된 곳 1개소당 1점 감점<br>② 불필요한 선 출력 시 2점 감점 | 2 |
| | 각종 선의 작도 및 구분 | ① 용도에 따른 선의 굵기 및 진하기의 구별이 미숙하게 출력하면 4점 감점<br>② 선과 선이 만나는 부분이 부정확할 경우 4점 감점<br>③ 치수선 및 인출선의 인출각도 및 배치가 미숙하면 4점 감점<br>④ 지정된 선의 굵기 미사용 시 4점 감점 | 15 |
| | 문자 및 숫자 | ① 크기와 간격이 일정하지 않을 때 4점 감점<br>② 표현 위치가 적절하지 못할 경우 4점 감점<br>③ 꼭 필요한 개소에 표기되지 않았을 경우 4점 감점<br>④ 문자 및 숫자의 표기법이 잘못된 경우 4점 감점 | 15 |
| 입면도 | 단면도와 각 부분의 일치성 | ① 처마높이 및 건물높이, 벽체두께 등이 단면도와 일치하지 않을 경우 2점 감점<br>② 처마나옴의 간격이 단면도와 일치하지 않을 때 2점 감점 | 4 |
| | 평면도와 각 부분의 일치성 | ① 평면도의 치수와 입면도 치수가 불일치 시 2점 감점<br>② 평면도의 개구부, 창호 위치와 불일치 시 2점 감점 | 4 |
| | 벽면 등의 재료 표현 | 벽면의 재료 표현법과 재료명의 작도 없으면 4점, 미숙하면 1점 감점 | 4 |
| | 창호 작도법 | 개구부 및 창호와 인방설치가 누락되었거나 틀리면 4점, 미숙하면 2점 감점 | 4 |
| | 입면 요소의 작도 | ① 홈통, 굴뚝 작도가 누락되었거나 틀리면 2점, 미숙하면 1점 감점<br>② 캔틸레버 표기가 없으면 2점, 미숙하면 1점 감점 | 4 |
| | 주위의 배경 표현 | 배경 표현이 없으면 4점, 미숙하면 1점 감점 | 4 |

| 주요항목 | 세부사항 | 채점방법 | 배점 |
|---|---|---|---|
| A부분 단면 상세도 | 각종 기초 구조 | ① 동결선 이하(900~1,100)로 안 되었을 경우 2점 감점<br>② 기초 및 기초벽의 구조 및 치수 표현이 미숙할 경우 감점 | 4 |
| | 각종 벽체 구조 | ① 벽체의 두께가 조건과 다를 경우 2점 감점<br>② 벽체 마무리와 마무리 재료 선정이 타당하지 못하면 1개소마다 2점 감점 | 4 |
| | 창호 및 개구부의 크기와 구조 | ① 높낮이 위치의 타당성이 없을 때 1점 감점<br>② 개구부 및 창호의 크기가 법규상 환기면적 및 채광면적 규정에 맞지 않을 때 2점 감점<br>③ 창과 출입문 틀의 끝마무리 간격이 미숙할 때 2점 감점<br>④ 각종 부재의 단면치수가 타당성이 없을 때 2점 감점 | 4 |
| | 테두리보의 구조 | ① 테두리보 계산에 따라 작도의 타당성이 없을 때 2점 감점<br>② 테두리보의 구조 및 치수가 올바르지 못한 경우 2점 감점 | 4 |
| | 각종 반자 구조 | ① 각종 부재의 단면 재료 크기 및 표현법 등이 미숙할 경우 1개소당 2점씩 감점<br>② 표기되어야 할 사항이 누락되었거나 표현이 불분명할 때 1개소당 2점씩 감점 | 4 |
| | 테라스 위 캔틸레버구조 | 구조적으로 불합리하거나 물끊기 홈 등의 표현이 미숙하거나 틀리면 4점 감점 | 4 |
| | 외부 바닥구조 및 마감 | 평면도의 조건과 틀리거나 기능적으로 불합리할 때 4점 감점 | 4 |
| | 내부 바닥구조 및 마감, 바닥높이 설정 | 평면도의 조건과 틀리거나 기능적으로 불합리할 때 4점 감점 | 4 |
| | 지붕의 구조 및 마감 | ① 지붕의 조건과 틀리거나 기능적으로 불합리할 때 2점 감점<br>② 처마높이 및 건물높이의 조건과 틀리거나 기능적으로 불합리할 때 2점 감점 | 4 |
| | 지붕 물매와 배수 구조 | ① 지붕 물매의 조건 등 표현법 등이 미숙할 경우 1개소당 2점씩 감점<br>② 오수, 우수 배수 관련 구조가 누락되었거나 표현이 불분명할 때 1개소당 2점씩 감점 | 4 |
| | 부분 단면상의 입면처리 | 부분 단면 상세도상에 표현되어야 할 입면 표현이 누락되면 1개소당 4점 감점 | 4 |

## 출제기준(실기)

| 직무분야 | 건설 | 중직무분야 | 건축 | 자격종목 | 전산응용건축제도기능사 | 적용기간 | 2026.01.01 ~2029.12.31 |
|---|---|---|---|---|---|---|---|

○ 직무내용 : 건축설계 내용을 정확히 전달하기 위하여 CAD 및 건축 컴퓨터그래픽 작업으로 건축설계에서 의도하는 바를 건축도서로 작성하는 직무이다.

○ 수행준거 : 1. 건축설계 업무에 필요한 각종 자료와 대지 현황 및 관련 법규를 조사하여 파악한 기초적인 정보를 설계 진행단계에 적합하게 판단하고 활용할 수 있다.
2. 건축물의 규모, 형태 및 기능 등에 따라 요구되는 재료의 특성 및 성질을 이해하고 검토할 수 있다.
3. 건축설계 도면을 통해 전달되는 건축물에 대한 기초적인 정보를 파악하고 이를 종합적으로 해석할 수 있다.
4. 건축물의 설계정보를 컴퓨터를 활용하여 2차원 도면의 작성 및 편집을 할 수 있다.
5. 설계업무를 수행함에 있어 건축설계에서 의도하는 바를 컴퓨터를 이용하여 3D 형태로 시각화할 수 있다.

| 실기검정방법 | 작업형 | 시험시간 | 5시간 정도 |
|---|---|---|---|

| 실기 과목명 | 주요항목 | 세부항목 | 세세항목 |
|---|---|---|---|
| 전산응용 건축 제도 실무 | 1. 건축설계 조사 확인 | 1. 자료 조사하기 | 1. 프로젝트에 필요한 건축설계 자료 조사의 범위 및 방법을 설정할 수 있다.<br>2. 유사시설의 문헌 및 현장 조사를 통해 자료를 조사하여 프로젝트의 방향, 디자인 성향 등을 파악하여 계획에 활용할 수 있다.<br>3. 사례의 배치 및 공간구성 등 자료의 분류를 통해 주요 특성을 도출할 수 있다.<br>4. 조사한 자료의 파악을 통해 설계진행 단계에 맞게 활용할 수 있다. |
| | | 2. 대지 조사하기 | 1. 현장조사 및 대지관련 서류조사 등을 통해 대지의 입지조건 현황을 파악할 수 있다.<br>2. 대지 내부 및 주변 환경의 조사를 통해 건축계획에 미칠 수 있는 영향을 파악할 수 있다.<br>3. 배치 및 동선계획 등을 위한 건축 기본계획의 근거가 되는 대지관련 기초적인 제반 사항을 판단할 수 있다. |
| | | 3. 기초법규 조사하기 | 1. 법체계 및 건축 관련 법규의 종류를 파악할 수 있다.<br>2. 계획 부지의 지역지구, 용도 등 기초적인 규제사항에 대한 관련 법규를 확인할 수 있다.<br>3. 용적률, 건폐율, 연면적, 건축면적 등 개략적인 건축 규모 산정을 위한 법규를 확인할 수 있다. |

| 실기 과목명 | 주요항목 | 세부항목 | 세세항목 |
|---|---|---|---|
| 전산응용 건축 제도 실무 | 2. 건축재료 검토 | 1. 구조재료 파악하기 | 1. 건축물에 사용되는 구조방식과 재료의 종류를 파악할 수 있다.<br>2. 구체적인 구조재료의 특성을 파악하고 검토할 수 있다.<br>3. 건축물 사용목적에 적합한 구조재료 선정의 기초지식으로 활용할 수 있다. |
| | | 2. 내·외장 재료 파악하기 | 1. 건축물에 사용되는 내·외장 재료의 종류를 파악할 수 있다.<br>2. 구체적인 내·외장 재료의 특성을 파악하고 검토할 수 있다.<br>3. 건축물 사용목적에 적합한 내·외장 재료 선정의 기초 지식으로 활용할 수 있다. |
| | 3. 건축설계 도면 해석 | 1. 건축설계 도면 기초정보 파악하기 | 1. 건축설계 도면 표기에 대한 축척, 약어, 표기법 및 각종 부호를 파악할 수 있다.<br>2. 건축설계 도면에 표기되는 다양한 용어의 의미를 파악할 수 있다.<br>3. 건축설계 도면을 구성하는 다양한 도면의 명칭을 이해하고 각각의 도면이 전달하는 정보에 대해 파악할 수 있다. |
| | | 2. 건축설계 도면 파악하기 | 1. 설계개요 도면을 통해 대지개요, 건축개요, 층별개요 등 건축물의 현황을 파악할 수 있다.<br>2. 배치도 및 대지 종·횡단면도를 통해 건축물과 대지의 관계를 파악할 수 있다.<br>3. 평면도, 입면도, 단면도를 통해 건축물의 정보를 파악할 수 있다.<br>4. 건축물의 주요구조 및 마감 등의 상세도면을 이해하고 파악할 수 있다. |
| | 4. 건축설계 2D 도면 작성 | 1. 2D 도면 환경 준비하기 | 1. CAD 프로그램을 이해하고 사용할 수 있는 환경을 설정할 수 있다.<br>2. 건축도면을 작성하기 위한 CAD 프로그램의 각종 명령어를 활용할 수 있다.<br>3. 작성된 도면의 파일 변환 및 출력방법을 설명할 수 있다. |
| | | 2. 2D 도면 작성하기 | 1. 건축 설계 과정을 이해하고 각종 건축공간 크기 및 축척을 설정할 수 있다.<br>2. 배치도, 평면도, 입면도, 단면도 등을 2D 도면으로 작성할 수 있다. |

| 실기 과목명 | 주요항목 | 세부항목 | 세세항목 |
|---|---|---|---|
| 전산응용 건축 제도 실무 | 5. 건축설계 3D 모델링 | 1. 3D 모델링 환경 준비하기 | 1. 투시도를 파악할 수 있다.<br>2. 3D 공간 좌표를 이해하고 인터페이스와 명령어를 활용할 수 있다.<br>3. 3D 모델링의 특성을 이해하고 모델링할 수 있다. |
| | | 2. 3D 모델링하기 | 1. 도면을 기본으로 3D 모델링을 작성할 수 있다.<br>2. 발상된 아이디어를 축척을 고려하여 3D 모델링을 작성할 수 있다. |
| | | 3. 3D 모델링 시각화하기 | 1. 건축마감 재료의 특성을 모델링에 표현할 수 있다.<br>2. 시점, 빛 환경을 고려하여 모델의 형상을 극대화할 수 있다.<br>3. 렌더링을 통해 3D 모델링을 효과적으로 완성할 수 있다. |

Craftsman Computer
Aided Architectural
D r a w i n g

# 0 일차

- 시험 보기 전 꼭 확인해야 하는 **CAD 명령어 모음**
- 미리 익히는 건축재료 표현 방법들

# 0일차 시험 보기 전 꼭 확인해야 하는 CAD 명령어 모음

▶ 동영상 강의 : 건축제도실기-00

##  조건

저자가 운영하는 홈페이지에는 '연습할 때는 잘 되는데 시험장에서 CAD를 실행하면 왜 안 될까요?, 내가 사용하는 환경과 시험장의 사용 환경이 왜 다른가요?' 등, 여러 가지 문제로 당황하는 수험자들이 의외로 많아 다음과 같은 내용을 수록하였으니 내용을 알더라도 가볍게 한번 확인하고 넘어가도록 하겠습니다.

### 1. Fillet으로 모든 것을 연결하라!

- Fillet
- Fillet의 옵션들

### 2. Trim으로 불필요한 것은 잘라라!

- Trim
- Trim의 옵션

### 3. 왜 시험장에서는 선택이 자유롭지 않을까?

- Select Modes

### 4. XLine의 비밀

- Xline
- Xline의 옵션

## 5. 해치로 마무리 해결

- Boundary Hatch
- 치수를 이용한 해치

## 6. 문자가 누워버리는 이유는?

- Text Style

# 작도요령

## 1. Fillet으로 모든 것을 연결하라!

 **Fillet**

- **Command : f**
  〈키보드로 단축키 f를 입력하면 FILLET이 실행됩니다.〉
  **Current settings : Mode = TRIM, Radius = 20.0000**
  〈현재 설정된 모드는 반지름 20으로 라운드되면서 잘리는 방법이 설정되어 있습니다.〉
  **Select first object or [Undo/Polyline/Radius/Trim/Multiple] :**
  〈모서리에 접하는 선을 선택합니다. 한 개만 선택됩니다.〉
  **Select second object :**
  〈모서리에 접하는 두 번째 선을 선택합니다. 반지름이 20인 모서리가 만들어집니다.〉

여기서 수험자 여러분들은 "Current settings : Mode = TRIM, Radius = 0"으로 세팅해야 하는 것을 꼭 기억해 둡니다.

### 🟩 Fillet의 옵션

① **Polyline** : Polyline의 객체일 경우 이 옵션을 실행하면 한 번에 모든 모서리가 처리됩니다. 또한 Polyline 객체라도 이 옵션을 사용하지 않는다면 한 번에 한 모서리만 처리됩니다.
② **Radius** : 반지름 값을 변경할 수 있습니다. 반지름이 0일 경우 각으로 처리됩니다.
③ **Trim/No trim** : Trim 옵션이 선택되어 있을 때 모서리가 잘려 없어집니다. No trim 옵션이 선택되어 있는 경우 모서리가 그대로 존재합니다. 즉, 선이 모자랄 경우 Fillet이 되지 않는 현상이 보입니다.(수험자들이 trim이 안 된다고 하는 경우가 바로 이 때문입니다. 옵션은 Trim으로 해야 합니다.)
④ **Multiple** : 여러 번 모서리를 선택하여 Fillet을 할 수 있습니다.(최신버전에 추가된 기능)

## 2. Trim으로 불필요한 것은 잘라라!

### 🟩 Trim

■ **Command : tr**
〈키보드로 단축키 tr을 입력하면 TRIM이 실행됩니다.〉

**Current settings : Projection=UCS, Edge=None**
**Select cutting edges ...**
〈현재 설정된 상태는 ucs 상태이고, edge모드는 설정이 안 되어 있습니다.
자를 기준이 되는 경계선을 먼저 선택합니다.〉

**Select objects :**
〈여러 개의 경계선을 선택해도 됩니다. 선택을 다 했으면 Enter 또는 스페이스바를 누릅니다.〉

**Select object to trim or shift-select to extend or [Project/Edge/Undo] :**
〈경계선에 의해 잘려 나갈 객체를 선택합니다. 바로 전에 선택한 곳인 경계선(cutting edges)까지만 잘려집니다.〉

**Select object to trim or shift-select to extend or [Project/Edge/Undo] : f**
〈키보드로 f를 입력하면 Select object 모드 중 Fence가 실행됩니다. 한 번에 여러 개를 자를 때는 Fence를 사용하면 아주 빠르게 자를 수 있습니다.〉

**First fence point :**
〈Fence가 될 첫 지점을 지정합니다.〉

**Specify endpoint of line or [Undo] :**
〈Fence의 다음 지점을 지정합니다.〉

**Specify endpoint of line or [Undo] :**
〈스페이스바로 종료를 합니다.〉

### 🟩 Trim의 옵션

① **Fence** : 울타리가 쳐지면서 선택이 되어 Trim을 실행할 수 있습니다.
② **Edge** : Extend는 자를 기준이 되는 경계선이 짧아도 가상으로 연장 사용되며, No extend는 가상으로 연장을 하지 않습니다.
③ **eRase** : Trim 중에 객체를 지울 수 있습니다.
④ **Undo** : 실행했던 명령어를 취소할 수 있습니다.

## 3. 왜 시험장에서는 선택이 자유롭지 않을까?

### 🟩 Select Modes

Selection의 옵션 명령어 실행 방법

- **Command : Options**[단축키 op]의 Selection탭 이용

  **풀다운 메뉴** : Tools > Options > Selection

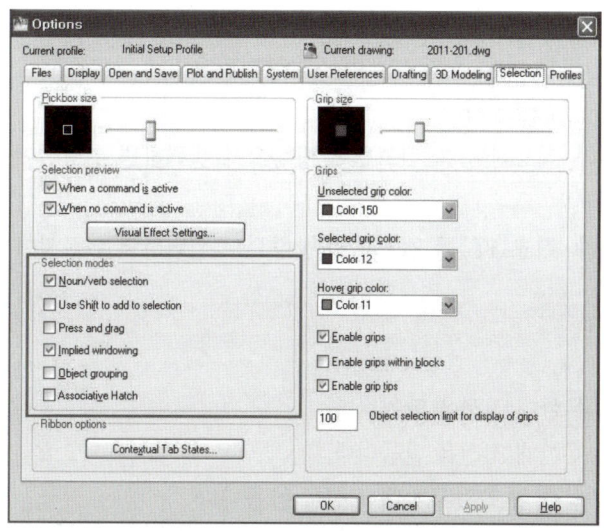

- 명사/동사 선택(Noun/verb selection)

  체크가 되어 있지 않을 경우는 명령어를 먼저 입력한 다음에 객체를 선택하여 사용해야 합니다. 즉 객체 선택을 먼저 하고 명령어를 입력하면 명령어가 실행되지 않습니다.

- 시프트 사용하여 선택요소에 추가(Use Shift to add to selection)

  체크가 되어 있을 경우 shift를 누른 상태에서만 다른 목적물을 추가 선택할 수 있습니다.

- 누른 채로 끌기(Press and drag)

  체크가 되어 있을 경우 목적물을 선택할 때 마우스를 누른 상태로 드래그해서 사용합니다.

- 암시적 윈도(Implied windowing)
  체크박스가 해제되어 있으면 window와 crossing selection이 자동으로 사용되지 않습니다.
- 객체 그룹화(Object grouping)
  체크박스가 해제되어 있으면 group을 만들어도 group으로 움직이지 않습니다. 시험장에서는 사용할 일이 없습니다.
- 연관 해치(Associative Hatch)
  해치를 선택할 때 경계까지 선택할지 연관 짓습니다. 시험장에서는 사용할 일이 없습니다.

## 4. XLine의 비밀

###  Xline

■ **Command : xl**
〈키보드로 단축키 xl을 입력하면 Xline이 실행됩니다.〉
**Specify a point or [Hor/Ver/Ang/Bisect/Offset] :**
〈한 점을 지정합니다. 또는 다른 옵션 사용이 가능합니다.〉
**Specify through point : Ortho on**
〈다른 점을 지정합니다. 직교〈F8〉를 걸고 X축 방향으로 선택하면 수평선이 됩니다.〉
**Specify through point :**
〈다른 점을 지정합니다. 직교〈F8〉를 걸고 Y축 방향으로 선택하면 수직선이 됩니다.〉

### Xline의 옵션

① **Hor** : 수평 방향의 무한대 직선을 만듭니다.
② **Ver** : 수직 방향의 무한대 직선을 만듭니다.
③ **Ang** : 주어진 각도의 방향으로 무한대 직선을 만듭니다.
④ **Bisect** : 선택한 두 곳의 중간 값에 무한대 선을 만듭니다.
⑤ **Offset** : 간격 띄운 거리 값만큼 무한대 선을 만듭니다.

## 5. 해치로 마무리 해결

### 🟩 Boundary Hatch

- **Command : h**

〈키보드로 단축키 h를 입력하거나 Bhatch 아이콘을 이용합니다.〉
Bhatch 대화창이 활성화됩니다.

- **Hatch** : 해치 패턴의 전반적인 사항을 조정합니다.
- **Type** : 해치 패턴의 유형을 선택합니다.
  - ① **Predefined** : AutoCAD에서 지원하는 여러 가지 패턴을 이용합니다.
  - ② **User defined** : 선으로 치수를 적용시킬 수 있는 패턴입니다.
  - ③ **Custom** : 사용자가 만든 패턴을 사용할 수 있습니다.
- **Pattern** : 현재 선택된 패턴 이름을 보여줍니다. 패턴을 바꾸려면 …버튼을 클릭하면 패턴모양을 직접 볼 수 있는 패턴 창이 활성화됩니다.
- **Swatch** : 선택된 패턴 형태를 확인합니다.
- **Angle** : 선택 패턴의 각도를 수정합니다.
- **Scale** : 선택 패턴의 크기를 수정합니다. 사용자의 종이크기에 따라 적용되는 크기가 다릅니다.
- **Pick Point** : 가장 많이 쓰는 영역 선택법으로 화면 영역을 지정하면 됩니다. Pick Point를 클릭하면 잠시 Boundary Hatch창이 닫히는데 그때 화면의 그림 영역들을 마우스로 선택합니다. 영역을 모두 선택한 후 스페이스를 누르면 다시 Boundary Hatch 창이 열립니다.
- **Select Objects** : 선택영역 안의 해치에서 추가시킬 목적물을 선택합니다.
- **Remove Islands** : 선택영역 안의 해치에서 제외시킬 수 있습니다.
- **Preview** : 미리보기로 선택영역의 해치 패턴의 크기와 모양, 각도를 확인합니다.
- **Associative** : 해치의 경계가 변경될 때 해치영역도 따라 변경됩니다. 즉, 하나로 인식이 됩니다. 위의 그림 중에 중앙의 원을 Move했을 때 해치도 따라서 변경됩니다.
- **Inherit Properties** : 기존에 사용했던 해치를 선택하면 그 해치와 동일한 타입으로 모드가 바뀝니다.
- **Island detection style** : 해치영역의 유형을 보여줍니다.
  - ① **Normal** : 선택된 목적물을 한 칸씩 건너띄어 선택을 해줍니다.
  - ② **Outer** : 선택된 경계의 외곽만 해치영역이 됩니다.
  - ③ **Ignore** : 선택된 목적물의 전체가 해치영역이 됩니다.

- **Object type** : 선택된 해치의 영역에 관한 선과 면으로 새롭게 만들 수 있습니다.
  ① **Retain boundaries** : 체크할 경우 해치의 작도와 함께 선 또는 면으로 영역이 새로 작도됩니다.
  ② **Polyline** : 해치영역을 둘러싸는 Polyline(한 선)이 생성됩니다.
  ③ **Region** : 해치영역을 둘러싸는 Region(면)이 생성됩니다.
- **Boundary set** : 경계선 탐사 속도를 높이기 위해 사용됩니다.
  ① **Current viewport** : 현재 보고 있는 화면을 기준으로 경계선을 찾습니다.
  ② **Existing set** : 옆에 있는 New(Select New Boundary Set)로 만들어진 영역을 기준으로 계산합니다.
  ③ **Select New Boundary Set** : 경계선이 될 부분을 선택합니다.
- **Island detection method** : 선택영역의 탐지방법
  ① **Flood** : 해치영역 탐지의 기본설정 사항이며, 내부의 객체를 대상으로 탐지합니다.
  ② **Ray casting** : 지정된 점에서부터 가장 가까운 목적물까지 선을 그린 다음, 반시계 방향으로 영역을 탐지합니다.

## 🔷 치수를 이용한 해치

해치는 치수 개념이 적용되지 않기 때문에 일반 건축의 바닥 타일을 표현하기에는 부족합니다. 그러나 User defined(사용자 정의)로 사용할 경우 Offset 간격이 주어지기 때문에 이를 이용할 경우 벽돌의 표현도 손쉽게 작업이 됩니다.

- **Command : h**
  〈키보드로 단축키 h를 입력하거나 Bhatch 아이콘을 이용합니다.〉
  - **Type**
  〈User defined 해치의 타입을 사용자 정의로 놓습니다.〉
  - **Swatch**
  〈해치 패턴을 미리 보여줍니다. 사용자 정의로 놓을 경우 직선 방향으로만 사용할 수 있습니다.〉
  - **Angle**
  〈각도를 조절하여 사용할 수 있습니다. 현재 보는 방향이 0도입니다. 45도 입력 시에는 45도 사선 방향으로 작도되고 Swatch에서 미리보기는 안 됩니다.〉
  - **Spacing**
  〈선과 선의 간격입니다. 즉 Offset 간격을 의미합니다. User defined인 경우에만 활성화됩니다.〉
  - **Double**
  〈수직 방향과 수평 방향으로 격자 패턴을 만들어 줍니다. User defined인 경우에만 활성화됩니다.〉

## 6. 문자가 누워버리는 이유는?

### Text Style

- **Command : st**

    〈키보드로 단축키 st를 입력하거나 또는 풀다운 메뉴에서 불러옵니다. Text style이 실행됩니다.〉
    - **Style name** : new를 눌러 이름을 새롭게 지정해 줍니다.

    > **T·I·P**
    > 이름 없이 Standard로 하면 다른 컴퓨터에 파일을 가지고 갈 경우 글자체가 바뀔 수 있습니다. Style1을 그대로 쓰기보다는 다른 것으로 고치는 것이 좋습니다.

    - **Font** : 지정된 Style에 원하는 Font Name의 종류를 고릅니다. 영문체 중에는 한글이 안 되는 경우도 있기 때문에 Preview에서 한글을 미리 써보고 미리보기를 합니다. Font 종류에 따라 Font Style이 활성화되는 것도 있고 안 되는 것도 있습니다.

    > **T·I·P**
    > 한글체 중에 앞에 @가 붙어 있을 경우 옆으로 써집니다. 주의하세요.

    - **Height** : 해당체의 글자 높이 값으로 이 값을 지정할 경우 Command에서 수정할 수 없게 됩니다. 다양한 높이 값을 원한다면 0으로 지정합니다.

# 미리 익히는 건축재료 표현 방법들

## 조건

필자의 홈페이지에 가장 많이 올라오는 문의내용 중 하나가 "건축재료의 표현을 어떤 해치로 하나요?"입니다. 건축재료 표현은 해치 명령으로 하지 않고 일일이 선과 원, 기타 캐드 명령어로 작도합니다. 그러므로 시간이 많이 소요될 수밖에 없습니다. 다음에 설명하는 내용은 시간을 단축시킬 수 있도록 필자만의 노하우를 수록했지만 수험자 여러분이 더 좋은 방법을 알아냈다면 그 방법을 사용해도 됩니다.

### 1. G.L선 표현

- 사각형 6개 작도
- 사선 해치

### 2. 잡석 다짐

- 사각형 3개 작도
- Line 작도

### 3. 철근콘크리트

- XLine 작도
- 원 작도

### 4. 홈통

- 사각형 작도
- 낙수받이 작도

## 5. 나무
- 타원형 작도
- Line 작도
- 블록 만들기

## 6. 단면, 입면 기와표현
- Line 작도
- 사각형 작도
- 호 작도

## 7. 굴뚝 표현
- 사각형 작도
- 해치

## 8. 손스침과 난간
- 사각형 작도
- Array 작도

---

# 작도요령

## 1. G.L선 표현

 **사각형 6개 작도**

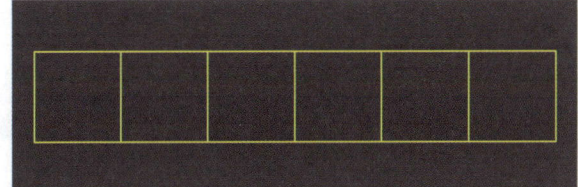

캐드 단축키 『Rec』를 입력하여 사각형을 작도합니다. 기준점을 지정하고 다음 점 @200,200을 합니다. 작도된 사각형 6개를 옆으로 복사합니다.

### ◆ Pline으로 작도

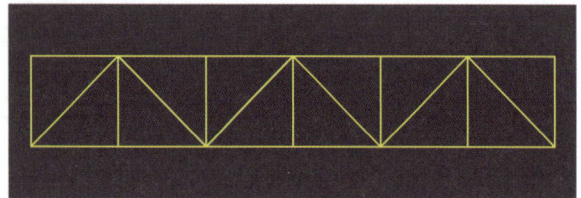

사각형에 『Pline』으로 사선을 작도합니다.

### ◆ 아래 사선 해치

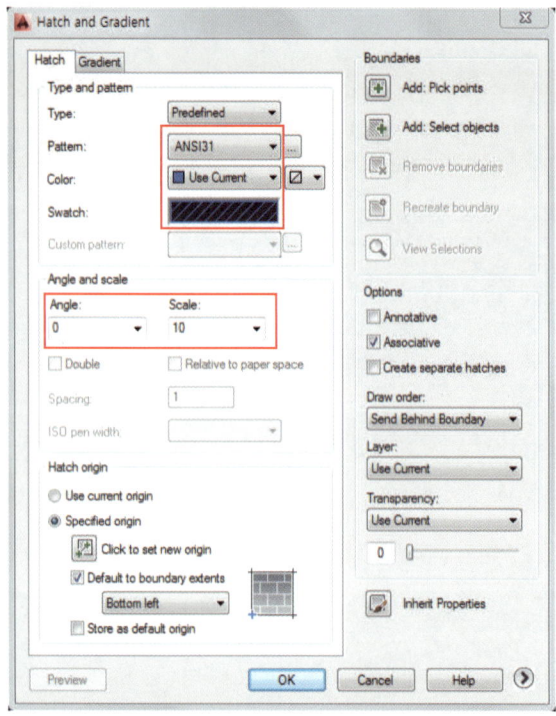

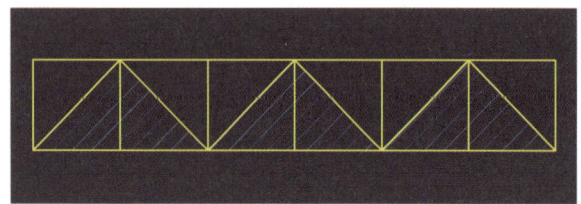

사선 패턴을 이용하여 아래 쪽에 먼저 해치를 합니다.

### 위 사선 해치

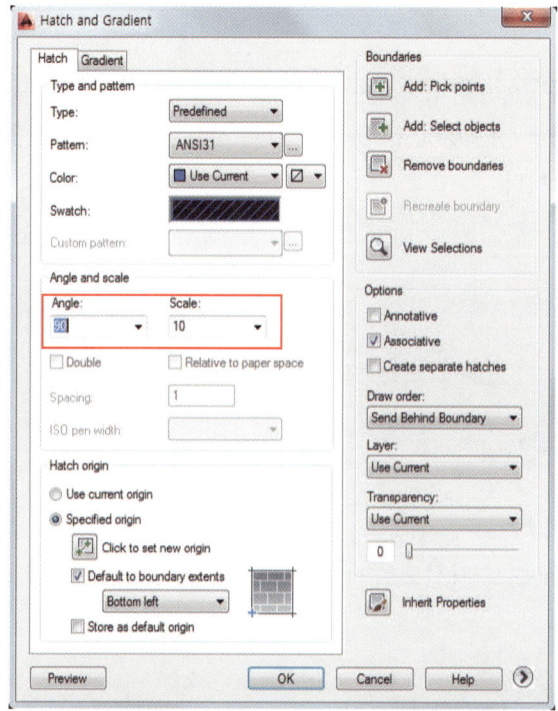

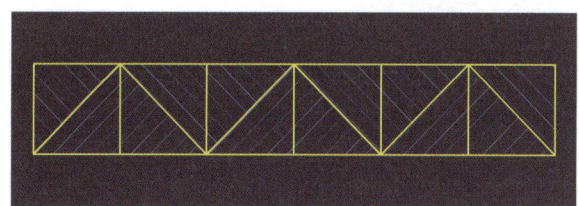

사선 패턴의 각도를 90도로 변경하여 위쪽 해치를 채웁니다.

### 정리

필요없는 선을 지우고 G.L의 첫 선은 진하게 합니다. 『Pline』으로 한 번에 두껍게 해도 되고 『Offset』3간격으로 5번 해도 됩니다. 해치 패턴의 레이어는 파란색이고 『Pline』으로 그린 사선은 노란색으로 지정합니다. 글자 G.L을 재료표현글자보다 1.5배 크게 써 놓습니다.

## 2. 잡석 다짐

### 🟩 사각형 3개 작도

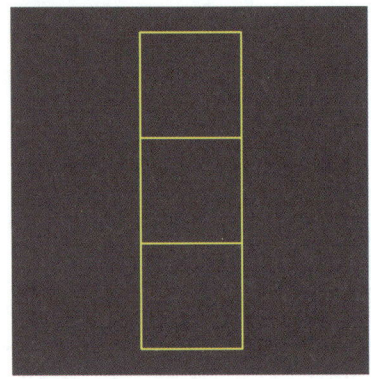

캐드 단축키 『Rec』를 입력하여 사각형을 작도합니다. 기준점을 지정하고 다음 점 @200,200을 합니다. 작도된 사각형 3개를 위로 복사합니다.

### 🟩 line으로 작도

사각형에 line으로 사선으로 작도합니다.

### 🟩 간격 띄우기

『Offset』으로 간격을 40~50을 띄웁니다.

### 🟩 선과 레이어 정리

선을 『Trim』으로 정리하고 레이어는 파란색으로 바꿉니다.

### 🟩 잡석 재료 표현

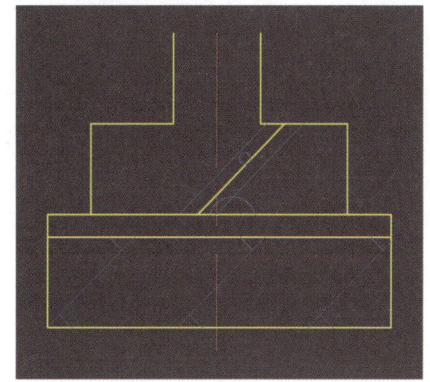

기초에 옮겨서 잡석 재료를 표현합니다.

## 3. 철근콘크리트

### 🟩 XLine 작도

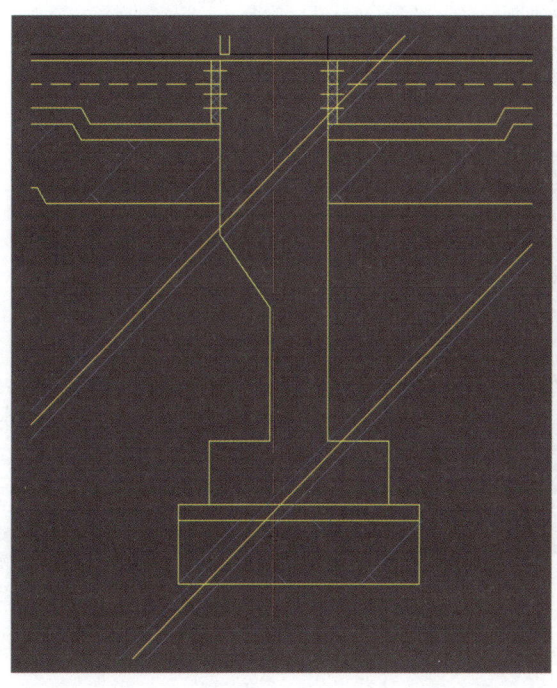

『XLine』으로 선을 45도 방향으로 3개 작도합니다. 가운데 색은 노란색, 양쪽 색은 파란색입니다. 치수가 정해져 있지는 않으나 간격을 40 정도로 연습합니다.

### 🟩 원 작도

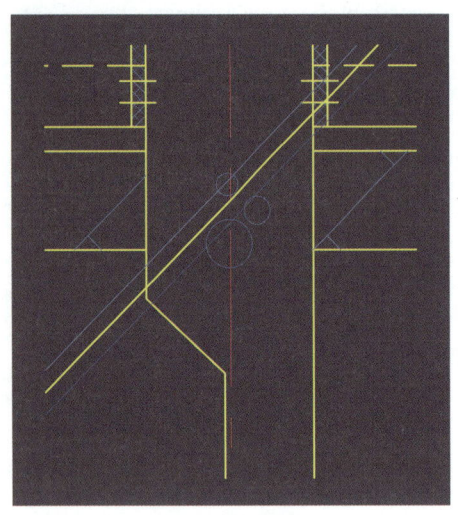

사이즈가 다른 원 3개를 작도합니다.
원은 파란색입니다.

### 🟩 콘크리트 재료선 정리

『Trim』으로 선을 정리합니다.

## 4. 홈통

### 🟩 사각형 작도

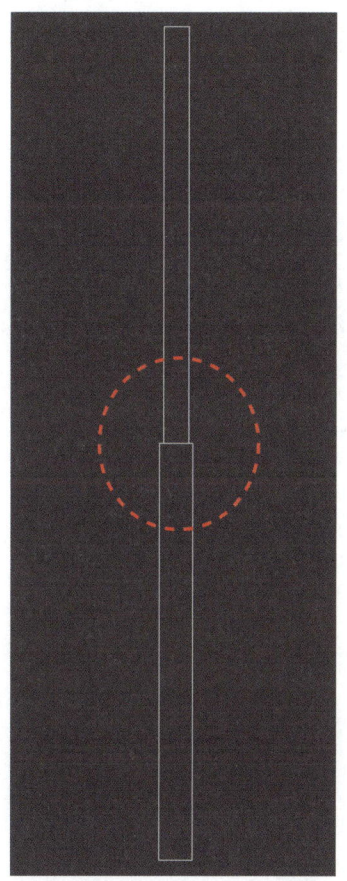

캐드 단축키 『Rec』를 입력하여 사각형을 작도합니다. 기준점에서 @75,1200 사각형과 @100,1200 사각형을 작도합니다. 『Mid point』로 사각형 두 개를 연결합니다. 레이어는 흰색입니다.

### 🟩 아랫부분 정리

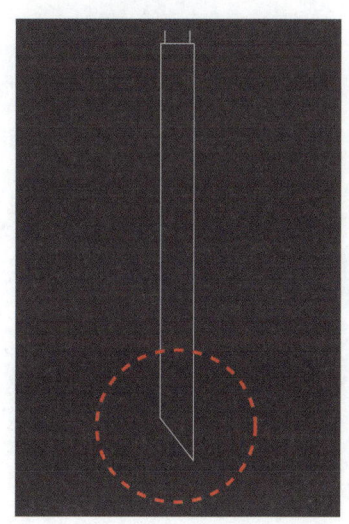

아랫부분을 정리합니다.
각도는 상관없으며 그림처럼 사선 모양을 만듭니다.

### 🟩 캔틸레버의 장식 홈통

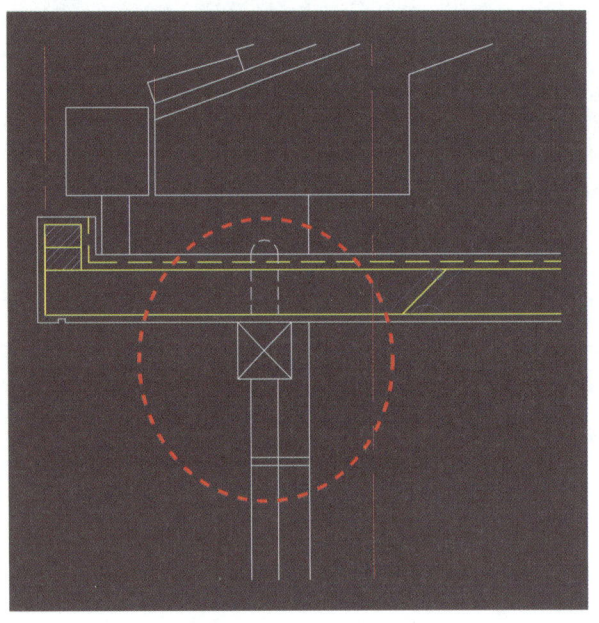

캔틸레버 위쪽에 장식홈통(깔대기 홈통) @150,150 사각형을 하고 홈통걸이를 900 간격으로 합니다. 홈통걸이는 얇은 띠쇠이므로 폭 15mm 정도로 작도합니다.

### 🟩 지하하수도로 연결

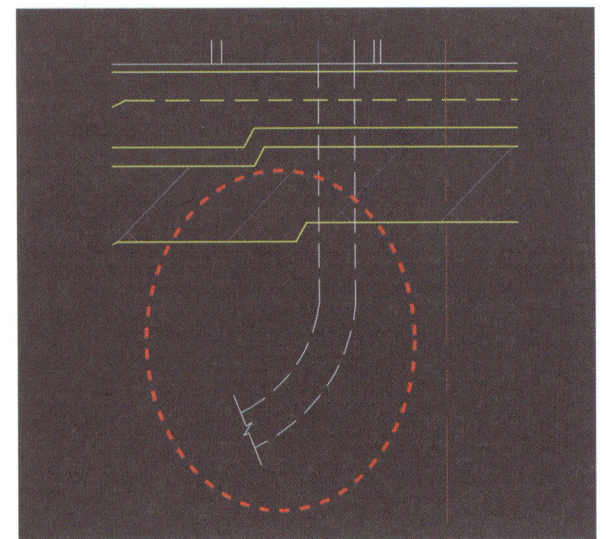

『Arc』를 이용하여 작도하고 점선으로 표현합니다.

## 입면도에서 홈통 작도

입면도에 처마 홈통과 깔대기 홈통, 선홈통, 보호홈통, 홈통걸이, 낙수받이까지 만듭니다. 모두 흰색 레이어로 작도합니다.

## 5. 나무

### 활엽수 작도

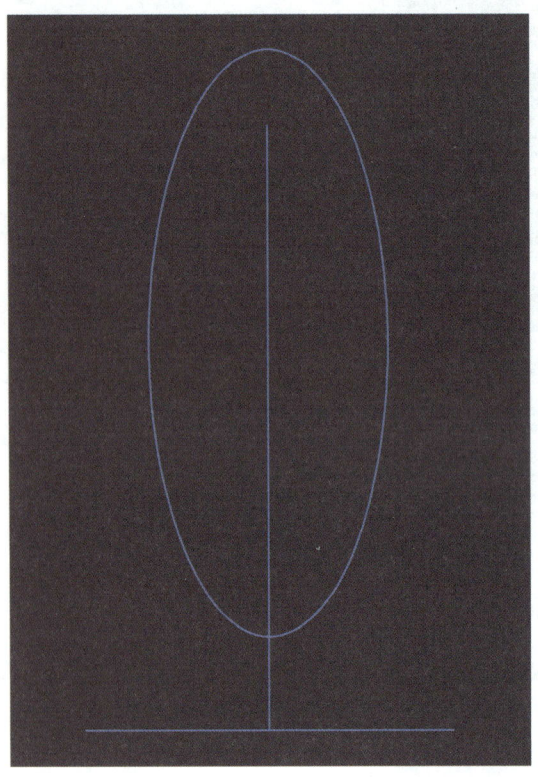

캐드 단축키 『el』을 입력하여 타원을 작도합니다. 선으로 기본 형태를 만듭니다. 레이어는 파란색입니다.

### Osnap 세팅

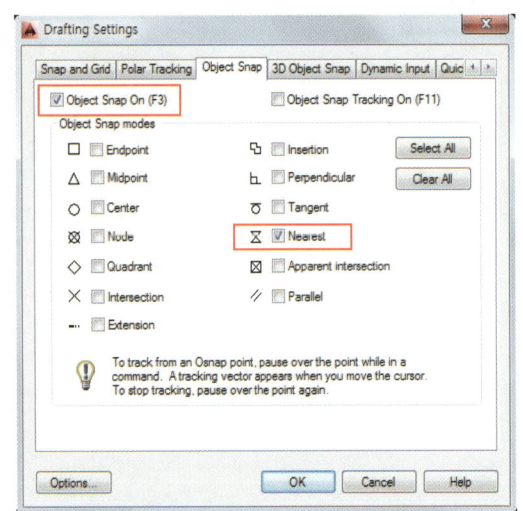

Nearest를 선택하여 타원선상에 선들이 작도될 수 있게 합니다.

### 🟩 굵은 가지 작도

먼저 굵은 가지부터 작도합니다.

### 🟩 잔가지 작도

타원 주위로 촘촘히 잔가지를 작도합니다.

### 🟩 나무 블록 만들기

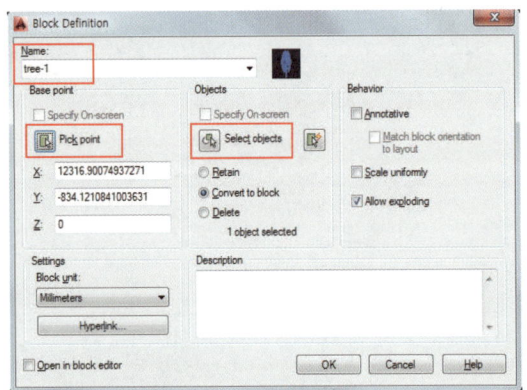

여러 개의 나무 효과를 내려면 블록으로 만들어 사용하면 편리합니다.

### 🟩 다양한 축척의 Insert

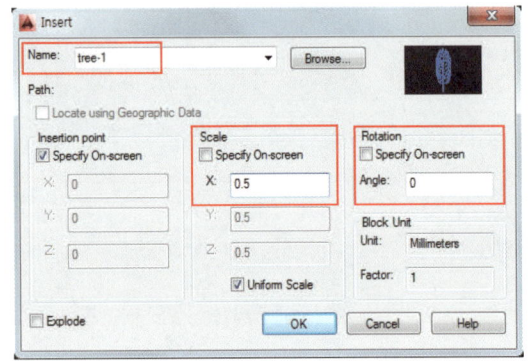

블록으로 작도된 나무를 1로 놓고 크기가 다른 나무는 0.5, 0.8배 정도의 비율로 합니다.

### 🟩 축척이 다른 나무들

축척이 다른 나무 크기로 주위 배경 등에 효과를 줍니다. 나무는 파란색 레이어입니다.

## 6. 단면, 입면 기와표현

### 🟩 입면 용마루선의 기와

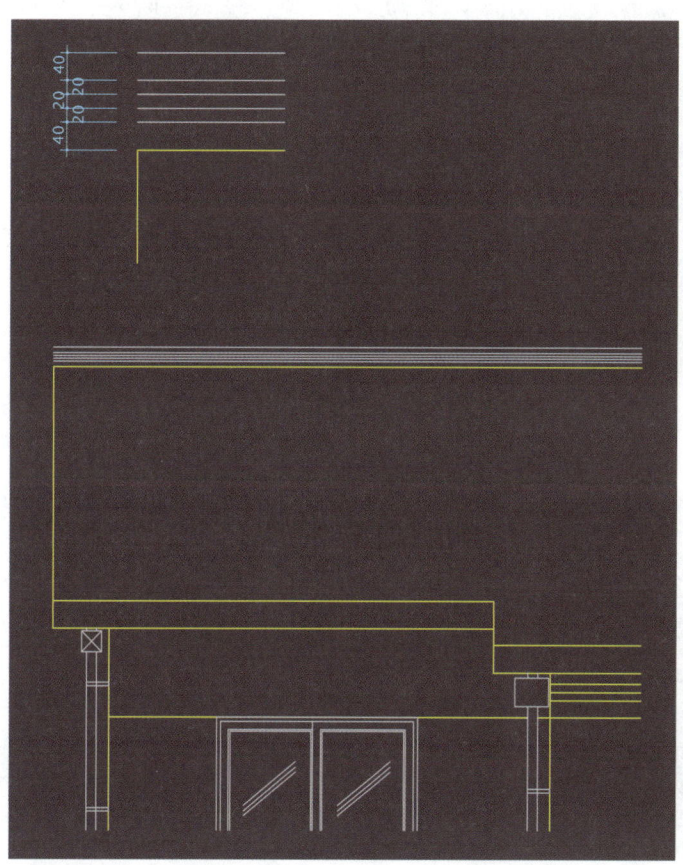

지붕 용마루선으로 『Offset』을 40,20,20,20,40으로 합니다.
20으로 한 선은 파란색 레이어, 40으로 한 선은 흰색 레이어입니다.

### 🟩 장식 용머리 작도

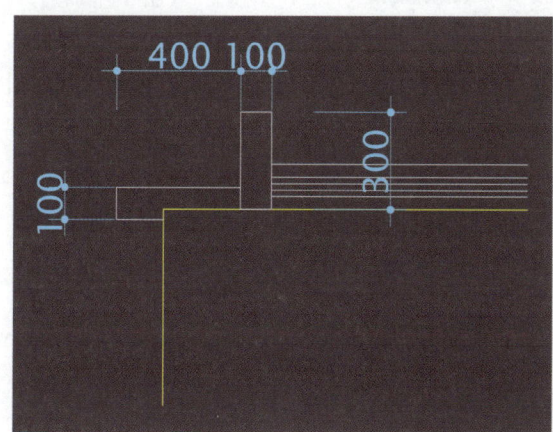

용머리의 장식이 되는 부분을 사각형으로 작도합니다. 치수는 @400,100과 @100,300입니다.

### 입면기와 정리

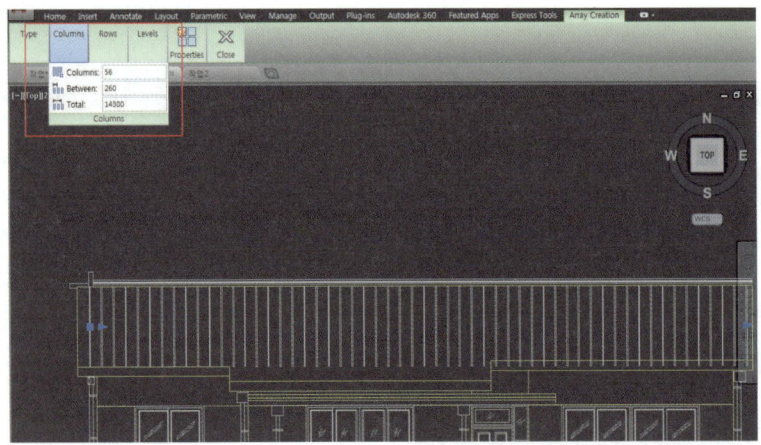

그림과 같이 수직선을 260 간격으로 40개 정도 『Array』를 실행합니다.

### 암키와 수키와 장식 작도

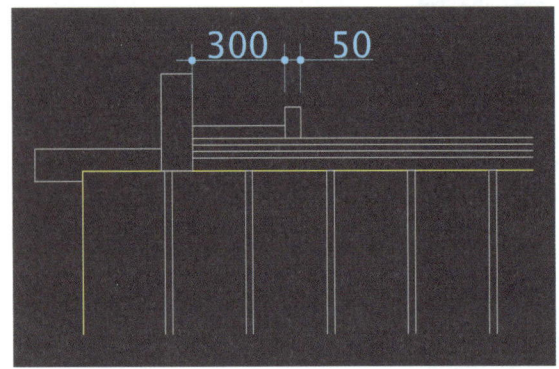

300 간격을 두고 사각형 @50,100으로 장식을 작도합니다.

### 기와 여러 개 작도하여 완성하기

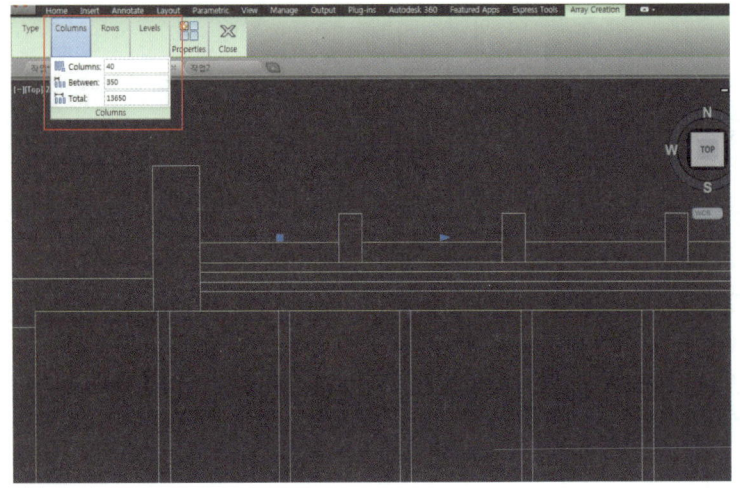

『Array』를 이용하여 여러 개를 만듭니다.
완성된 기와는 흰색 레이어입니다.

### 정면에서 본 용마루 작도

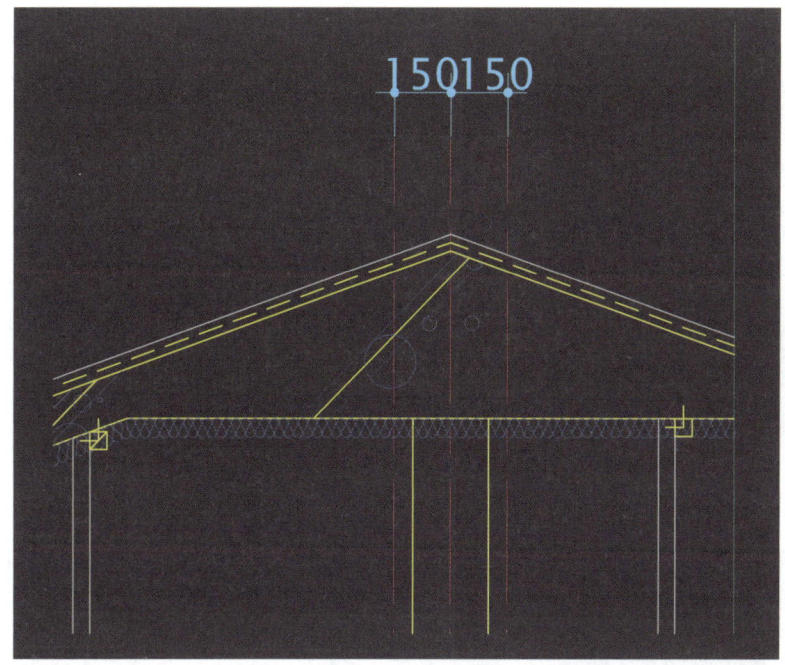

용마루선에서 양쪽으로 150 정도 『Offset』을 합니다.

### 암키와

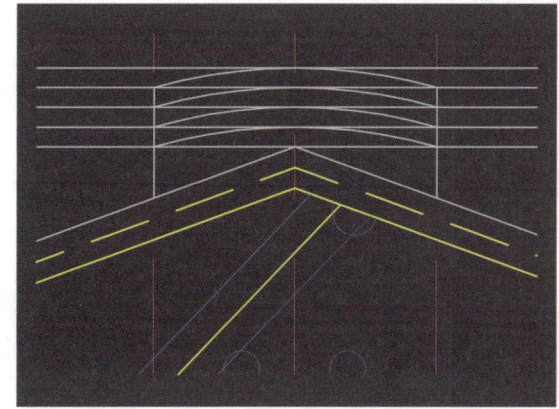

임의의 수평선을 작도하고 그림과 같이 20씩 『Offset』을 합니다.
암키와 한 장의 두께는 20으로 하고 호로 작도합니다.

### 🟩 암키와 정리

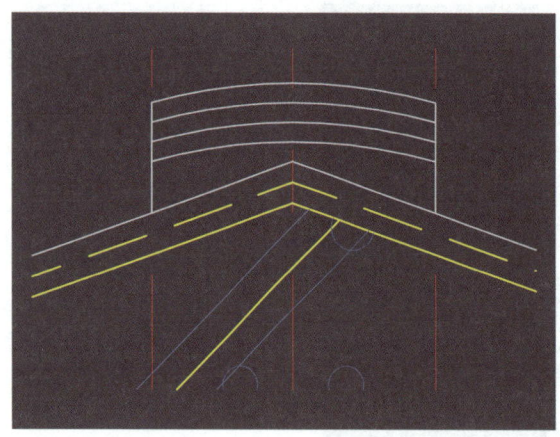

다음과 같이 정리합니다.

### 🟩 장식 용머리

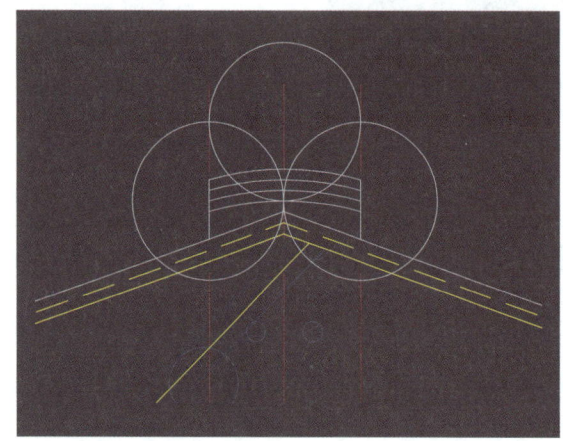

장식 용머리는 반지름 150인 원, 3개를 그림과 같이 배치합니다.

### 🟩 용머리 정리

『Trim』을 이용하여 정리하고 수키와를 중앙에 배치합니다.

## 🟩 단면 기와 이용하기

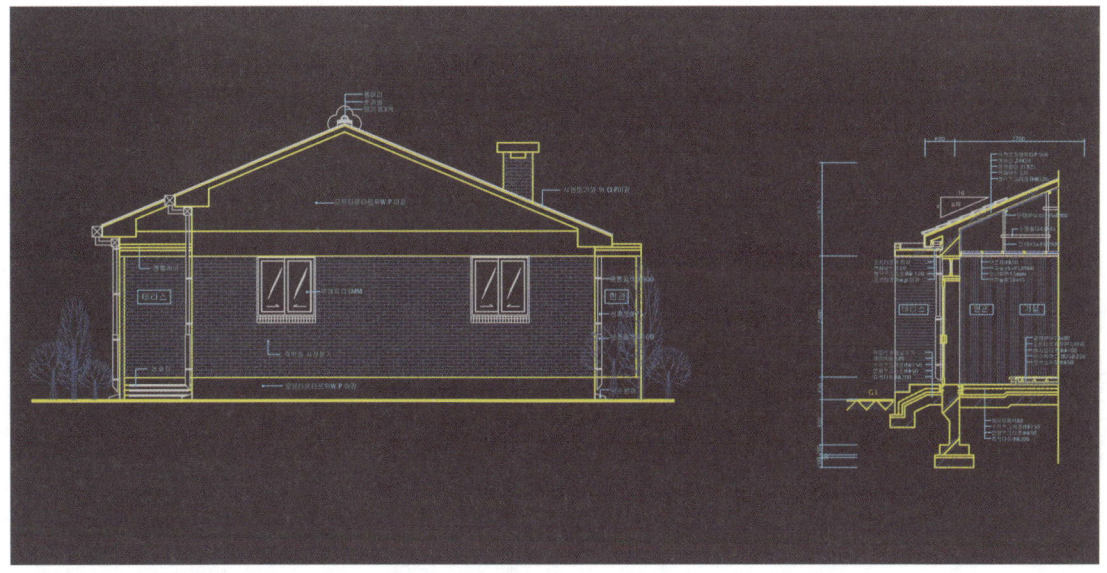

단면 기와를 이용하기 위해 『Insert』합니다.

## 🟩 입면 기와 모양작도

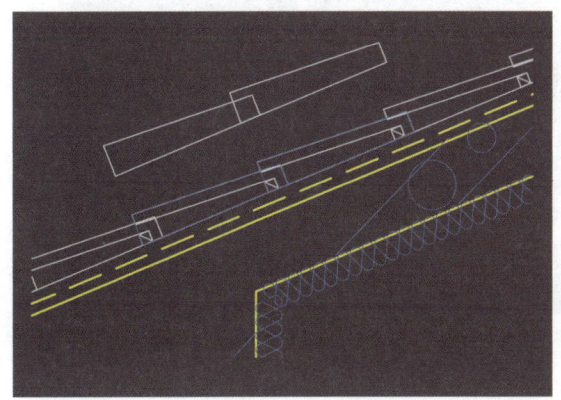

단면 기와를 다음과 같이 덧그리기로 모양으로 만듭니다.

### Array 이용하기

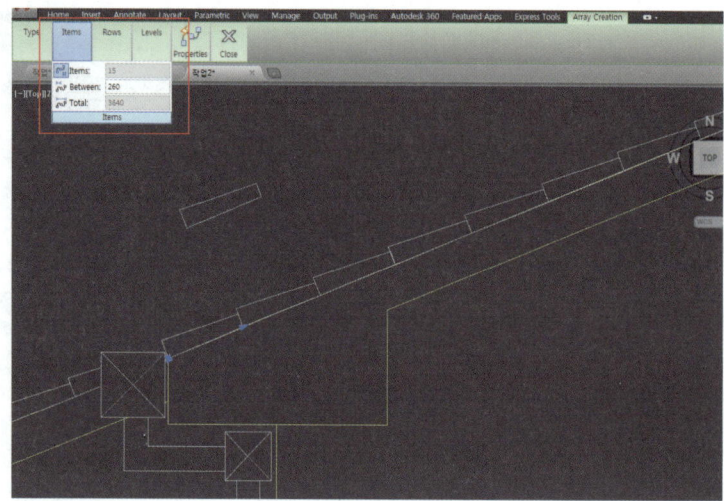

『Array』를 이용하여 경사 지붕의 기와를 만듭니다.
『path』를 사용합니다.

### Mirror 이용하기

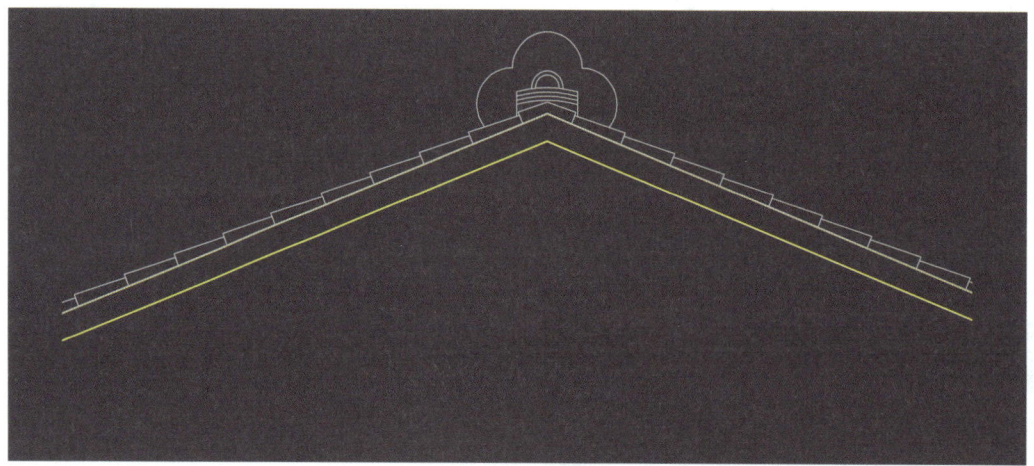

작도된 기와를 반대쪽 방향으로 『Mirror』합니다. 레이어는 흰색입니다.

## 7. 굴뚝 표현

### 🟩 굴뚝모양 작도

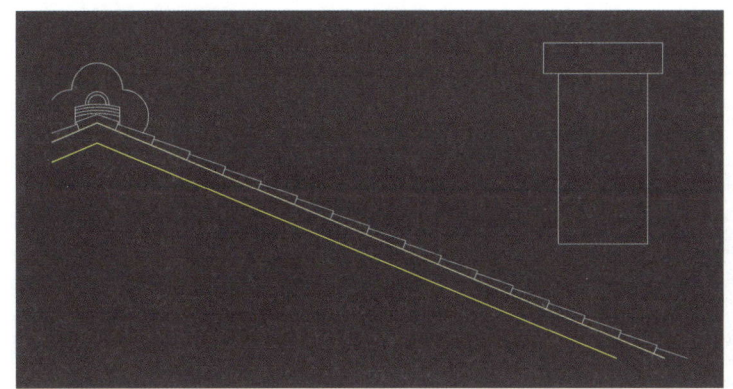

굴뚝은 지붕면에서 1m 이상 떨어져야 합니다. 폭 600, 높이 1100 정도로 지붕에 올립니다. 뚜껑은 폭 800, 높이 200으로 합니다.

### 🟩 굴뚝 정리

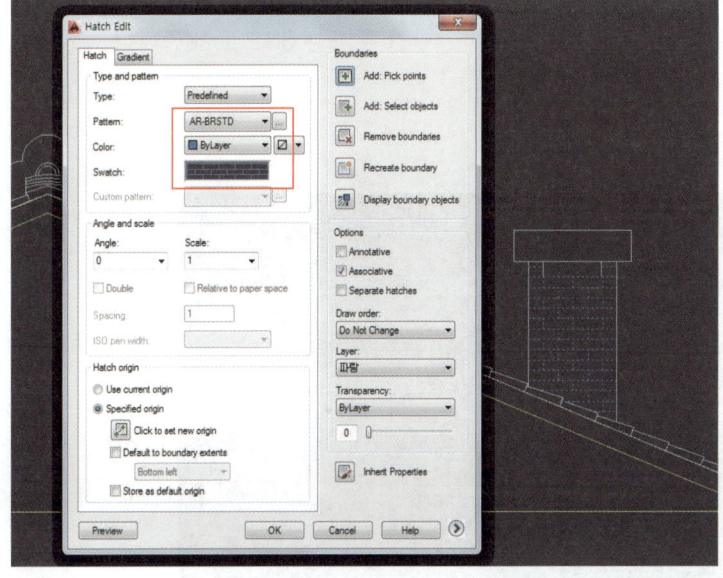

연기 구멍은 폭 400, 높이 100으로 작도하고 벽돌 해치로 마무리합니다.

## 8. 손스침과 난간

 **손스침**

테라스 바닥에서 손스침 높이까지는 700~900 정도입니다. 난간 두께는 50으로 해줍니다.

 **난간 봉**

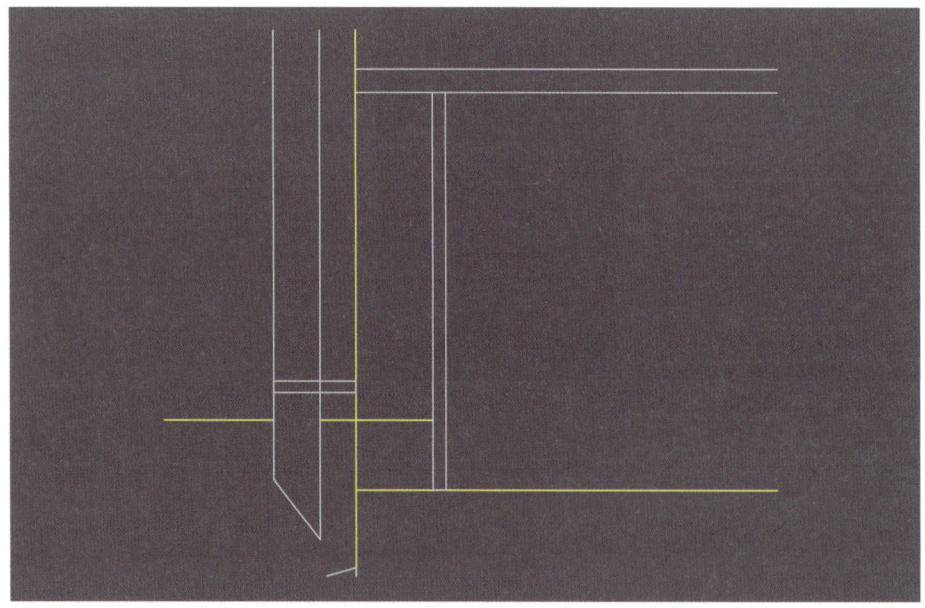

벽선을 이용하여 두께 30의 봉을 만듭니다. 난간의 사이간격을 170으로 합니다.

### 손스침과 난간 봉 정리

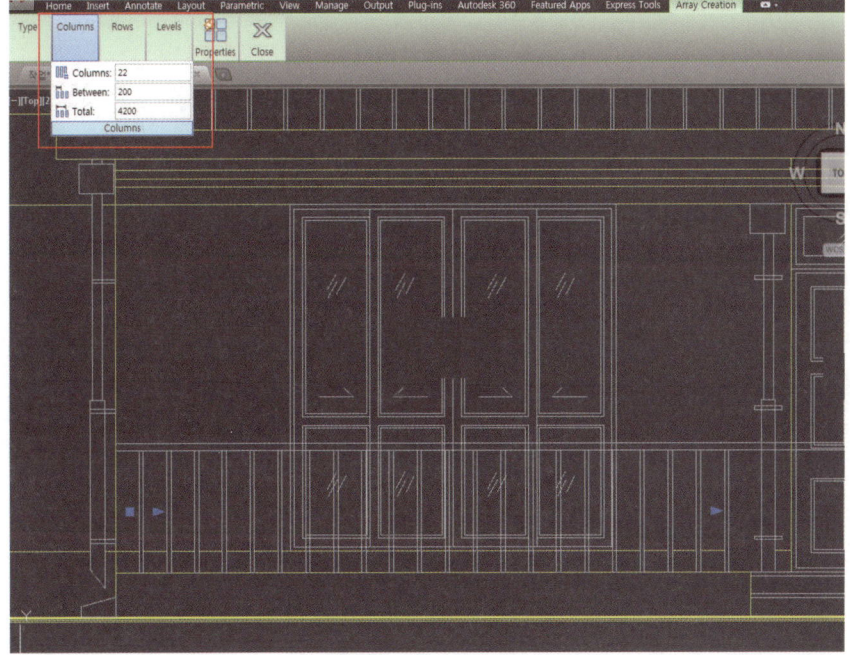

『Array』간격은 봉 두께를 합하여 200으로 하면 됩니다. 위의 그림과 같이 정리합니다.

MEMO

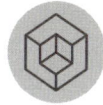  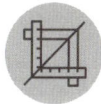

# Craftsman Computer Aided Architectural Drawing

# 1 일차

- 오리엔테이션
- 캐드 기초 설정

# 1일차 오리엔테이션

▶ **동영상** 강의 : 건축제도실기-01-01

## 1. 오리엔테이션

- 전산응용건축제도기능사 자격증은 국가에서 인정하는 건축관련 전문자격증입니다.
- 건축인허가 관련 시 착공에서 필요한 현장대리인으로 사용할 수 있는 자격증입니다.
- 건축설계 내용을 시공자에게 정확하게 전달하기 위하여 CAD 및 건축 컴퓨터그래픽 작업으로 건축설계에서 의도하는 바를 시각화하는 직무를 수행합니다.

## 2. 출제경향 분석

- 바뀐 출제기준의 적용기간은 2020. 1. 1.~2023. 12. 31.까지로 목차에 제시된 실기 세부항목을 참고하세요.(목차 14페이지)
- 출제문제는 기본평면도와 요구사항을 가지고 도면목록표, 배치도, 실내마감표, 1층평면도 및 창호도, 부분단면상세도, 입면도(1면) 정답 중에서 3가지를 작도해야 하는 수준입니다.
- 시험시간은 5시간 정도로 정답의 수가 대략 3가지 작도되어야 한다고 판단되나 이전 시험에서는 시험시간이 4시간 10분으로 부분단면상세도와 입면도, 2가지 작도로 출제되었습니다.
- 산업인력관리공단에서는 바뀐 출제 적용기간임에도 불구하고 2020년에는 2019년 문제를 적용하기로 발표했습니다. 이는 갑자기 너무 많은 변화에 수험생들이 혼란을 겪을 것을 고려하여 유예기간을 준 것이라 생각이 됩니다.
  작도 시간이 5시간으로 늘어난 것으로 추측해보면 2021년에는 위에서 본 6가지 정답들 중에서 3가지를 작도해야 하지 않을까 생각합니다.

## 국가기술자격검정 실기시험

| 자 격 종 목 | 전산응용건축제도기능사 | 작 품 명 | 주 택 |

비번호

시험시간 : 표준시간 4시간 10분

## 1. 요구사항

**1** 주어진 평면도를 보고 CAD를 이용하여 아래 조건에 맞게 다음 도면을 작도하시오.

① A부분 단면 상세도를 축척 1/40로 작도하시오.
② 남측 입면도를 축척 1/50로 작도하되 벽면재료 표시 및 주위의 배경 등 도면효과를 충분히 고려하시오.

### 조 건

- 기초 및 지하실 벽체 : 철근콘크리트 구조로 하고 1층 슬래브는 기초와 일체식이 되게 하시오.
- 벽체 : 외벽 – 외부로부터 붉은 벽돌 0.5B, 시멘트 벽돌 1.0B로 하고 외부마감은 제물치장으로 하시오.
  내벽 – 두께 1.0B 시멘트 벽돌 쌓기로 하시오.
- 단열재 : 외벽은 120mm, 바닥은 85mm, 천정은 180mm으로 하시오.
- 지붕 : 철근콘크리트 경사슬래브 위 시멘트 기와잇기 마감으로 하시오.(물매 4/10 이상)
- 처마나옴 : 벽체 중심에서 600mm
- 반자높이 : 2400mm, 처마반자 설치
- 창호 : 목재창호로 하되 2중창인 경우 외부창호는 합성수지로 하시오.
- 각 실의 난방 : 온수파이프 온돌난방으로 하시오.
- 기타 각 부분의 마감, 치수 등 주어지지 않은 조건은 일반적인 시공수준으로 하시오.

**2** 선의 통일을 기하기 위하여 아래와 같이 선의 색을 정리하여 출력하시오.

- 흰색(7-white) – 0.3mm
- 노랑(2-yellow) – 0.4mm
- 빨강(1-red) – 0.2mm
- 녹색(3-green) – 0.2mm
- 하늘색(4-cyan) – 0.3mm
- 파랑(5-blue) – 0.1mm

| 자 격 종 목 | 전산응용건축제도기능사 | 작 품 명 | 주 택 |

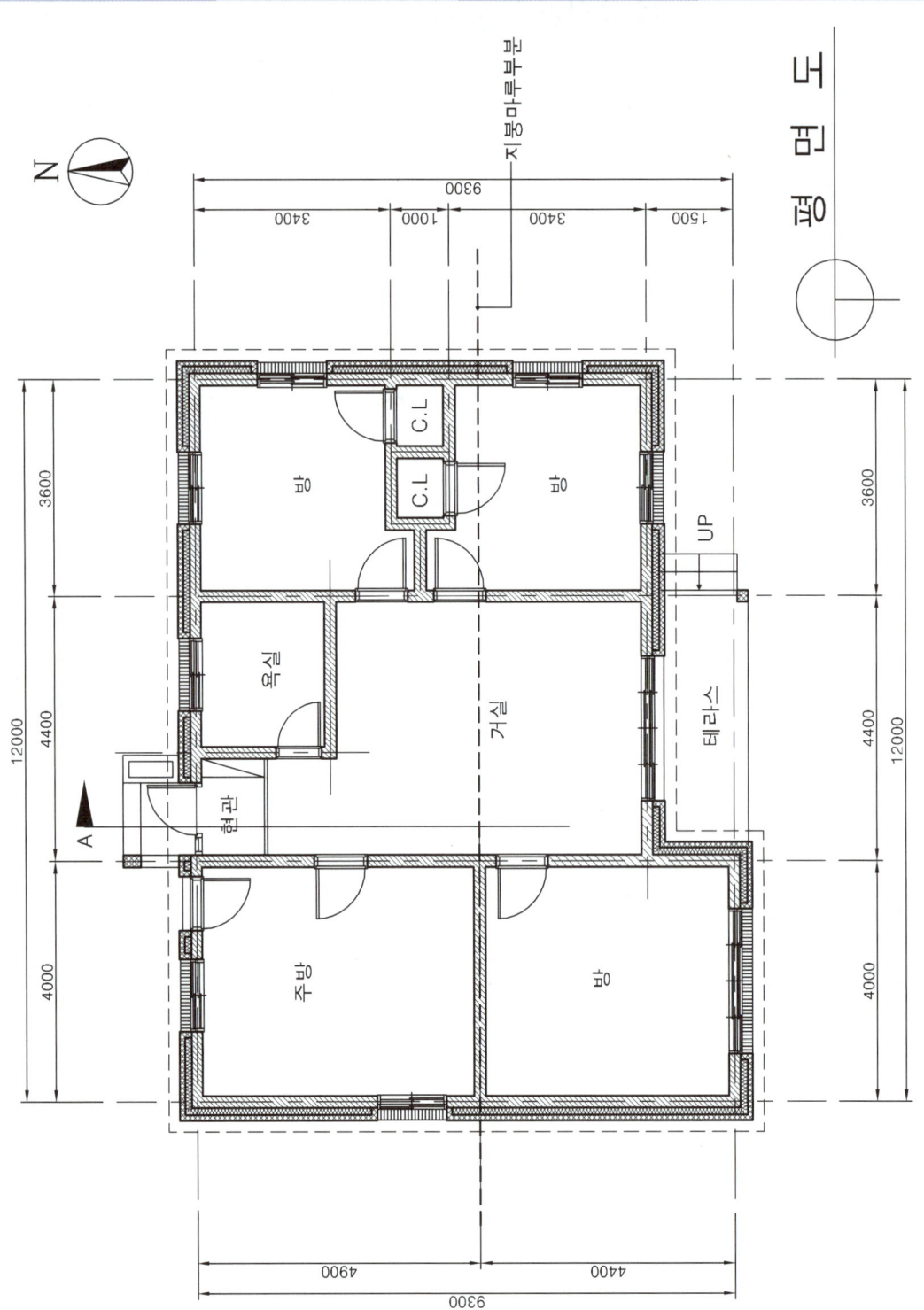

| 자격종목 | 전산응용건축제도기능사 | 작품명 | 주택 |
|---|---|---|---|

## 2. 수검자 유의사항

1. 명기되지 않은 조건은 건축법, 건축구조 및 건축제도 원칙에 따른다.
2. 시험시작 전 바탕화면에 본인 비번호로 폴더를 생성하고, 폴더 안에 작업내용을 저장하도록 한다.(단, 시험장에서 본인 이름으로 폴더를 생성하도록 하는 경우 시험장 규정에 따른다.)
3. 정전 및 기계 고장 등에 의한 자료손실을 방지하기 위하여 수시로 저장한다.(파일이 삭제되는 경우는 본인의 과실로 본다.)
4. 다음과 같은 경우는 부정행위로 처리한다.
    ① 노트 및 서적, USB를 소지하거나 주고받는 행위
    ② 건물의 구조부분의 상세나 글씨 등을 사전에 블록으로 설정하여 지참, 사용하는 경우
5. 작업이 끝나면 감독위원의 확인을 받은 후 문제지를 제출하고 본부요원 입회하에 본인이 직접 A3 용지에 흑백으로 도면을 출력하도록 한다. 이때 수험자의 작도 잘못으로 도면이 출력이 안 되는 경우, 출력시간이 20분을 초과할 경우는 실격처리한다.(출력시간은 시험시간에서 제외한다.)
6. 장비 조작 미숙으로 장비의 파손 및 고장을 일으킬 염려가 있을 경우 실격된다.
7. 다음과 같은 경우에는 채점대상에서 제외한다.
    가) 시험시간 내에 요구사항을 완성하지 못한 경우(시험시간이 종료되면 자동으로 시스템이 정지하며, 최종저장을 누른 시간 이후의 데이터는 삭제되므로 시험 종료 전에 저장버튼을 누른다.)
    나) 시험시간 내에 제출된 작품이라도 다음과 같은 경우
        ① 주어진 조건을 지키지 않고 작도한 경우
        ② 요구한 전 도면을 작도하지 않은 경우
        ③ 건축제도 통칙을 준수하지 않거나 건축 CAD의 기능이 없는 상태에서 완성된 도면으로 시험위원 전원이 합의하여 판단한 경우
8. 수검번호, 성명은 도면 좌측 상단에 아래와 같이 표제란을 만들어 기재한다.

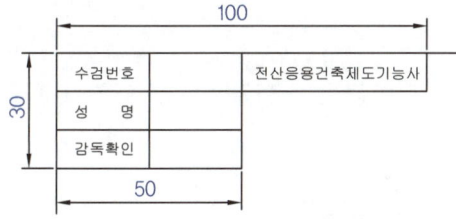

9. 감독위원은 시험 시작 후 수검자에게 표제란을 우선 작도 후 도면을 작도하도록 하여야 하며 수검자가 감독위원의 동지시를 따르지 않을 경우 실격처리한다.
10. 테두리선의 여백은 10mm로 한다.

## 3. 지급재료 목록

| 일련번호 | 재료명 | 규격 | 자격종목 | | 전산응용건축제도기능사 |
|---|---|---|---|---|---|
| | | | 단위 | 수량 | 비 고 |
| 1 | 복사용지 | A3(420×297mm) | 장 | 2 | 0 |
| 2 | USB | 2GB | 명 | 15 | |
| 3 | 프린터 잉크 | 검정기종별 표준량 | 개 | 1 | 1개검정장당 |
| 4 | | | | | |
| 5 | | | | | |
| 6 | | | | | |
| 7 | | | | | |
| 8 | | | | | |
| 9 | | | | | |
| 10 | | | | | |
| 11 | | | | | |
| 12 | | | | | |
| 13 | | | | | |
| 14 | | | | | |
| 15 | | | | | |
| 16 | | | | | |
| 17 | | | | | |
| 18 | | | | | |
| 19 | | | | | |
| 20 | | | | | |
| 21 | | | | | |
| 22 | | | | | |
| 23 | | | | | |

# 1일차 캐드 기초 설정

▶ **동영상** 강의 : 건축제도실기-01-02

##  조건

### 1. AutoCAD 버전에 관계없이 작도환경 설정하기

 순서

- acadiso.dwt 열기
- 표제란 만들기
- 선형(Linetype) 설정하기
- 레이어(Layer) 설정하기

## 작도요령

### 새도면(New) 열기

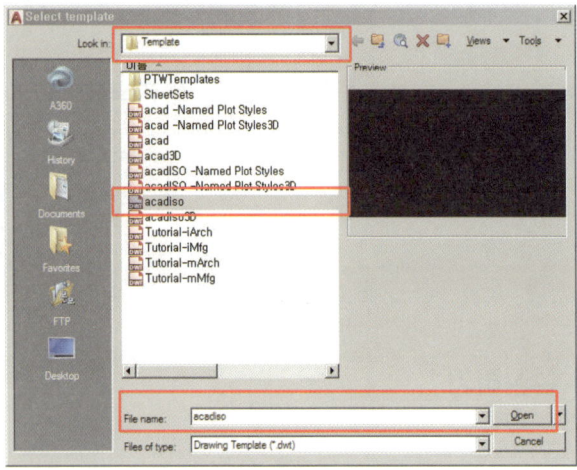

새 도면을 열면 다음과 같은 Select template 창이 활성화됩니다. 이때 acadiso.dwt를 선택하여 Open을 합니다.

### 표제란 만들기(A3 종이 사이즈)

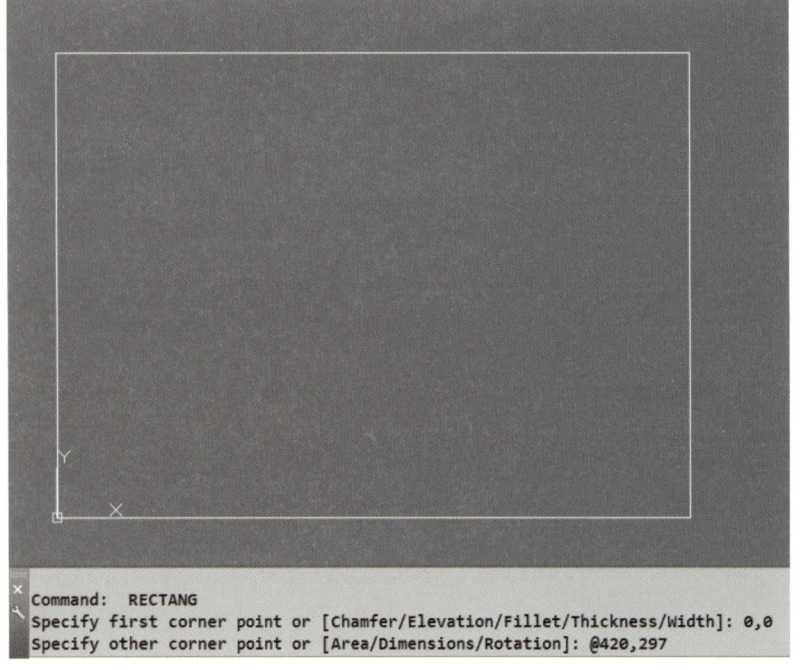

『RECTANG』명령어(단축키『Rec』)를 이용하여 A3 종이사이즈를 1:1로 만들어 줍니다.(A3 종이 사이즈 : X방향 420, Y방향 297)

### 🟩 표제란 만들기(요구조건에서 주어진 치수 적용)

『Offset』명령어(단축키『o』)를 이용하여 37페이지 수검자 유의사항 8을 참고하여 작도합니다.

### 🟩 표제란 만들기(STYLE 만들기)

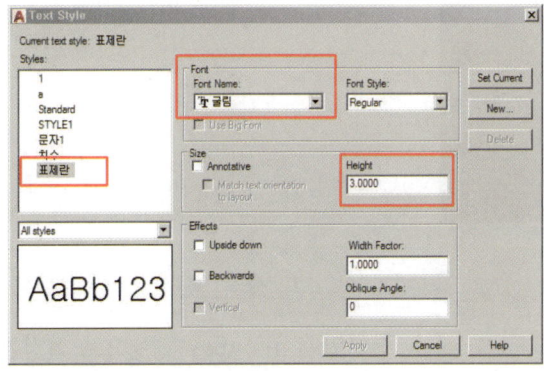

『STYLE 명령어(단축키『st』)를 이용하여 Style Name을 만들고 Font는 굴림 또는 굴림체를 적용합니다.

### 🟩 표제란 만들기(TEXT 입력)

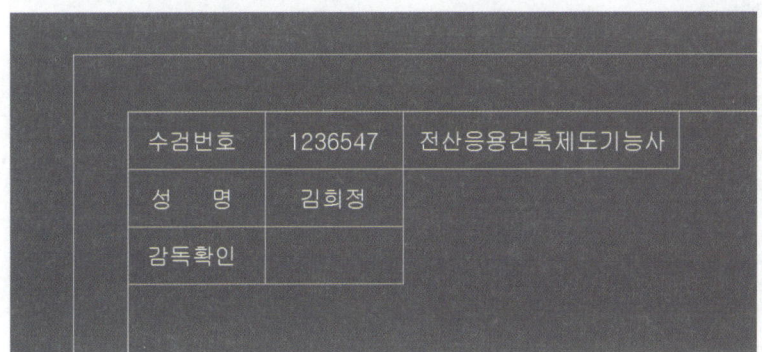

『TEXT』명령어(단축키『dt』)를 이용하여 표제란으로 높이 3, 각도 0을 적용하여 표제란에 내용을 입력합니다.

### 🟩 표제란 만들기(도면명 입력)

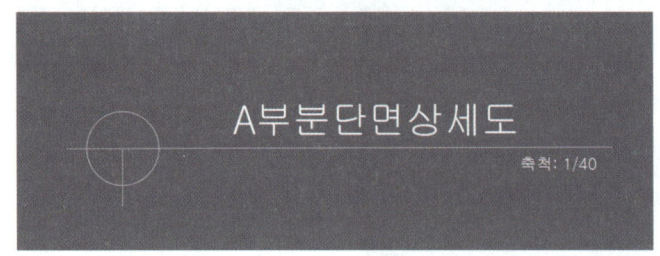

『CIRCLE』 명령어(단축키 『C』)와 『LINE』 명령어(단축키 『L』)로 기본 형식을 만들고 TEXT를 복사해서 높이 7로 수정하고 내용을 바꿔서 다음과 같이 입력합니다. 축척은 높이 수정없이 내용만 다음과 같이 입력합니다.

### 🟩 표제란 만들기(완성)

완성 후 저장합니다.

### 🟩 선형(Linetype) 설정

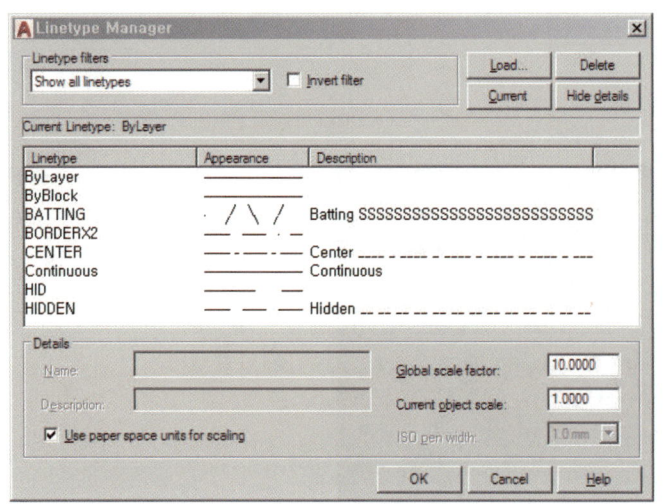

선타입 『Linetype』 명령으로 설정하고 『Batting』과 『Center』, 『Hidden』 선형을 적재(Load)해 놓습니다.

▶ 학습포인트 : 단축키 『lt』

> **T·I·P**
> 캐드 버전과 환경에 따라 Global scale factor의 값이 10~100까지 달라질 수 있습니다.
> CAD 작도 후 각자의 환경에 맞게 치수를 수정해가면서 설정을 하여 주십시오.

### 레이어(Layer) 설정

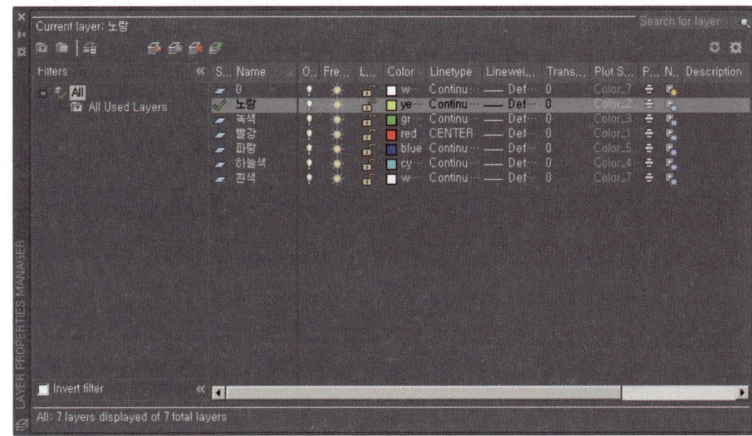

레이어(Layer)를 만듭니다. 주어지는 시험 조건에 적합하게 작성해야 합니다. 왼쪽의 화면은 다음의 조건에 적합하게 설정한 레이어입니다.

▶ 학습포인트 : 단축키 『la』

- 흰색(7-white) - 0.3mm
- 빨강(1-red) - 0.2mm
- 녹색(3-green) - 0.2mm
- 노랑(2-yellow) - 0.4mm
- 파랑(5-blue) - 0.1mm
- 하늘색(4-cyan) - 0.3mm

※ 위의 조건 중 펜 두께는 프린터 설정에서 지정합니다.

MEMO

  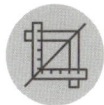

# Craftsman Computer Aided Architectural Drawing

# 2 일차

- 벽체
- 줄기초

# 2일차 벽체

▶ **동영상** 강의 : 전산제도실기-02-01

## 조건

### 1. 벽체의 종류

- 벽체는 외벽용과 내벽용으로 나뉩니다.
- 외벽용에는 단열재가 80~120mm 들어가고 1.0B 공간쌓기와 1.5B 공간쌓기가 있습니다.
- 시험에 자주 출제되는 외벽체는 1.5B 공간쌓기입니다.
- 내벽용은 단열재가 안 들어가며 1.0B 쌓기와 0.5B 쌓기가 있습니다.
- 시험에 자주 출제되는 내벽체는 1.0B 쌓기입니다.

### 2. 벽돌의 종류와 크기

- 외장용으로는 붉은 벽돌 0.5B 치장 쌓기를 하고 안으로 시멘트 벽돌 1.0B 쌓기를 합니다.
- 일반적으로 보급형이 쓰이는데, 치수는 190mm×90mm×57mm입니다.
- 실제로는 줄눈을 포함하여 200mm×100mm×60mm로 작도하기도 합니다.

### 3. 옹벽 벽체

- 외벽용에는 옹벽두께를 150~200mm로 하고 단열재가 80~125mm 들어가고 치장 벽돌은 0.5B로 합니다.
- 내벽용에는 옹벽 두께를 150mm로 합니다.
- 단, 시험조건에 주어지는 치수를 적용합니다. 시공상 준하는 치수는 150~200mm입니다.

> **T·I·P**
> - 외벽용과 내벽용 벽체를 구분할 수 있어야 합니다.(내벽에는 단열재 안 들어감)
> - 실내와 실외의 차이는 붉은 벽돌 0.5B 쌓기하고 단열재 50mm가 있으면 실외입니다.

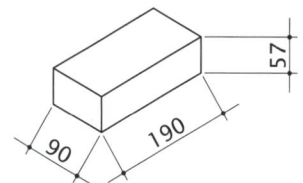

## 작도요령

### 기출문제 평면도

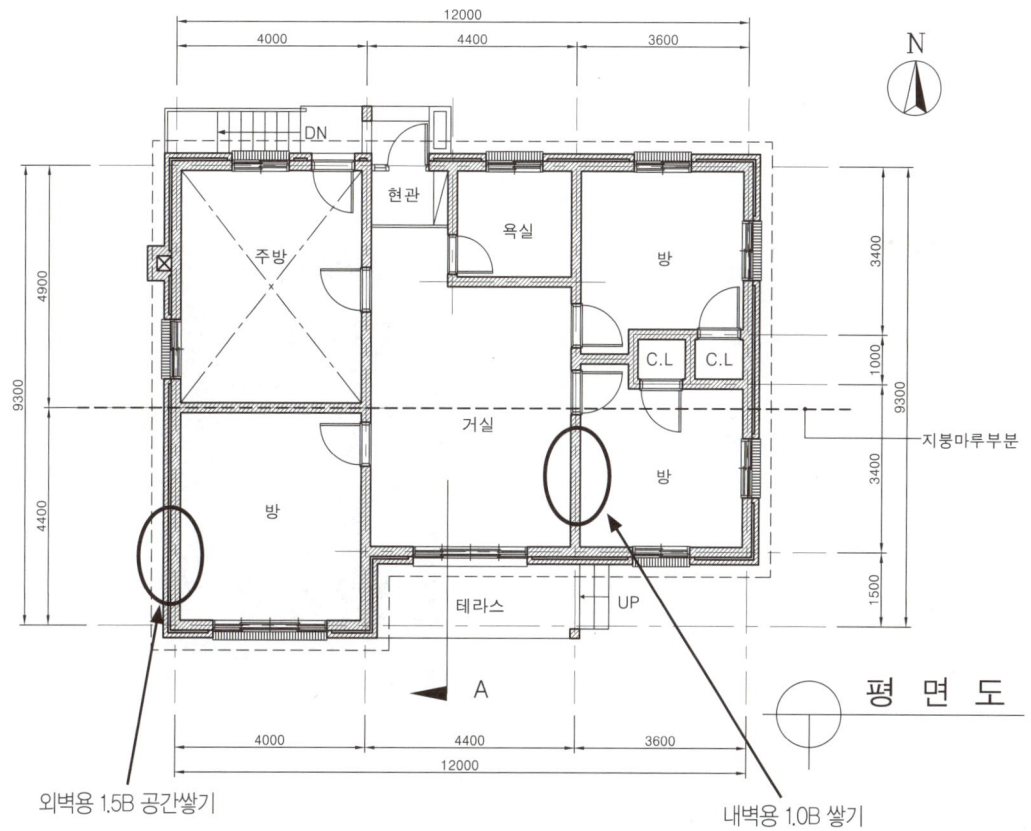

### 외벽용 1.5B 공간쌓기

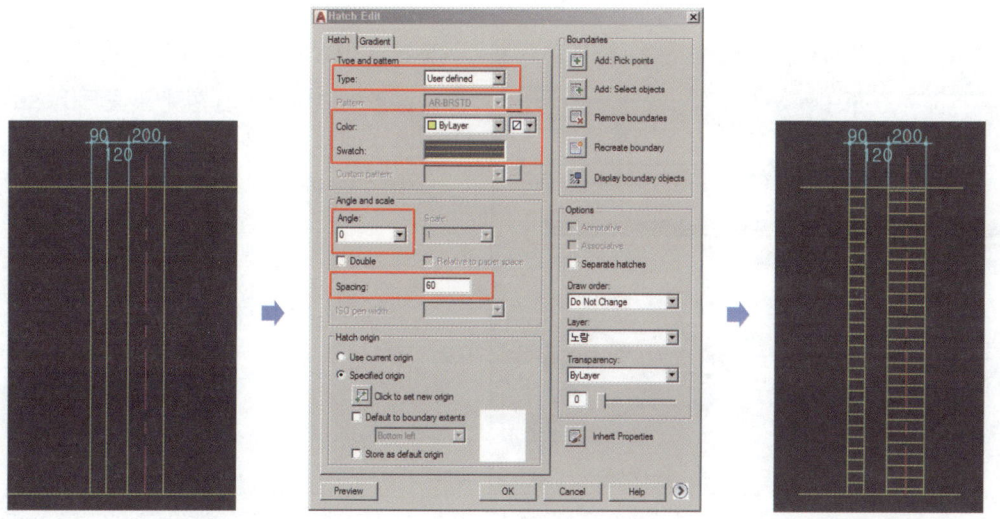

중심선을 기준으로 『Offset』 명령을 이용합니다. 벽돌의 표현은 해칭의 사용자 정의 『User defined』 옵션을 이용, 『Angle』 값을 0, 『Spacing』 값을 60으로 사용합니다.

### 🟩 벽돌 재료 표현

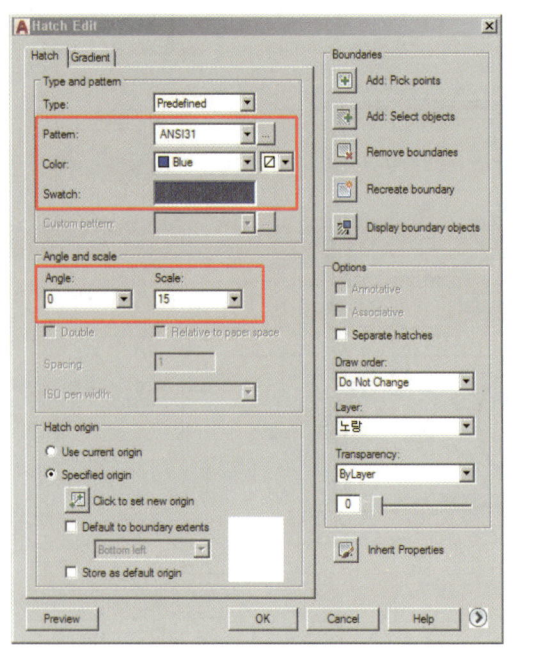
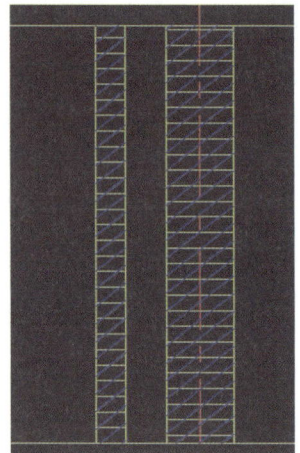

벽돌의 재료표현은 다음과 같이 합니다. 해치에서 사전정의 『Predefined』의 『ANSI31』 패턴으로 하고, 『Scale』 값을 10으로, 『Angle』 값을 0으로 놓습니다.

### 🟩 단열재 만들기

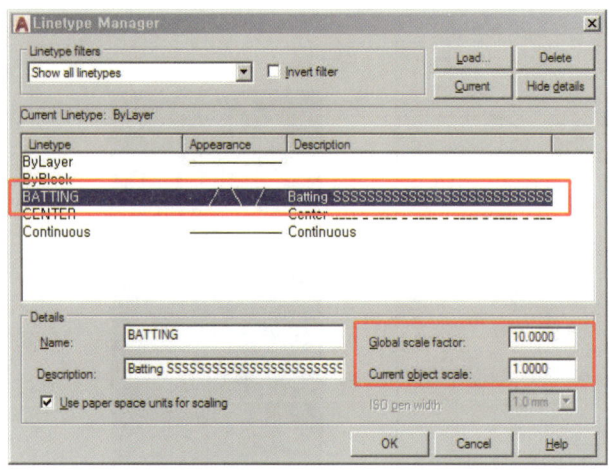

공간쌓기의 단열재 표현은 명령어 『Linetype』에서 『Batting』 형태를 로드(Load) 시키고 전체스케일 『Global scale factor』는 10으로 맞추어 사용합니다.

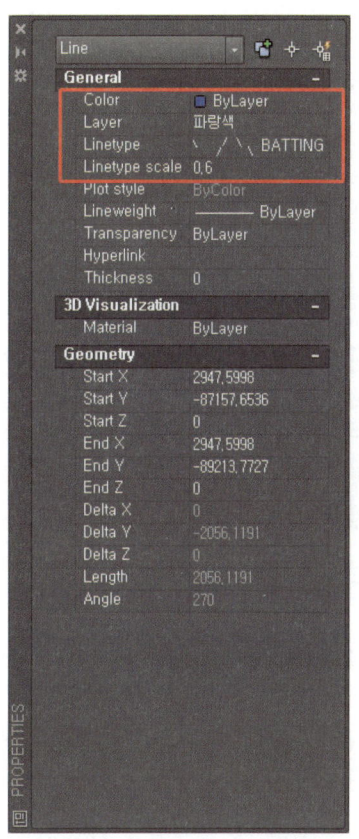

위에서 『Global scale factor』가 10으로 바뀌었으므로, 명령어 『Change』를 사용하여 단열재 선을 선택하고 『Linetype scale』을 0.25로 바꾸어주어야 합니다.

단, 단열재가 70으로 주어졌을 때는 『Linetype scale』을 0.35로 단열재가 125로 주어지면 『Linetype scale』을 0.6으로 수정합니다. 또한 본인 캐드 환경에 맞게 수정할 수 있습니다.

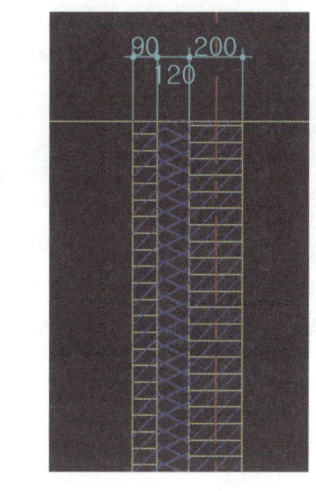

### 🟩 외벽용 1.0B 공간쌓기

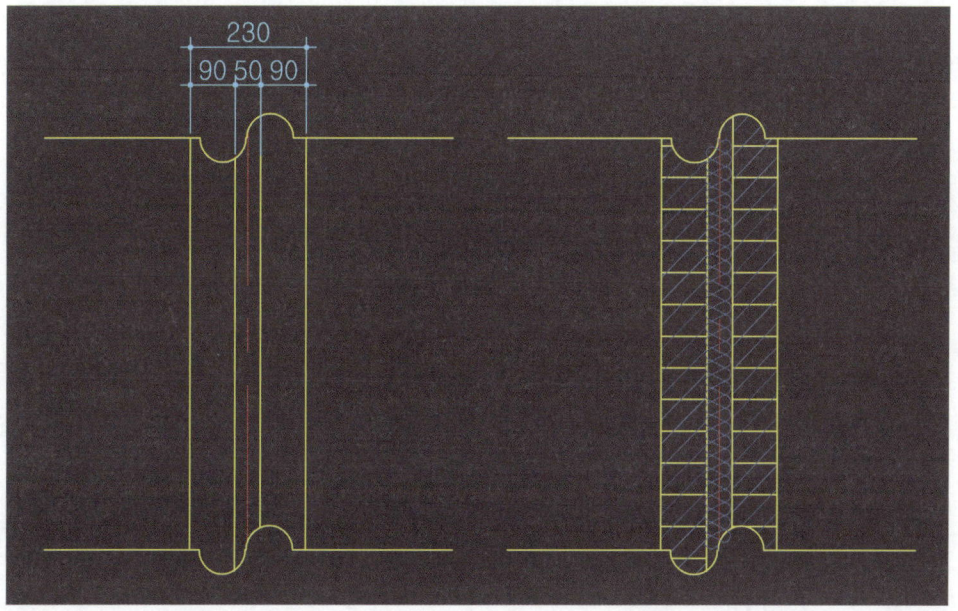

1.5B 공간쌓기를 응용하여 작도하면 됩니다. 중간에 단열재가 들어갑니다.

### 🔲 내벽용 1.0B 쌓기

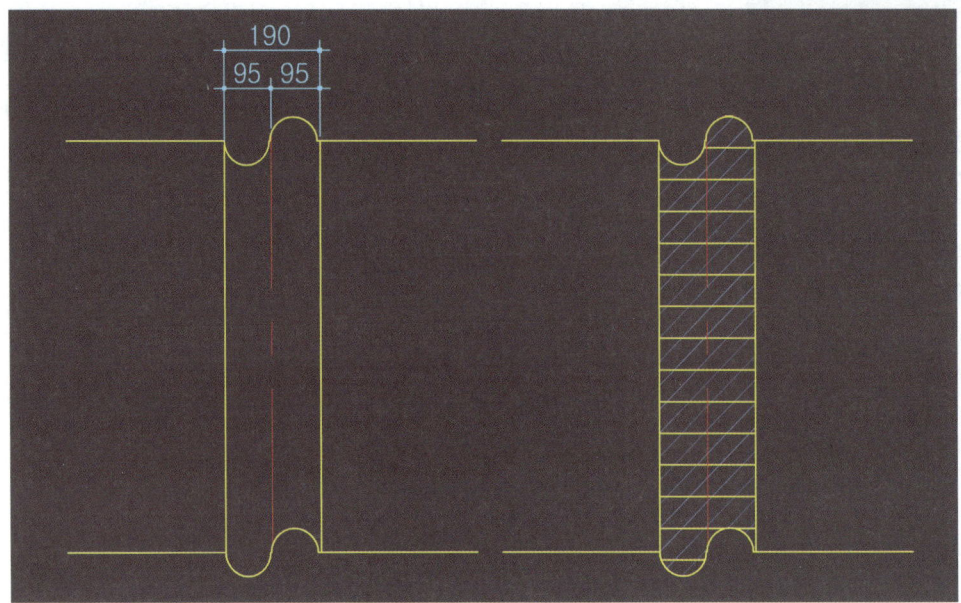

1.5B 공간쌓기를 응용하여 작도하면 됩니다.

### 🔲 단열재 두께에 따른 Linetype Scale

- 단열재가 50mm일 때 Linetype 0.25
- 단열재가 70mm일 때 Linetype 0.34
- 단열재가 75mm일 때 Linetype 0.37
- 단열재가 80mm일 때 Linetype 0.4
- 단열재가 125mm일 때 『Linetype scale』을 『0.6』으로 수정합니다.

### 외벽용 옹벽 벽체

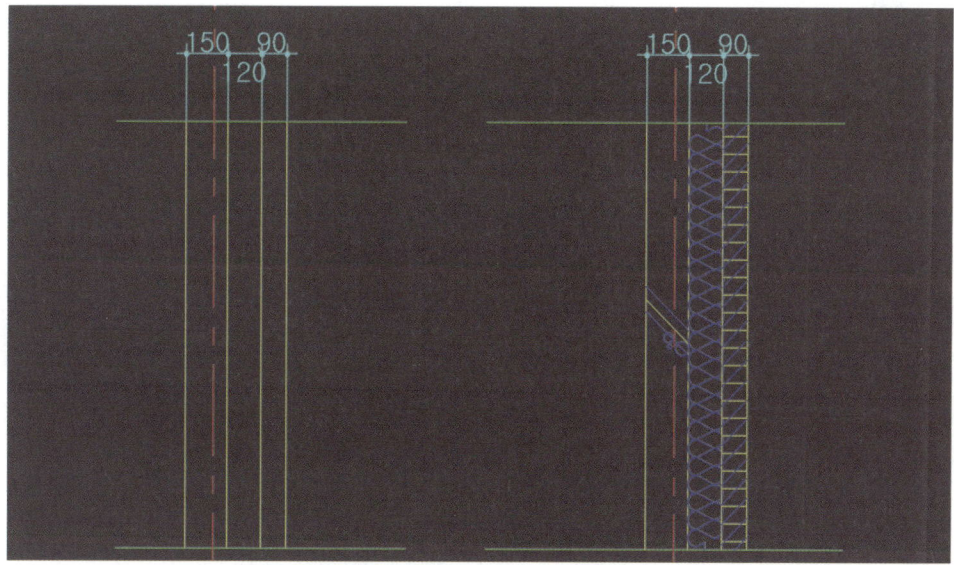

- 평면도는 이 책의 기출문제 2011년 5월 ①형을 참고하기 바랍니다.
- 중심선은 평면도를 보고 확인해야 합니다. 시험지에 따라 달라질 수 있기 때문입니다.
- 전체 벽체 중심을 계산하여 벽체 중심을 잡아서 양쪽으로 『Offset』 명령을 이용합니다.
- 옹벽의 재료표현으로 콘크리트 표현을 작도합니다.

### 내벽용 옹벽 벽체

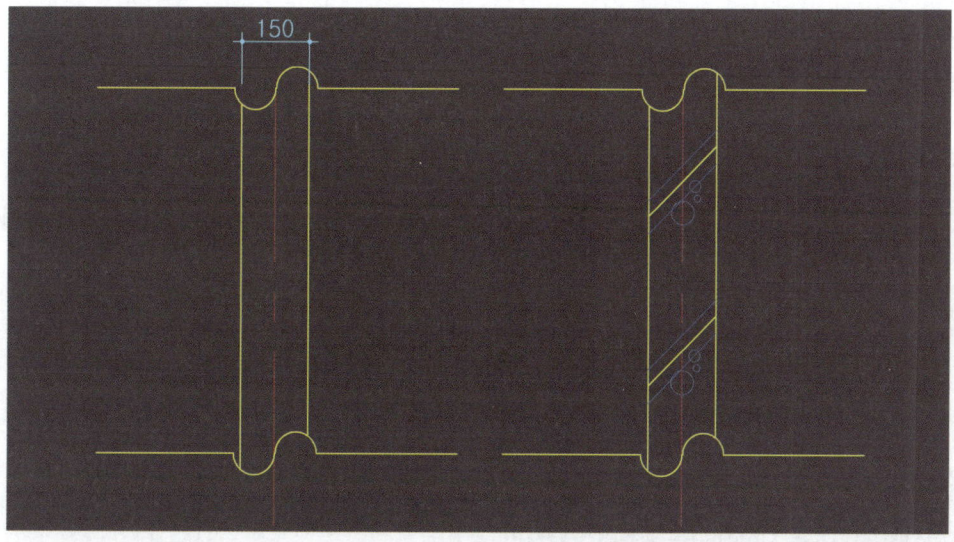

시험 조건에 주어지는 치수로 내벽의 두께를 결정합니다. 평면도를 보면서 중심선의 위치를 결정합니다.

# 2일차 줄기초

▶ 동영상 강의 : 건축제도실기-02-02

##  조건

### 1. 실의 높이
- 평면도에서 현관의 계단 수를 보고 확인합니다.
- 계단 한 단의 높이는 150mm, 폭은 300mm로 계산합니다.
- 방의 높이는 보통 450mm를 많이 사용합니다.

### 2. 외벽과 내벽의 차이
- 외벽에는 단열재가 반드시 들어갑니다.
- 주로 1.5B 공간쌓기를 많이 사용하며, G.L 아래에 장식벽과 단열재를 받쳐주는 턱을 만듭니다.

### 3. 외벽단열재
- 외벽단열재는 120mm 정도이나 주어지는 조건에 맞추어 작도합니다.
- 내벽일 경우는 단열재가 없습니다.

### 4. 동결선의 위치
지하수가 어는 위치를 말해줍니다. 기초 부분은 얼지 않는 곳에 위치해야 하기 때문에 중부지방인 경우 900mm를 기본으로 하고, 남부지방은 600mm로 설정하여 줍니다.

### 5. 재료의 표현
단면도에는 꼭 재료 표현을 해주어야 하고 축척 1/40로 하기 때문에 거기에 맞는 표현을 해줍니다.

> **T·I·P**
> 1.5B 공간쌓기 줄기초는 시험에 나올 확률이 100%이므로 빠르게 그릴 수 있도록 숙지합니다.

## 작도요령

### 기출문제 평면도

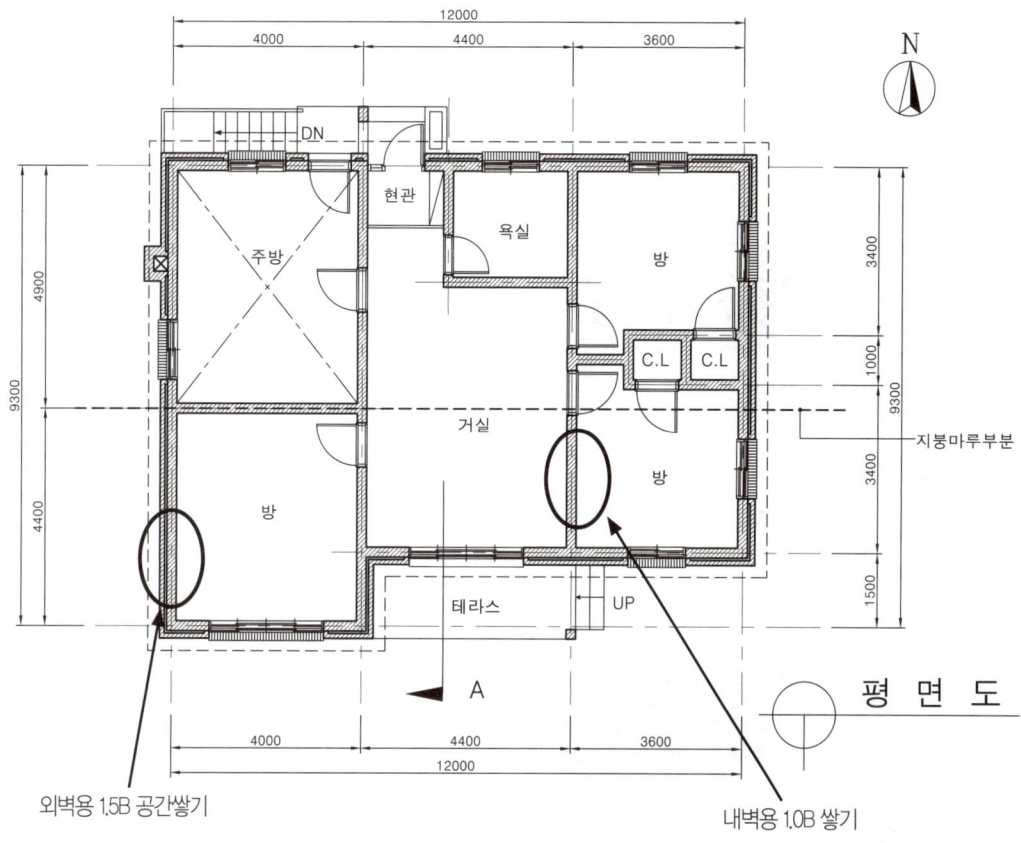

### 외벽 1.5B 공간쌓기 줄기초

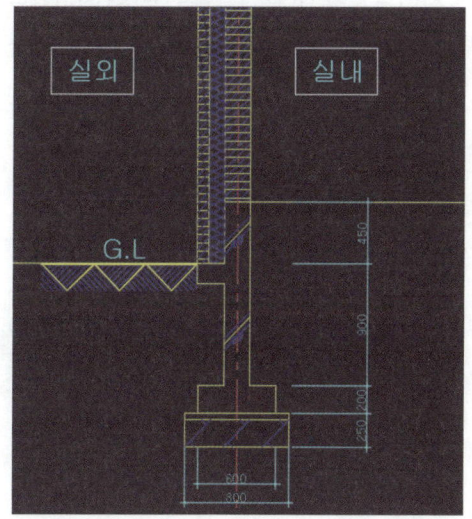

우선 지반선(G.L)부터 작도합니다. 『Offset』 명령을 이용하여 지반선을 기준으로 위로 450mm, 아래로 900mm 그리고 철근콘크리트(200), 밑창 콘크리트(50), 잡석다짐(200) 순으로 그립니다. 벽체가 1.5B 공간쌓기로 출제되었는지 수험지의 조건에서 꼭 확인해야 합니다. 세로선은 중심선을 기준으로 양쪽 시멘트 벽돌(100), 시멘트 벽돌(100) 그리고 단열재(120), 붉은 벽돌(100)을 하면 됩니다. 지반선(G.L)에서 벽돌 받침턱 『Rec』(@210,150)을 사각형으로 작도합니다.

### 🔶 외벽 1.0B 공간쌓기 줄기초

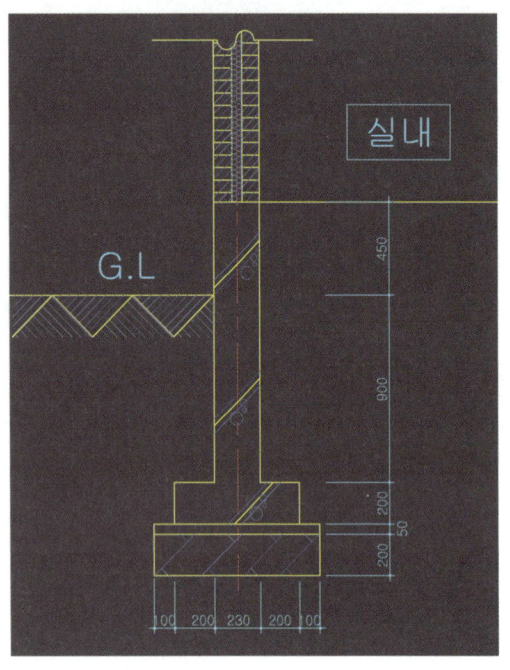

우선 지반선(G.L)부터 작도하고 『Offset』 명령을 이용하여 지반선을 기준으로 위로 450mm, 아래로 900mm 작도하고 철근콘크리트(200), 밑창콘크리트(50), 잡석다짐(200) 순으로 그립니다. 벽체가 1.0B 공간쌓기로 출제되었는지 수험지에서 조건을 꼭 확인해야 합니다. 세로선은 중심선을 기준으로 『Offset』 명령을 이용하여 양쪽으로 단열재(25), 단열재(25) 그리고 바깥쪽부터 붉은 벽돌(100), 내벽 쪽으로 시멘트 벽돌(100)을 하면 됩니다.

### 🔶 내벽 1.0B 쌓기 줄기초

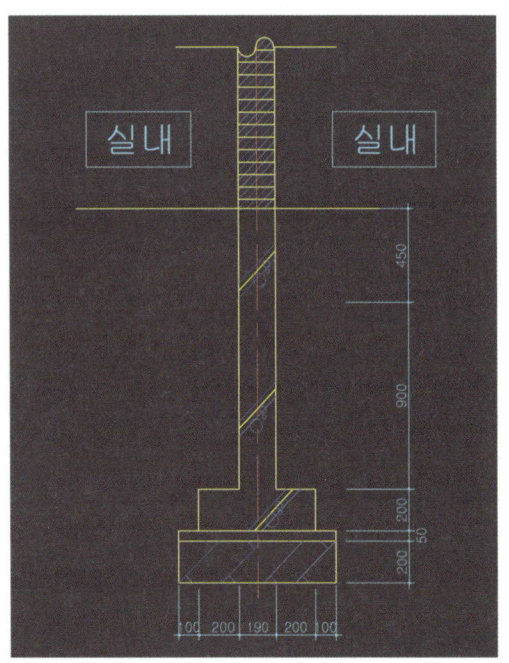

우선 지반선(G.L)부터 작도하고 『Offset』 명령을 이용하여 위로 450mm, 아래로 900mm 작도한 후 철근콘크리트(200), 밑창콘크리트(50), 잡석다짐(200) 순서로 그립니다. 벽체가 1.0B로 출제되었는지 수험지에서 조건을 꼭 확인해야 합니다. 세로선은 중심선을 기준으로 『Offset』 명령을 이용하여 양쪽으로 시멘트 벽돌(100), 시멘트 벽돌(100)입니다. 내벽은 방부분에 턱이 없습니다.

### 🟩 외벽옹벽 줄기초

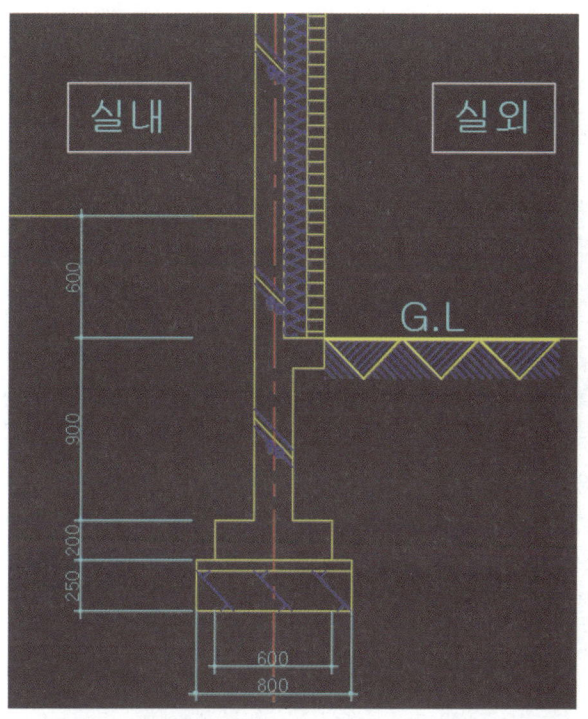

평면도는 이 책의 기출문제 2011년 5월 ① 형을 참고하기 바랍니다. 우선 지반선 (G.L)부터 작도하고 『Offset』 명령을 이용하여 지반선을 기준으로 위로 600mm, 아래로 900mm 작도하고 철근콘크리트(200), 밑창 콘크리트(50), 잡석다짐(200) 순으로 그립니다. 옹벽의 두께를 시험지의 조건에서 꼭 확인합니다. 세로선은 중심선을 기준으로 『Offset』 명령을 이용하여 양쪽으로 100씩 합니다. 옹벽(150), 단열재(120), 적벽돌(90)의 순서로 바깥 방향으로 『Offset』 합니다.

### 🟩 내벽옹벽 줄기초

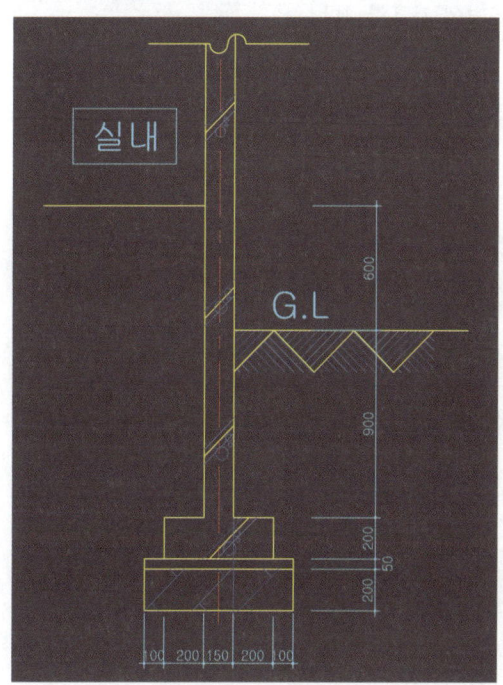

시험 조건에서 주어지는 치수로 내벽의 두께를 결정합니다. 평면도를 보면서 중심선의 위치를 결정합니다.

## 🔷 단면 시험에 나올 재료 표현들

| 표시 사항 | 재료 표현 | 사용 설명 |
|---|---|---|
| 지 반 | | G.L 선을 의미합니다. |
| 잡석 다짐 | | 기초부분에 사용합니다. |
| 철근콘크리트 | | 기초부분에 사용합니다. |
| 콘크리트 | | 기초부분에 사용합니다. |
| 모 래 | | |
| 석 재 | | 현관부분에 사용합니다. |
| 벽 돌 | | 내벽에 사용합니다. |
| 나무 구조 | | 바닥부분에 사용합니다. |
| 단 열 재 | | 외벽에 사용합니다. |
| 차 단 재 | | 온돌난방에 사용합니다. |

재료는 빨리 그리는 연습을 해야 하며, 단면표현에 사용됩니다.

Craftsman Computer
Aided Architectural
D r a w i n g

# 3 일차

- 현관
- 방바닥

# 3일차 현관

▶ 동영상 강의 : 건축제도실기-03-01

## 조건

### 1. 실의 높이

- 평면도에서 현관의 계단 수를 보고 확인합니다.
- 계단을 두 단 올라가서 현관문을 열고 신을 벗은 다음 거실로 들어서게 됩니다.
- 계단 한 단은 일반적 시공수준인 높이 150mm, 폭 300mm로 설정합니다.
- 그러므로 현관높이는 계단의 단수에 따라 결정됩니다.

### 2. 현관의 기초 깊이

- 현관의 기초는 벽체의 줄기초와 다르게 동결선 깊이를 고려하지 않아도 됩니다.
- 이유는 벽체의 줄기초는 주요 구조체로 힘을 지반에 전달하는 역할을 하지만 현관의 기초는 커다란 힘을 받지 않기 때문입니다.
- 줄기초와 연결하여 작도합니다. 재료가 같은 철근콘크리트가 됩니다.

> **T·I·P**
> - 현관 기초의 깊이와 재료가 줄기초와 다른 점을 숙지합니다.
> - 대개의 경우 현관은 치수가 주어지지 않기 때문에 일반 30cm자 또는 스케일자로 잽니다.

## 작도요령

### 기출문제 평면도

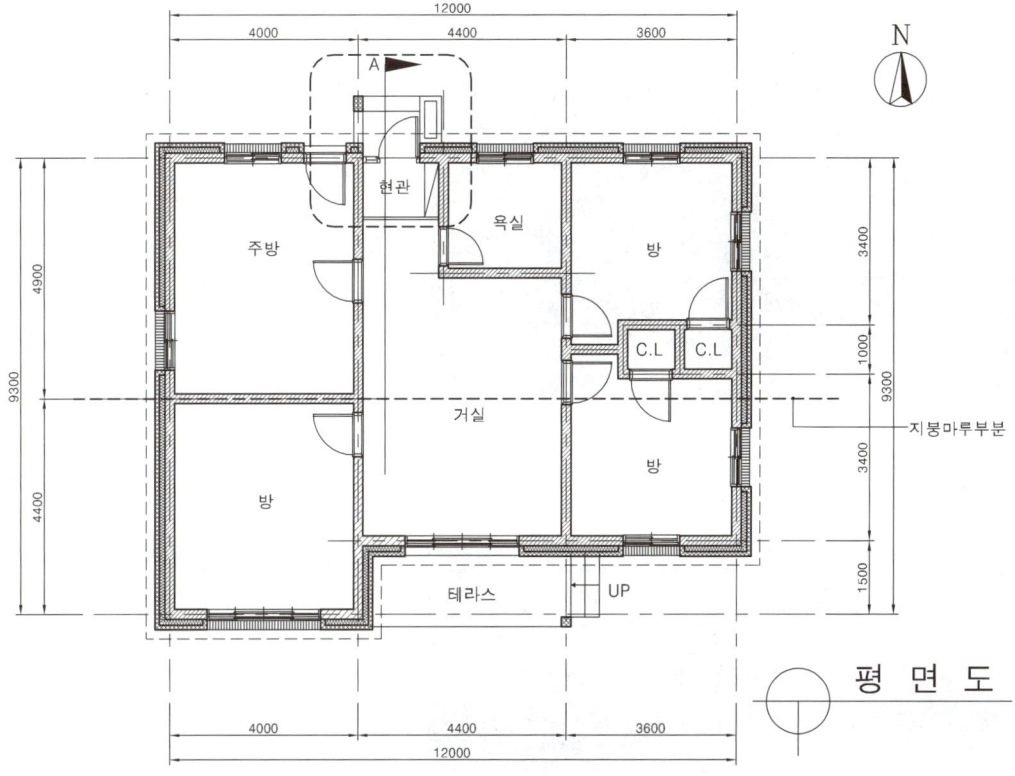

현관의 계단이 두 단이기 때문에 현관의 높이는 300mm가 되고 거실은 450mm가 됩니다.

### 현관 계단

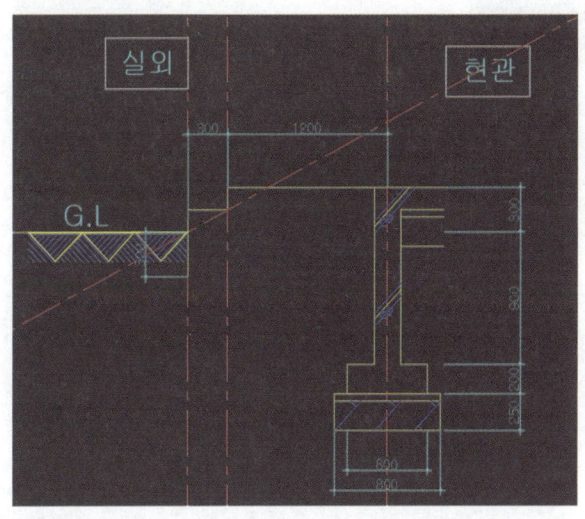

기초는 외벽의 기초인 1.5B 공간쌓기를 이용하고 지반선(G.L)에서 계단 한 단의 높이를 150mm씩 두 단 올립니다.

### 🔷 현관 기초

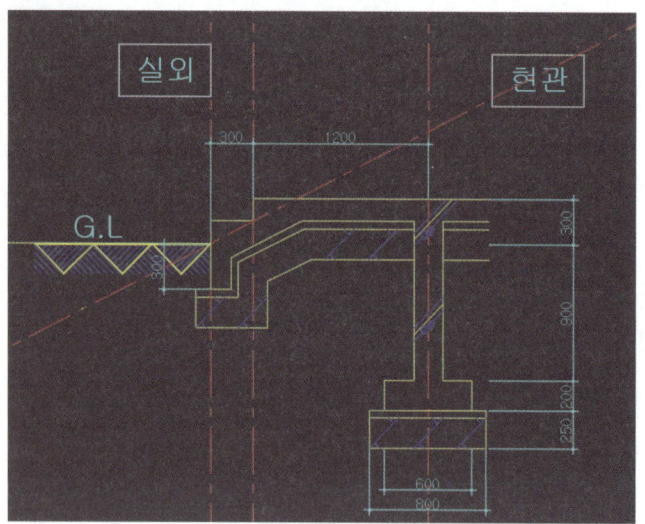

『Xline』 명령을 이용하여 계단의 기울기를 잡습니다.(자세한 설명이 있는 10일차 강의를 참고하세요.) 계단의 기울기를 기준으로 『Offset』 명령을 사용하여 철근콘크리트(150), 밑창콘크리트(50), 잡석다짐(200) 순서로 작도합니다.

### 🔷 현관 재료 표현

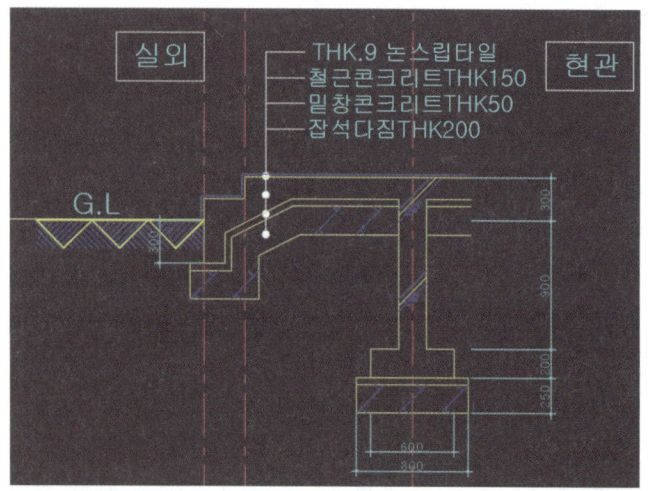

재료 표현과 글자를 넣어 줍니다. 마감으로 논슬립타일을 해줍니다.

# 3일차 방바닥

▶ **동영상** 강의 : 건축제도실기-03-02

##  조건

### 1. 실의 높이
- 평면도에서 현관의 계단 수를 보고 확인합니다.
- 계단을 두 단 올라가서 현관문을 열고 신을 벗은 다음 거실로 한 단 더 올라가게 됩니다. 그러므로 거실의 높이, 즉 방의 높이는 450mm가 됩니다.(한 단의 높이는 150mm로 봅니다.)
- 계단 수에 의해 결정되므로 평면도를 확인합니다.

### 2. 방바닥의 구조
- 실기 시험지의 조건을 확인합니다.
- **기초 및 지하실 벽체** : 철근콘크리트 구조로 하고 1층 슬라브와 일체식이 되게 합니다.
- **벽체** : 외벽 – 외부로부터 붉은 벽돌 0.5B, 단열재 50mm, 시멘트 벽돌 1.0B로 하고 외부마감은 제물치장으로 합니다.
  내벽 – 두께 1.0B 시멘트 벽돌 쌓기로 합니다.
- **각 실의 난방** : 온수파이프 온돌난방으로 합니다.
- **거실과 현관의 차이가 150mm일 때** : 콩자갈층 100mm, 질석보온재 50mm를 하고 온수파이프는 Ø25 짜리를 @250 간격으로 합니다.
- **거실과 현관의 차이가 100mm일 때** : 콩자갈층 70mm, 질석보온재 30mm를 하고 온수파이프는 Ø25 짜리를 @250 간격으로 합니다.
- **단열재 조건 추가** : 바닥 85mm, 벽 120mm, 지붕 180mm

# 작도요령

### 기출문제 평면도

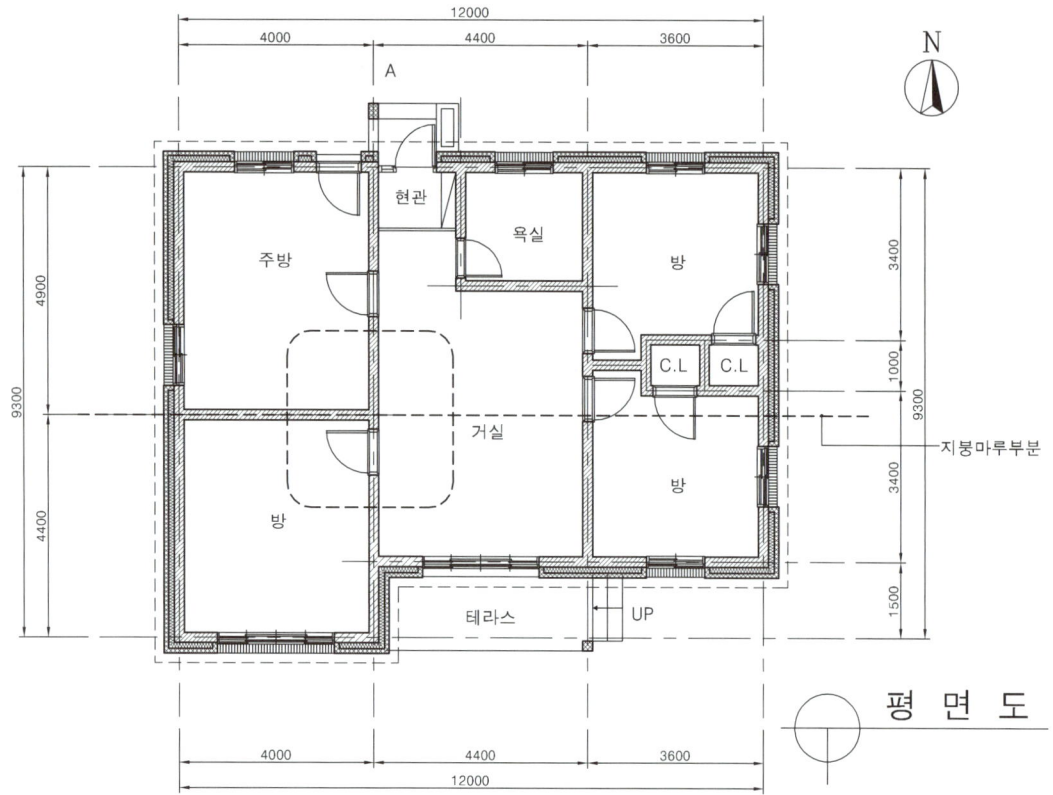

현관에서 실의 높이를 확인합니다.

### 🟩 외벽 방바닥(1.5B 공간쌓기)

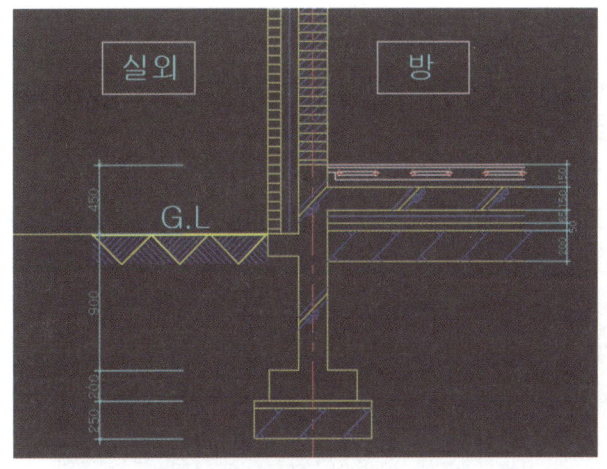

우선 지반선(G.L)에서 『Offset』 명령을 이용하여 방의 높이 450mm 위로 올리고 다시 아래로 콩자갈층(100), 질석보온재(50), 철근콘크리트(150), 단열재(85), 밑창콘크리트(50), 잡석다짐(200) 순으로 선을 그립니다. 다음에 온수파이프 표현과 재료 표현들을 합니다.(턱이 만들어지는 경우는 2일차 강의를 참고하세요.)

### 🟩 내벽 방바닥(1.0B 쌓기)

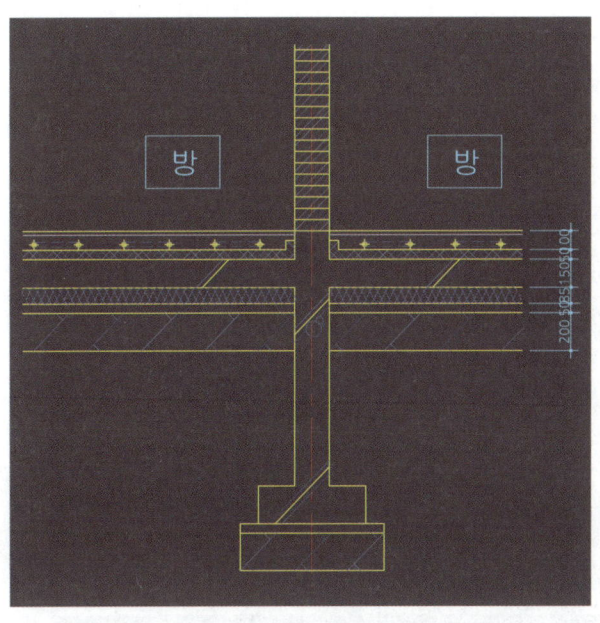

실이 양쪽에 있는 내벽 같은 경우 450mm 선에서 턱없이 아래로 콩자갈층(100), 질석보온재(50), 철근콘크리트(150), 단열재(85), 밑창콘크리트(50), 잡석다짐(200) 순으로 선을 그립니다. 다음에 온수파이프 표현과 재료 표현을 합니다.
현관과 거실의 높이 차이가 100mm일 경우에는 콩자갈층(70), 질석보온재(30)으로 조절을 합니다. 이하는 동일하게 합니다.

## 온수파이프의 표현

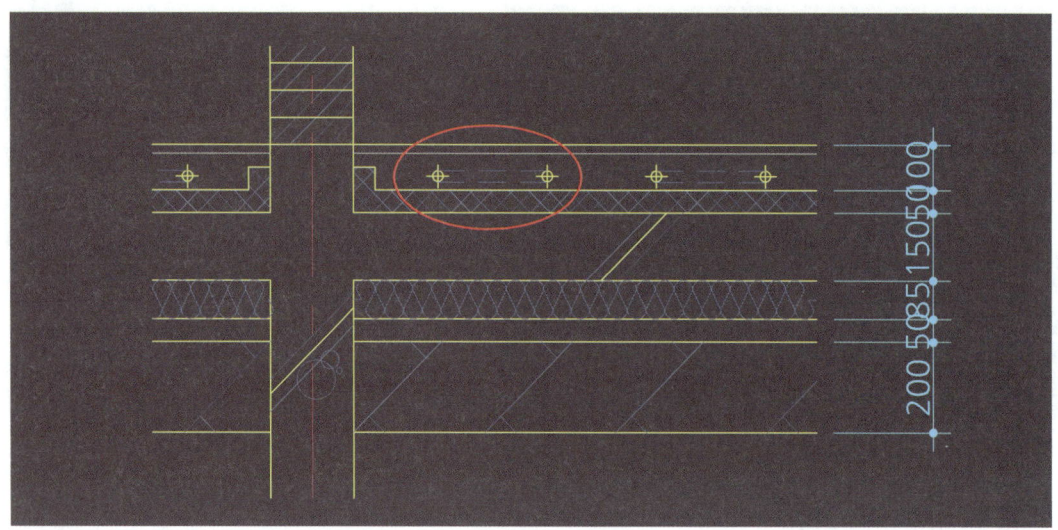

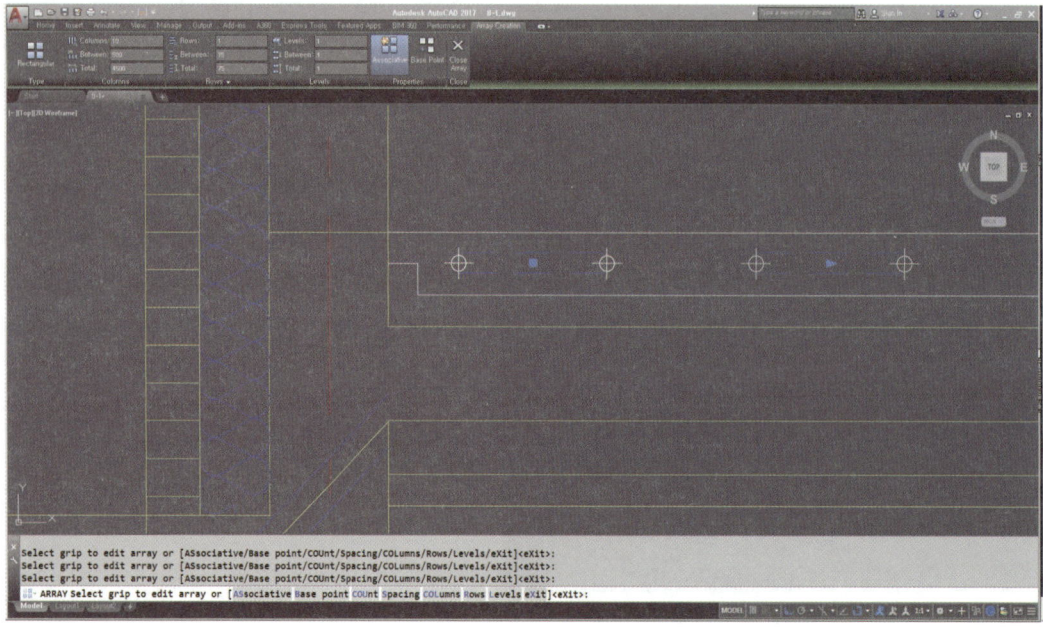

온수파이프 Ø25 짜리를 @250 간격으로 합니다. 명령어 『CIRCLE』로 지름 25로 작도합니다.
『Array』 [사각배열]로 온수파이프깔기 표현을 합니다.

## 현관과 실외 재료 표현과 기초

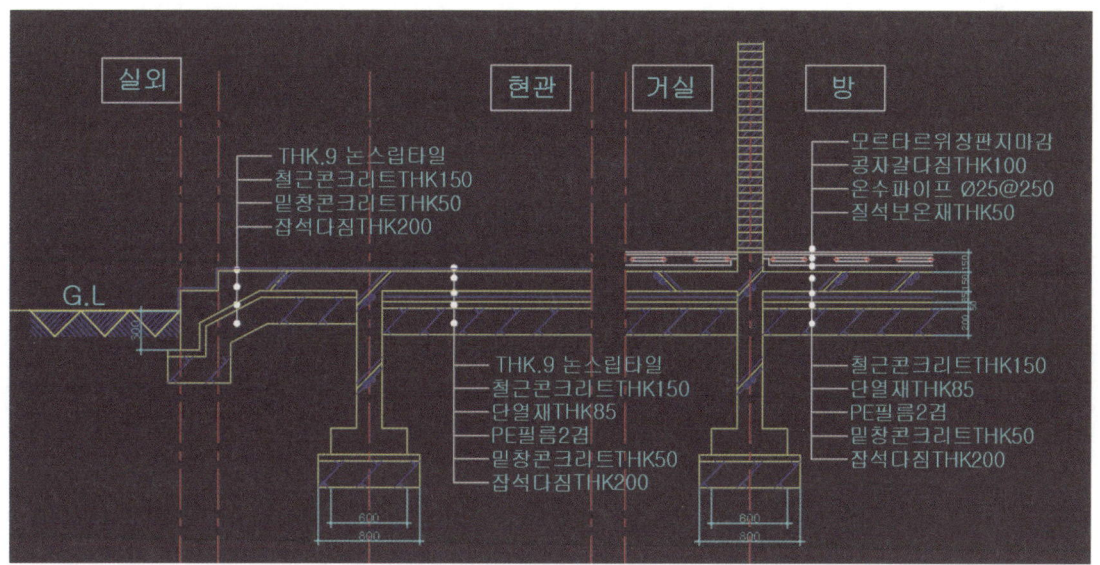

재료명 기입과 해칭선, 마감선을 적절하게 넣습니다.(동영상 강의를 참고하세요.)
재료명 기입할 때 Ø표시는 한글 "ㄲ"을 써놓고 선택하여 키보드의 한자 키를 누르면 오른쪽 하단에 팝업메뉴가 보이는데, 이때 선택하여 사용합니다.

> **T·I·P**
> 
> 2008 버전에서는 "ㄲ" 키가 안 되는 경우가 있습니다.
> 이때는 문자 입력 시 %%C를 입력하면 Ø로 나타납니다. 만약, %%C를 입력했는데, Ø가 아니고 □로 표시될 경우 글자체의 특성이므로 글자체(font)를 굴림체로 바꿔 사용하면 됩니다.

MEMO

# Craftsman Computer Aided Architectural Drawing

## 4 일차

- 옥실
- 거실바닥

# 4일차 욕실

▶ 동영상 강의 : 건축제도실기-04

## 조건

### 1. 실의 높이
- 거실바닥 높이에서 150mm(계단 한 단의 높이) 아래로 그립니다.
- 즉 욕실바닥은 온돌파이프 마감부분이 되지 않고, 기초부분은 실부분과 구조가 동일합니다.

### 2. 마감
- 기초는 다른 실과 같으나 철근콘크리트 위에 바로 시멘트 액체방수 3차와 논슬립타일마감을 합니다.
- 천장 마감은 방수석고보드위 수성페인트마감을 합니다. 나머지는 천장 부분과 동일합니다.

## 작도요령

### 기출문제 평면도

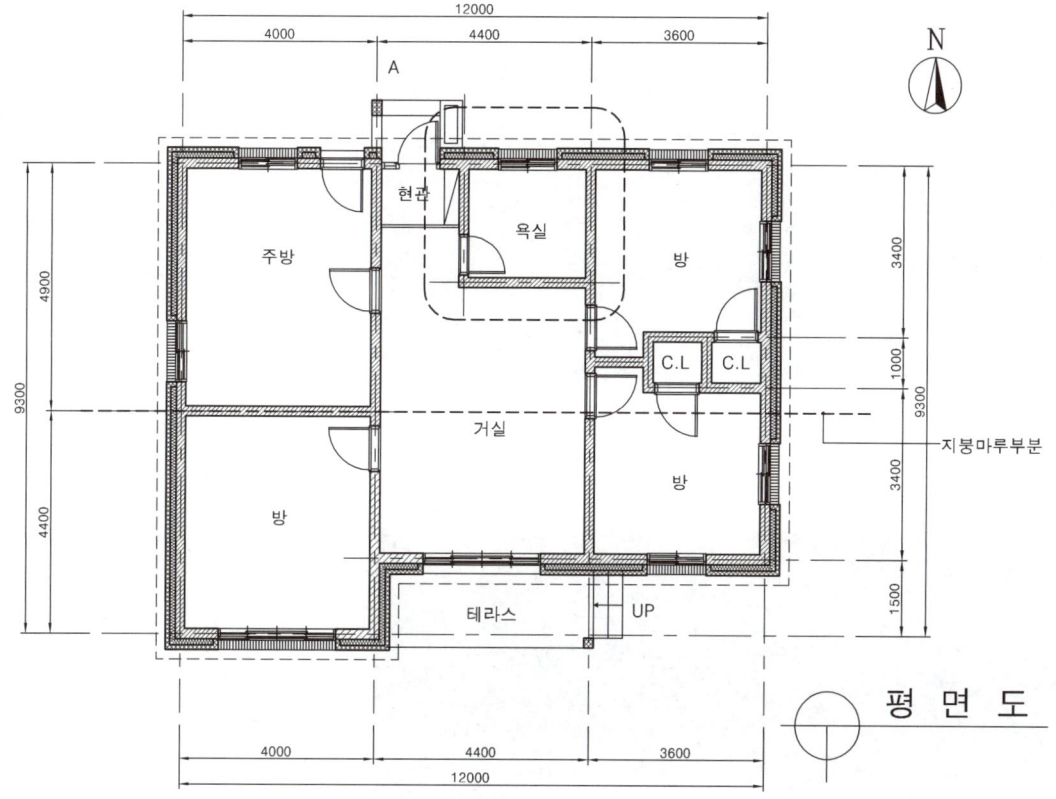

욕실은 시험에 많이 출제되지 않으며, 작도도 비교적 쉽습니다.

## 외벽 방바닥(1.5B 공간쌓기)

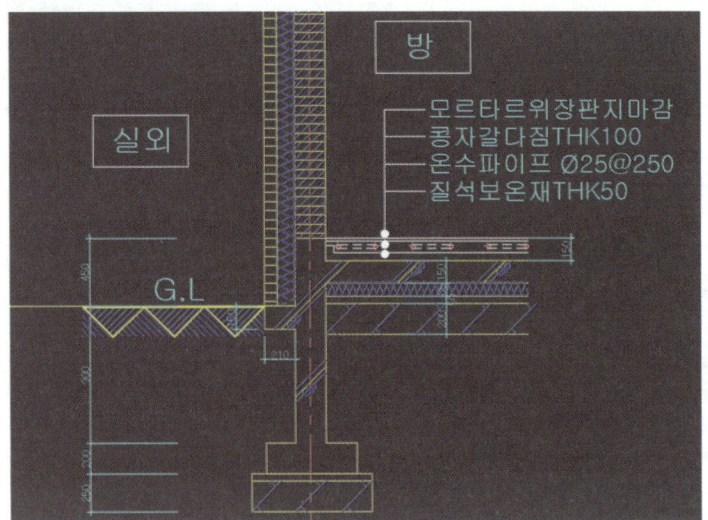

3일차 강의부분의 외벽 방바닥 (1.5B 공간쌓기) 부분을 응용합니다. 방부분의 기초와 줄기초 벽체는 같습니다. 그러나 여기서 온수파이프(100)와 질석보온재(50)를 걷어내고 방수 모르타르와 타일마감을 하면 화장실 내부는 끝이 납니다.
『Offset』 치수는 20입니다.

## 화장실 바닥

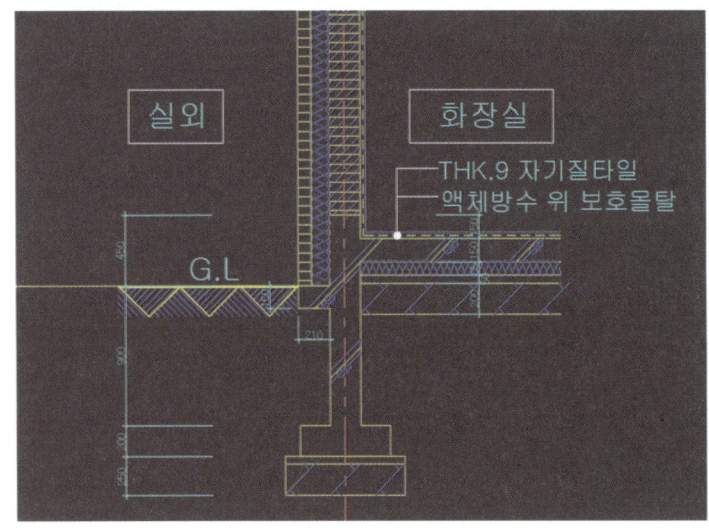

화장실 바닥이 거실바닥 높이보다 150mm 정도 낮은 이유는 온수온돌난방을 하지 않기 때문입니다. 또한 물이 바깥(거실 쪽)으로 넘치는 것도 막을 수 있습니다.

### 줄기초와 1층 바닥 기초 상세

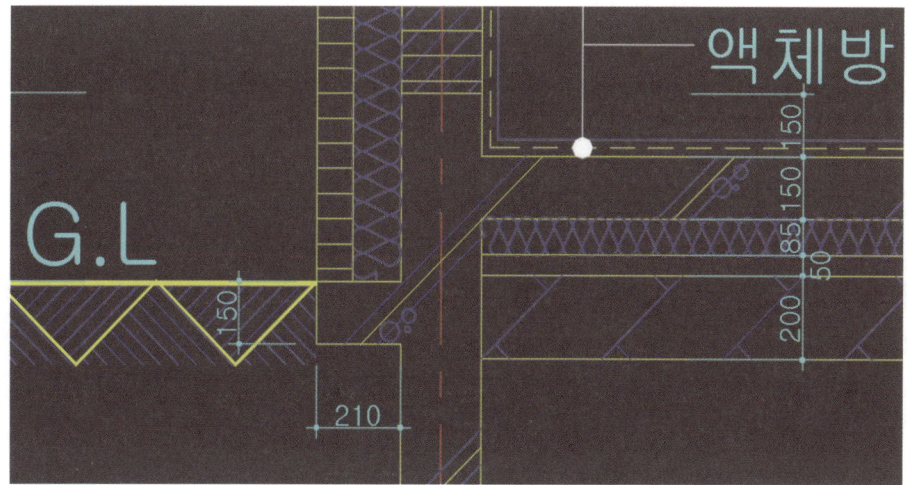

외벽과 실내가 접하는 곳은 턱이 올라가야 빗물이 조적을 타고 실내로 들어오지 않습니다.
또한 기초와 1층 슬라브바닥이 같은 철근콘크리트로 되어 있으므로 서로 연결이 되어야 합니다.

# 4일차 거실바닥

## 조건

### 1. 실의 높이
- 평면도에서 현관의 계단 수를 보고 확인합니다.
- 계단을 두 단 올라가서 현관문을 열고 신을 벗은 다음 거실로 한 단 더 올라가게 됩니다. 그러므로 거실의 높이, 즉 방의 높이는 450mm가 됩니다.
- 계단 수와 상관이 있으니 평면도를 확인합니다.

### 2. 외벽구조인지 내벽구조인지 확인
- 평면도에서 바깥쪽인지 안쪽인지 확인해야 합니다.
- 외벽구조 : 적벽돌 치장 쌓기(0.5B) + 단열재(120mm) + 시멘트 벽돌 쌓기(1.0B)
- 내벽구조 : 시멘트 벽돌 쌓기(1.0B)

### 3. 바닥구조 확인
바닥구조는 온수파이프 온돌난방으로 할 경우 방바닥구조와 동일합니다.

### 4. 걸레받이
거실에는 걸레받이를 꼭 작도해 주어야 합니다. (18mm×180mm)

> **T·I·P**
> 시험 조건에서 『각 실의 난방은 온수파이프 온돌난방으로 한다.』라고 나오면 거실은 방구조와 동일하고 추가되는 부분은 걸레받이입니다.

**작도요령**

### 기출문제 평면도

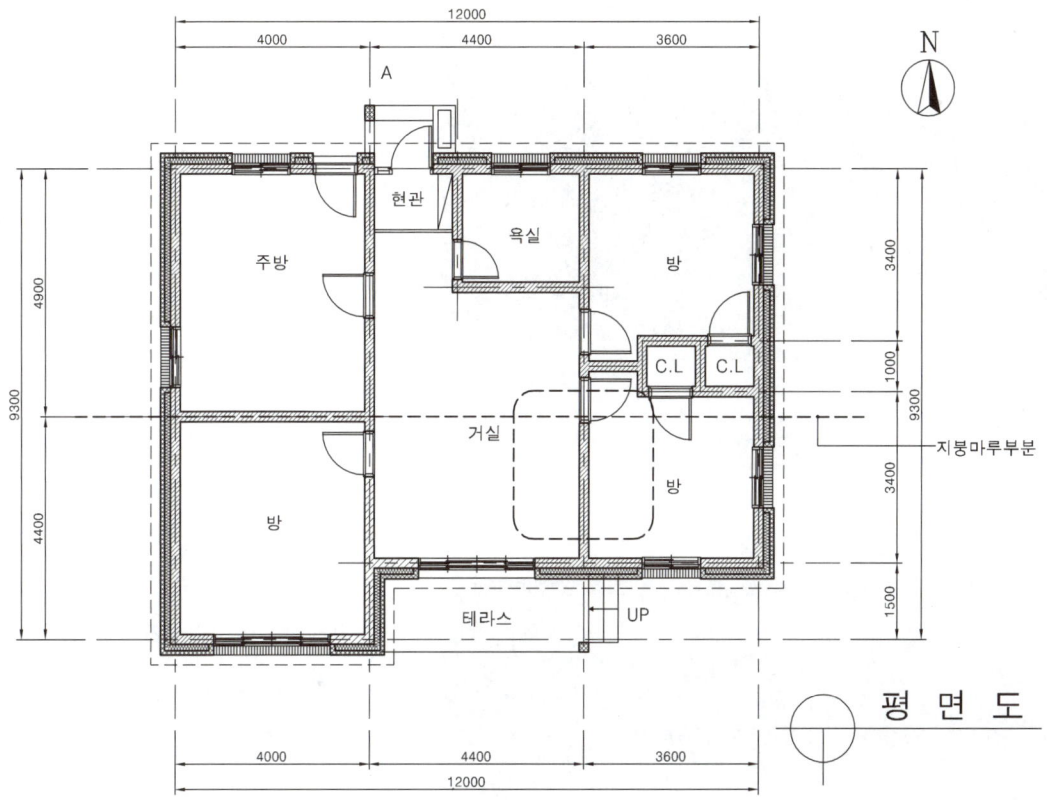

### 거실바닥과 방바닥의 차이

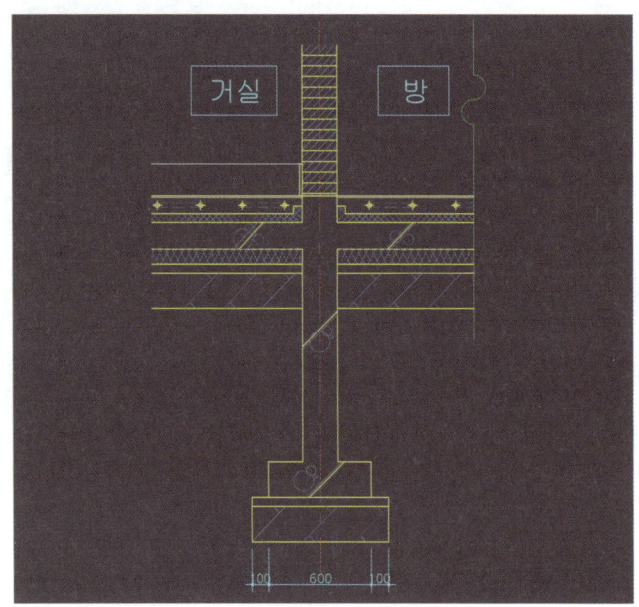

방바닥 구조를 그대로 『Mirror』 명령을 사용하여 작도합니다. 재료 표현을 정리합니다.

### 재료 표현

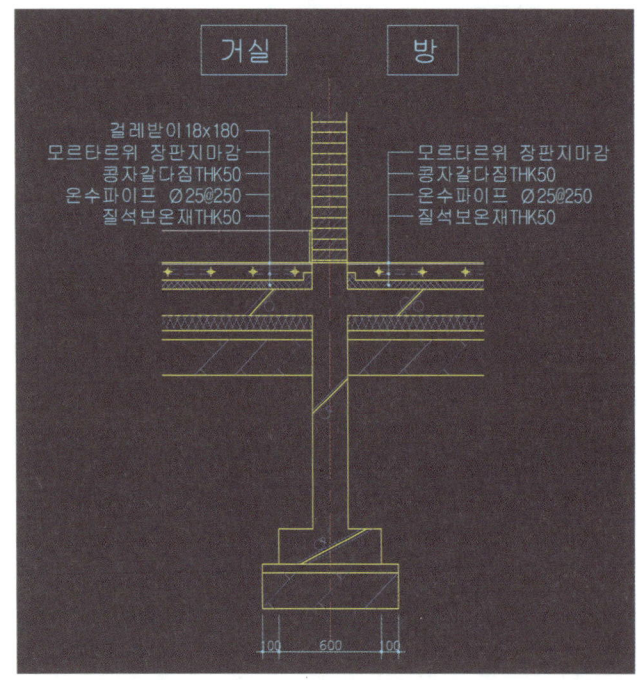

방바닥 구조와 같으나 추가되는 부분이 걸레받이입니다. 거실과 실의 차이점을 확인합니다.

# Craftsman Computer Aided Architectural Drawing

## 5 일차

■ 창 입면·단면상세도

# 5일차 창 입면·단면상세도

▶ 동영상 강의 : 건축제도실기-05

##  조건

### 1. 창의 구조
- 실기시험지의 조건을 확인합니다.
- 창호 : 『목재창호로 하되 이중창인 경우 외부 창호는 알루미늄 새시로 한다.』라고 조건에 주어집니다.
- 목재창호는 실내 쪽에 설치하고 바깥 쪽에는 알루미늄 새시를 합니다.

### 2. 창호의 치수
- 창호의 치수는 실의 용도에 따라 달라질 수 있습니다.
- 시험 조건을 최우선으로 먼저 고려합니다.
- 거실 창호는 2,400mm×2,400mm(4짝 짜리문)
- 방의 창호는 1,200mm×1,200mm(2짝 짜리문)
- 화장실 창호는 600mm×600mm(2짝 짜리문)

### 3. 창대블록 쌓기
창의 하부에 건너 댄 블록으로 빗물을 처리하고 장식적으로 사용됩니다.

> **T·I·P**
> - 창호치수가 주어지는 경우에는 시험조건을 우선해야 합니다.
> - 주어지지 않을 경우 용도에 따라 임의로 할 수 있습니다.
> - 합성수지 2중창호로 조건이 주어질 경우 목재부분의 해치를 빼주면 됩니다.

## 작도요령

### 기출문제 평면도

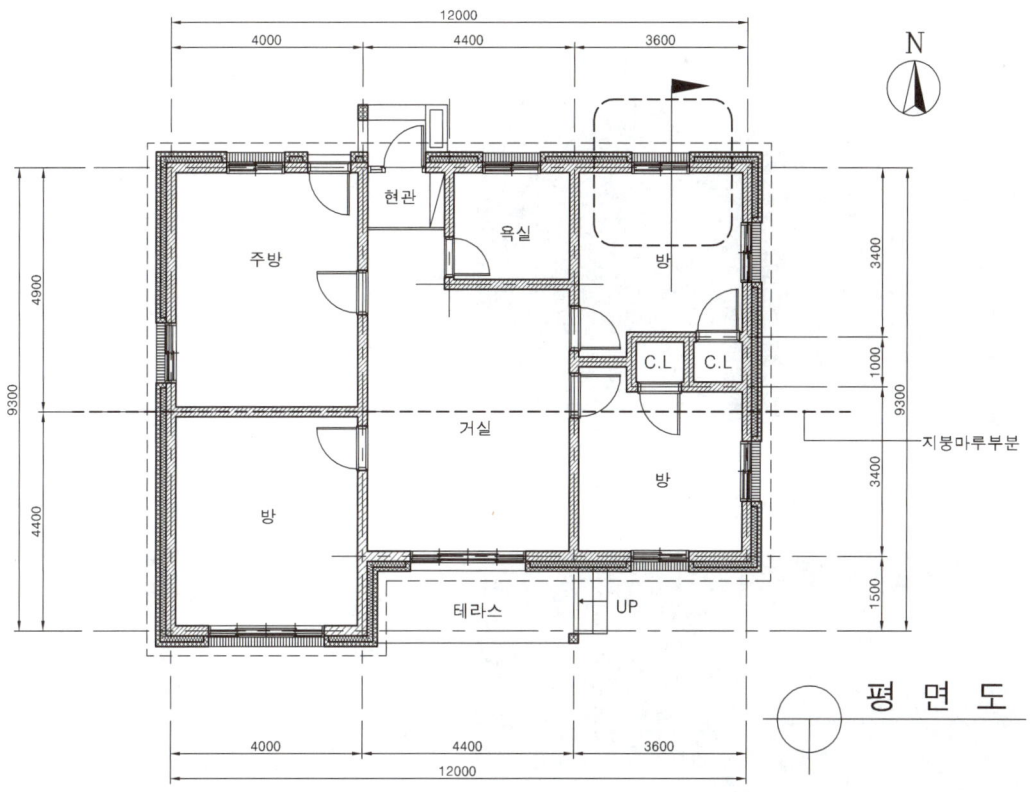

### 알루미늄 창호

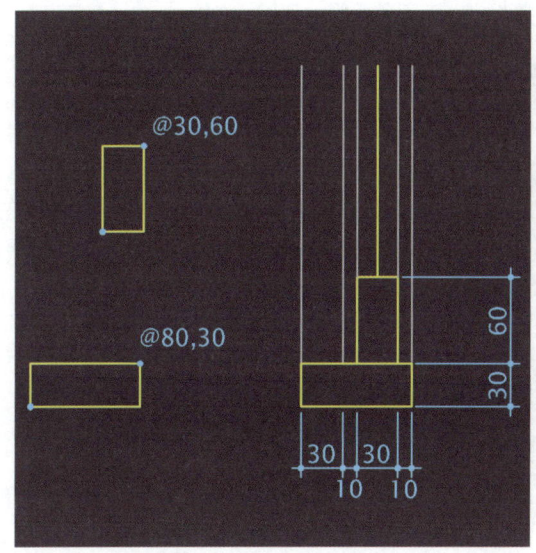

알루미늄 창에서 밑틀 프레임은 어느 한 점을 선택하여 기준점으로 하고 다음 점을 『@80,30』의 상대값 사각형『Rec』로 그립니다. 알루미늄 창틀 프레임도 어느 한 점을 선택 기준점으로 하고 다음 점을 『@30,60』의 상대값 사각형『Rec』로 그립니다. 그린 사각형을 그림과 같이 맞추고 『Line』을 그려 『Offset』을 각각 10, 30, 10, 30으로 하여 단면창 선과 입면창 선을 만들어 줍니다. 단면도 1/40로 출력할 것이기 때문에 너무 자세히 그릴 필요가 없습니다. 시간을 단축하기 위한 작도법입니다.

### 🟩 목재 창호

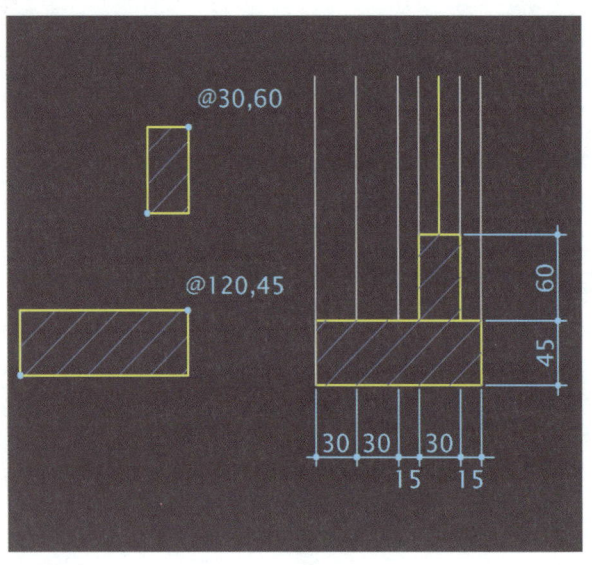

목재 창에서 밑틀 프레임은 어느 한 점을 선택 기준점으로 하고 『@120,45』의 상대값 사각형 『Rec』로 그립니다. 목재 창틀 프레임도 어느 한 점을 선택 기준점으로 하고 『@30,60』의 상대값 사각형 『Rec』로 그립니다. 그린 사각형을 그림과 같이 맞추고 『Line』을 그려 『Offset』을 각각 15, 30, 15, 30, 30으로 하여 단면창 선과 입면창 선을 만들어 줍니다.

### 🟩 아래 프레임과 위 프레임(Mirror)

그려진 알루미늄창과 목재창을 그림과 같이 맞추고 『Line』 1,200mm를 그린 다음 중심선을 기준으로 아래 프레임들을 대칭 복사 『Mirror』하여 정리합니다. 유리, 프레임 표현은 단면선(노랑)으로 보여줍니다. 알루미늄 창도 역시 동일합니다. 시험에서 단면도 1/40로 출력할 것이고 펜 두께를 고려할 때 이 정도의 디테일로 정리해야 서로 엉키지 않고 출력상태가 양호합니다.

## 🟩 벽체에 창문 달기

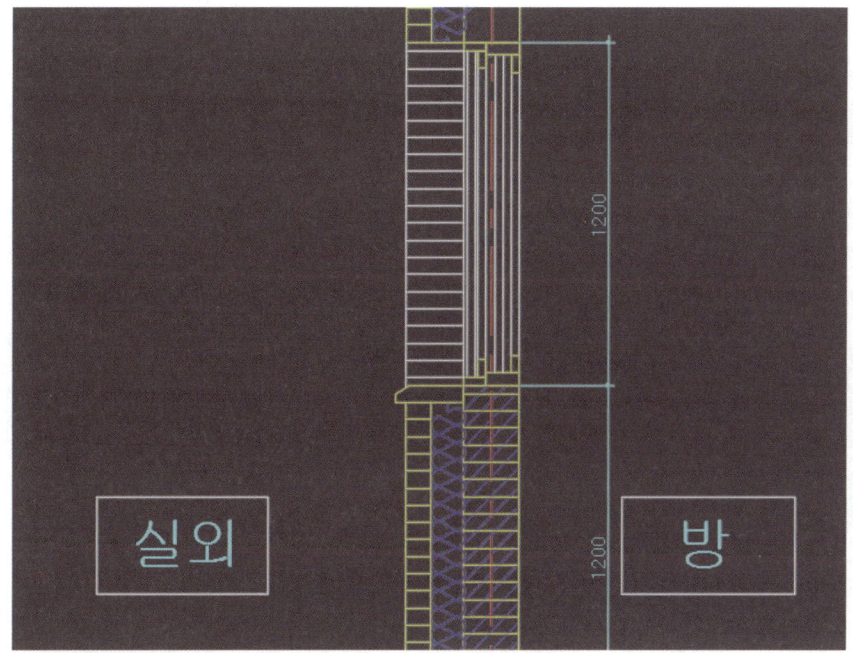

목재창은 실내 쪽으로 오도록 내벽의 끝부분을 맞추어 줍니다. 알루미늄 창의 실외 쪽으로는 벽돌의 입면 재료 표현을 해줍니다. 창턱부분에 창대블록을 합니다.

## 🟩 창대블록 쌓기

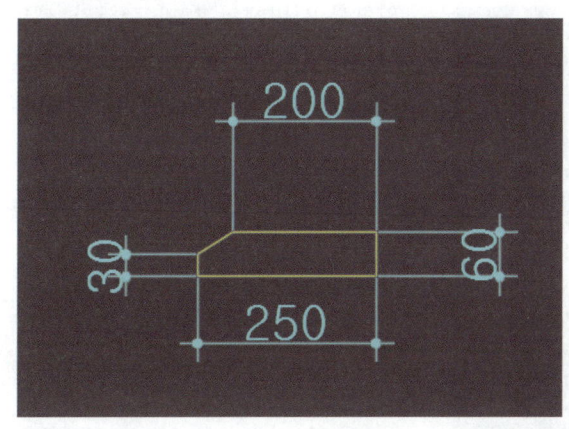

사각형으로 작도하여 다음과 같이 만듭니다. 창대블록은 창의 하부에 건너 댄 블록으로 빗물을 처리하고 장식적으로 사용됩니다.

## 창호 입면도 작도(바깥쪽 새시창)

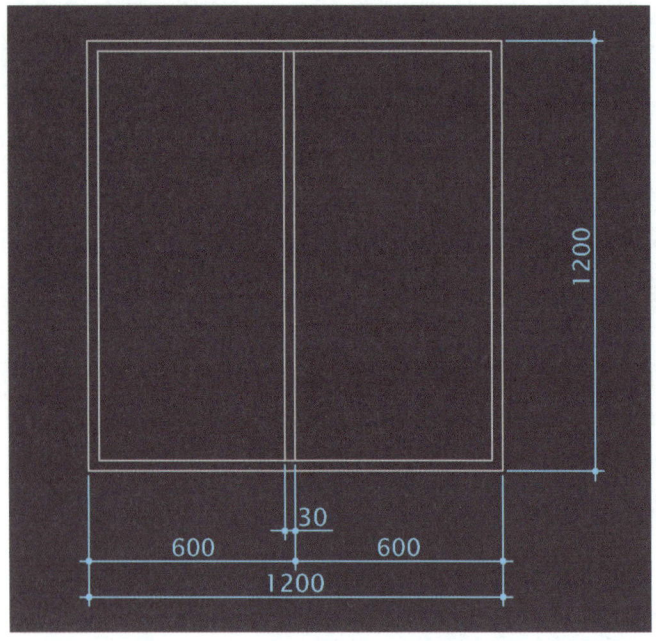

입면도 창은 사각형으로 어느 한 점을 선택하여 기준점으로 하고, @1200, 1200의 상대값 사각형『Rec』로 그립니다. 명령어『Offset』을 안쪽으로 30만큼 하고, 다음 중간점에서 선을 하나 작도하여, 그 선을 기준으로 왼쪽으로 30만큼『Offset』을 합니다. 이렇게 작도하는 이유는 창이 서로 겹쳐 있는 부분이 있기 때문입니다.

## 입면창의 아래인방

윗부분 설명에서 30만큼 나간 선을 기준으로 다시 사각형을 그리고 그린 사각형에서『Offset』을 60만큼 합니다. 바깥선에서 중간 점을 잡아『Mirror』를 하면 완성됩니다. 재료 표현과 열리는 방향 표시를 합니다. 아래 적벽돌 옆쌓기 표현을 합니다. (동영상 강의를 참고하세요.)

### 전체적인 작도

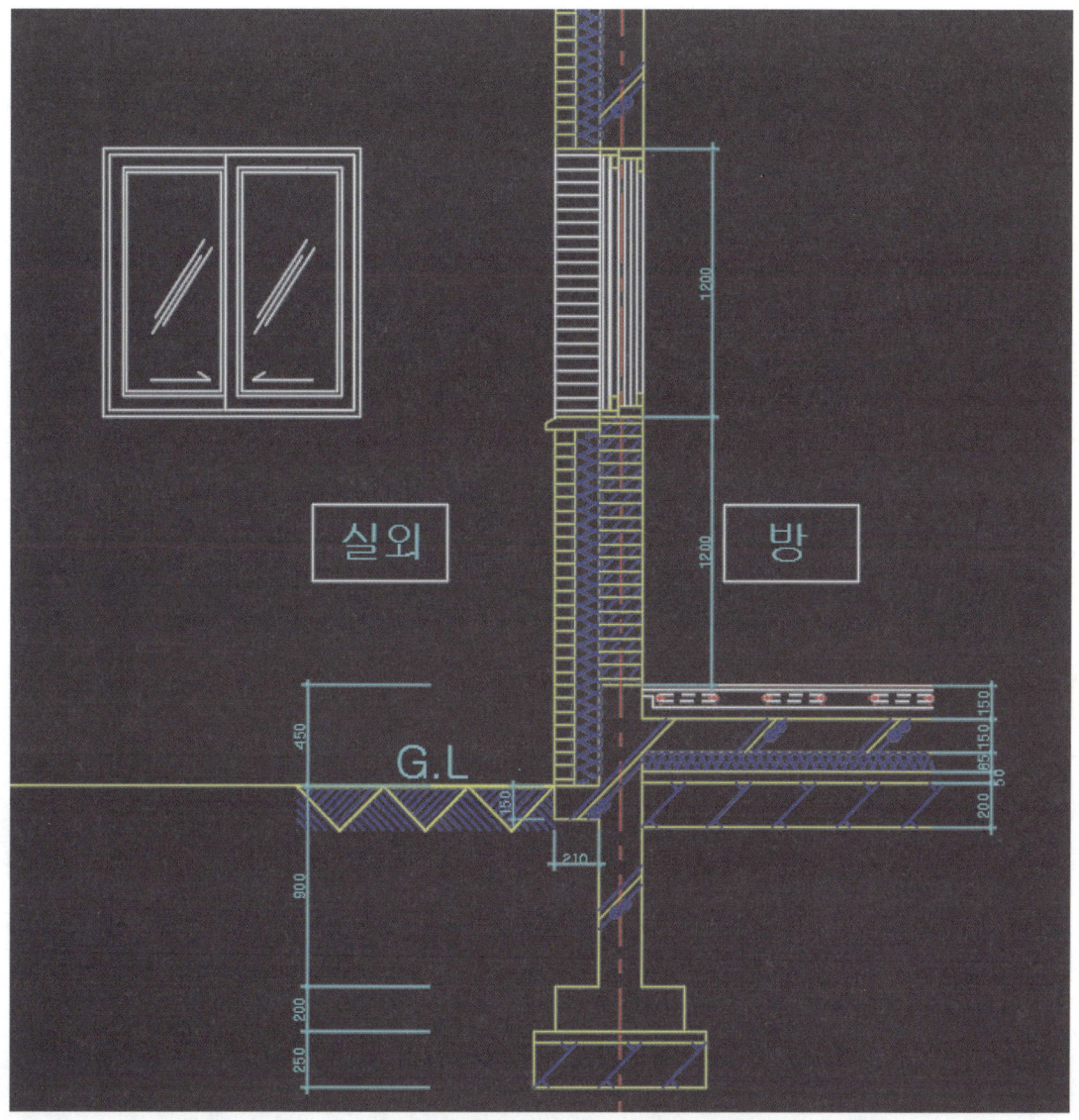

방외벽 단면의 전체적인 치수입니다. 지반선(G.L)에서 위쪽으로 450mm 선이 방 라인이고 그 위로 1,200mm 선에서 창이 달리며, 1,200mm×1,200mm짜리 창을 달아줍니다.

**MEMO**

  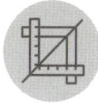

# Craftsman Computer Aided Architectural Drawing

## 6 일차

■ 지하실

# 6일차 지하실

▶ 동영상 강의 : 건축제도실기-06

## 조건

### 1. 지하실의 구조

- 실기 시험지의 조건을 확인합니다.
- 기초 및 지하실 벽체 : 철근콘크리트 구조로 합니다.
- 벽체 : 외벽 – 외부로부터 붉은 벽돌 0.5B, 단열재 120mm, 시멘트 벽돌 1.0B로 하고 외부마감은 제물치장으로 합니다.
  내벽 – 두께 1.0B 시멘트 벽돌 쌓기로 합니다.
- 각 실의 난방 : 온수파이프 온돌난방으로 합니다.

### 2. 온통기초

지하실 부분의 전체를 기초판으로 만드는 것을 의미합니다.

### 3. 외벽과 내벽의 두께(다름에 유의)

외벽의 기초두께와 내벽의 기초두께를 온통기초 지하실 벽에 적용합니다.

> **T·I·P**
> - 지하실의 반자 높이를 2100mm로 합니다.
> - 걸레받이는 18mm×180mm로 합니다.

# 6 일차

## 작도요령

### 기출문제 평면도

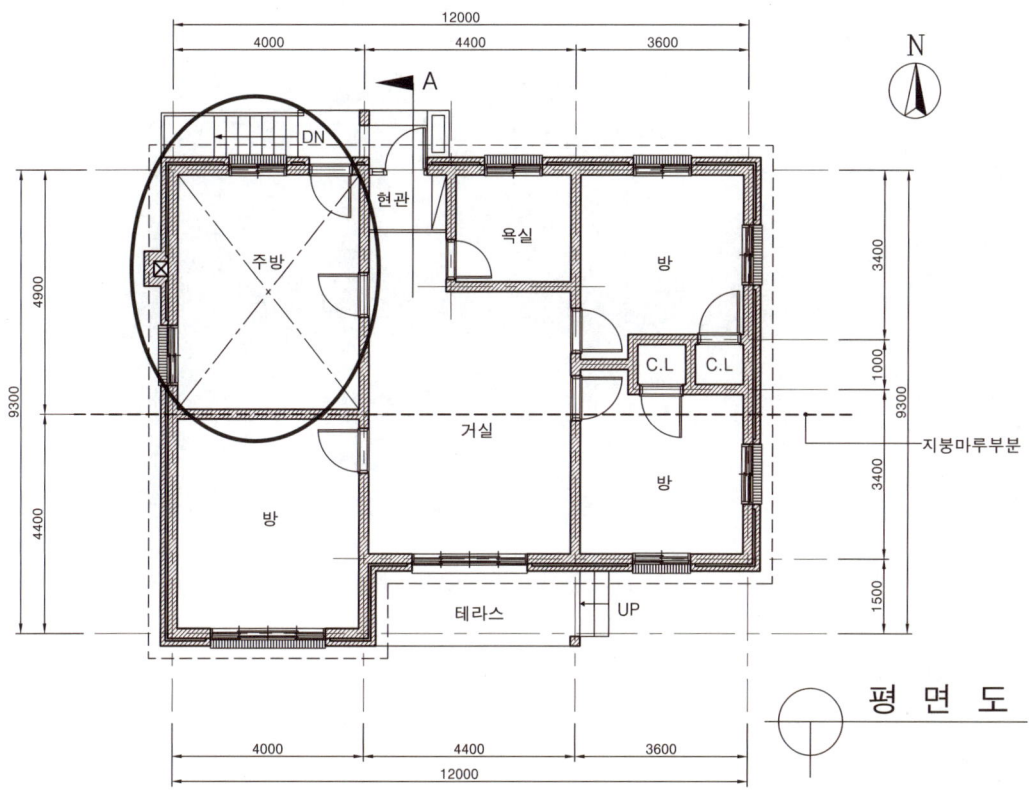

평면도

### 온수파이프 바닥의 온통기초 치수

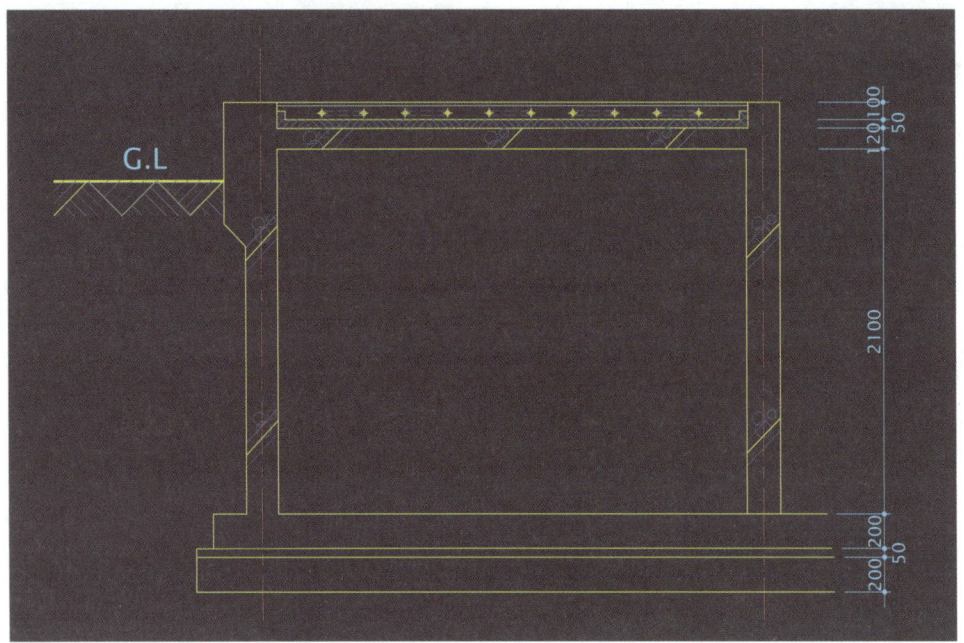

지반선(G.L)에서 거실 높이(450)까지 올라가서 『Offset』을 아래 방향으로 온수파이프(100), 질석보온재(50), 슬래브(120), 지하실공간(2100), 철근콘크리트(150), 밑창콘크리트(50), 잡석다짐(200) 순서로 합니다. 기초부분은 줄기초와 동일하게 합니다.

## 🟩 온수파이프 바닥의 온통기초 재료명

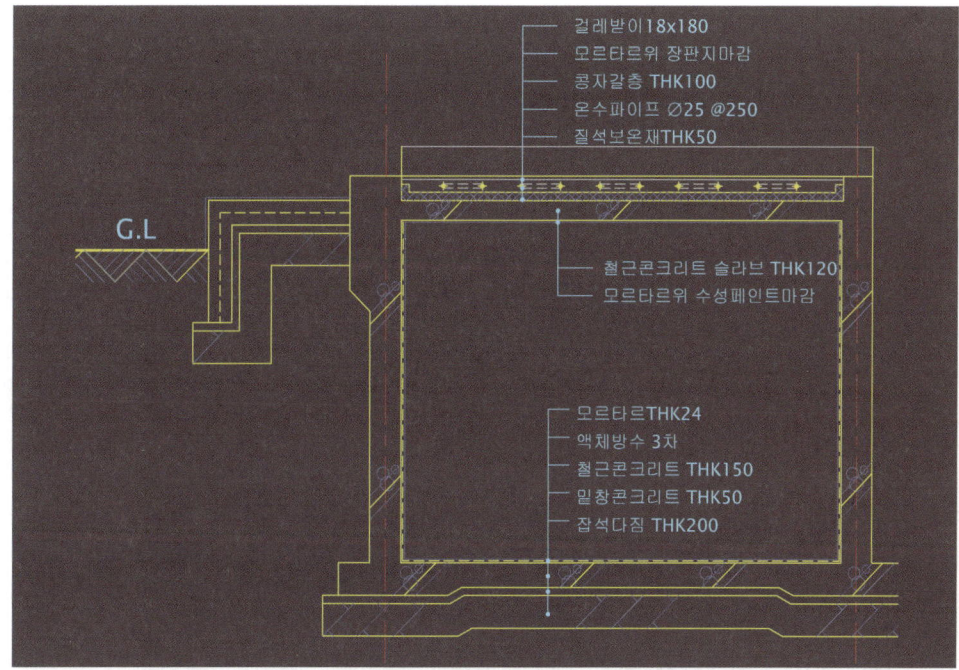

부엌으로 들어가는 출입구 부분은 현관 기초와 같습니다. 부엌바닥은 온수파이프바닥과 동일합니다. 지하실에는 액체방수 3차를 합니다. 재료 표현은 Hidden 선을 『Offset』 20 하고, 실선 『Offset』 20을 합니다.

## 🟩 플로어링널 바닥 지하실 온통기초 치수

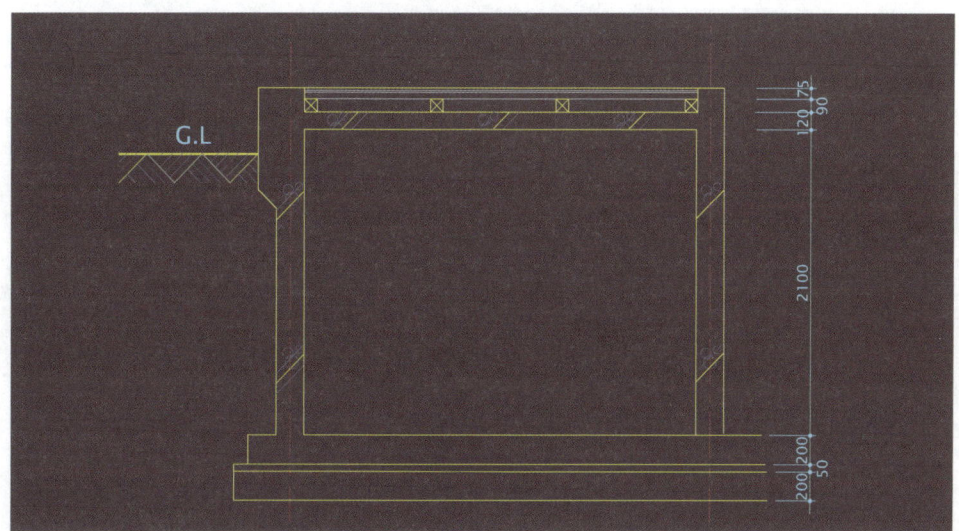

지반선(G.L)에서 거실 높이(450)까지 올라가서 『Offset』을 아래 방향으로 플로어링널(18), 육송널(12), 장선(45), 멍에(90), 슬래브(120), 지하실공간(2100), 철근콘크리트(150), 밑창콘크리트(50), 잡석다짐(200) 순서로 합니다. 기초부분은 줄기초와 동일하게 합니다.

## 플로어링널 바닥 지하실 온통기초 재료명

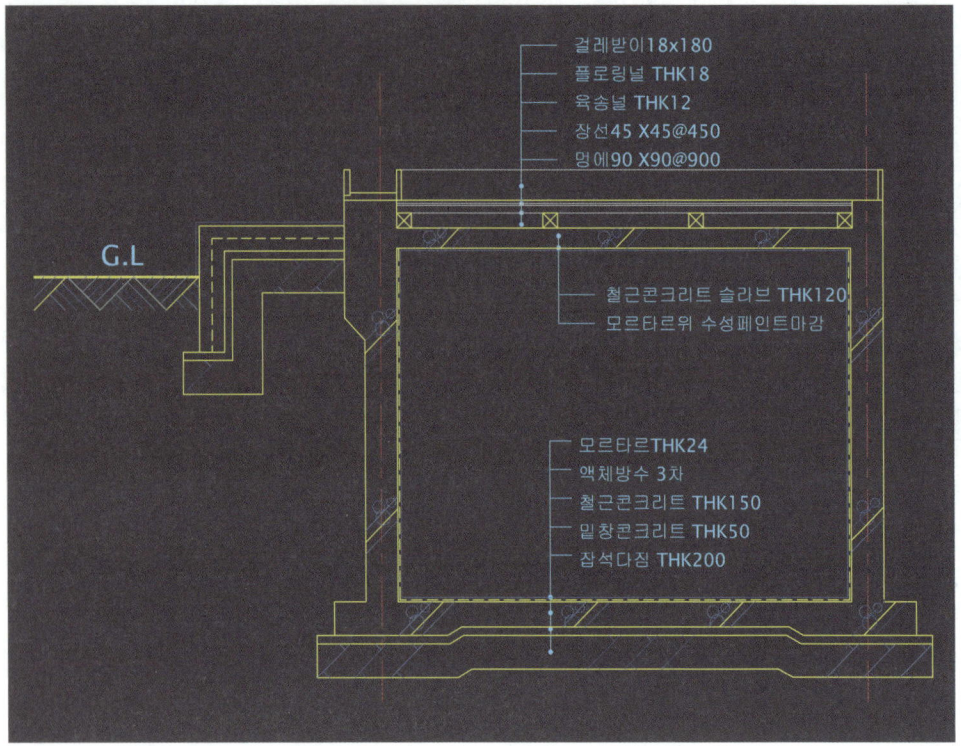

부엌으로 들어가는 출입구 부분은 현관 기초와 같습니다. 부엌바닥은 플로어링널 바닥과 동일합니다. 지하실에는 액체방수 3차를 합니다. 재료 표현으로 마무리합니다.

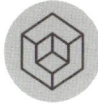  

# Craftsman Computer Aided Architectural Drawing

## 7 일차

- 부엌 디테일
- 중문 디테일

# 7일차 부엌 디테일

▶ **동영상** 강의 : 건축제도실기-07-01

##  조건

### 1. 부엌에서 지하실 내려가는 통로 기초
- 테라스 기초와 동일하며 주방 바닥에서 150 아래로 내려갑니다.
- 캔틸레버를 설치하여 빗물, 바람, 햇볕의 가리개 역할을 합니다.

### 2. 주방문의 크기
- 폭 900, 높이 2100으로 합니다.
- 알루미늄 새시 또는 방화문을 사용합니다.

### 3. 입면도에서의 표현방법
- 지하실로 내려가는 계단에는 손스침(난간봉) 대신 계단 담장이 많이 설치됩니다.
- 담장의 높이는 900~1200 정도로 합니다.
- 지하실로 들어가는 통로는 대부분 북측 또는 서측에 위치합니다. 이유는 많이 활용되지 않는 공간이기 때문입니다.

## 작도요령

### 기출문제 평면도

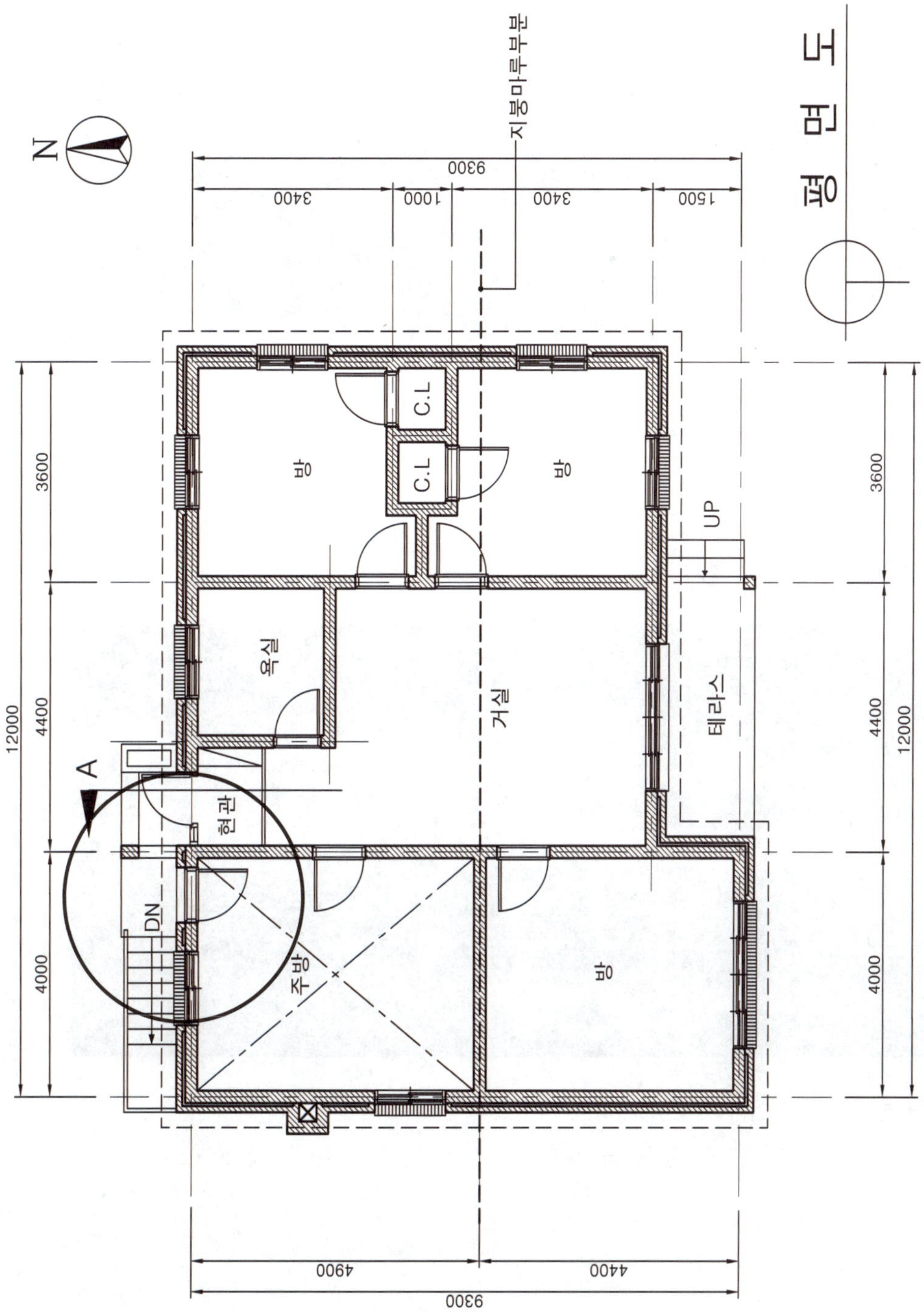

### 🟩 부엌 출입문 단면도 밑틀

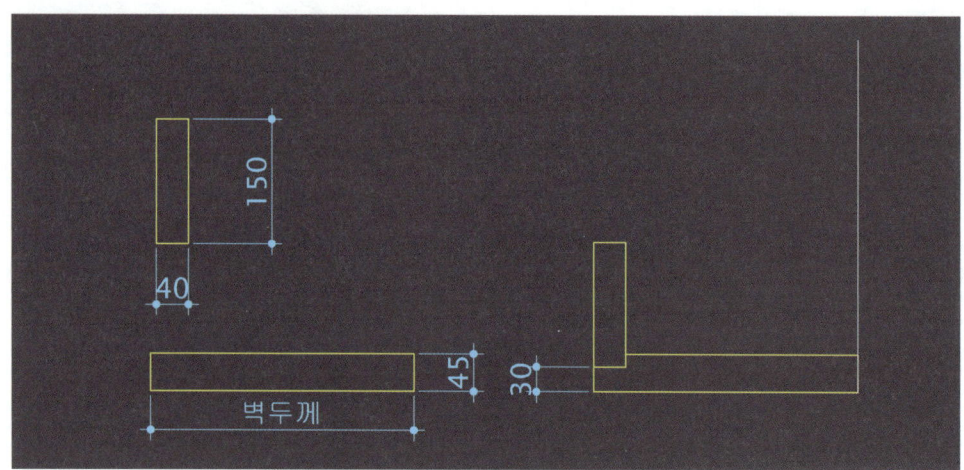

사각형 『Rec』로 기준점을 찍고 다음 점 @40, 150을 입력합니다. 그리고 밑틀이 될 사각형 『Rec』로 기준점을 찍고 다음 점으로 @벽 두께만큼 45를 입력합니다. 그 다음 그림과 같이 30 정도에서 달아 줍니다.

### 🟩 부엌 기초에 붙여 넣기

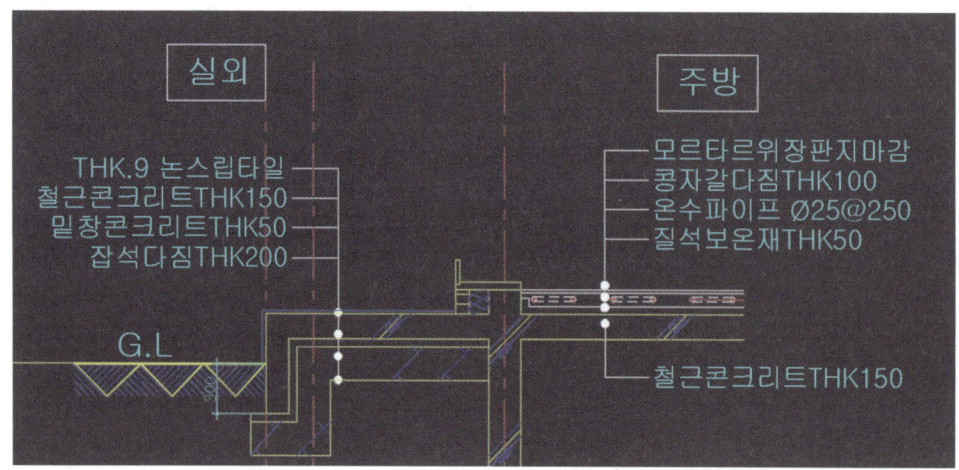

부엌으로 들어가는 입구 기초는 테라스 기초와 동일하게 작도합니다.
다음 벽체 위에 부엌문틀을 올려 놓습니다.

### 🔷 부엌 출입문 단면도

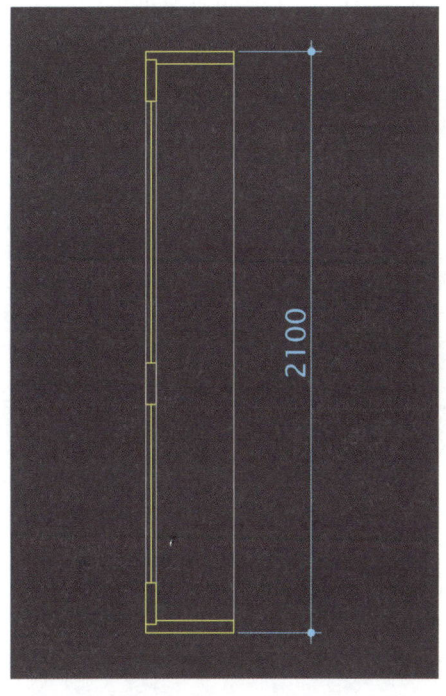

『Offset』을 2100 하고 밑틀을 선택해서『Mirror』를 하면 됩니다.
마무리로 입면 틀과 창의 선을 그어줍니다.

### 🔷 부엌 출입문 입면도

부엌문 입면도는 사각형으로 작도합니다.
기준점을 시작으로 다음 점 @900, 2100을 입력합니다.『Offset』을 30과 150을 각각 해줍니다.

### 🟢 부엌출입문 윗막이, 중간막이, 밑막이

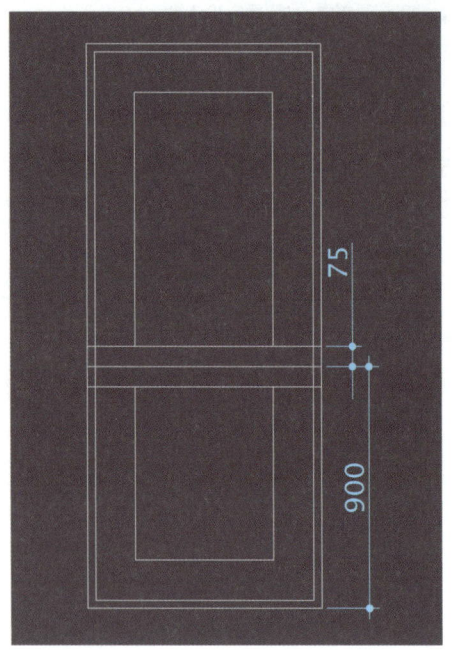

가장 바깥선을 『Explode』로 터뜨려서 『Offset』을 위쪽 방향으로 900을 하고 양쪽으로 75씩을 다시 합니다.
그리고 다시 사각형을 덧그립니다.

### 🟢 부엌출입문 윗막이, 중간막이, 밑막이

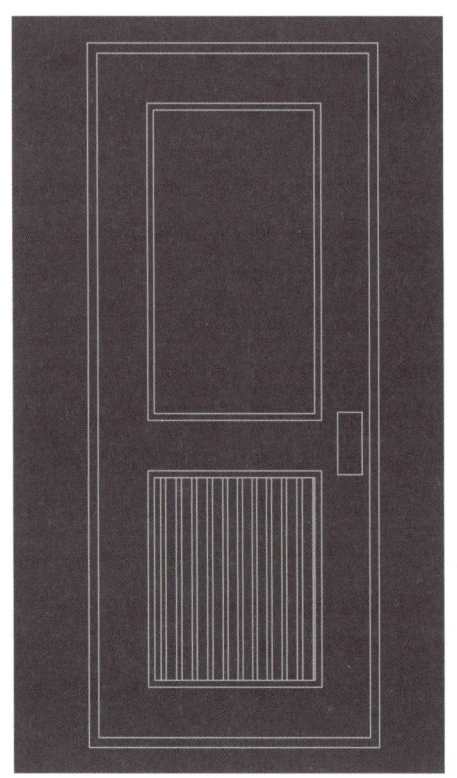

그림과 같이 정리하고 마지막으로 그린 사각형을 다시 『Offset』을 20씩 하고 마무리를 합니다.

# 7일차 중문 디테일

▶ **동영상** 강의 : 건축제도실기-07-02

##  조건

### 1. 현관과 연결되는 거실 입구

현관과 거실 사이에 마루가 있으며 대부분은 온돌이 아니라 나무 마루로 되어 있는 경우가 많습니다.

### 2. 중문 바닥

- 6일차 강의 중에서 플로어링 널 바닥과 동일하게 사용할 수 있습니다.
- 멍에(90), 장선(45), 육송 널, 플로어링 널을 순서대로 깔아줍니다.

### 3. 중문을 설치하는 이유

- 현관에서 거실이 바로 보이지 않게 하기 위함입니다.(프라이버시 유지)
- 냉·난방 또는 먼지의 입출을 차단하기 위해서입니다.
- 중문은 미서기 문으로 많이 합니다.

## 작도요령

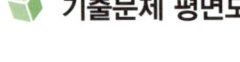
기출문제 평면도

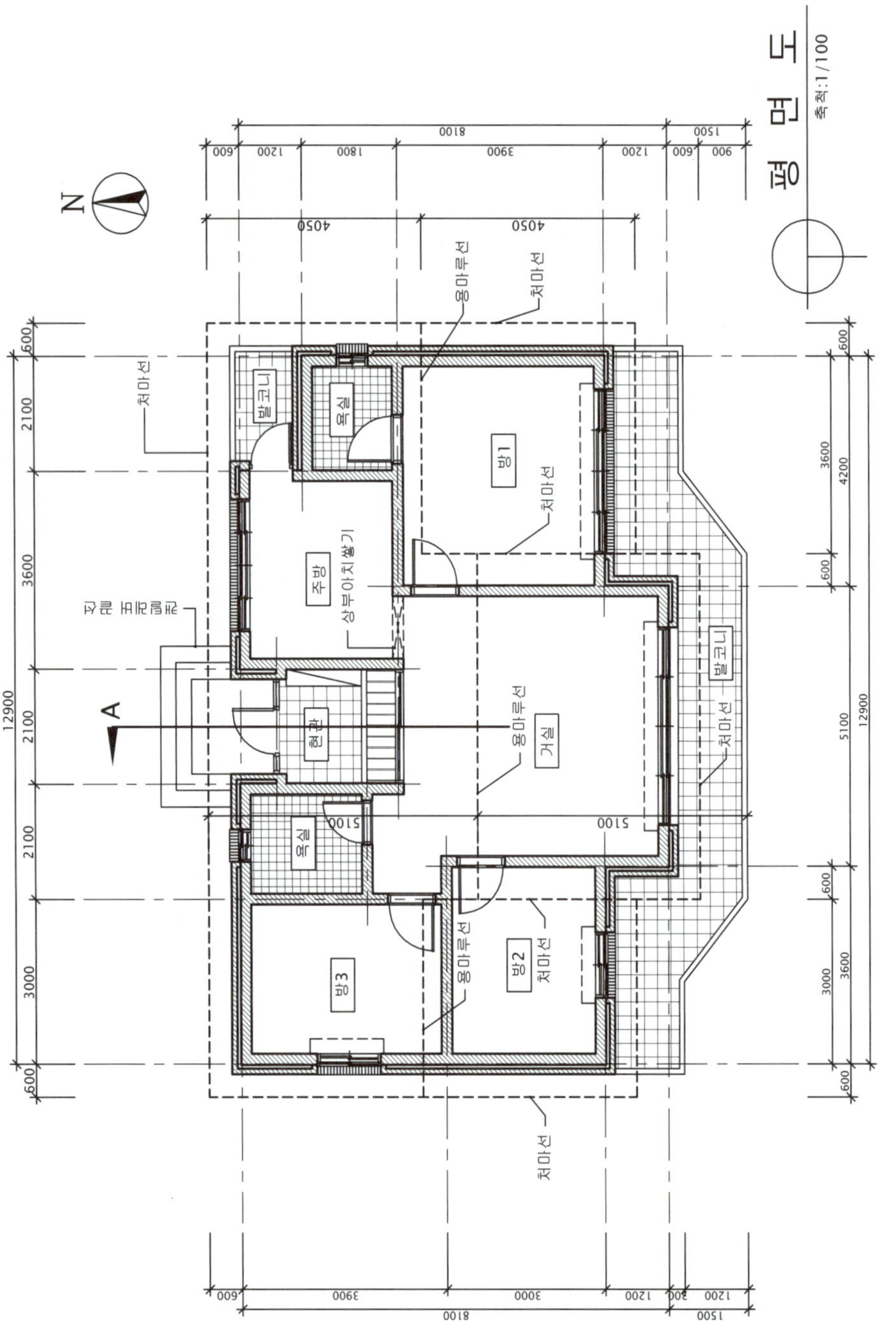

### 🟢 현관과 거실입구 기초작도

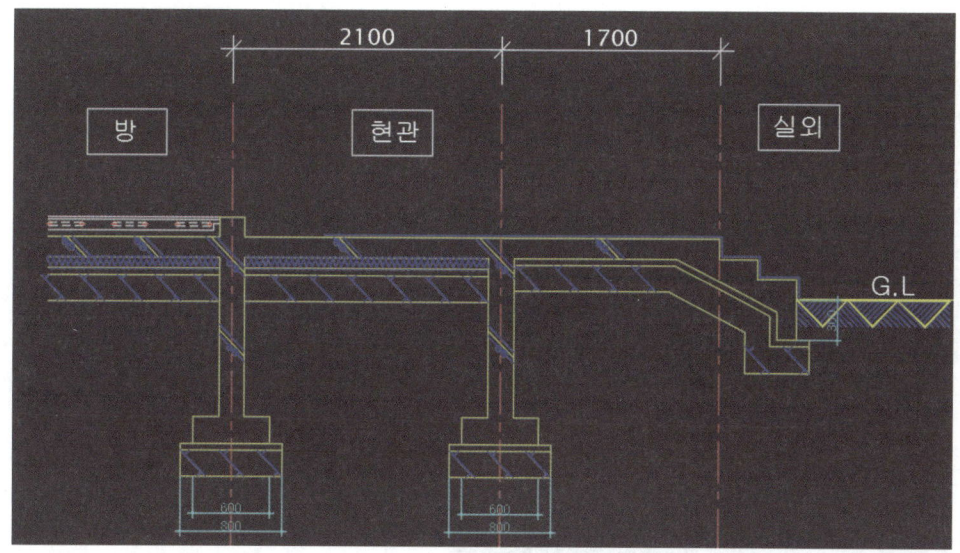

3일차 강의를 참고하여 작도해 보세요.

### 🟢 중문 앞 마루 부분의 멍에

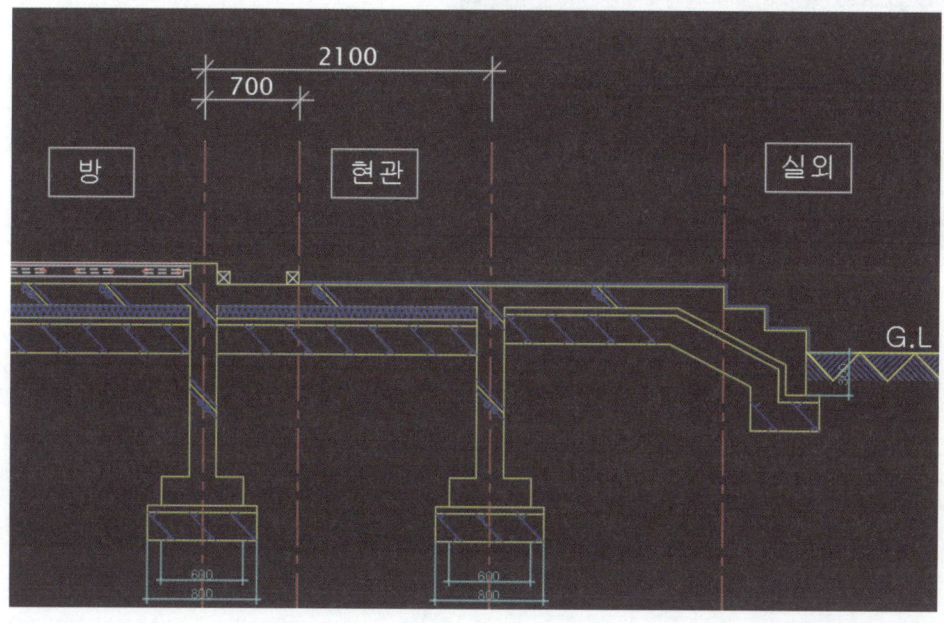

현관과 거실을 연결하는 마루 부분에 제일 먼저 멍에를 깔아줍니다. 크기는 90×90입니다.

## 🟢 멍에 위에 장선과 마루널

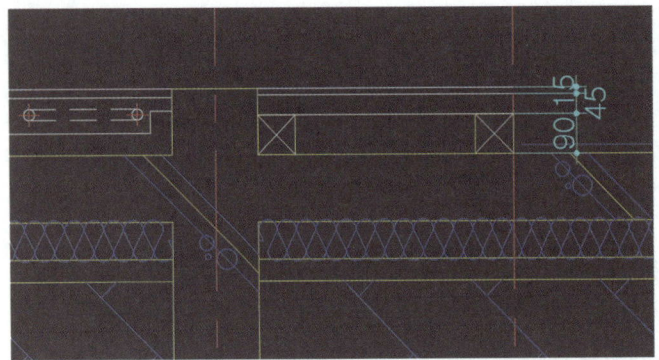

멍에(90×90) 위에 장선(45×45)을 올리고 마루널(15)을 깔아줍니다. 멍에는 단면선으로 장선은 입면선으로 작도합니다.
작도는 이와 같이 하고 재료명 기입은 100 페이지를 참고하세요.

## 🟢 장식 마무리

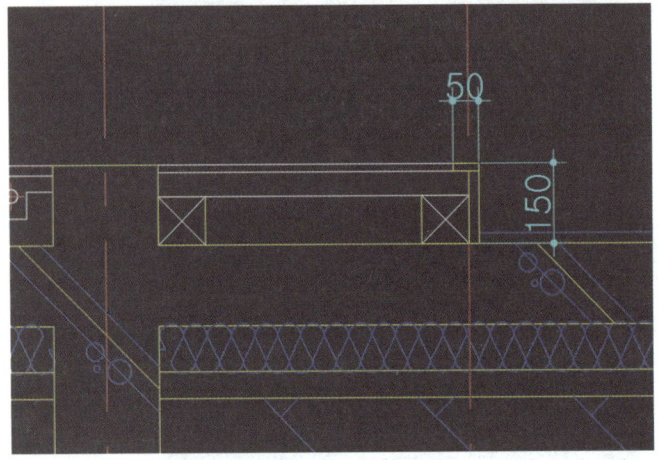

앞쪽에 보이는 부분을 나무널을 대어 막아 줍니다.
『Rec』(@50,15)와 『Rec』(@20,135) 사각형을 그림과 같이 단면도로 작도합니다.

### 중문 미서기 문 설치

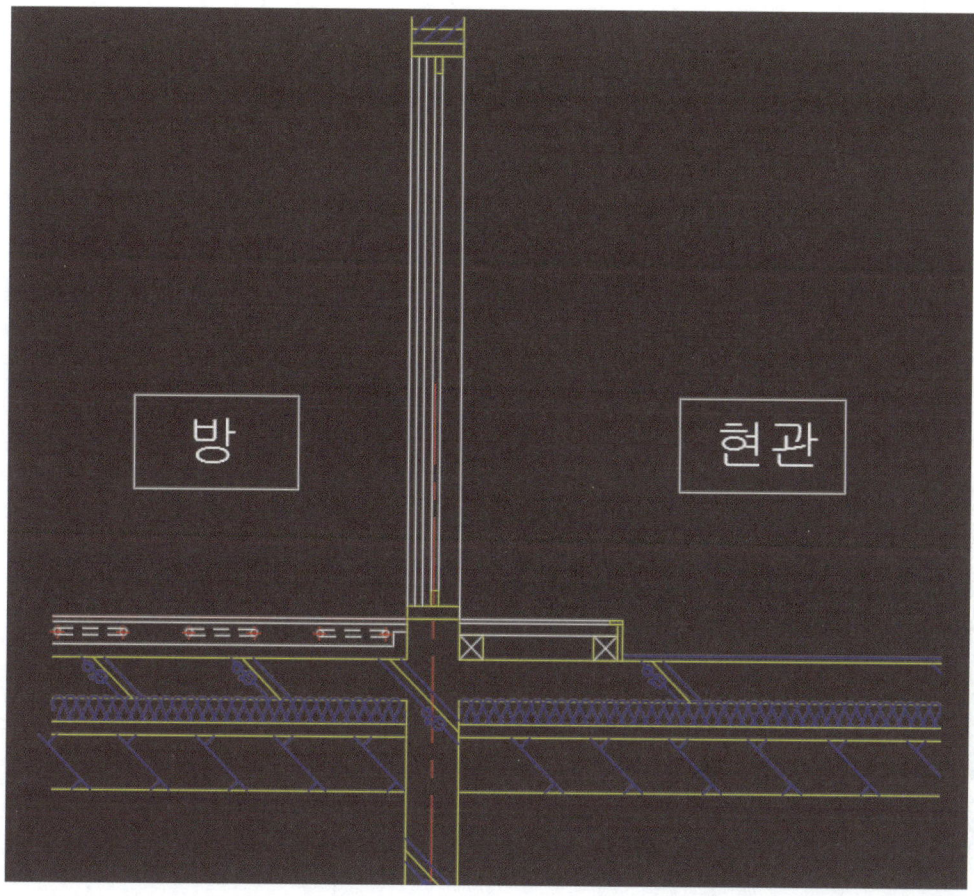

중문인 미서기 문을 설치합니다. 기본 작도법은 테라스 문과 동일하되 이중창이 아닙니다.

## 중문과 바닥 디테일 재료명

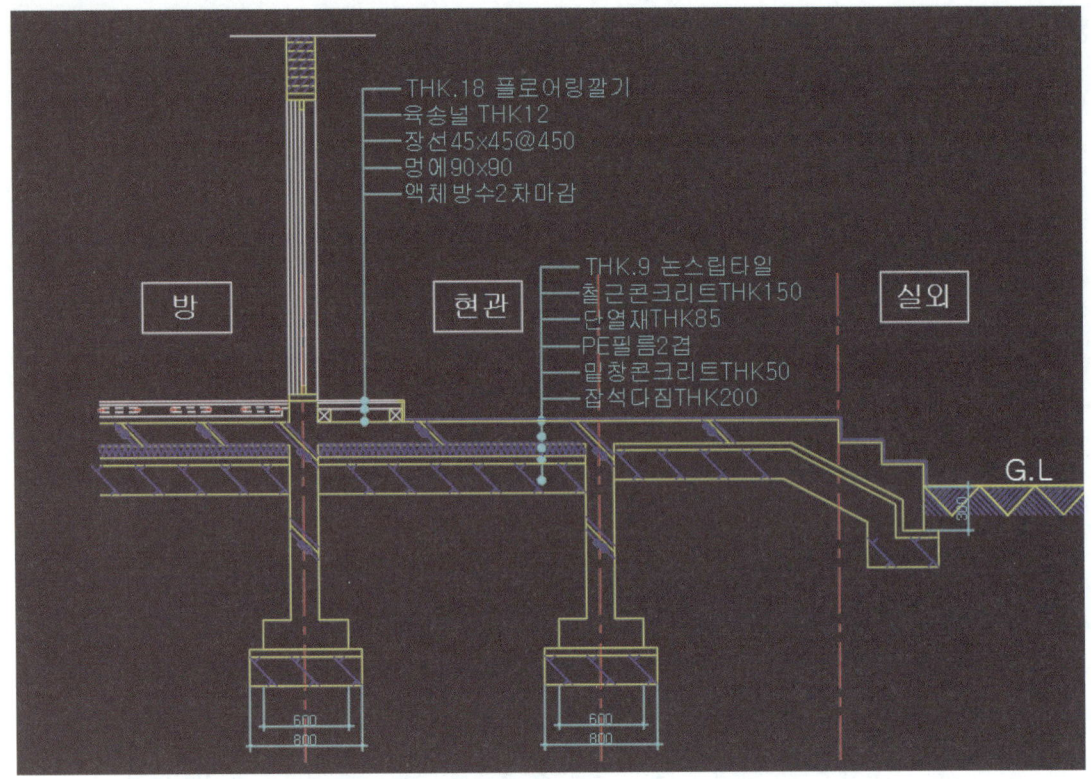

재료명을 위와 같이 기입합니다.

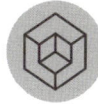 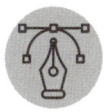 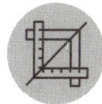

# Craftsman Computer Aided Architectural Drawing

# 8 일차

■ 단면 아랫부분 전체

# 8일차 단면 아랫부분 전체

▶ 동영상 강의 : 건축제도실기-08-01
　　　　　　　　건축제도실기-08-02

##  조건

### 1. 기초 및 지하실 벽체

철근콘크리트 줄기초로 합니다.

### 2. 실의 바닥 높이

지반선(G.L)을 기준으로 계단 단수를 확인합니다.

### 3. 벽 구조

- 1.5B 공간쌓기(0.5B+120mm+1.0B) : 외벽
- 1.0B 공간쌓기(1.0B) : 내벽

### 4. 바닥 구조

- 거실 및 부엌 : 온수파이프 온돌난방
- 방 : 온수파이프 온돌난방
- 테라스 : 철근콘크리트 위 논슬립타일깔기

### 5. 창호

보통 목재창호로 하고, 이중창인 경우 외부 창호는 알루미늄 새시로 합니다.

## 6. 기타 조건

기타 각 부분의 마감, 치수 등 주어지지 않은 조건은 일반적인 시공수준으로 합니다.

## 7. 종이 영역(Limits)

- Limits 값을 4200mm, 2970mm로 잡아줍니다.
- A3에 단면 상세도를 축척 1/40로 작도하기 때문입니다.

## 8. 지하실

지하실 위치를 파악하고 지하실 반자높이를 2100mm로 합니다.

## 9. 창문

실의 용도에 맞추고 개구부 및 창호의 크기를 법규상 환기면적 및 채광면적 규정에 맞추며 높낮이 위치도 타당하게 작도합니다.

## 10. 재료 표현

재료 표현이 누락되지 않도록 하고 정확한 레이어에 맞추어 작도합니다.

 **작도요령**

### 기출문제 평면도

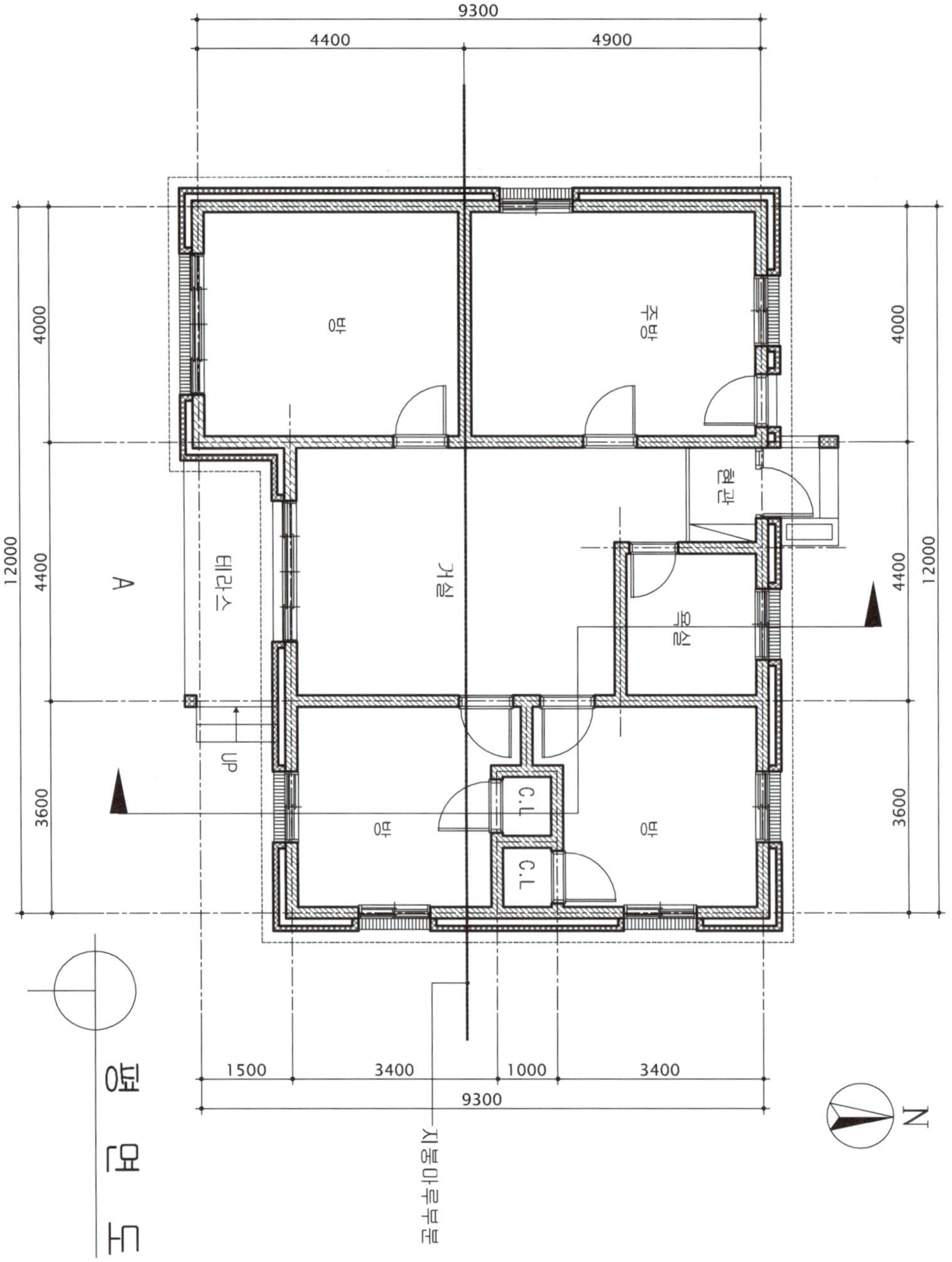

A-A'부분 단면 상세도는 방을 지나 거실과 부엌 출입문으로 지나가는 것을 볼 수 있습니다. 지금까지 배운 것을 총망라하여 작도해 봅시다.

## 🟩 1일차 강의(캐드 기초 설정)을 참고합니다.

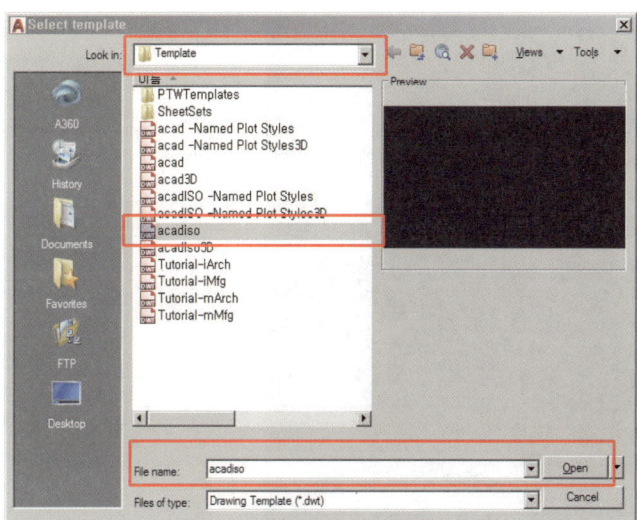

Template에서 acadiso.dwt 파일을 열어 사용합니다.

## 🟩 지반선(G.L)을 기준으로 방과 기초선까지

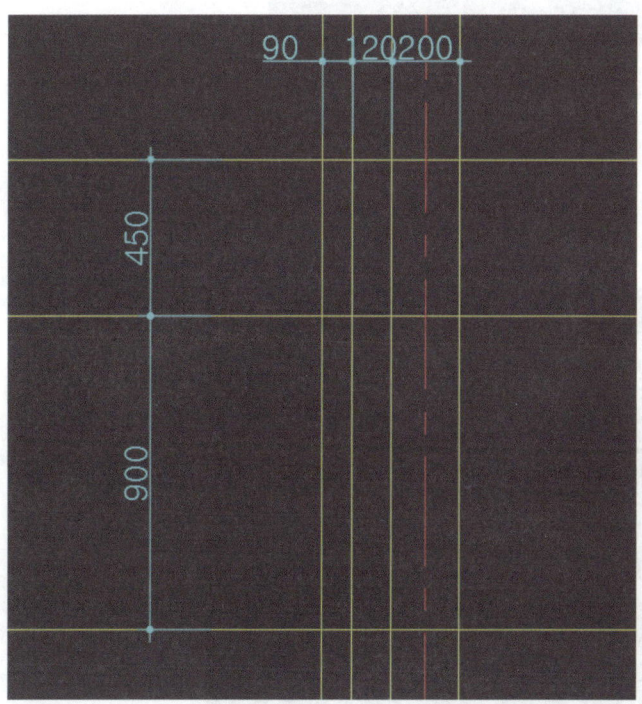

명령어 『Xline』으로 수평, 수직선을 그어 놓은 다음 지반선(G.L)을 기준으로 위로 450mm만큼 『Offset』, 아래로 900mm만큼 『Offset』을 합니다. 외벽은 Center 선을 기준으로 100mm씩 Offset하고 외부쪽으로 120(단열재), 90(붉은 벽돌) 각각 『Offset』합니다.

### 🟩 지반선(G.L)에서 정리

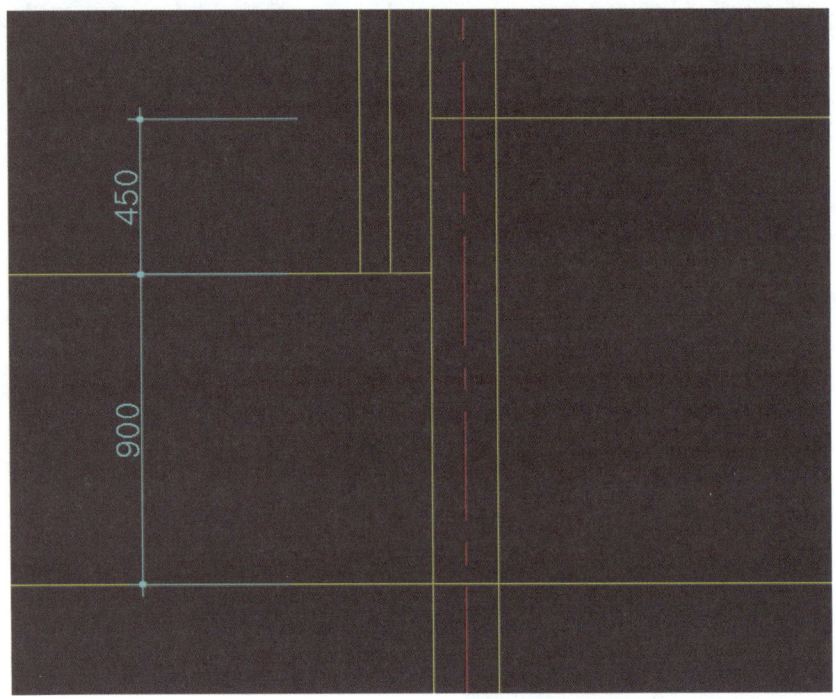

지반선(G.L)을 기준으로 아래쪽을 잘라줍니다. 지반선(G.L)에서 위로 450mm 선까지는 바깥쪽에서 콘크리트 기초가 보입니다. 900 아래선이 동결선입니다.

### 🟩 Rectang으로 기초 그리기

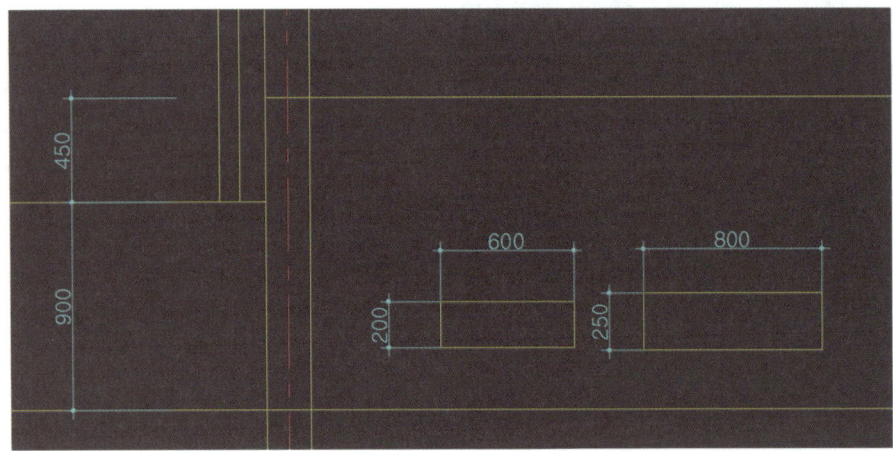

캐드 명령어는 사각형 『Rec』로 @600,200과 @800,250 두 개의 사각형을 작도합니다.

### 🟩 동결선 900 아래에 배치

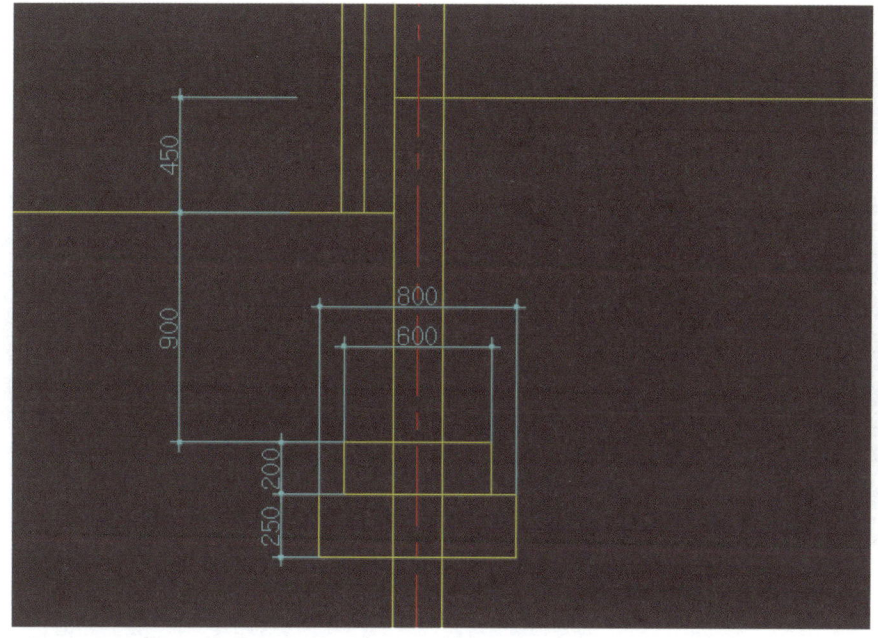

사각형을 동결선 아래에 배치합니다.

### 🟩 2일차 줄기초 참고

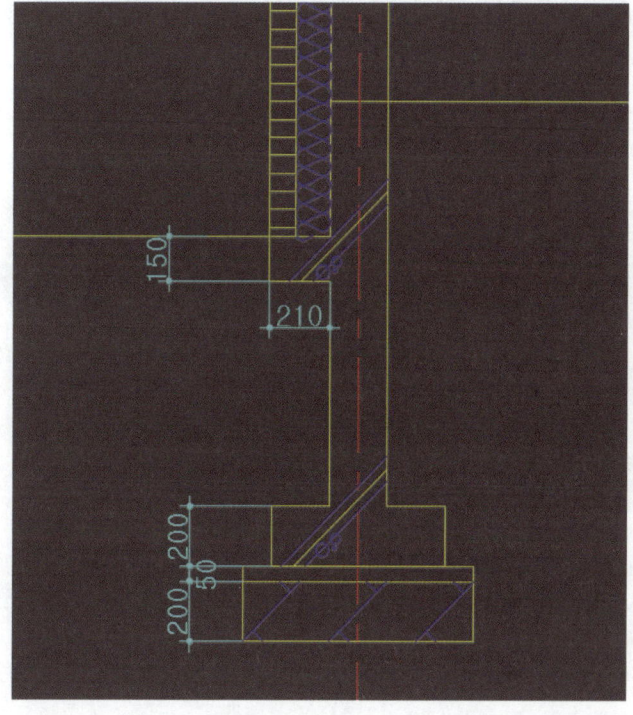

2일차 줄기초 부분을 참고하여 위와 같이 정리를 해줍니다.

107

### 🟢 대칭복사(Mirror) 사용하여 양쪽 벽체 만들기

외곽 벽체의 치수를 『Offset』으로 입력하고 『Mirror』 명령을 합니다.

### 🟢 복사(Copy) 이용해서 벽체 만들기

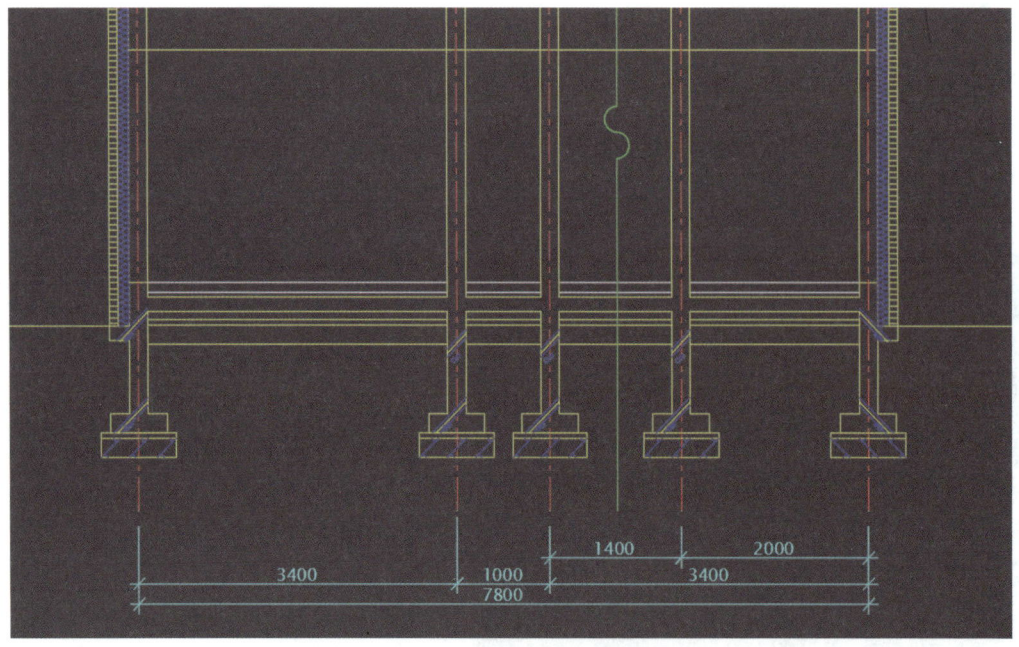

오른쪽에 있는 기초보와 벽체를 도면치수로 『Copy』합니다. 방바닥 선에서 아래로 100, 50, 150, 50, 200을 각각 『Offset』합니다.(온수파이프 100, 질석보온재 50, 철근콘크리트 150, 밑창콘크리트 50, 잡석다짐 200입니다.)

### 온수파이프깔기

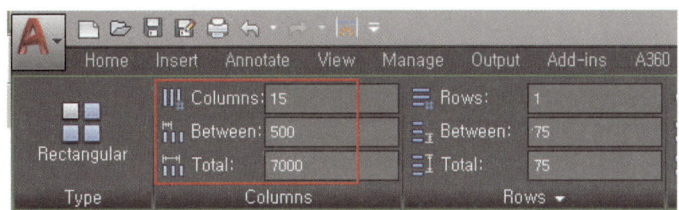

『Circle』과 『Array』로 온수파이프 온돌난방을 표현합니다.(3일차 강의 참고)

### 방과 화장실 부분 작도

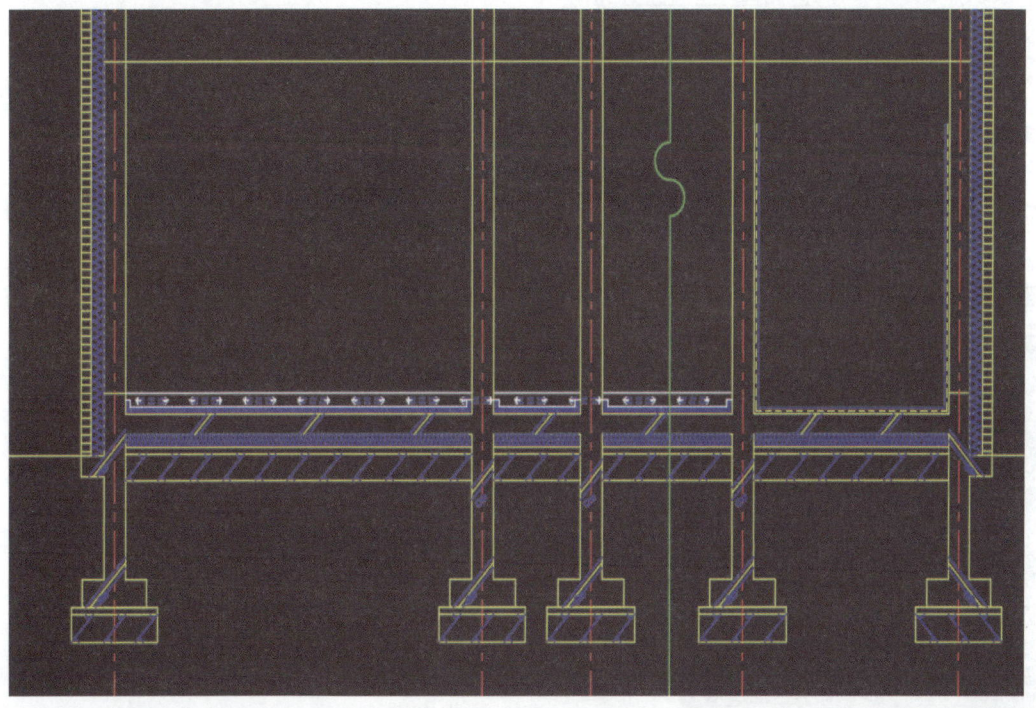

온수파이프와 질석보온재 모양을 만들고 화장실 부분은 방수모르타르와 타일마감 재료 모양을 만듭니다. (4일차 강의 참고)

### 벽돌 해칭

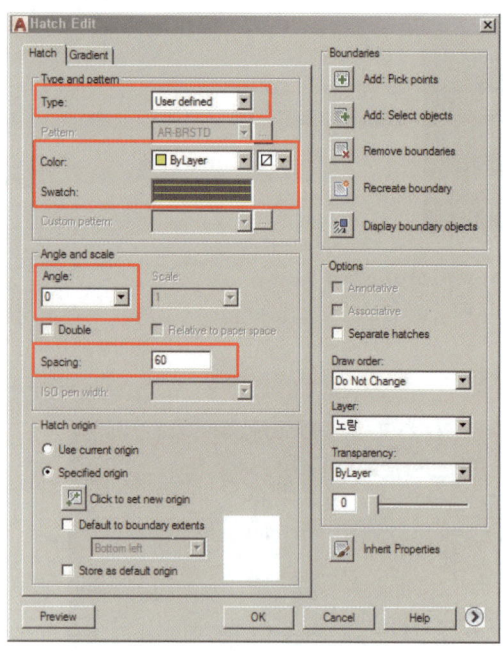

벽돌 해칭입니다. 『User defined』로 하고 각도 『Angle』을 『0』, 간격 『Spacing』에 『60』으로 정해서 사용합니다. (2일 강의를 참고하세요.)

### 방 창문 작도

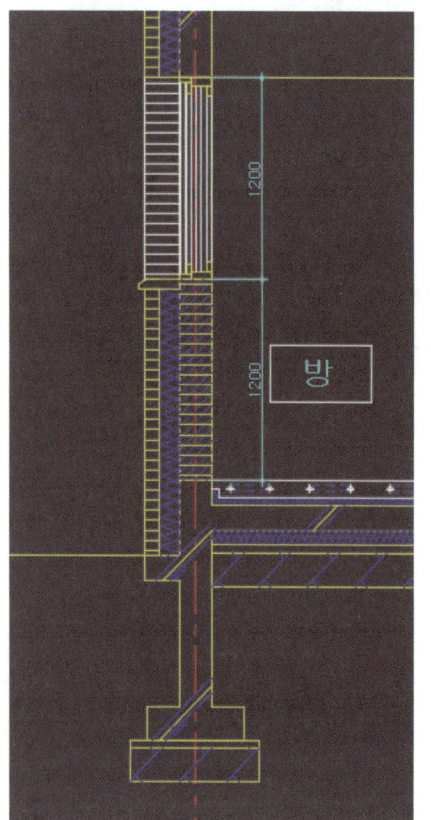

벽돌모양을 정리하고 창문을 달아줍니다.

### 욕실 창문 작도

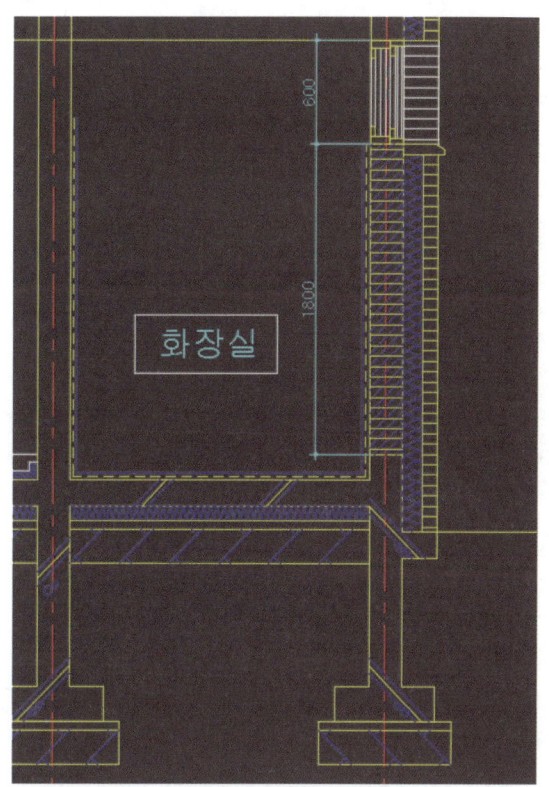

거실바닥에서 1500 올라가서 욕실의 창문을 달아줍니다.
욕실창호는 600×600으로 사용합니다.
액체방수 2차와 마감을 합니다.

### 완성된 전체 아래 도면

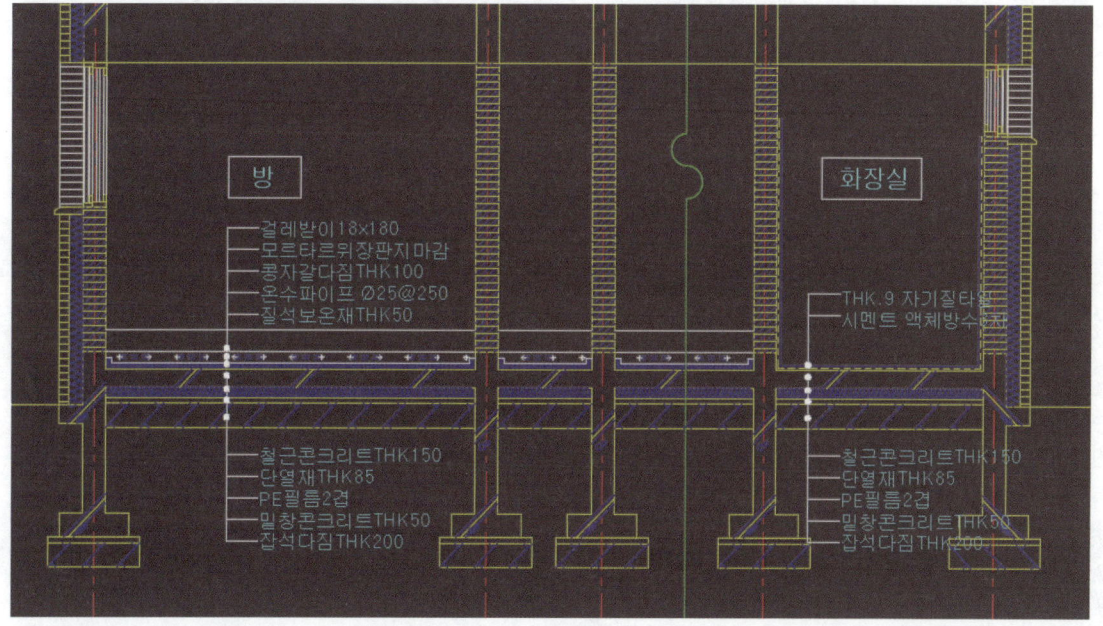

재료 표현과 글자를 넣어줍니다. 도면에 기재된 문자는 전부 외워야 합니다.
(출제확률이 높습니다.)

**MEMO**

# Craftsman Computer Aided Architectural Drawing

# 9 일차

■ 거실문 · 테라스

# 9일차 거실문·테라스

▶ 동영상 강의 : 건축제도실기-09-01
　　　　　　　　건축제도실기-09-02

 **조건**

### 1. 기초 및 지하실 벽체

철근콘크리트 줄기초로 합니다.

### 2. 테라스 · 거실 바닥 높이 확인

지반선(G.L)을 기준으로 테라스의 계단 수를 보고 계산하여 줍니다. 단, 현관계단 수와 동일하지 않을 때는 테라스계단의 높이를 다르게 주어서 거실 바닥높이를 맞춥니다.

### 3. 외벽구조

- 외벽구조를 계산하여 줄기초와 거실문 위쪽 보에 적용합니다.(1.5B 기준은 7000mm로 작도합니다.)
- 외벽구조를 계산하여 테라스 끝선을 찾아줍니다.

### 4. 개구부 크기와 구조

거실 창호는 거실바닥부터 천장고까지 계산되어 높이 2400mm, 크기 600mm, 4짝 짜리로 2400mm 정도됩니다.(시험조건에는 반자 높이로 주어짐)

### 5. 물끊기홈

캔틸레버에 꼭 들어가야 하는 요소이며 작도하지 않을 경우 감점 요인이 됩니다. 빗물의 흐름을 끊어 안으로 흘러 들어가지 않게 하는 홈으로 캔틸레버 끝부분에 만들어 줍니다.

> **T·I·P**
> 기출문제에서 현관과 테라스의 계단이 맞지 않을 경우, 한쪽을 기준 삼아서 높이를 조절해야 합니다. 항상 G.L선이 ±0(기준)이 됩니다.

## 작도요령

### 기출문제 평면도

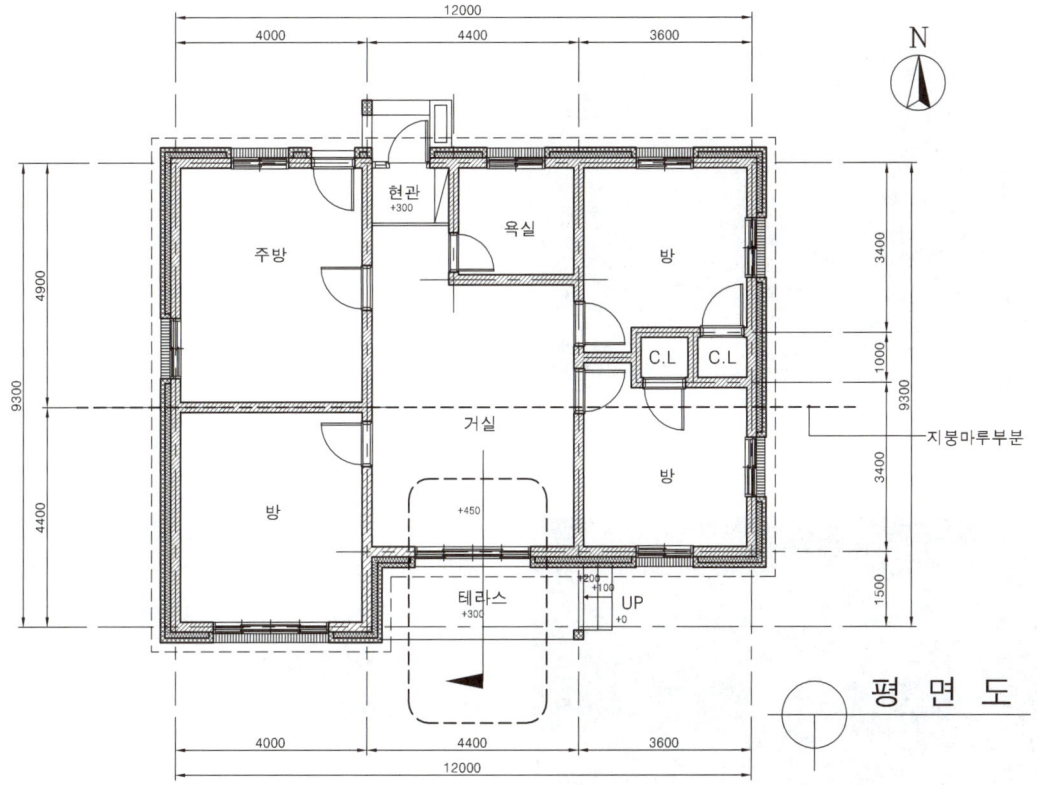

G.L 땅높이가 0, 거실 +450, 테라스 +300, 테라스 1계단 +100, 테라스 2계단 +200, 현관 +300, 현관 1계단 +150입니다.

### 🟩 방 작도 부분을 응용한 거실 테라스

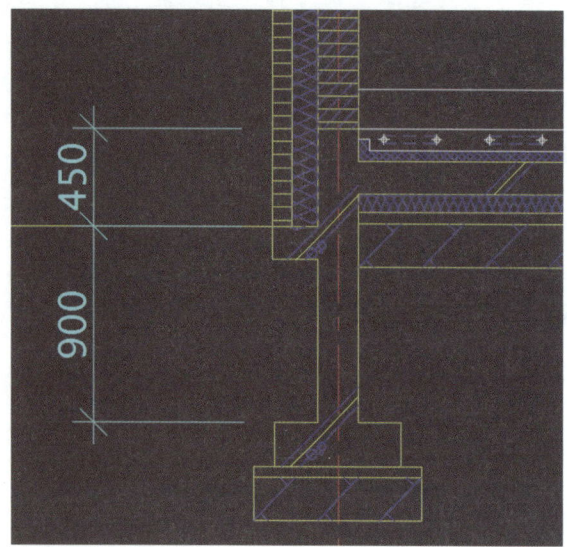

바닥구조가 방과 같은 온수파이프 온돌난방일 경우 방부분을 그대로 사용해도 됩니다.
시험에 나올 확률이 높습니다. 꼭 숙지하세요!

### 🟩 테라스 끝선

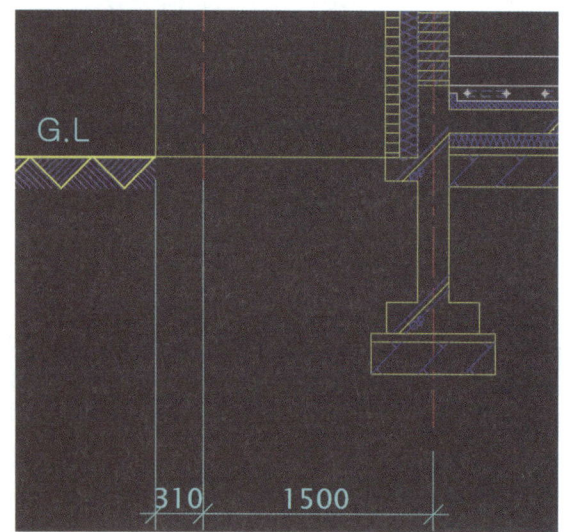

테라스의 끝선까지는 평면도를 보고 확인을 해야 합니다. 외벽 중심선에서 외벽 두께(시멘트 벽돌 100(95), 단열재 120, 적벽돌 90)만큼 더 나가야 합니다.
(100+120+90=310)

### 🟩 테라스 기초

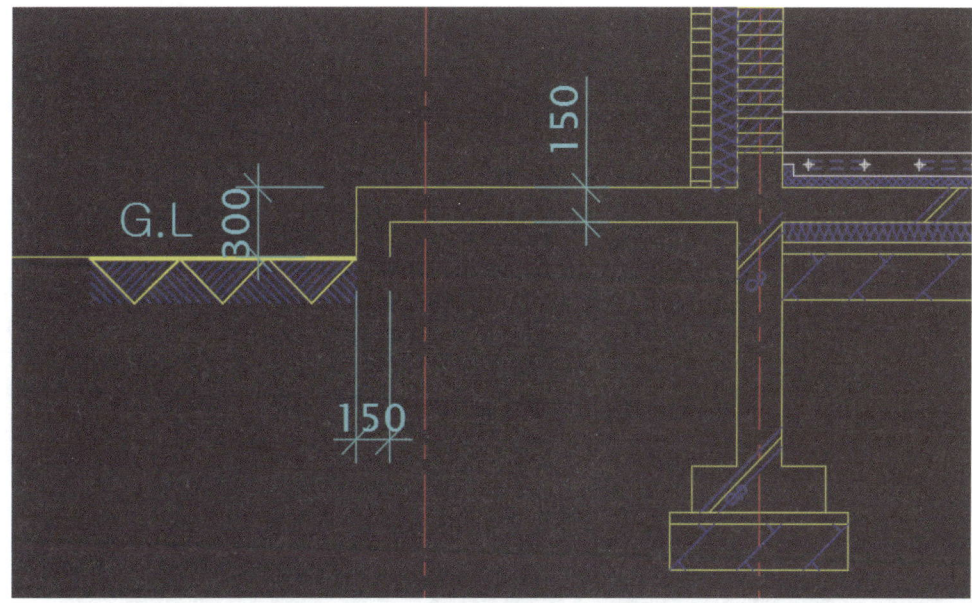

테라스구조가 철근콘크리트로 줄기초와 연결됩니다.(같은 재료이므로 두께는 150)

### 🟩 테라스 기초는 줄기초에서 복사

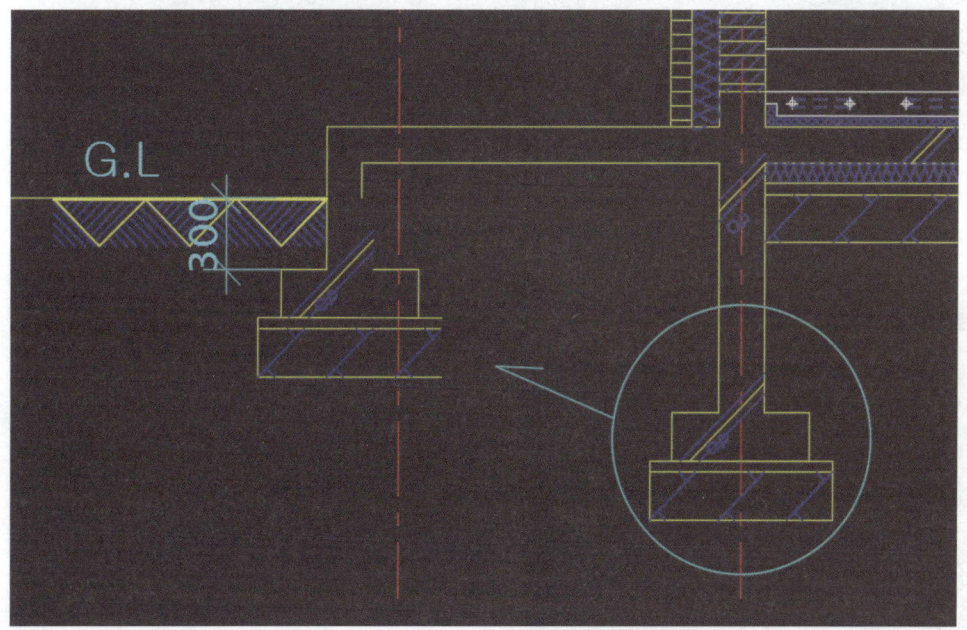

테라스의 기초와 줄기초의 기초가 같아서 복사해서 사용합니다.

## 🟩 테라스 상세도

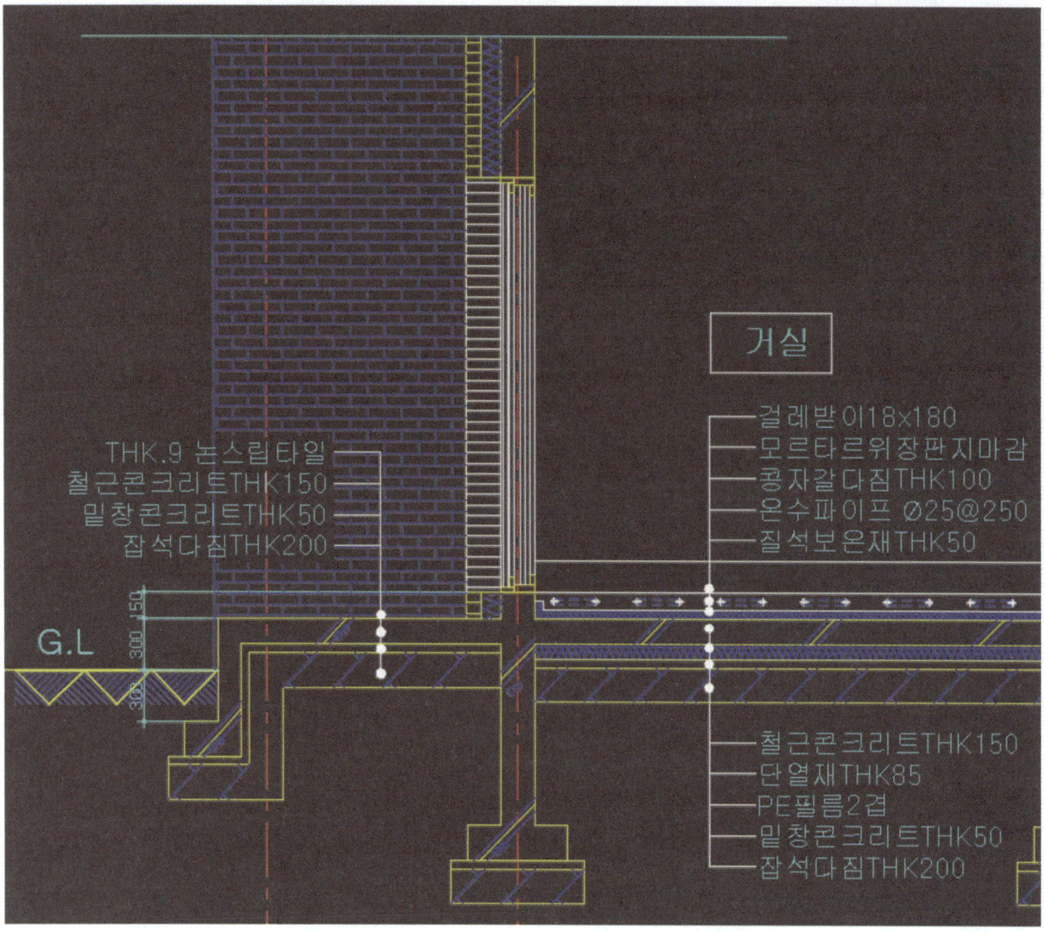

보의 두께를 200으로 합니다. 조건에서 캐노피를 설치하지 않을 경우 처마로 마무리가 됩니다. 처마는 12일차 강의에서 공부합니다.

## 🟩 거실창호의 크기

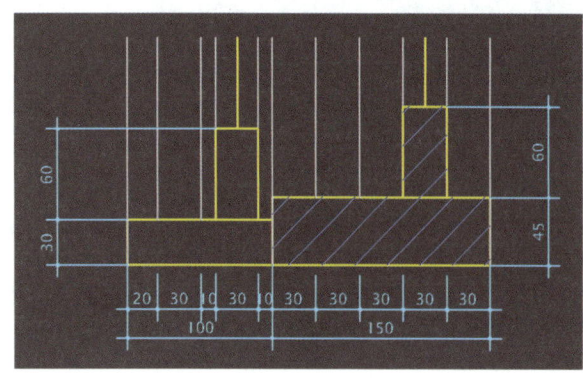

거실창호는 크기가 크기 때문에 일반 창보다 프레임틀이 조금씩 더 커집니다. 목재 창호는 폭 150에 높이 45, 알루미늄 창호는 폭 100에 높이 30, 창의 크기는 폭 30에 높이 60으로 사각형 명령어 『Rec』로 작도합니다.
(5일차 강의를 참고하세요.)

### 거실 창호의 단면치수

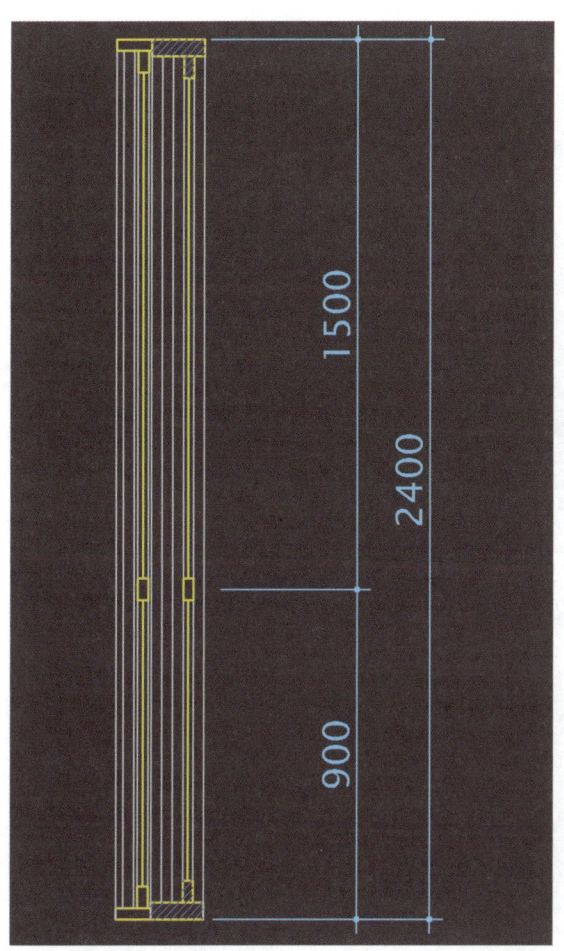

거실바닥에서 거실천장까지 2400까지 올라가는 창문을 만들어 줍니다. 900 정도에서 중간막이를 해줍니다.

### 거실문 입면

창문 입면을 이용합니다. 1200, 1200짜리 문을 이용합니다.

### Mirror 이용하기

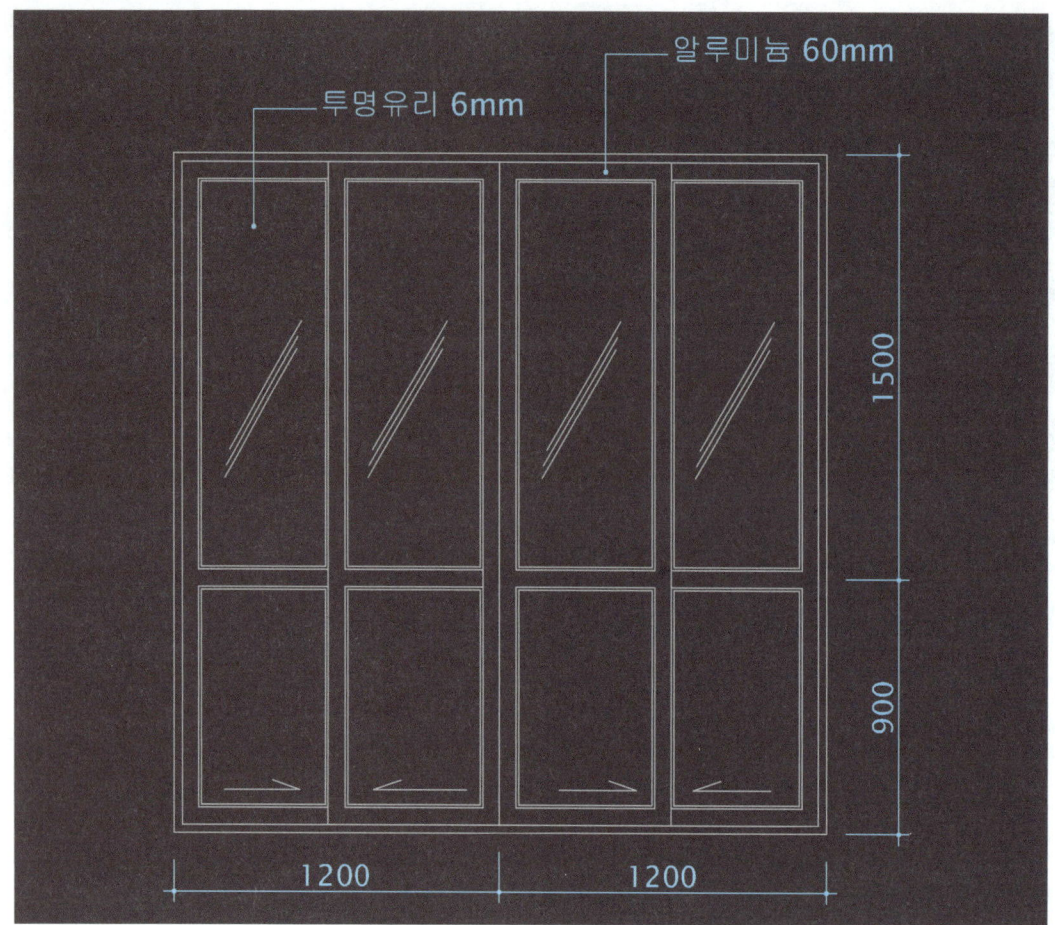

『Mirror』 명령을 이용하여 양쪽문을 만들고 『Stretch』로 길이를 조정합니다. 중간막이를 900선에서 만들어 줍니다. 바깥쪽에서 보게 되므로 알루미늄 새시만 보입니다.

Craftsman Computer
Aided Architectural
Drawing

# 10 일차

■ 현관 · 거실입구부분 상세도

# 10일차 현관·거실입구부분 상세도

▶ **동영상** 강의 : 건축제도실기-10-01
　　　　　　　　 건축제도실기-10-02

 **조건**

### 1. 기초 및 지하실 벽체
철근콘크리트 줄기초로 합니다.

### 2. 현관·거실 바닥 높이 확인
- 지반선(G.L)을 기준으로 계단 수를 확인하고 현관 바닥 높이를 계산하여 줍니다.
- 거실바닥 높이를 결정합니다.

### 3. 외벽 구조
외벽 구조를 계산하여 계단 끝선을 찾아줍니다.

### 4. 내벽 구조
내벽 구조를 계산하여 현관과 거실 시작점을 찾아줍니다. 평면도를 잘 확인해야 합니다.

### 5. 개구부 크기와 구조
현관문의 크기와 현관문 위쪽에 고정창의 구조로 작도합니다.

### 6. 물끊기홈
캔틸레버에 꼭 들어가야 하는 요소이며 작도하지 않을 경우 감점 요인이 됩니다. 빗물의 흐름을 끊어 안으로 흘러 들어가지 않게 하는 홈으로 캔틸레버 끝부분에 만들어 줍니다.

> **T·I·P**
> 평면도 상에서 테라스의 계단단수와 현관의 계단단수가 다를 수 있습니다. 그럴 경우에는 계단단수를 동일하게 적용하면 안 되고 거실 높이를 먼저 정해놓고, 거실 높이에서 각각의 단수로 나누어 사용하면 됩니다.

## 작도요령

### 기출문제 평면도

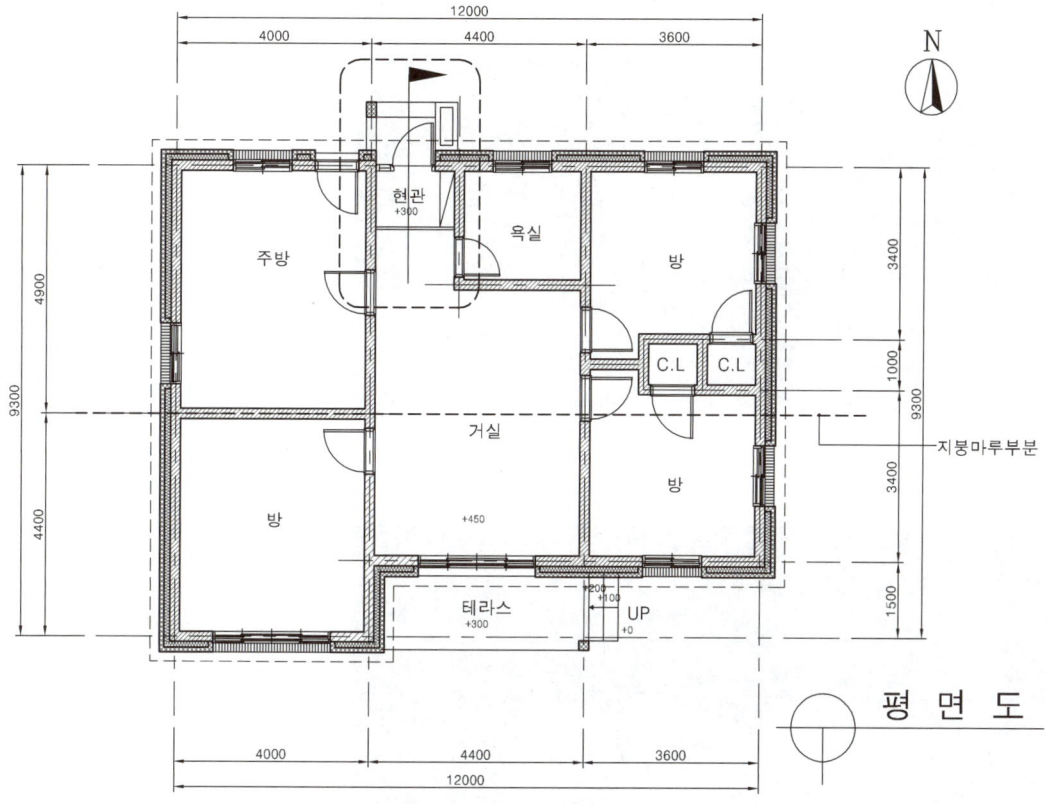

- 현관의 계단 수와 테라스의 계단 수가 다르니 주의합니다.
- 여기에서는 현관의 계단 한 단을 150mm로 계산하여 거실 높이를 450mm로 정하고, 테라스의 높이는 거실 높이보다 150mm 낮게 하였으며 나머지 테라스 계단의 한 단 높이를 100mm씩 잡아서 단면도에 적용했습니다. (G.L선을 기준으로 거실 450, 테라스 300, 테라스 2번째단 200, 1번째단 100, 테라스 작도편에서 확인하세요.)

### 거실 상세도 이용

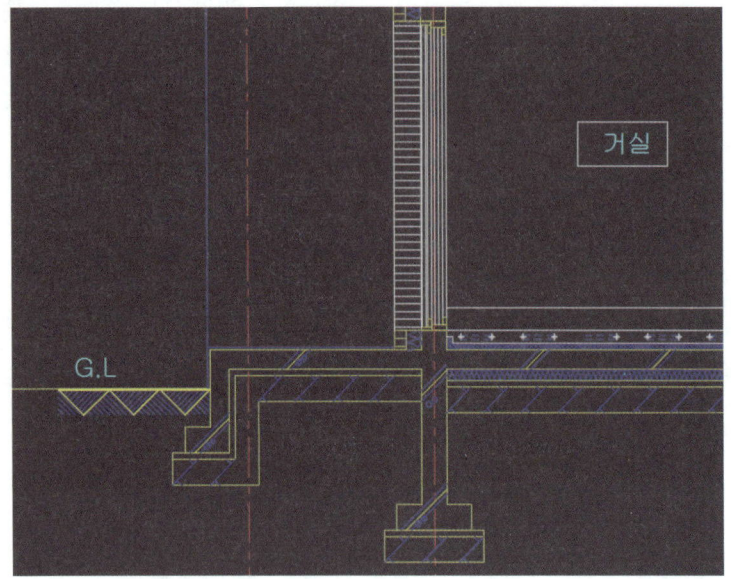

현관입구는 거실 상세도 부분을 이용합니다. 재료나 치수가 거의 동일합니다.

### 현관계단의 치수

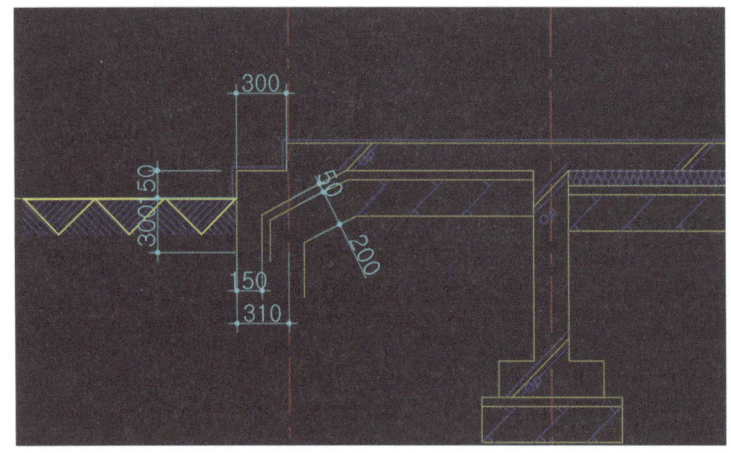

계단의 폭은 300, 계단의 높이는 150, 계단의 무근콘크리트 150, 밑창콘크리트 50, 잡석다짐 200을 기울기로 아래로 내려갑니다.

### 현관과 거실의 연결

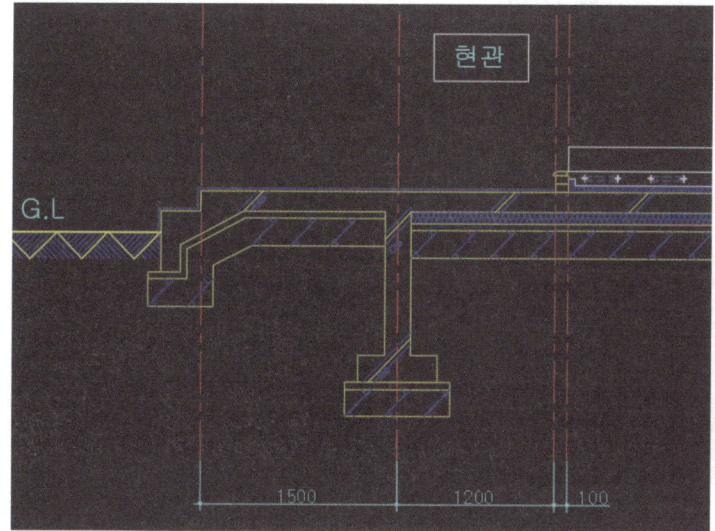

현관의 계단을 정리한 후 거실에 들어가는 입구까지 1200만큼 『Offset』하고 다시 100을 추가합니다. 100만큼 추가된 부분은 거실 시작 마무리부분이 됩니다.

### 거실 시작 마무리

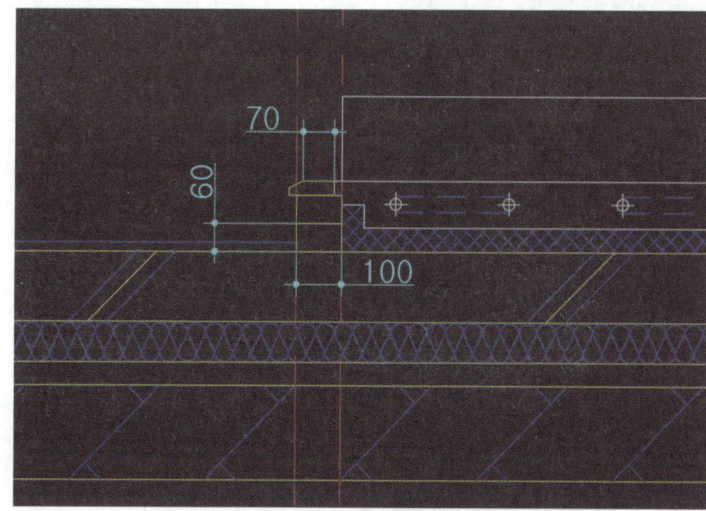

『Offset』 100 위치에 벽돌 『@100, 60』짜리 2단을 쌓아줍니다. 나머지 부분에 장식코를 만들어 줍니다. 온수 온돌난방은 방구조와 동일합니다.

### 🟢 현관문 치수

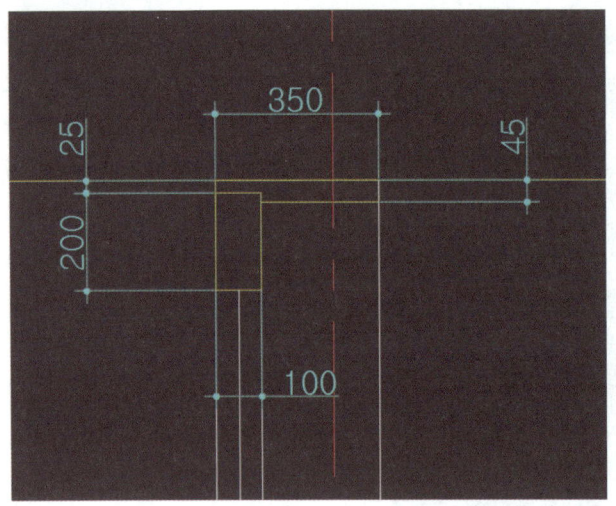

현관문의 프레임들을 모두 『Rec』로 작도합니다. 기준점에서 『@350,45』와 『@100,200』으로 두 개의 사각형으로 그리면 빠르게 작업할 수 있습니다.

### 🟢 현관문과 고정창 치수

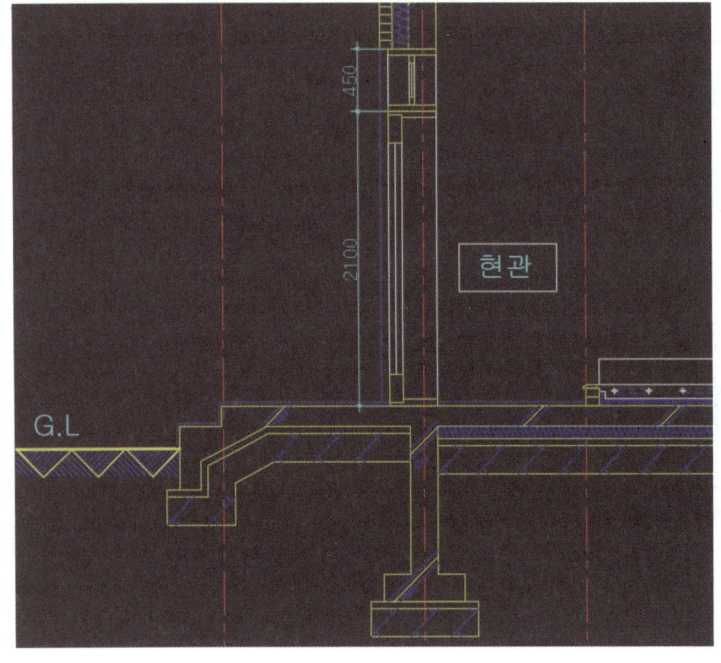

고정창의 프레임들도 모두 『Rec』로 작도합니다.
기준점에서 『@350,45』와 『@40,60』으로 두 개의 사각형으로 그려서 정리합니다. 현관문의 높이는 2100이고 고정창의 높이는 450입니다.

### 🔷 현관문과 고정창 치수

현관문, 고정창 프레임들도 모두 『Rec』로 작도를 합니다.
『@900,450』과 『@900,2100』으로 두 개의 사각형으로 그리면 빠르게 작업할 수 있습니다.
『Offset』을 30만큼 하고 다시 60을 합니다. 현관문의 장식 사각형을 그려줍니다.
(동영상 강의를 참고하세요.)

### 현관과 거실 시작부분

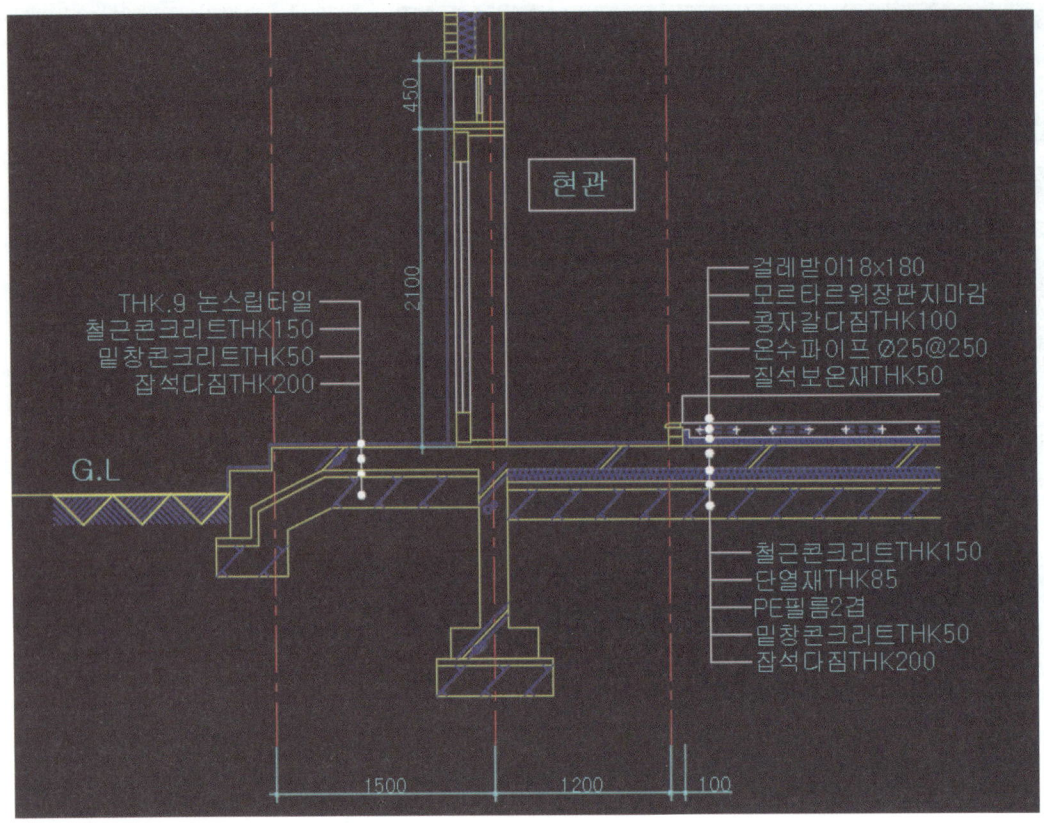

현관과 거실의 시작부분 구조형태와 치수 재료를 잘 익힙니다.

Craftsman Computer
Aided Architectural
D r a w i n g

# 11 일차

■ 천장·반자 구조

# 11일차 천장·반자 구조

▶ **동영상** 강의 : 건축제도실기-11

##  조건

### 1. 천장고

작도는 매 시험마다 다를 수 있으므로 반드시 실기시험 조건에서 주어지는 대로 하여야 합니다. 여기서는 반자높이가 2400mm라고 가정하고 작도합니다.

### 2. 반자 구조

거실 바닥에서 반자 높이까지 위방향으로 2400만큼 『Offset』하고 반자틀 구조를 합니다.
① 반자돌림 : 36×45
② 천장지마감
③ 석고보드 : 9.5mm 2겹
④ 반자틀 : 45×45@450
⑤ 달대 : 45×45@900
⑥ 달대받이 : 45×45@900
⑦ 수평꿸대 : 45×45
순서대로 작도합니다.

> **T·I·P**
> 반자 높이는 시험 조건마다 다를 수 있으므로 주의해야 합니다. 반자틀 구조는 어느 부분의 단면도가 나와도 동일한 구조입니다.

## 작도요령

### 기출문제 평면도

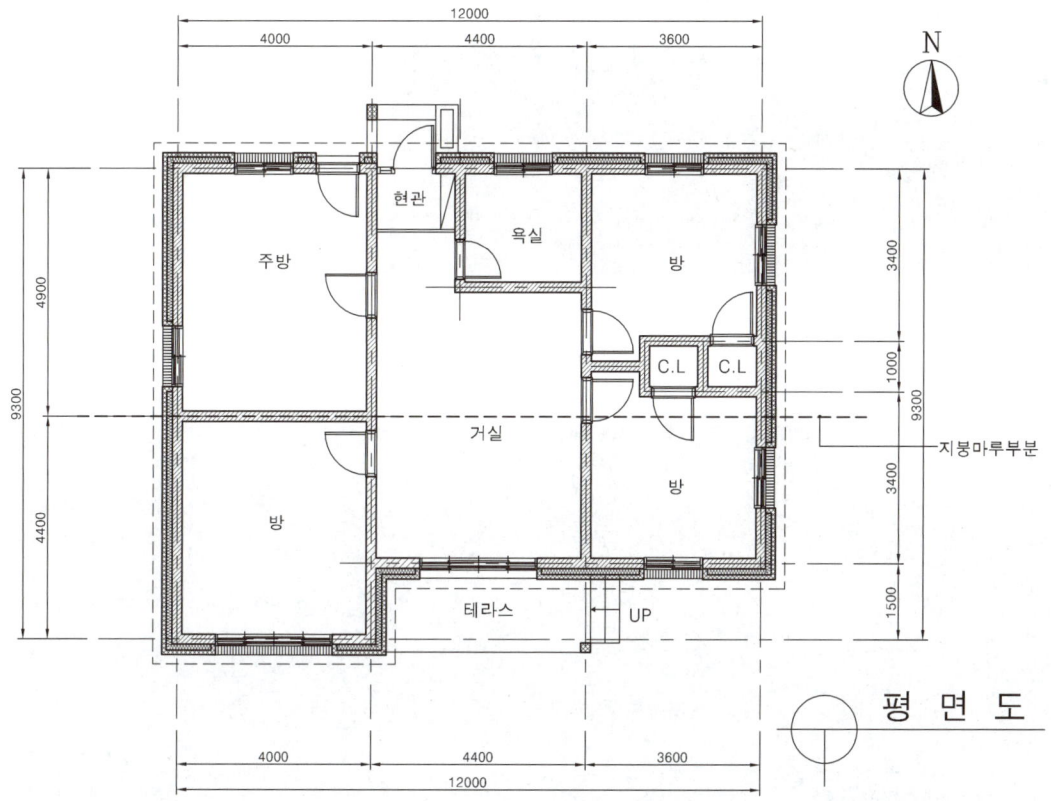

평면도

어느 부분 단면 상세도라도 천장구조는 동일합니다.

### 🟩 반자틀구조

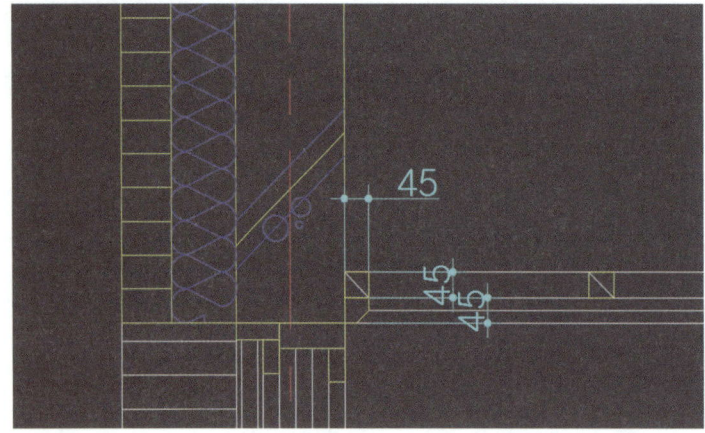

CAD 명령어 『Rec』로 반자돌림 기준점에서 『@45,45』로 그 위에 석고보드선을 하고 다시 『Rec』로 반자틀 기준점에서 『@45,45』로 그려줍니다.

### 🟩 반자틀 450 간격으로 복사

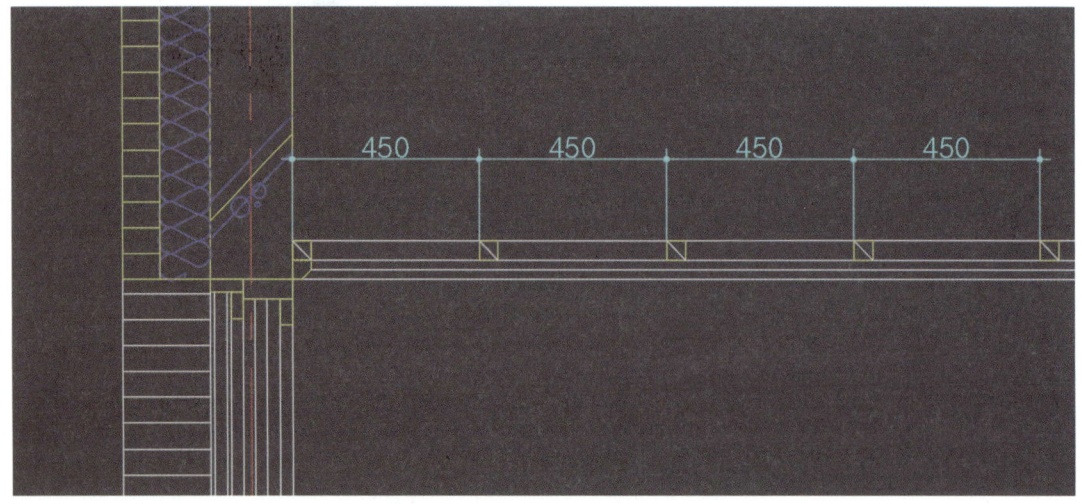

CAD 명령어에서 반자틀을 450 간격으로 『Array』합니다.

### 🟩 Array 사용

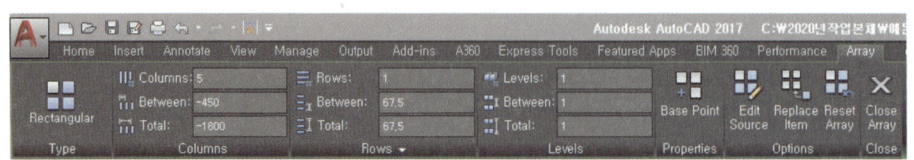

Columns 5개 이상, 간격은 450을 합니다.

## 반자틀 구조 재료 표현

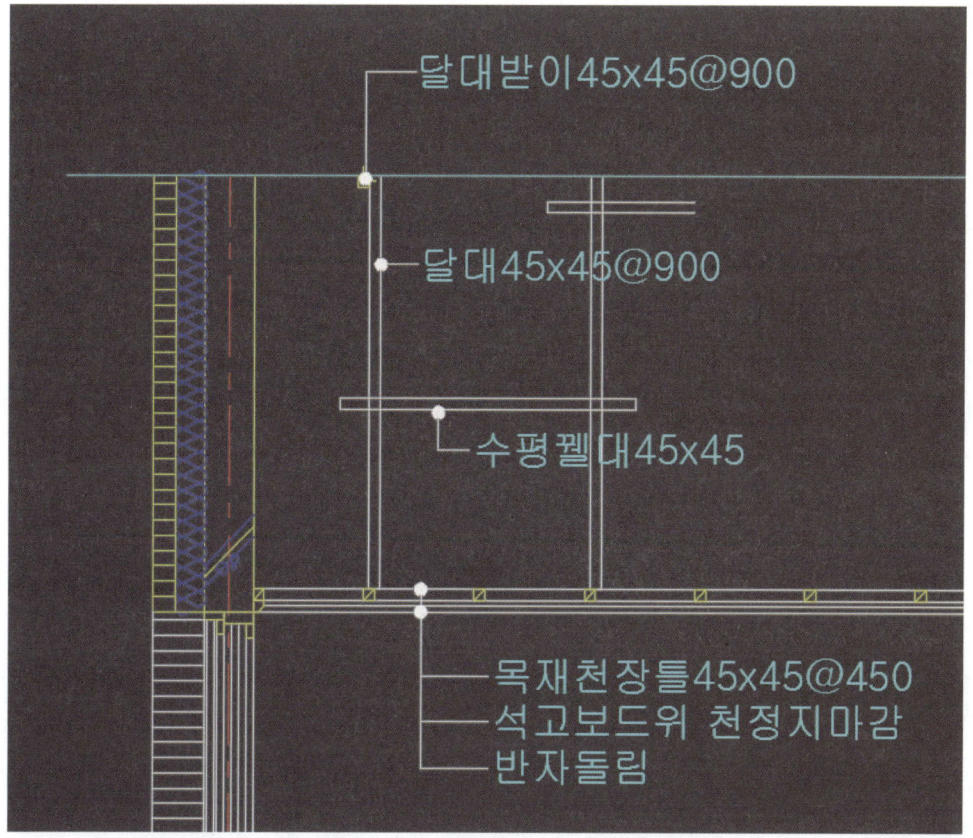

재료 표현과 글자를 넣어 줍니다. 단열재 표현은 벽돌의 단열재와 동일합니다.
달대(@45,1200), 달대받이(@45,45), 수평꿸대(@1200,45)

MEMO

Craftsman Computer
Aided Architectural
D r a w i n g

# 12 일차

- 기와
- 처마 상세도

# 12일차 기와

> ▶ **동영상** 강의 : 건축제도실기-12-01

##  조건

### 1. 물매 확인

물매는 시험조건에 따라 달라질 수 있으므로 조건을 꼭 확인해야 합니다. 물매의 기울기는 사각형으로 작도합니다.

### 2. 지붕의 구조

- 슬래브 150mm, 액체방수 20mm, 마감 20mm, 기와걸이 20mm, 기와살 20mm를『Offset』합니다.
- 기와살의 두께는 20mm이며, 기와걸이(각재)는 20mm입니다. 기와는 기와걸이에 얹어집니다.

### 3. Array를 사용하여 기와 작도하기

기와와 기와걸이를 1개 작도하여『Array』중『Path(경로)』를 사용하여 여러 개의 기와를 작도합니다.

## 작도요령

### 🟩 기출문제 평면도

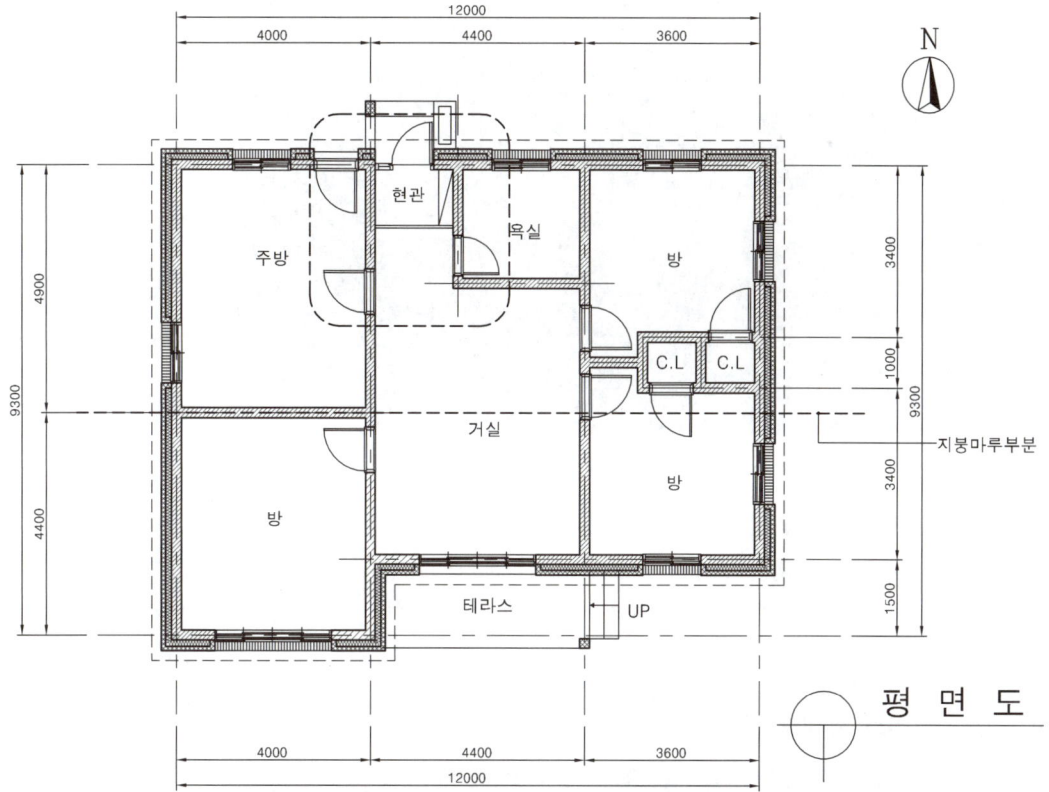

지붕마루 부분을 확인하고 주방쪽 처마가 가장 긴 처마가 됩니다.

### 🔸 사각형으로 물매잡기

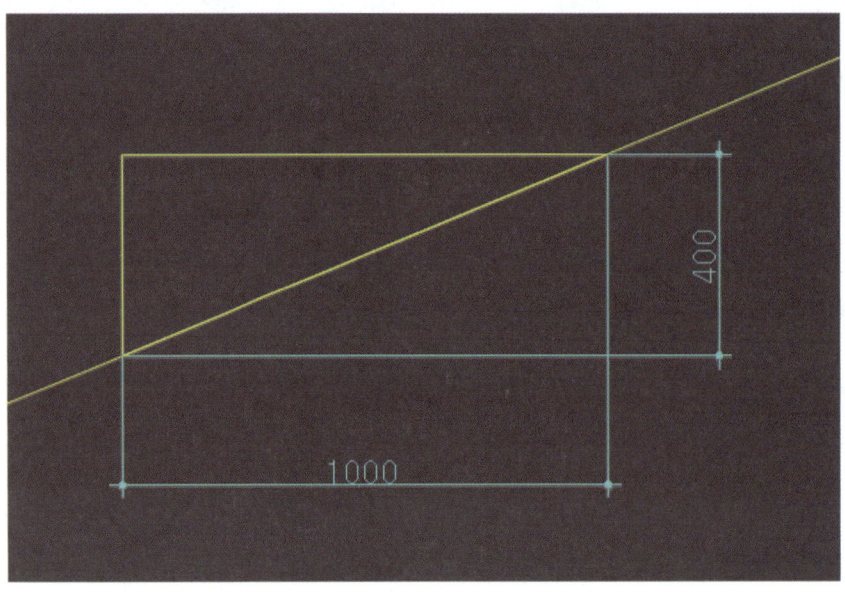

CAD 명령어로

『Command』:『Rec』[ENTER] (RECTANGLE의 단축키)

『Chamfer/Elevation/Fillet/Thickness/Width/〈First corner〉』: [ENTER]

『Other corner』: @1000,400[ENTER]하여 사각형을 그리고『Xline』으로 기울기를 잡아줍니다.

### 🔸 철근콘크리트 슬래브 구조

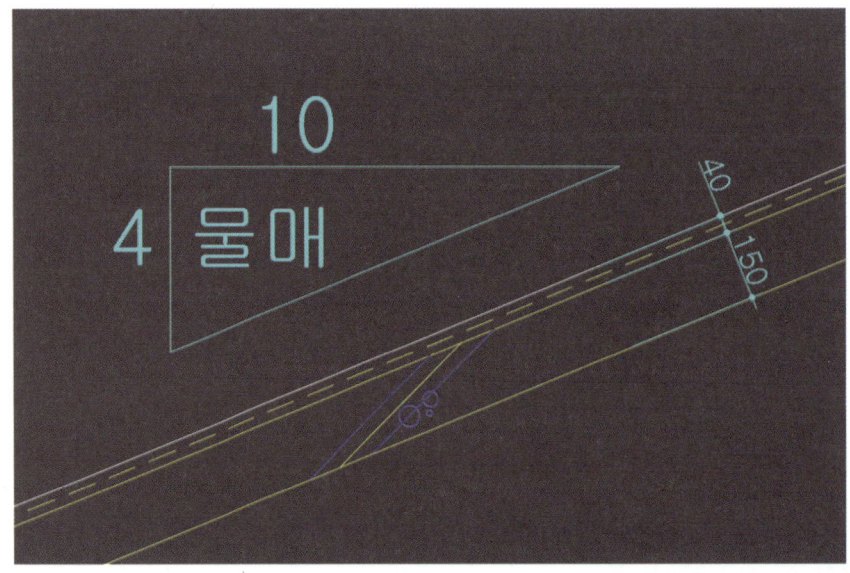

철근콘크리트 슬래브 지붕 150, 액체방수 20, 모르타르마감 20을 합니다.

## 🟩 기와 그리기

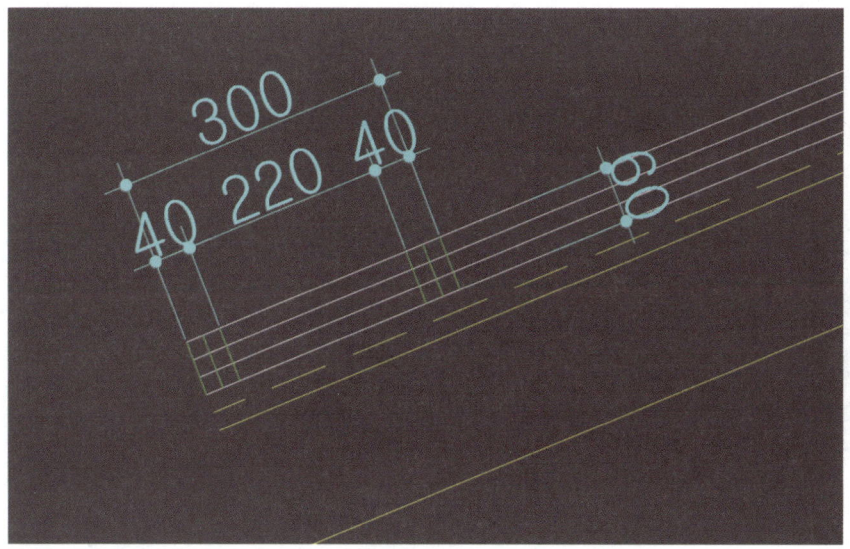

기와의 두께는 20으로, 크기는 300으로 작도를 합니다.
기와는 서로 앞의 기와를 물고 있기 때문에 위로『Offset』을 20씩 3번 합니다.
기와걸이는 20×20각재를 사용합니다.(동영상 강의를 참고하세요.)

## 🟩 기와 모양과 기와걸이

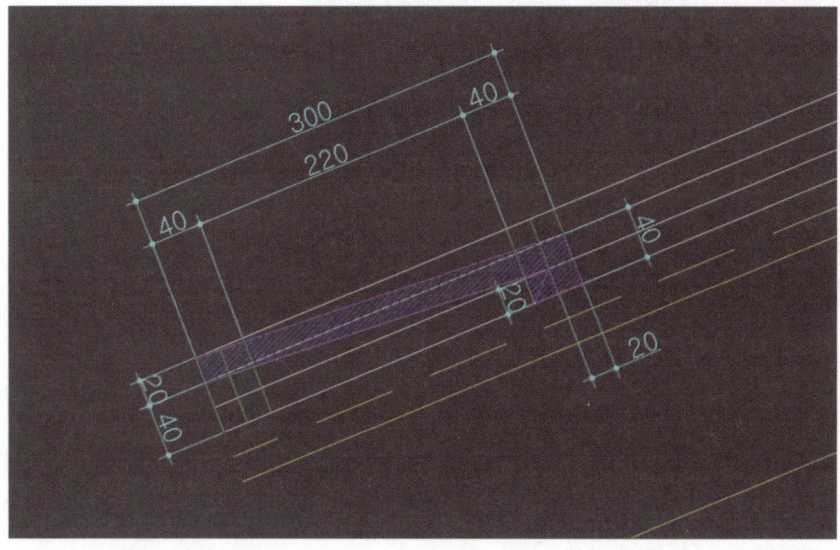

기와모양을 『Pline』으로 작도합니다. 기와걸이도 『Boundary』로 작도합니다.
(동영상 강의를 참고하세요.)

### 첫기와 위치배치

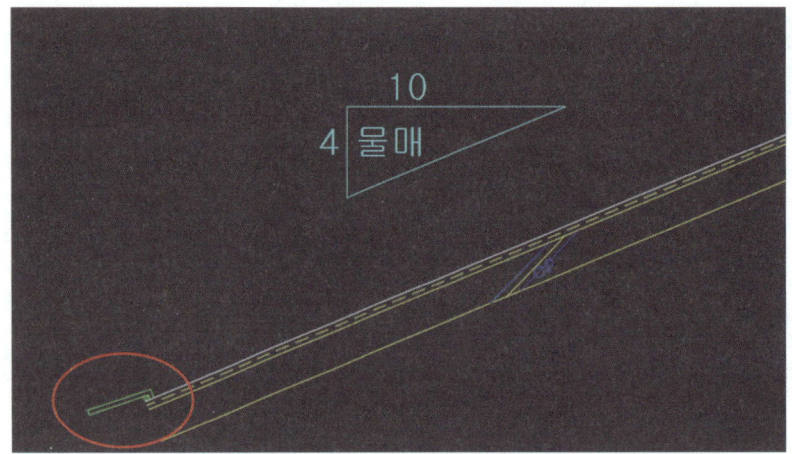

첫기와를 시작점 위치에 놓아둡니다.

### Array 사용하기

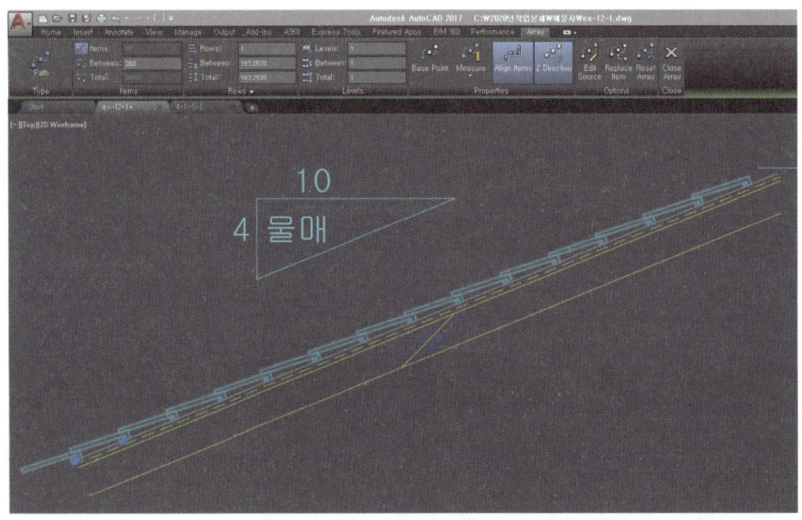

『Array』 명령어 중 『Path』 선택으로 거리값은 260으로 진행합니다.
(동영상 강의를 참고하세요.)

# 12일차 처마 상세도

▶ **동영상** 강의 : 건축제도실기-12-02

## 조건

### 1. 처마나옴의 높이 구조

- 용마루선에서 처마가 가장 긴 쪽에 테두리 보인 700mm만큼의 보가 만들어집니다.
- 아주 중요한 사항입니다. 시험에 이 부분이 단면으로 잘리지 않더라도 다른 처마의 높이를 알려면 반드시 그려주어야 합니다.
- 예제에서 꼭 확인하고 넘어가세요.

### 2. 처마나옴

처마나옴은 시험조건에 따라 달라질 수 있습니다. 조건을 확인해야 합니다. 처마나옴은 벽체 중심에서 500~600mm 사이로 주어집니다.

### 3. 테두리 보의 뜻과 산정

- 테두리 보는 벽돌구조에서 벽체를 일체화시키기 위해 사용합니다.
- 외벽 위로 벽두께의 1.5배 이상 철근콘크리트로 보(테두리보)를 만듭니다.
- 1.5B에 단열재가 120인 경우 보는 600 이상으로 합니다. (190+120+90)×1.5배

> **T·I·P**
> 처마의 길이 차이가 있어도 천장고의 높이는 동일해야 합니다. 그러므로 용마루선에서 가장 처마가 긴 쪽에 기본테두리보가 만들어져야 최소 천장의 높이가 유지됩니다.

**작도요령**

### 기출문제 평면도

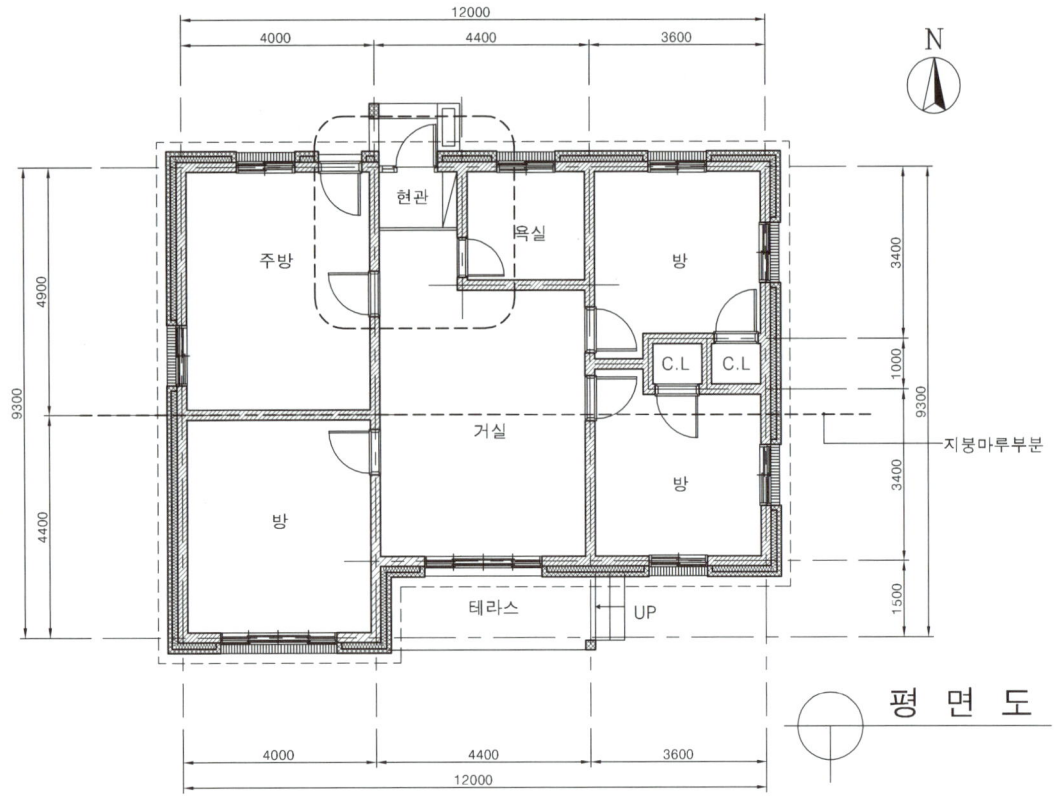

지붕마루 부분을 확인하면, 주방쪽 처마가 가장 긴 처마가 됩니다.

### 🟦 기와와 기본 테두리보

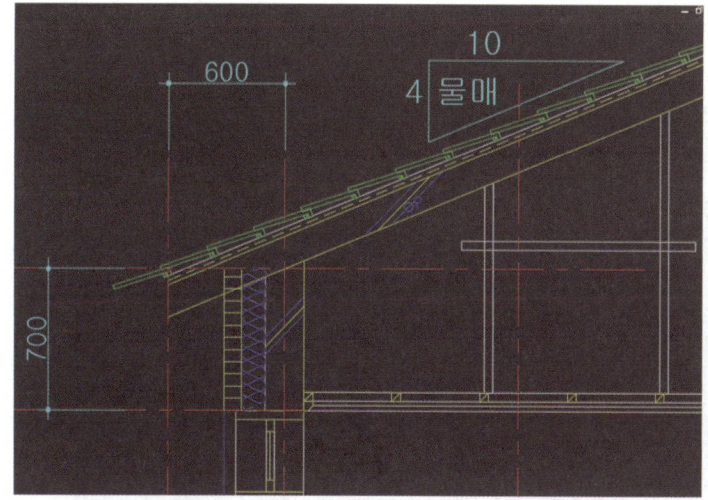

기와를 그려놓고 나서 기본 테두리보 700mm보 라인과 중심선 그리고 기와 기울기가 교차되어야 한 점에서 만납니다.
(동영상 강의를 참고하세요.)

### 🟦 처마나옴 600

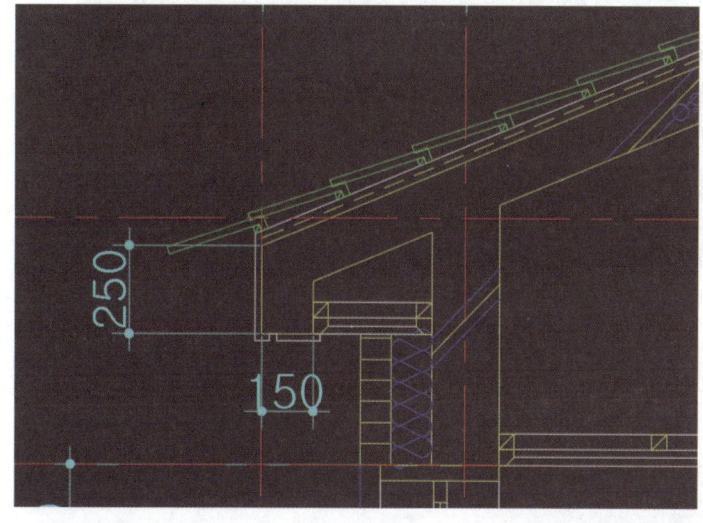

철근콘크리트 슬래브 지붕을 잘 마무리합니다. 처마나옴이 600인지 500인지 시험조건에서 확인하고 작도합니다.
처마홈통 달아주는 부분을 250으로 해줍니다.
(동영상 강의를 참고하세요.)

### 처마수장 부분

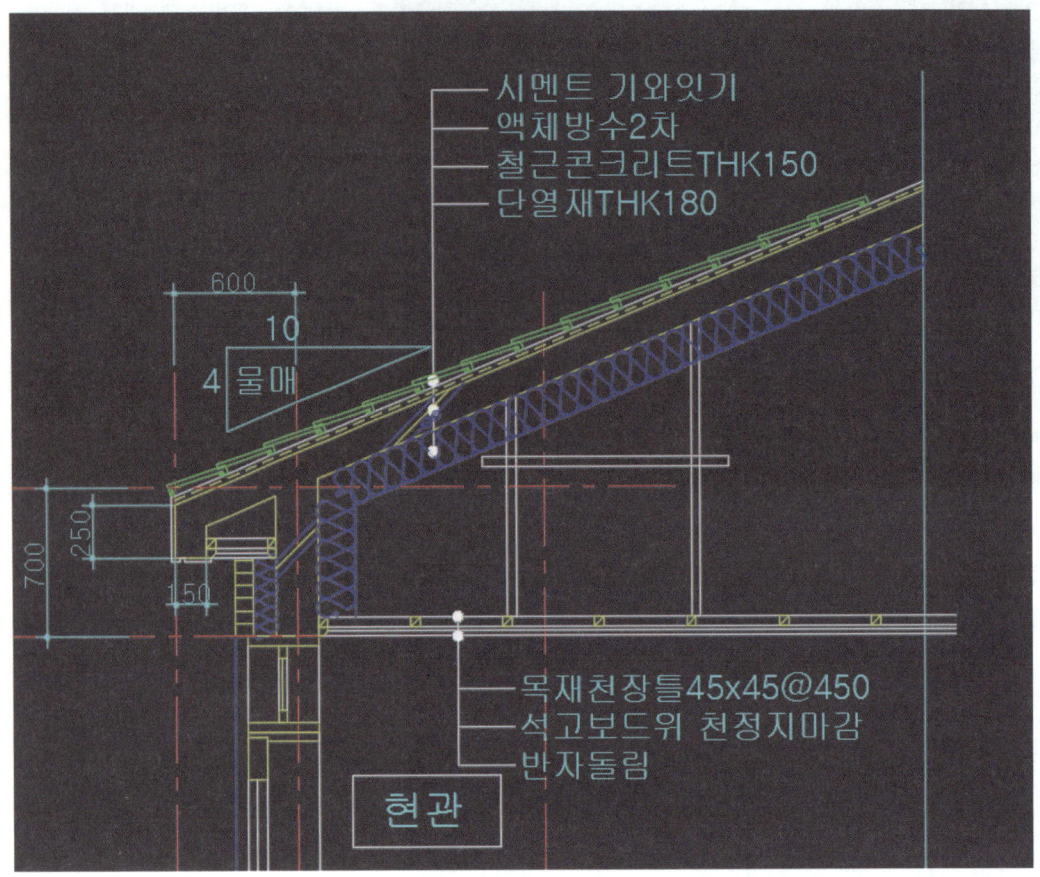

기와 마무리와 재료 표현을 합니다. 반자구조를 처마구조에도 적용합니다. 첫기와 모양만 수정하고 정리합니다.

  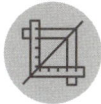

Craftsman Computer
Aided Architectural
D r a w i n g

# 13 일차

■ 전체 지붕

# 13일차 전체 지붕

▶ **동영상** 강의 : 건축제도실기-13-01
건축제도실기-13-02
건축제도실기-13-tip

## 조건

### 1. 용머리선을 확인

- 평면도에서 용마루선을 확인합니다. 용마루선에서 치수선이 가장 길게 나온 부분에 기본 테두리 보인 600~700mm 보가 만들어지는 곳입니다.
- 상대편 벽은 용머리선을 기준으로 『Mirror』해서 보의 길이를 찾아줍니다.
- 전체 천장의 높이는 같게 작업을 해야 합니다.

### 2. 장식 용머리

장식 용머리를 달아줍니다. 규조토 위에 암키와 세 켜, 숫키와, 용머리 순입니다.

### 3. 기타 다른 보

내벽 보는 300mm 정도로 작도합니다.

### 4. 처마 수장

처마 수장(꾸미기)은 천장의 반자구조를 이용하여 동일하게 작도합니다.

> **T·I·P**
> 보 작도를 위해서 평면도에서 용머리선과 가장 긴 처마를 찾아줍니다.

## 작도요령

### 기출문제 평면도

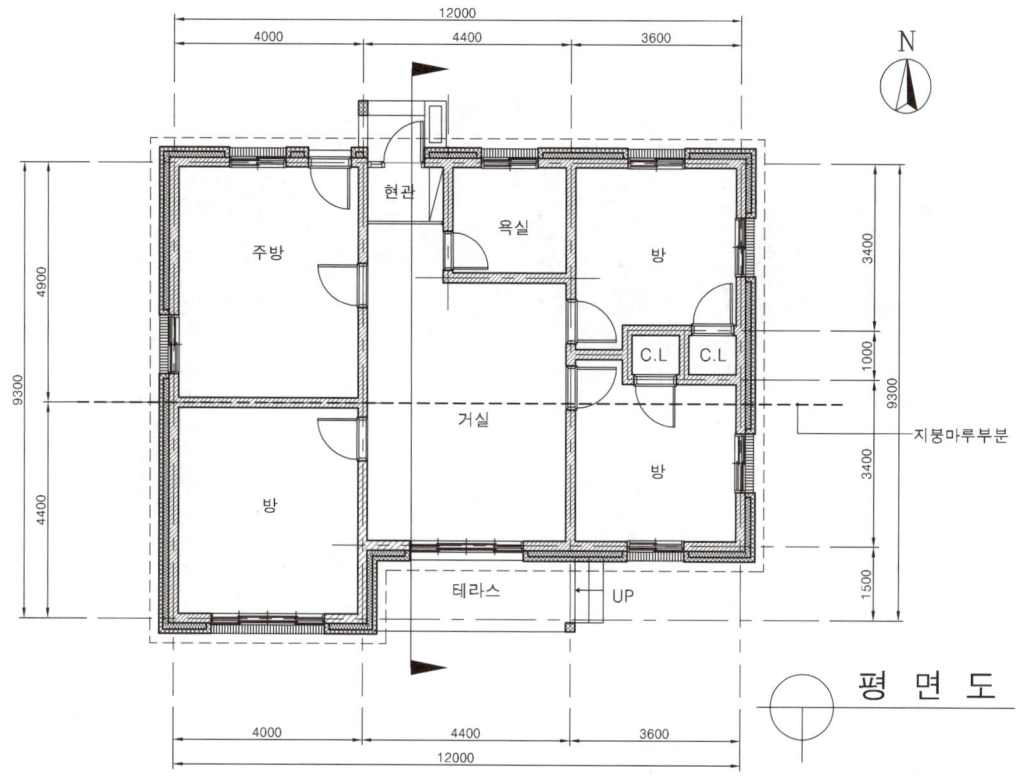

A-A' 단면 지붕 상세도에서 지붕마루 부분을 확인하고 주방 쪽 처마, 즉 A부분 쪽이 가장 긴 처마가 됩니다.

### A-A' 부분 전체 지붕

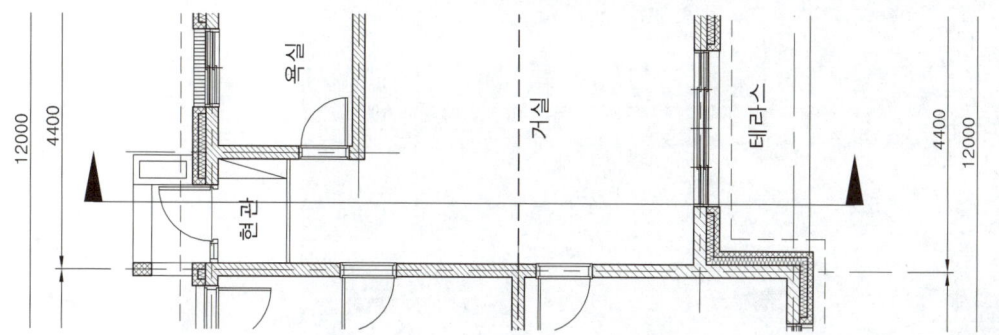

평면도에서 현관 쪽이 긴 처마이므로 기본 테두리보인 700 이상 보가 생기고, 테라스 쪽에는 『Mirror』를 해서 생긴 보를 사용합니다.

### 테라스 기초

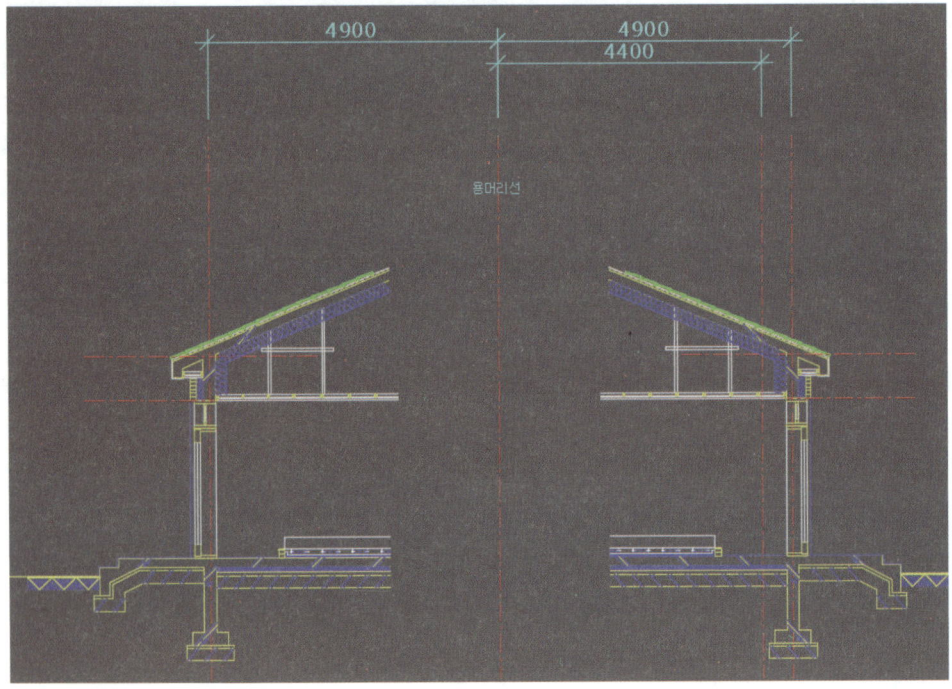

테라스 기초는 용마루선을 기준(4900)으로 『Mirror』를 합니다. (즉 4900선과 4400선 사이에서)

### 반자높이와 용머리

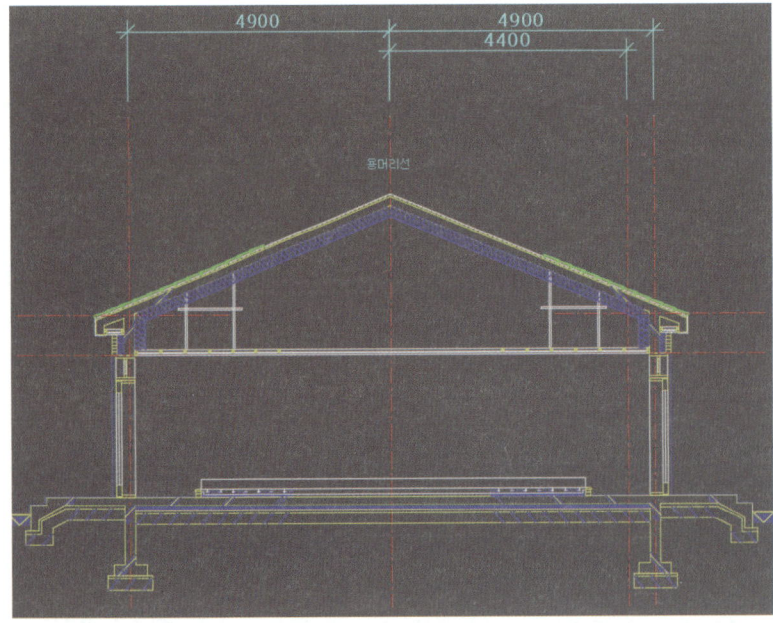

조건에 주어진 반자높이(2400)와 용머리(4900)를 정리합니다.

## 🟩 테라스 지붕보(긴보 생성)

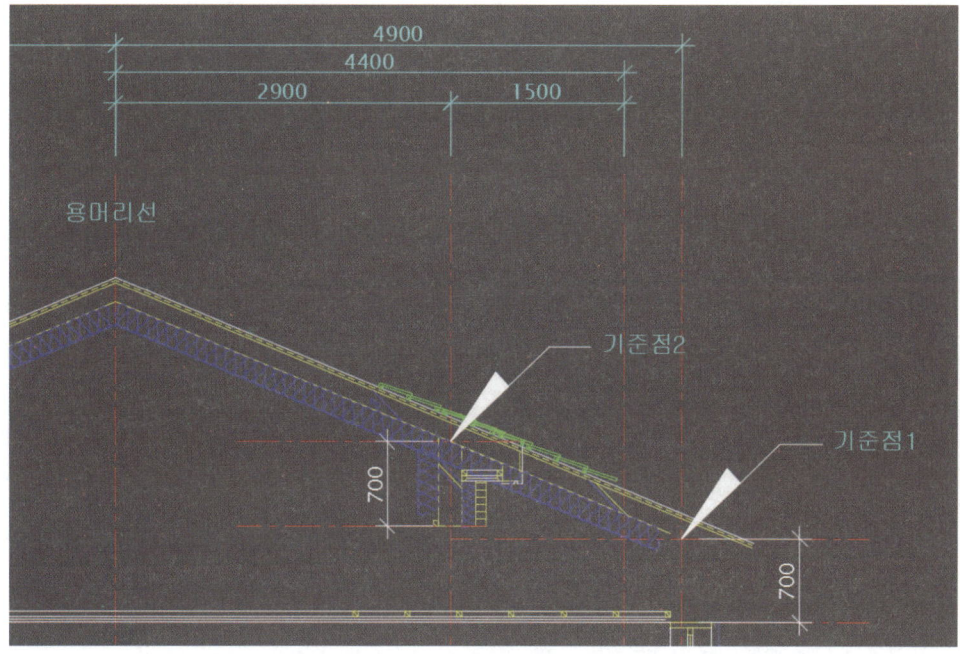

700의 보(기준점1)를 테라스 벽체중심선(1500)인 기준점2로 『Move』합니다.
『Move』 시에 지붕의 기울기를 같게 옮겨야 합니다. 당연히 보가 떠보일 것입니다.

## 🟩 테라스 보 정리

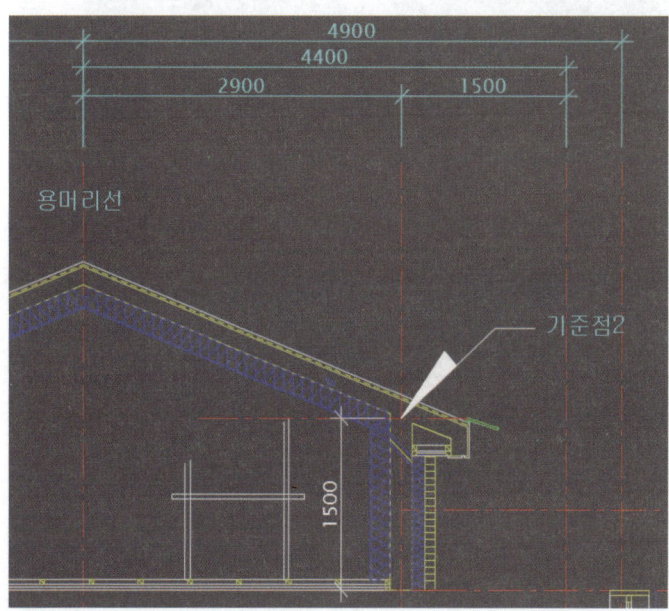

보를 천장고(2400)까지 맞추어 정리하면 테라스 보는 길어질 수밖에 없습니다. 달대(45×45 @900), 달대받이(45×45@900), 수평퀠대(45×45), 단열재 THK 180으로 정리합니다.

### 🔷 지붕 용머리, 내벽보

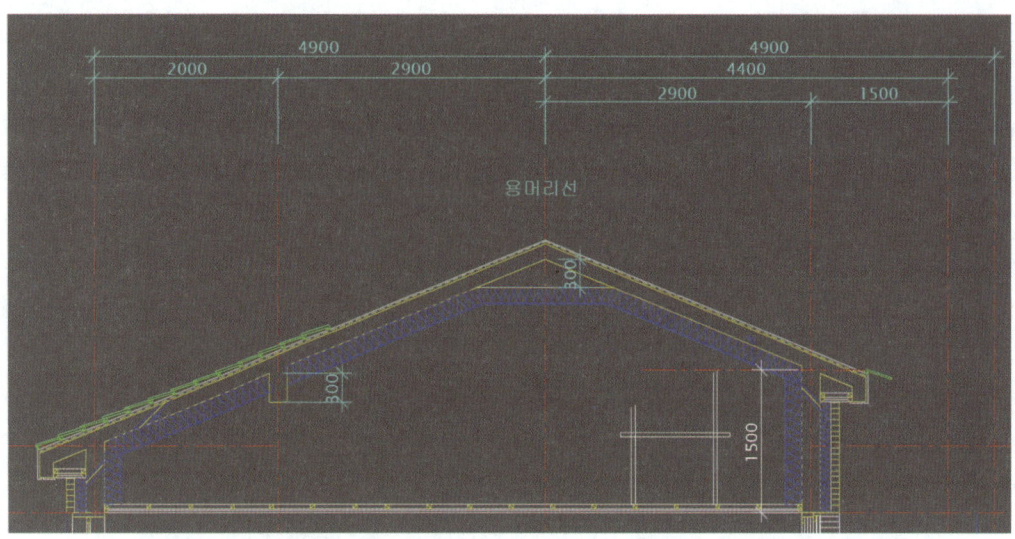

지붕 용머리보 300, 내벽보 300을 해줍니다. 처마상세도 부분은 양쪽이 동일합니다.

### 🔷 용머리 상세도

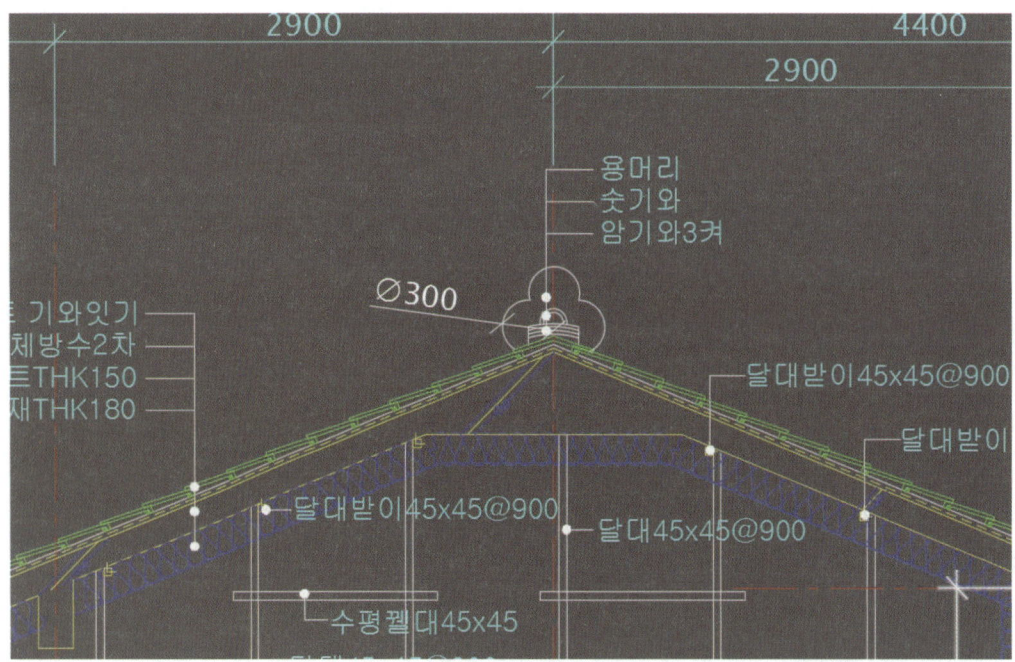

용머리, 숫키와, 암키와, 규조토를 만들어 줍니다.

### 🟩 A-A' 부분 지붕 단면 상세도

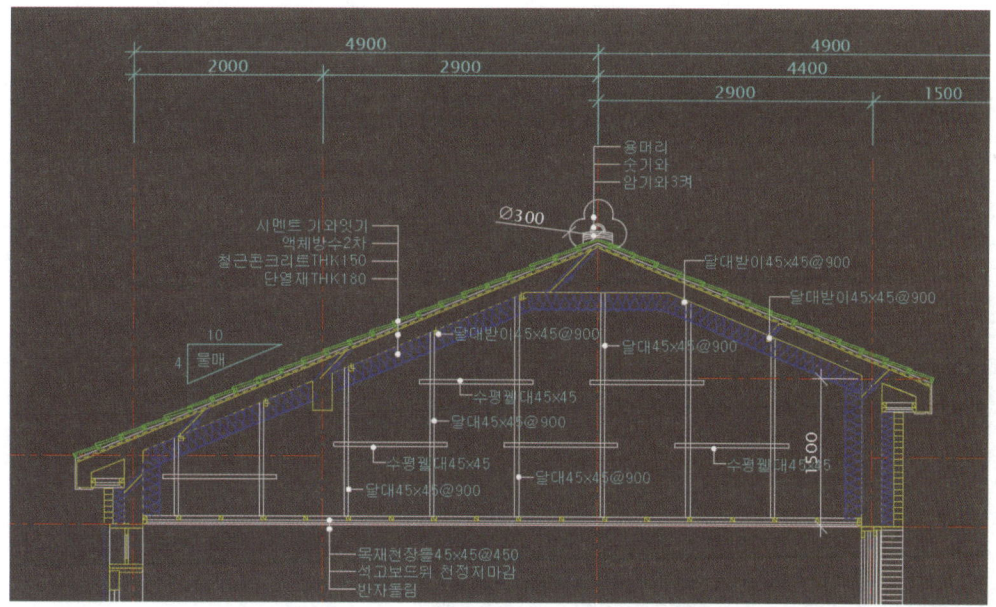

문자와 재료 표현을 하여 마무리 해줍니다.

> **T·I·P**
>
> 시간을 단축할 수 있는 팁
> 🟩 A' 부분 단면도를 작도
>
>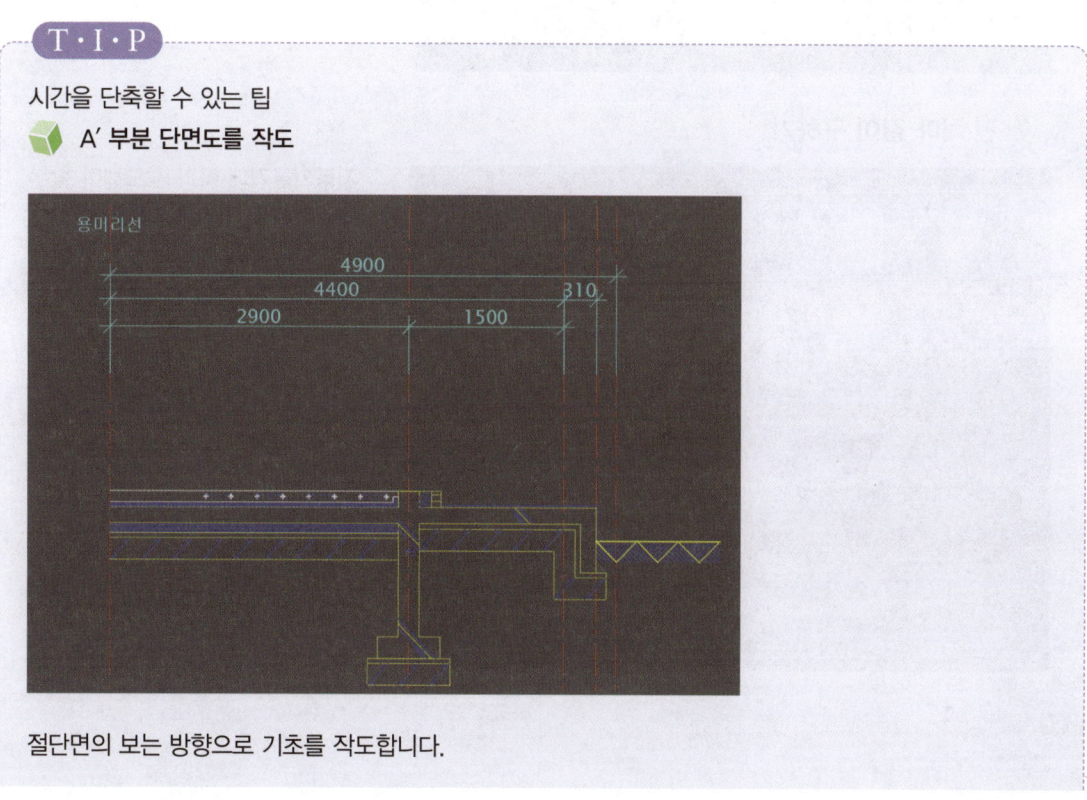
>
> 절단면의 보는 방향으로 기초를 작도합니다.

### 같은 방향으로 작도

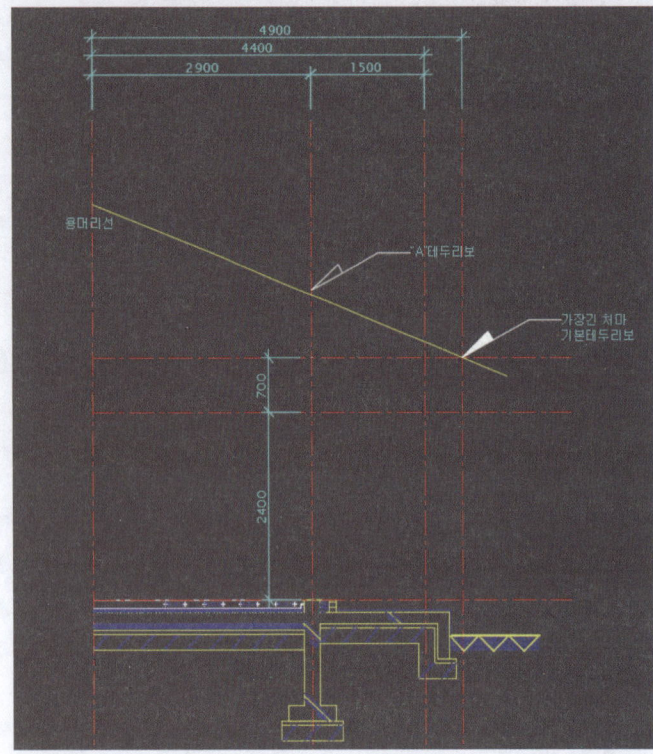

가장 긴 처마가 작도해야 하는 부분과 반대 방향이라도 용머리를 기준으로 작도하는 방향으로 『Offset』하여 지붕선을 구합니다.

### 긴 처마 길이 구하기

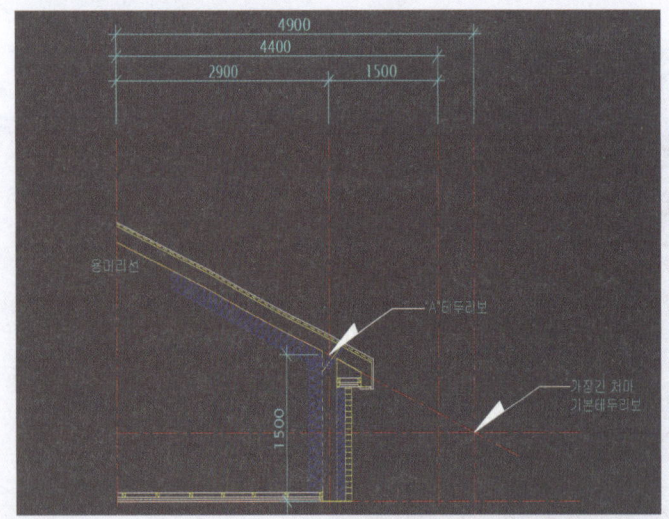

지붕기울기에 따라 작도해야 할 A'테두리보의 길이를 구할 수 있습니다.

Craftsman Computer
Aided Architectural
D r a w i n g

# 14 일차

■ 치수 · 문자정리

# 14일차 치수·문자정리

▶ **동영상** 강의 : 건축제도실기-14-01
건축제도실기-14-02

##  조건

### 1. 조건에서 주어지는 치수
- 조건에서 주어지는 치수는 꼭 입력을 하여야 합니다.
- 처마 나옴 치수, 반자 높이, 물매 등

### 2. Dimension Styles
CAD에서 치수 스타일을 만들어 주어야 합니다.

### 3. 도면에 꼭 들어가야 하는 문자
단면도와 입면도에 꼭 들어가야 하는 문자가 있습니다. 꼭 필요한 개소에 표기되지 않았을 경우 1개 소당 1점 감점이 됩니다.

### 4. Text Style
캐드에서 문자 스타일을 만들어 주어야 합니다.

### 5. 문자와 숫자 간격
크기와 간격이 일정하지 않을 경우 1점 감점이 됩니다.

> **T·I·P**
> 문자와 숫자는 감점되는 요인이 많으므로 따로 메모해 달달 외워야 합니다. 시험장에 가면 긴장이 되어 외운 것이라도 생각이 잘 나지 않는 경우가 있답니다.

## 작도요령 1

### 기출문제 평면도

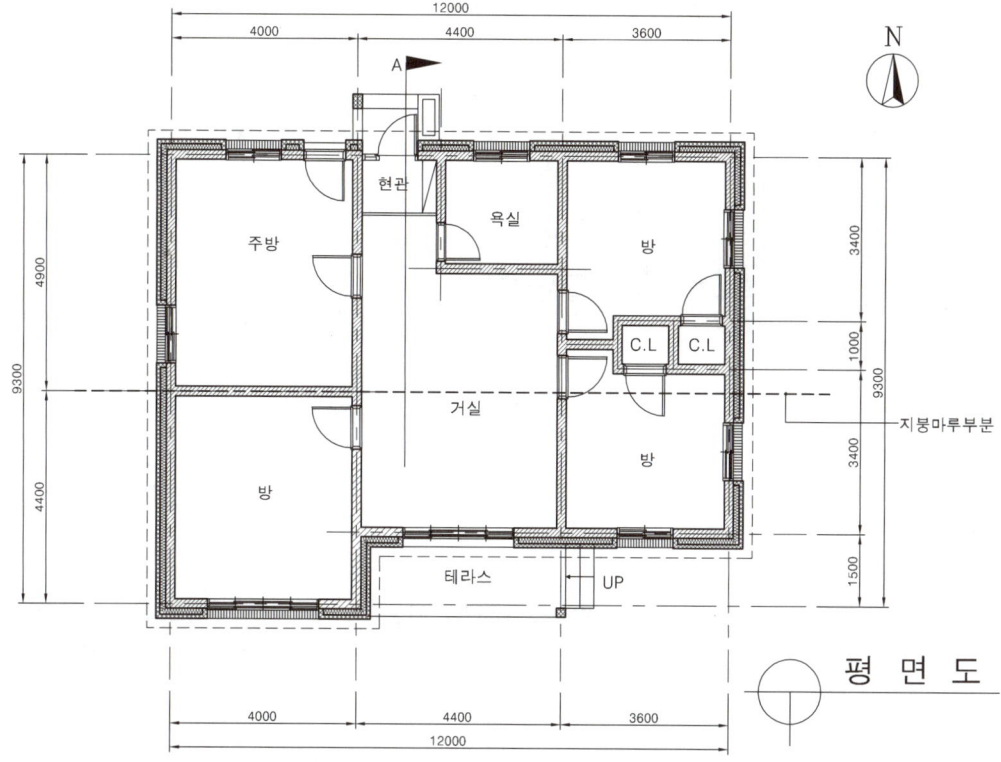

현관부분 단면 상세도를 기준으로 작업을 합니다. 지붕마루부분을 확인하고 주방 쪽 처마가 가장 긴 처마라는 것도 확인합니다.

### 단면 상세도

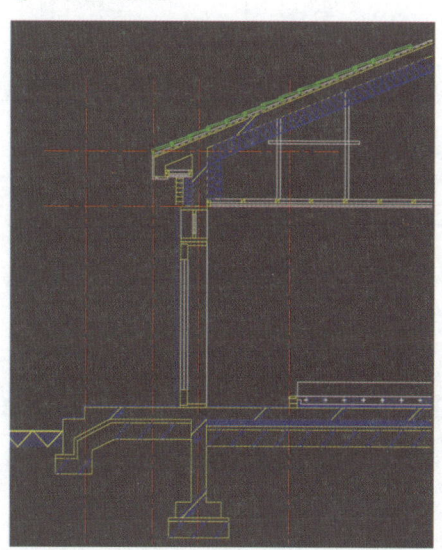

단면도를 열어 치수, 문자를 공부해보겠습니다.
(ex-13-1.dwg, ex-14-1.dwg)

## 단면도 Text Style

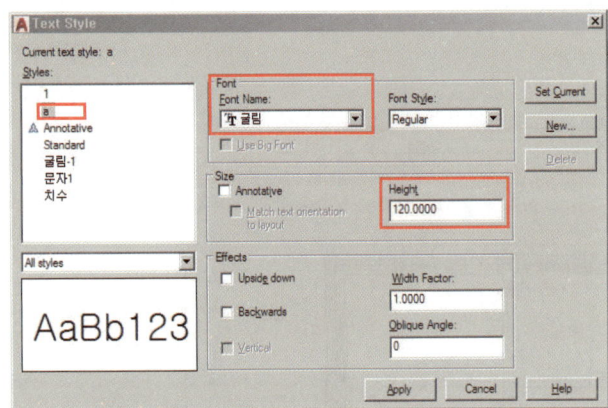

CAD의 Format 안에 『Text Style』을 만들어줍니다. 『Style Name』에 『New』를 사용하여 자기만의 이름을 꼭 정해 주어야 합니다.
『Font > Font Name』에 『Lucida Sans Unicode』를 정해주고(없다면 굴림체도 무방)『Height』는 『100~120』으로 정합니다.

## 단면도 문자 넣기

| 지붕 | 반자위 부분 | 천장 |
|---|---|---|
| 시멘트기와 위 O.P마감 | 달대받이 45×45@900 | 목재천장틀 45×45@450 |
| 액체방수 2차 | 달대 45×45@900 | 석고보드 위 천장지마감 |
| 철근콘크리트 THK150 | 수평펠대 45×45 | 또는 합판 위 천장지마감 |
| 단열재 THK120 | 단열재 THK180 | 반자돌림 45×45 |

| 현관, 테라스 | 온수파이프, 온돌난방, 거실 | 온수파이프, 온돌난방, 방 |
|---|---|---|
| 논슬립타일마감 | 걸레받이 18×180 | 모르타르 위 장판지마감 |
| 철근콘크리트 THK150 | 모르타르 위 장판지마감 | 콩자갈다짐 THK100 |
| 밑창콘크리트 THK50 | 콩자갈다짐 THK100 | 온수파이프 Ø25@250 |
| 잡석다짐 THK200 | 온수파이프 Ø25@250 | 질석보온재 THK50 |
|  | 질석보온재 THK50 |  |

| 방 기초 | 동바리 기초 | 동바리 거실 |
|---|---|---|
| 철근콘크리트 THK150 | 멍에받이 90×90 | 걸레받이 18×180 |
| 단열재 THK85 | 밑둥잡이 60×90 | 플로어링널 THK18 마감 |
| PE필름 2겹 | 동바리 90×90@900 | 육송널 THK12 |
| 밑창콘크리트 THK50 | 호박돌 Ø300 | 장선 45×45@450 |
| 잡석다짐 THK200 |  | 멍에 90×90@900 |

| 지하실 기초 | 부엌·지하실 부분 |
|---|---|
| 모르타르마감 | 걸레받이 18×180 |
| 액체방수 3차 | 모르타르 위 장판지마감 |
| 철근콘크리트 THK150 | 콩자갈다짐 THK100 |
| 밑창콘크리트 THK50 | 온수파이프 Ø25@250 |
| 잡석다짐 THK200 | 질석보온재 THK50 |
|  | 철근콘크리트 THK120 |
|  | 모르타르 위 W.P마감 |

## Array 이용 문자 정렬

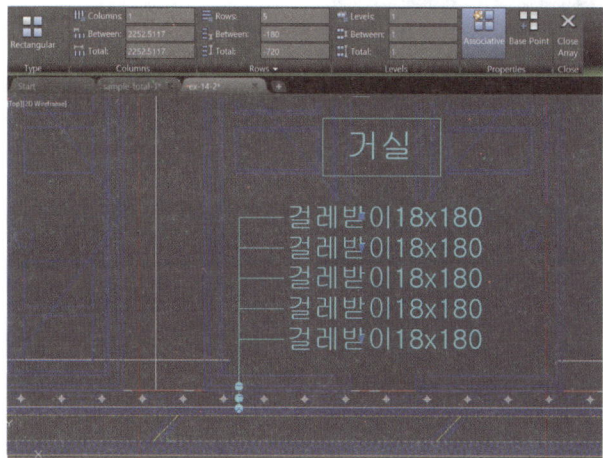

걸레받이 18×180 글자와 선을 선택해서 『Array』를 실행합니다.
Rows로 5개 간격은 −180을 입력합니다. 도트는 다음과 같이 합니다.
Command : DO
DONUT
Specify inside diameter of donut ⟨0.0000⟩:
Specify outside diameter of donut ⟨40.0000⟩:

## 문자 내용 수정

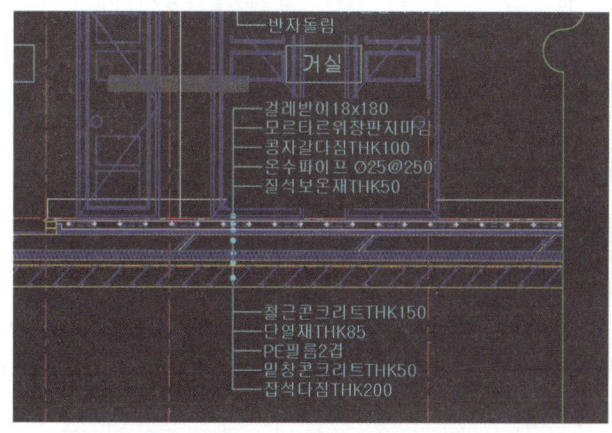

수정할 문자를 더블클릭하여 다음과 같이 재료명을 수정합니다.

## 현관 내용 수정

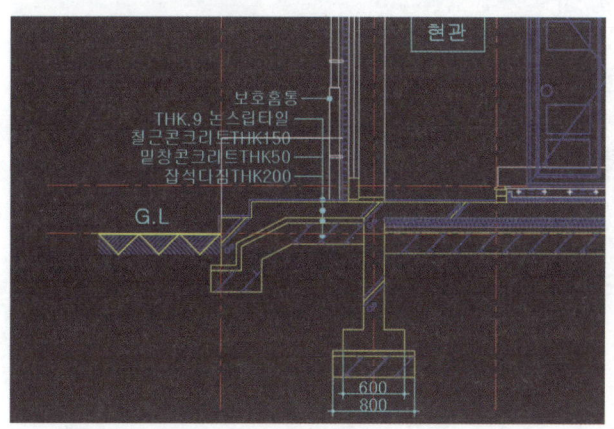

거실재료명을 『Mirror』를 이용하여 현관 재료명을 만들어 수정합니다.

## 현관 내용 수정

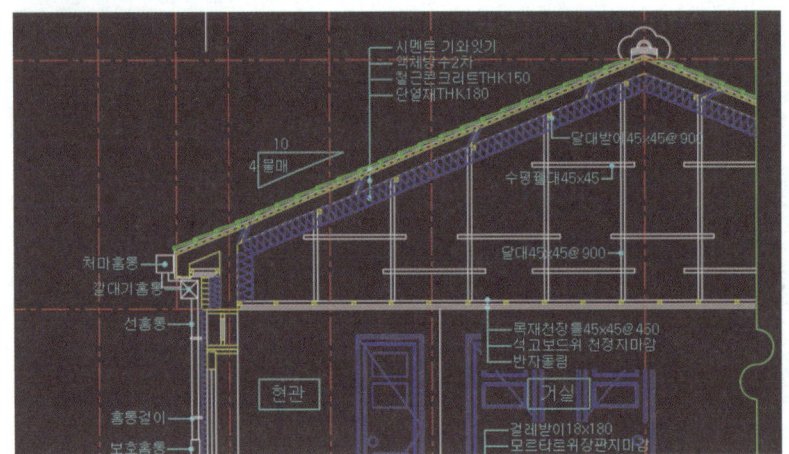

거실재료명을 『Mirror』를 이용하여 현관 재료명을 만들어 수정합니다.

## 입면도 Text style

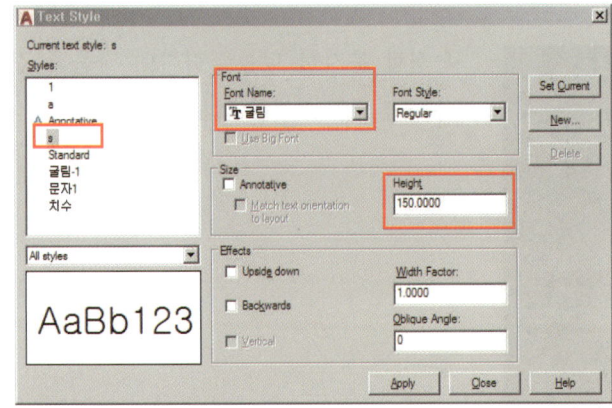

『Text Style』을 만들어줍니다. 『Style Name』에 『New』를 사용하여 자기만의 이름을 적고 『Height』는 『125~150』으로 정합니다.

## 입면도 문자 넣기

| 지붕 | 천장 | 방창문 |
|---|---|---|
| 숫키와 | 적벽돌 치장쌓기 | 투명유리 6mm |
| 암키와 3장 | 모르타르 위 W.P마감 | |
| 시멘트기와 위 O.P마감 | | |
| 용머리 | | |

| 홈통 | 캔틸레버·손스침 | 거실문 |
|---|---|---|
| 선홈통 Ø75 | 손스침 | 투명유리 6mm 또는 9mm |
| 보호홈통 Ø100 | 논슬립 | |
| 홈통걸이 @900 | | |
| 낙수받이 | | |

## 입면도 재료명 위치

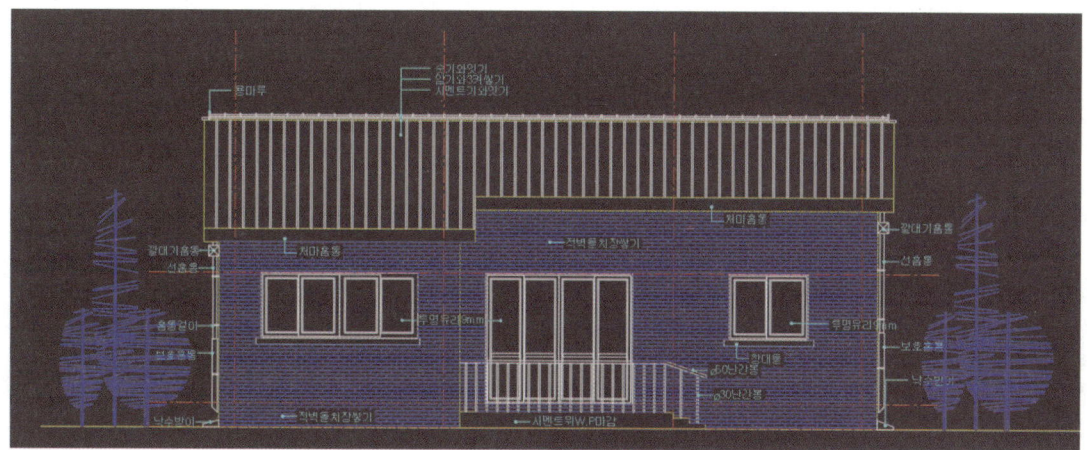

위와 같이 위치를 잡아서 재료명을 기입합니다. 도트는 다음과 같이 합니다.

Command: DO
DONUT
Specify inside diameter of donut 〈0.5000〉: 0
Specify outside diameter of donut 〈1.0000〉: 50

## Dimension Styles

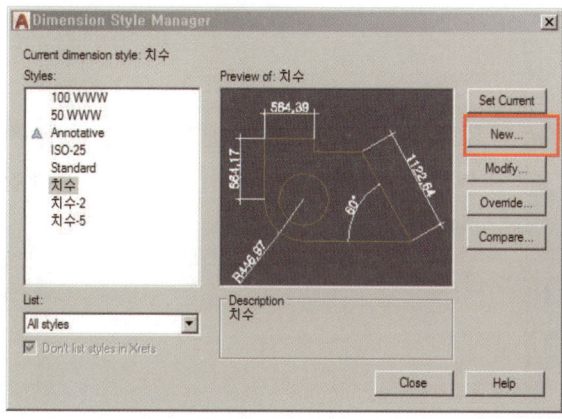

풀다운 메뉴 중에서 Format>Dimension Styles을 실행하면 다음과 같은 창이 활성화됩니다.
『New』 버튼으로 새로운 치수스타일을 만듭니다.

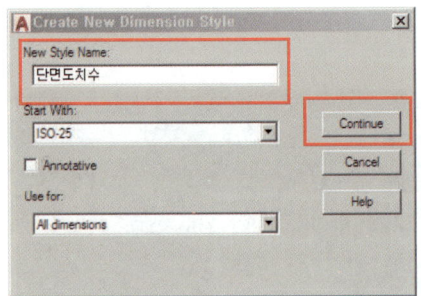

『New Style Name』에 "단면도치수" 등의 사용할 치수 명칭을 입력합니다. 『Continue』로 계속 진행합니다.

### Symbols and Arrows

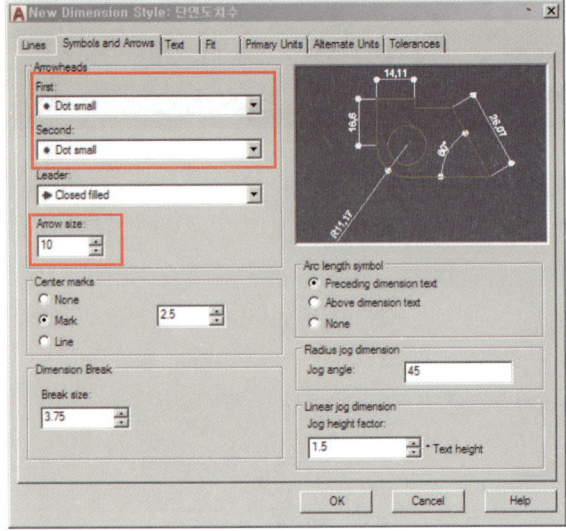

『Symbols and Arrows』탭에서 다음과 같이 수정합니다.
『Dot small』을 선택하고 크기는 10으로 지정합니다.

### Lines

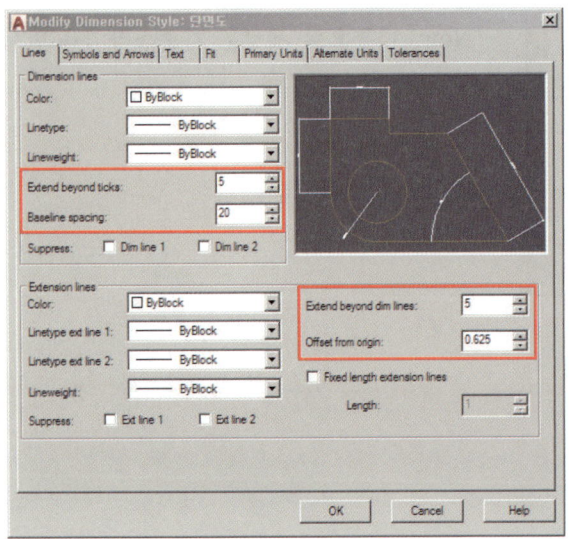

『Lines』탭에서 다음과 같이 수정합니다. 치수선 5, 20과 보조치수선 5, 0.625로 정합니다.

### Text

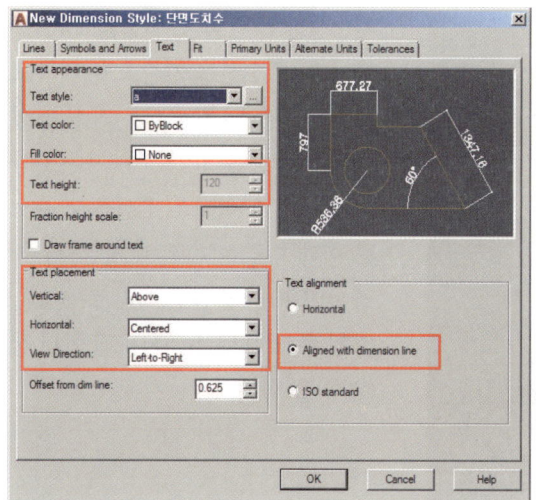

『Text』 탭에서 다음과 같이 수정합니다.

『Text Style』에서 "만든" 스타일을 찾아봅니다. 만약 만들지 않았을 경우 옆의 그림을 눌러 문자스타일을 앞 내용에 맞게 만듭니다.

### Fit

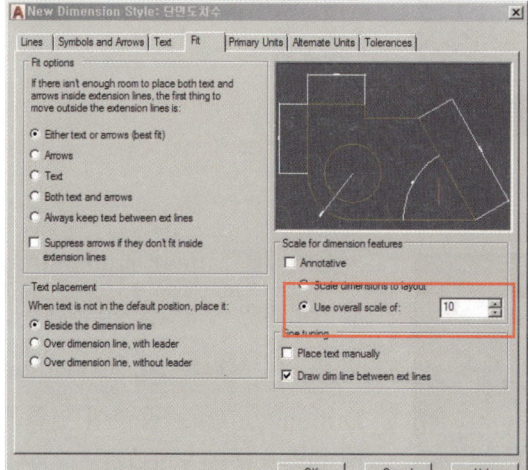

『Fit』 탭에서 다음과 같이 수정합니다.

### 치수 현재 상태로 설정

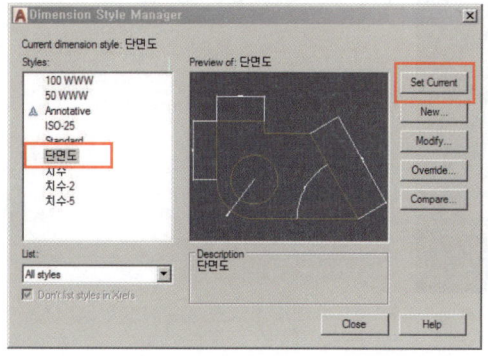

"단면도"라고 명칭을 붙인 스타일이 보입니다. 다음과 같이 『Set Current』를 눌러야 만든 스타일을 사용할 수 있습니다.

### 🔷 선을 Offset

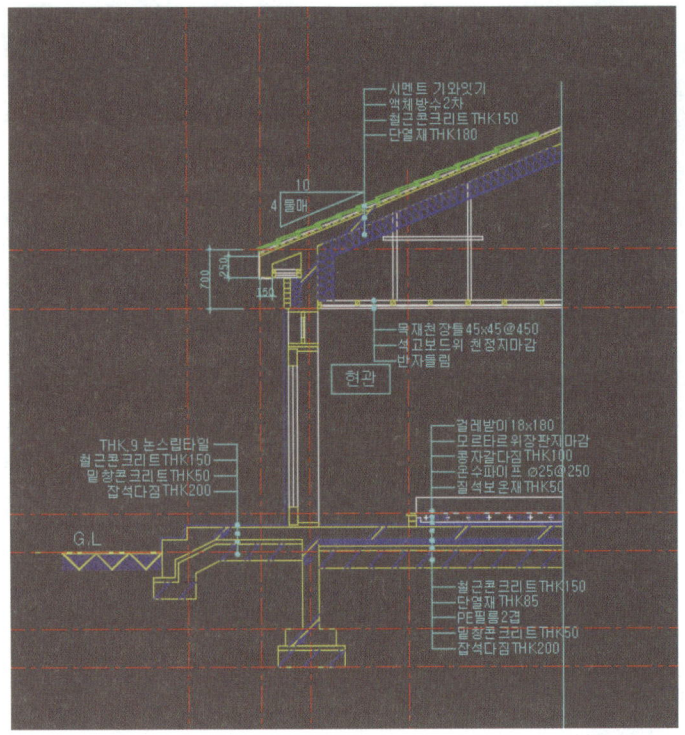

치수선을 뽑아 줄 곳에 선을 『Offset』합니다. G.L선을 기준으로 위쪽으로 『Offset』을 각각 거실높이(450), 반자높이(2400), 자른곳까지(설계치수)하고 G.L선을 기준으로 아래쪽으로 『Offset』을 각각 동결선(900), 철근콘크리트(200), 밑창콘크리트(500), 잡석다짐(200)을 합니다.

### 🔷 Linear Dimension, Continue Dimension

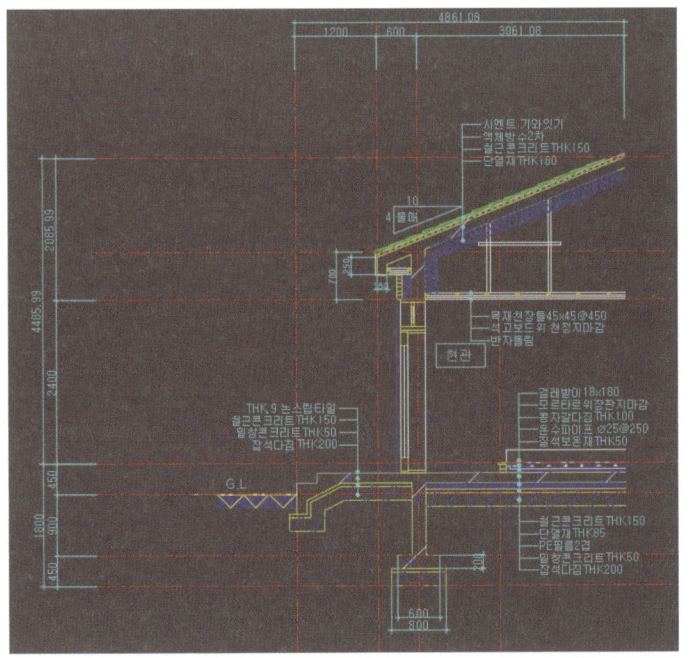

처음에 『Linear Dimension』을 사용하여 치수선을 선택합니다. 다음 치수부터는 『Continue Dimension』을 사용하여 연결하여 연속으로 사용합니다.

### Dimension Text Edit

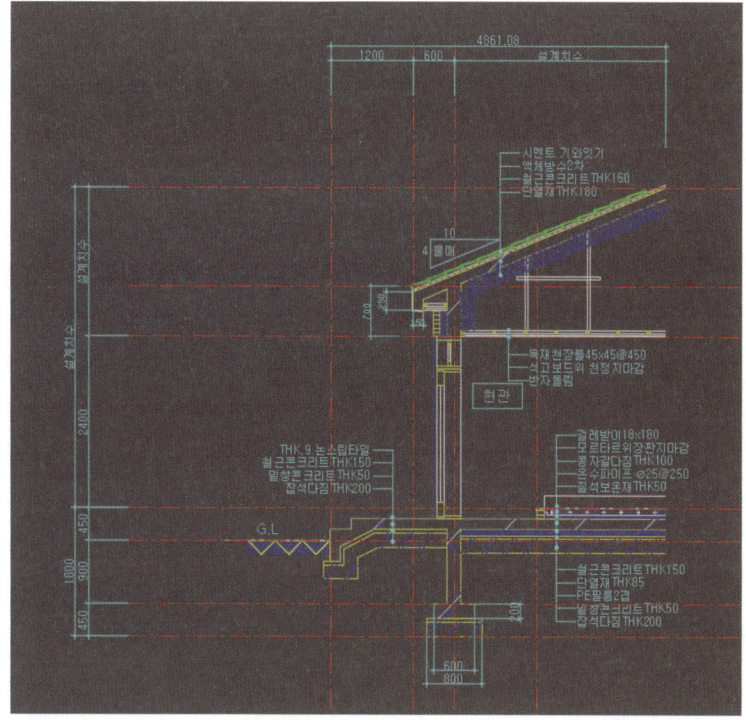

치수의 위치 또는 치수문자 수정은 『Dimension Text Edit』로 이용합니다. 캐드의 『ed』 명령을 입력하면 치수 문자를 수정할 수 있습니다. 또는 더블클릭을 해도 됩니다. 치수위치 수정 시 Ortho(F8), Osnap(F3)을 꺼놓고 사용합니다.

『Command』 : 『ed』『ENTER』 (DDEDIT)
『〈Select an annotation object〉/Undo』 : 수정할 치수를 선택하고 수정합니다.

**T·I·P**
- Ø 작도 시 %%C를 입력하면 됩니다.
- ± 작도 시 %%P를 입력하면 됩니다.

## 작도요령 2

### 1. 문자(재료명)의 크기를 어떻게 정할까?

출력 시 축척에 따라 달라질 수 있습니다.
캐드 작업 시 도면도 1:1로 작도하므로 출력의 축척에 따라 도면의 크기를 결정해야 합니다.
시험의 예는 다음 표와 같습니다.

| 단면도의 문자 크기 | 1/40 출력 시 | 입면도의 문자 | 1/50 출력 시 |
|---|---|---|---|
| 120 | 3 | 150 | 3 |
| 100 | 2.5 | 125 | 2.5 |
| 80 | 2 | 100 | 2 |

시험에서도 단면도와 입면도가 출력했을 때 문자크기가 같게 나와야 높은 점수를 받습니다.

### 2. 도면 문자의 크기

출력 시 mm로 측정했을 때를 기준으로 합니다.
① 프로젝트명 : 약 4~7mm
② 도면명 : 약 4~7mm
③ 재료의 설명 : 약 2.5~3mm
④ 치수 : 약 2.5~3mm
⑤ 축척 : 약 3~4mm
⑥ 도면번호, 시트번호 : 약 4mm

### 3. 선의 색상에 따라 도면선을 정리하자

수험자마다 다를 수 있지만 자기만의 선의 색상을 정리하면 작도 시 시간을 단축할 수 있습니다.
① 마감선(인조석 물갈기, 모르타르 위 W.P마감, 액체방수 3차 마감) 해치 – 파란색
② 입면선, 가구 – 흰색
③ 글자, 치수 – 하늘색
④ 단면 – 노랑
⑤ 기와 – 녹색
⑥ 중심선 – 빨강

Craftsman Computer
Aided Architectural
Drawing

# 15 일차

■ 단면도 TEST

# 15일차 단면도 TEST

▶ **동영상** 강의 : 건축제도실기-15-01
건축제도실기-15-02

## 조건

시험시간 : 표준시간 4시간 10분

## 1. 요구사항

**1** 주어진 평면도를 보고 CAD를 이용하여 아래 조건에 맞게 다음 도면을 작도하시오.

① A부분 단면 상세도를 축척 1/40로 작도하시오.
② 남측 입면도를 축척 1/50로 작도하되 벽면재료 표시 및 주위의 배경 등 도면효과를 충분히 고려한다.

### 조 건

- 기초 및 지하실 벽체 : 철근콘크리트 구조로 하시오.
- 벽체 : 외벽 - 외부로부터 붉은 벽돌 0.5B, 단열재, 시멘트 벽돌 1.0B로 하시오.
  　　　내벽 - 두께 1.0B 시멘트 벽돌 쌓기로 하시오.
- 단열재 : 외벽 120mm, 바닥 85mm, 지붕 180mm로 하시오.
- 지붕 : 철근콘크리트 경사 슬래브 위 시멘트 기와 잇기 마감으로 하시오.(물매 4/10 이상)
- 처마 나옴 : 벽체 중심에서 600mm
- 반자높이 : 2400mm, 처마 반자 설치
- 창호 : 목재 창호로 하되 2중창인 경우 외부 창호는 알루미늄 새시로 하시오.
- 각 실의 난방 : 온수 파이프 온돌난방으로 하시오.
- 1층 바닥 슬래브와 기초는 일체식으로 표현하시오.
- 평면도에 표현되지 않은 현관 상부 캐노피는 작도하지 않습니다.
- 기타 각 부분의 마감, 치수 등 주어지지 않는 조건은 일반적인 시공 수준으로 하시오.

② 선의 통일을 기하기 위하여 아래와 같이 선의 색을 정리하여 출력한다.
- 흰색(7-white) - 0.3mm
- 노랑(2-yellow) - 0.4mm
- 빨강(1-red) - 0.2mm
- 녹색(3-green) - 0.2mm
- 하늘색(4-cyan) - 0.3mm
- 파랑(5-blue) - 0.1mm

## 2. 종이 영역(Limits)

- 『Limits』값을 4200, 2970으로 잡아줍니다. 또한 캐드 버전에 따라 조건이 다를 수 있으므로 동영상을 참고하여 본인 환경을 조정합니다.
- A3에 단면 상세도를 축척 1/40으로 작도하기 때문입니다.

## 3. 창문

실의 용도에 맞추어 개구부 및 창호의 크기는 법규상 환기면적 및 채광면적 규정에 따르고 높낮이 위치도 타당하게 작도합니다.

## 4. 재료 표현

재료 표현이 누락되지 않도록 하고 정확한 레이어에 맞추어 작도합니다.

 **작도요령**

### 기출문제 평면도

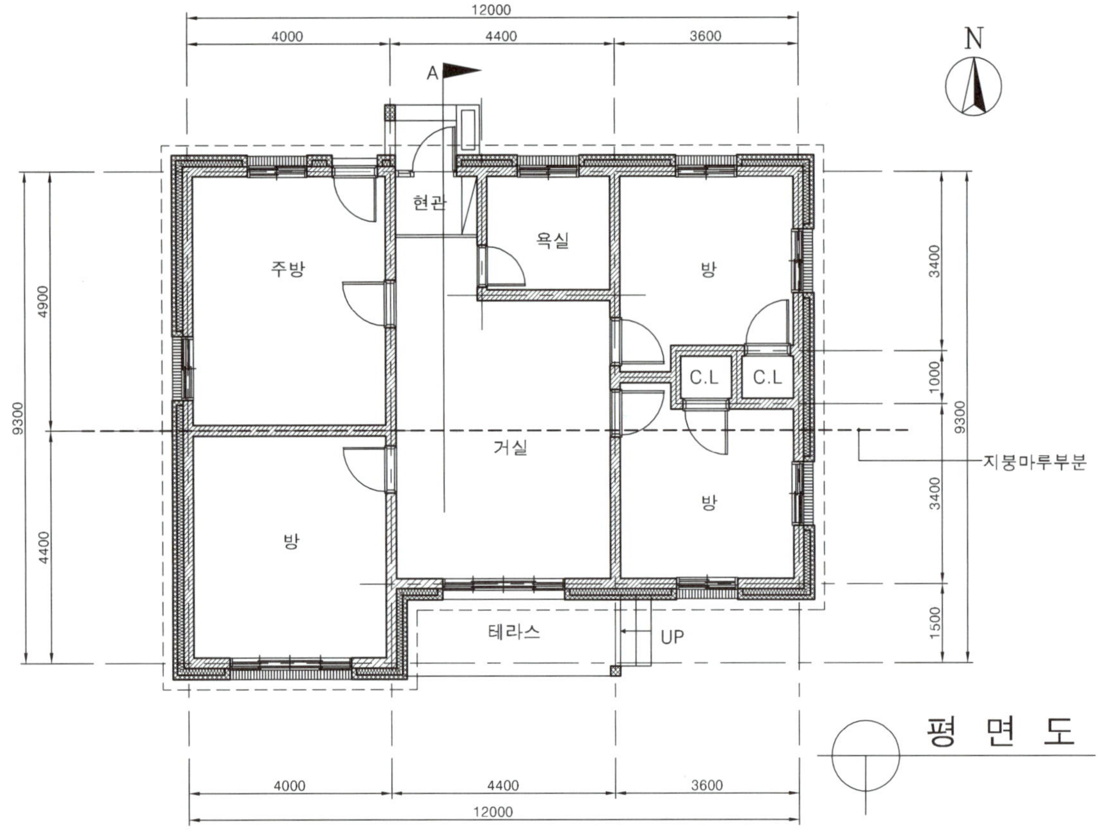

[평면도]

A부분 단면 상세도를 작도합니다.

### CAD의 Template 설정

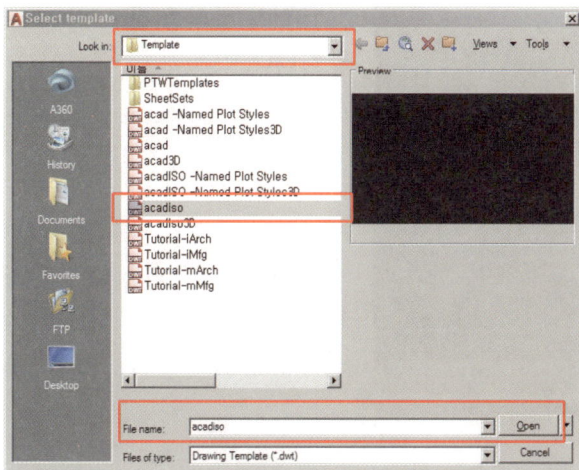

『Template 중에서』 acadiso.dwt를 선택하여 설정 단계를 빠르게 진행합니다.

### 선형(Linetype) 설정

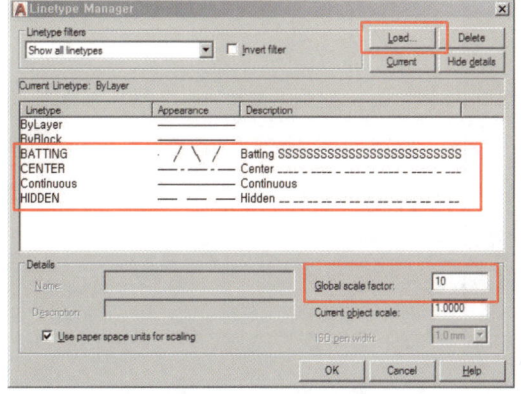

선타입『Linetype』을 설정하고『Batting』과 『Center』,『Hidden』 선형을 적재(Load)해 놓습니다.

### 레이어(Layer) 설정

레이어(Layer)를 만듭니다. 주어지는 시험 조건에 적합하게 작성해야 합니다.

- 흰색
- 노랑
- 빨강
- 파랑
- 녹색
- 하늘색

펜 두께는 프린터 설정에서 지정합니다.

### 표제란 만들기

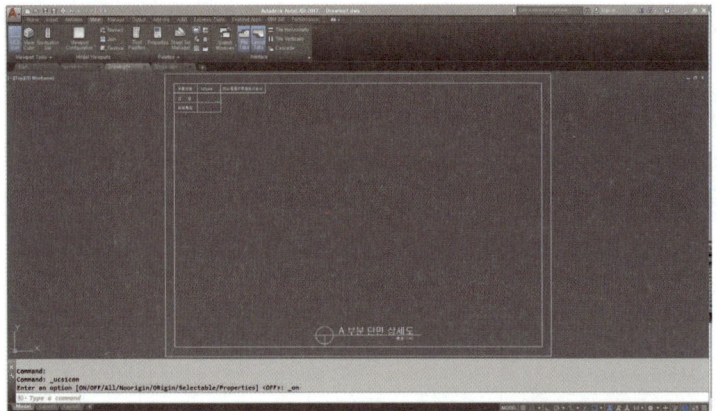

18일차 강의를 참고해서 작성합니다.

### Block 작성

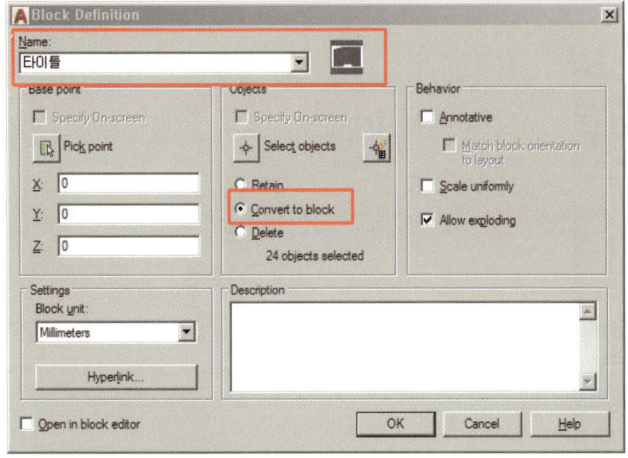

『Block』에서 '타이틀'로 블록을 만듭니다.

### Insert 사용하기

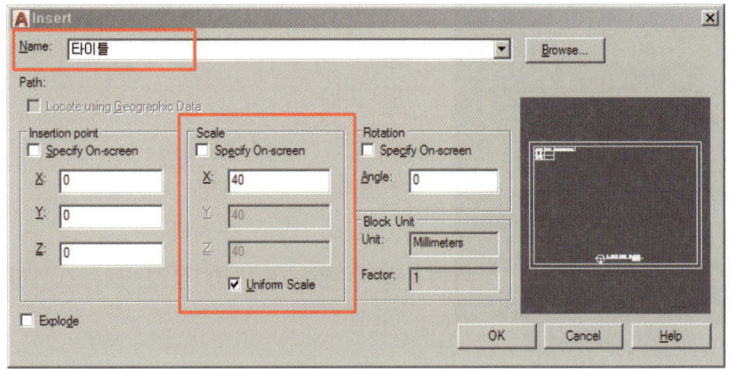

『Insert』명령으로 타이틀을 40배 확대하여 삽입합니다.

## G.L을 기준으로 방과 기초선까지

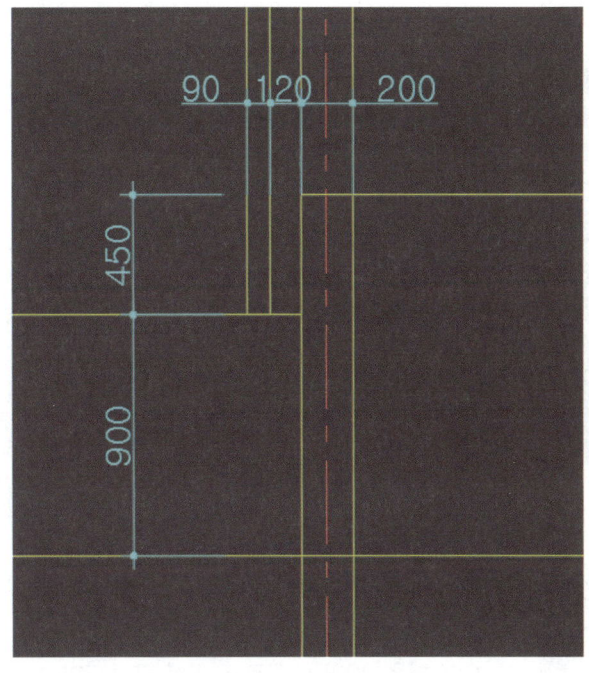

G.L을 기준선으로 해서 아래로 900(동결선)까지 내리고 기준선 위로 450(실 바닥선)까지 올라갑니다.

벽체는 중심선을 기준으로 100씩『Offset』을 하고 외부쪽으로 단열재(120), 치장벽돌(90)을 더『Offset』합니다.

## Rectang으로 기초만들기

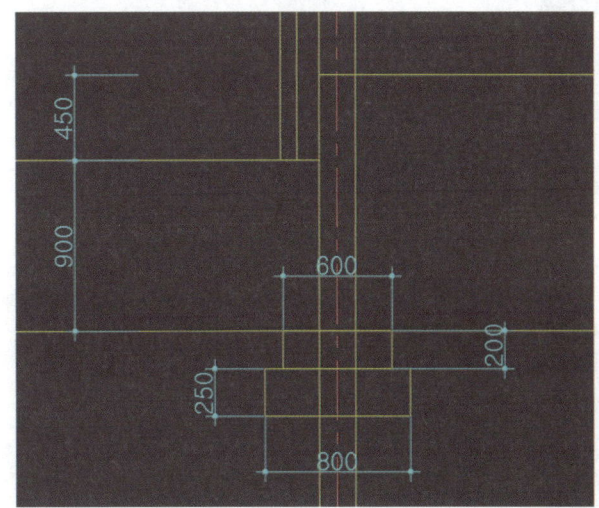

『Rectang』을 이용하여 기초(@600,200)과 지정(@800,250)을 작도하여 중심선에 맞춥니다.

### 받침턱과 밑창콘크리트

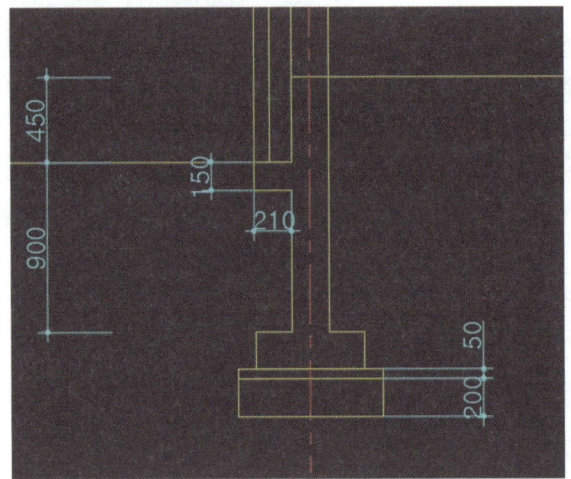

받침턱을 『Rec』(@210,150)으로 단열재와 치장벽돌을 받치게 아래에 배치하고 지정부분에 밑창콘크리트(50)을 『Offset』하여 완성합니다.

### 계단과 현관

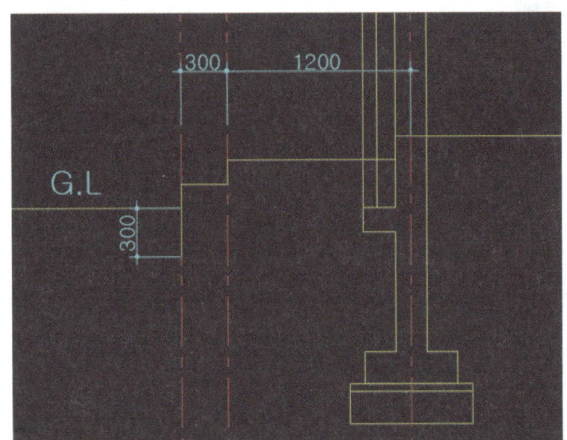

계단(높이 150, 폭 300)과 현관 출입구 (1200)을 『Offset』으로 위치를 잡아줍니다.
계단 기초(300) 아래로 위치를 해줍니다.

### 계단 기초

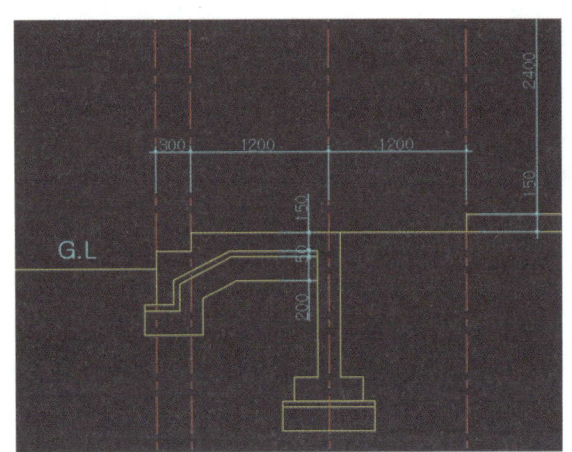

철근콘크리트(150)과 밑창콘크리트(50), 잡석다짐(200)을 『Offset』합니다.
계단 기초는 줄기초의 기초를 복사해서 사용합니다.

### 현관 및 거실 기초

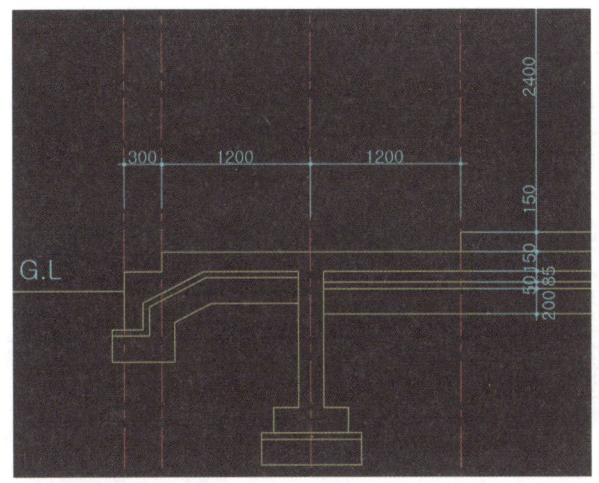

철근콘크리트(150)과 단열재(85), 밑창콘크리트(50), 잡석다짐(200)을 『Offset』합니다.
실외에는 바닥 단열재가 없고, 실내쪽에는 바닥 단열재가 들어갑니다.

### 기초테두리보 온돌난방

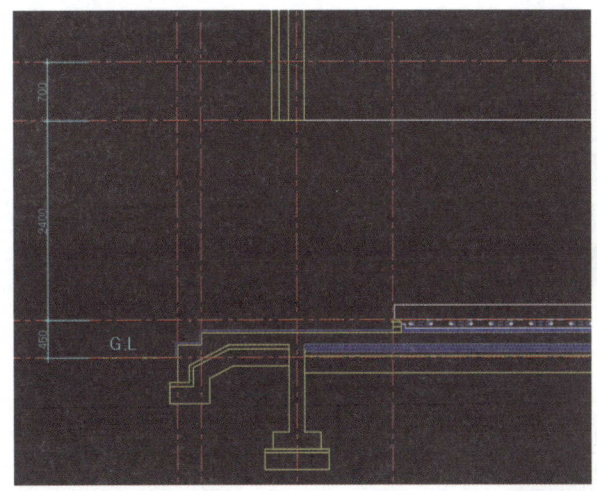

기초테두리보는 700 올라가 선을 만들고, 현관에서 거실 들어가는 입구에는 벽돌 2단(@100,60)을 하고 온돌난방을 합니다.
(3일차 강의를 참고합니다.)

### 🟩 천정마감

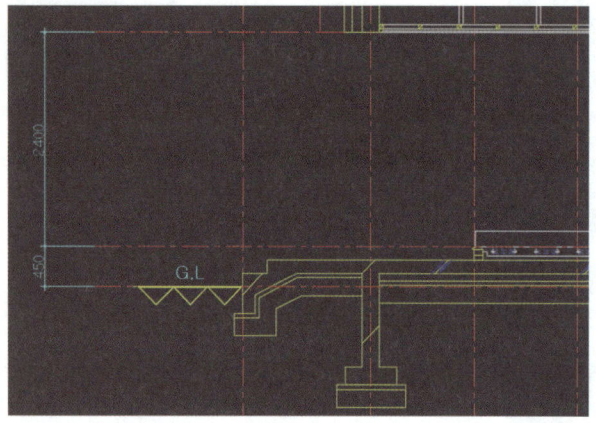

천정마감은 방바닥에서 2400 올라간 높이에 설치합니다.(11일차 강의를 참고합니다.)

### 🟩 지붕 물매

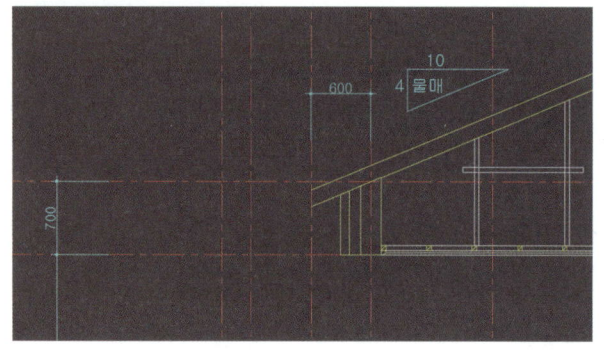

물매 4/10를 적용하여 박공지붕의 선을 만들고 철근콘크리트(150) 두께로 합니다.
처마나옴(600)을 해줍니다.
(12일차 강의를 참고합니다.)

### 🟩 첫 기와, 처마 구조설치

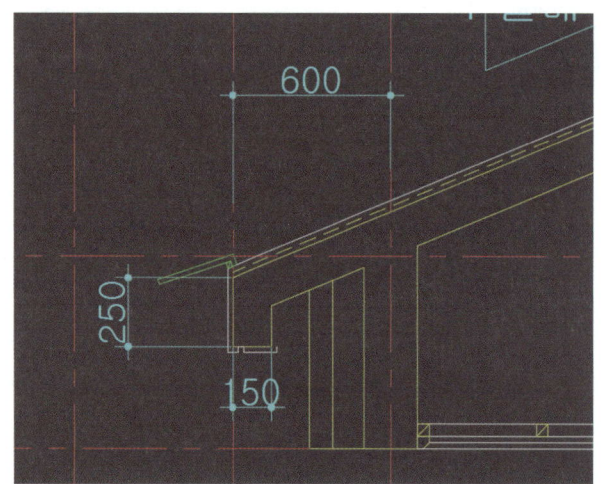

첫 기와는 12일차 강의를 참고하세요.
처마반자 구조를 조건에 맞게 만듭니다.

## 🟩 기와, 처마 반자구조 설치

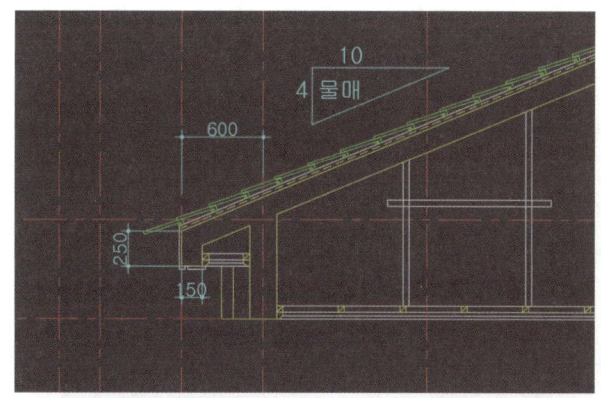

기와는 『Array』의 『Path』로 작업합니다.
처마반자는 천장반자를 복사해서 사용합니다.

## 🟩 현관과 고정창

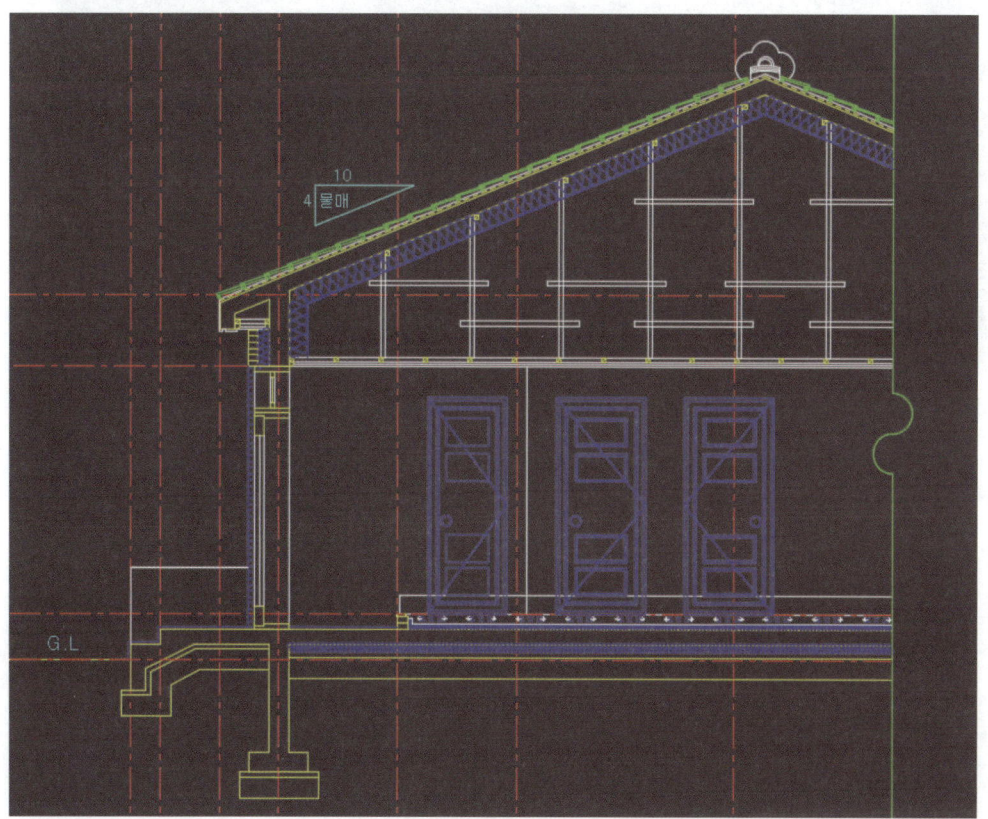

현관문과 고정창을 만들고 입면에서 보이는 방들의 문도 작도합니다. 방 문(@900,2100), 화장실 문(@800,2100)

## 문자와 치수

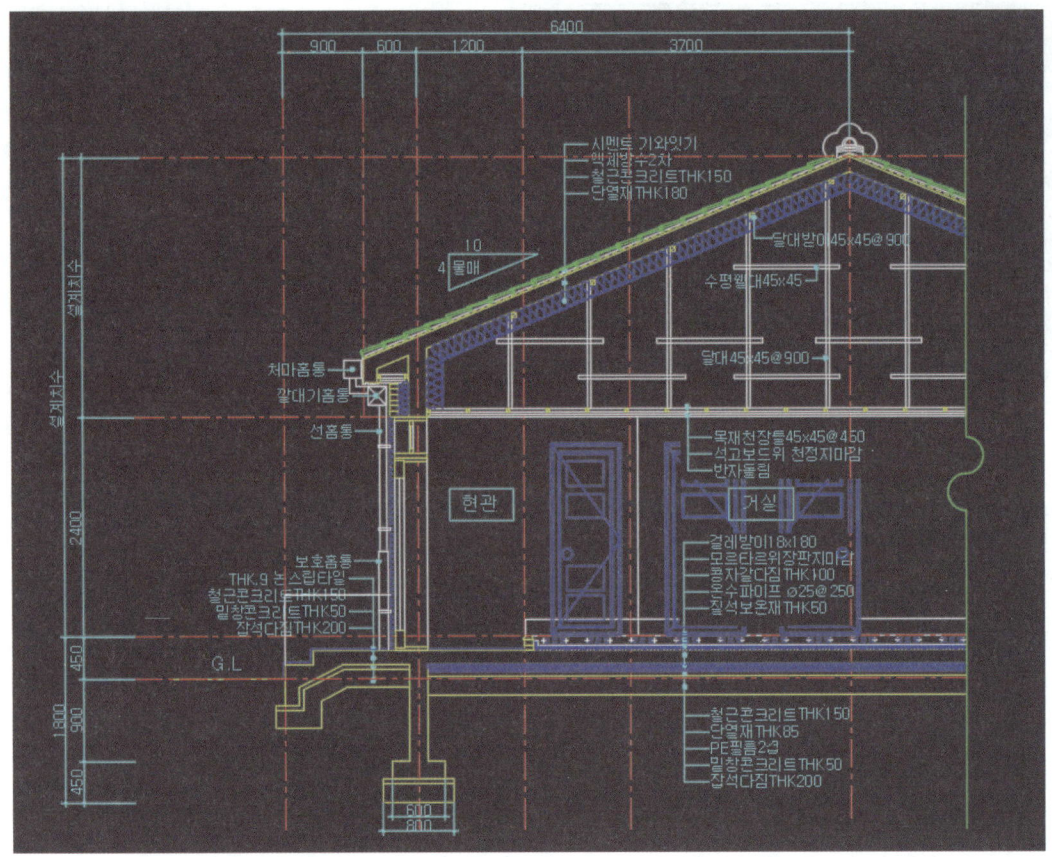

레이어를 하늘색으로 놓고 재료명과 치수를 작성합니다.

## 해칭선과 마무리

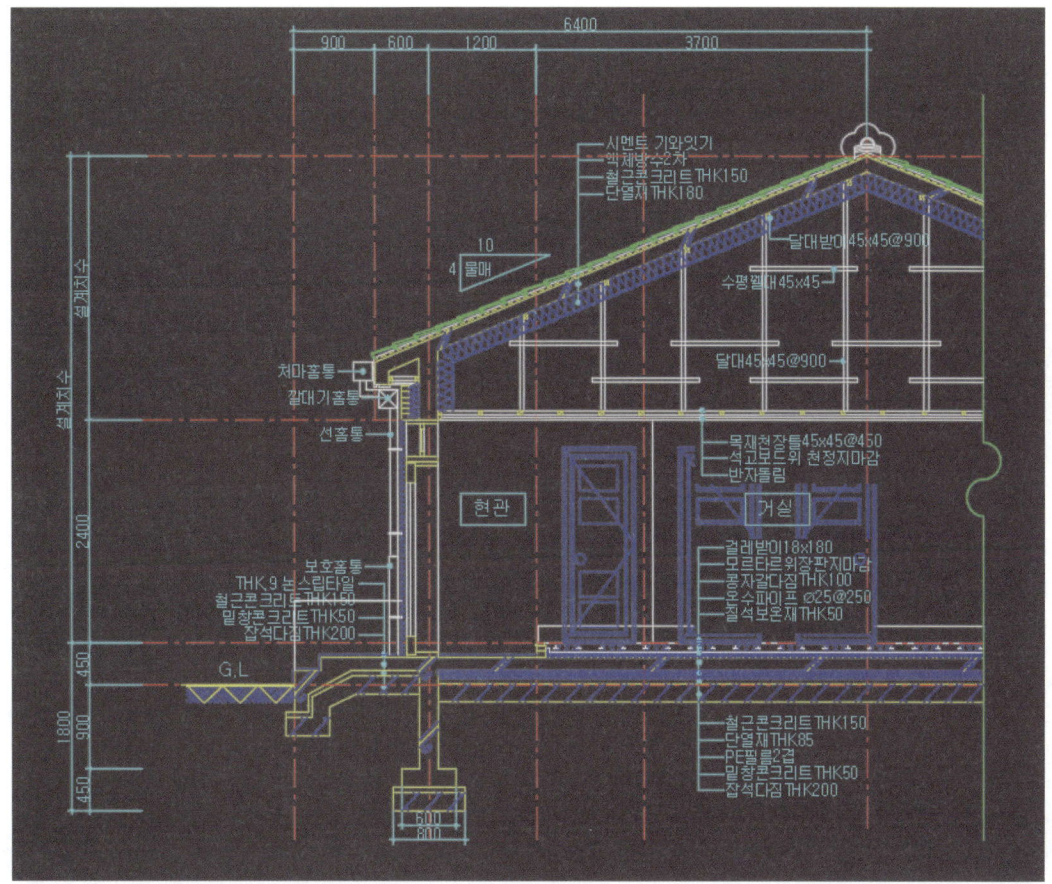

레이어를 파랑으로 놓고 철근콘크리트, 잡석, 단열재, G.L 등등 재료 표현을 해줍니다.

MEMO

  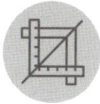

Craftsman Computer
Aided Architectural
D r a w i n g

# 16 일차

■ 입면도 I

# 16일차 입면도 I

▶ **동영상** 강의 : 건축제도실기-16-01
건축제도실기-16-02

##  조건

### 1. 실의 높이
계단 수를 계산하여 실의 높이를 지반선(G.L)에서 환산합니다.

### 2. 천장고
실기 시험 조건에 주어진 대로 하여야 합니다. 매 시험마다 다를 수 있습니다.
반자높이는 2300~2400mm라고 주어집니다.

### 3. 기본 테두리보
처마에서 가장 긴 처마쪽에 기본 테두리보인 600~700보를 설치합니다.

### 4. 처마나옴
처마나옴을 시험 조건에서 확인하고 처마의 두께를 250만큼 합니다.

### 5. 기본 보 이용 높이 계산
기본 보(700)에서 물매(4/10)로 계산합니다.

### 6. Insert 이용하기
표제란과 단면도를 『Insert』 명령어를 사용하여 작도합니다.

### 7. 남측 입면도
남측 입면도를 작도합니다.

> **T·I·P**
> 입면도를 평면도만 보고도 예상할 수 있도록 연습을 합니다. 시험에 꼭 출제되기 때문입니다.

**16** 일 차

## 작도요령

### 기출문제 평면도

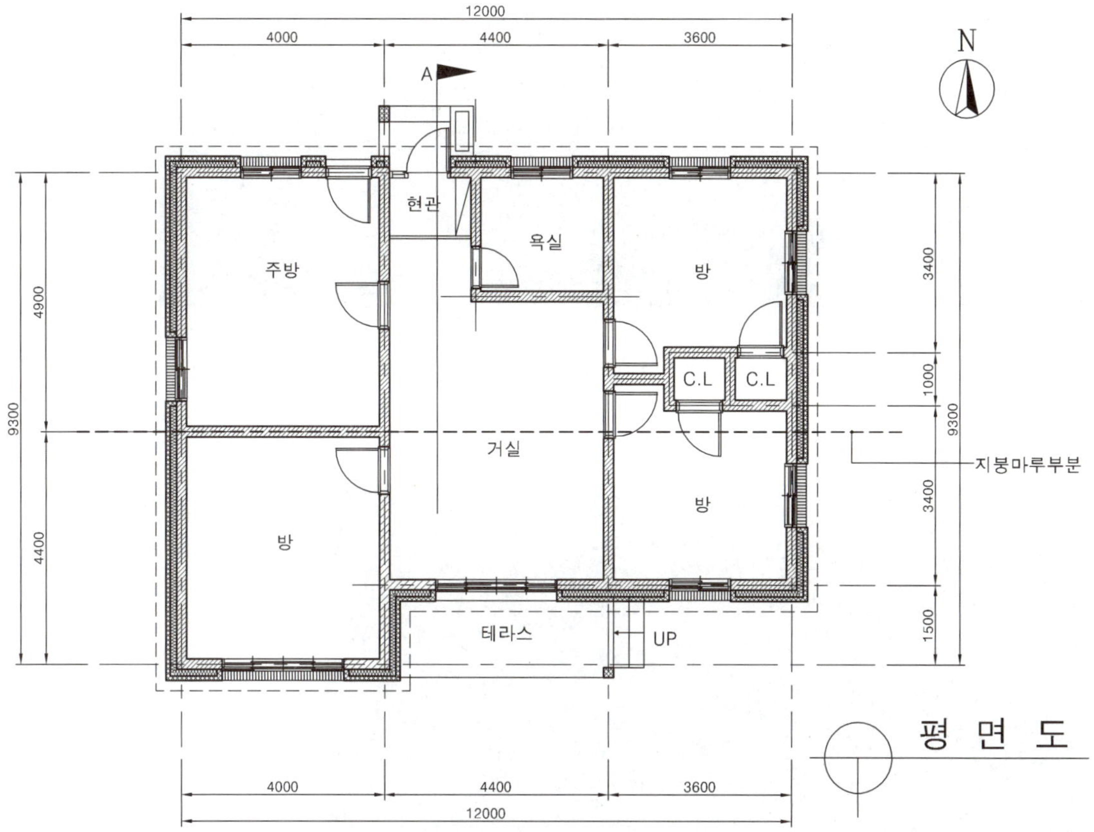

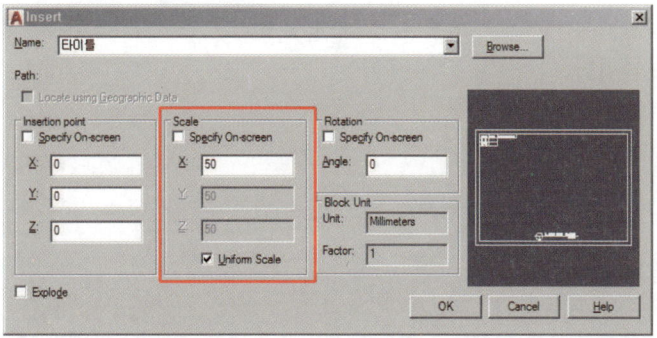

남측 입면도를 작도합니다.

### 입면도 표제란 만들기

『Insert』 명령어를 실행해서 작성된 타이틀을 50배 확대해서 불러옵니다.

### 🔷 단면도와 평면도의 치수로 입면도 중심선 작도

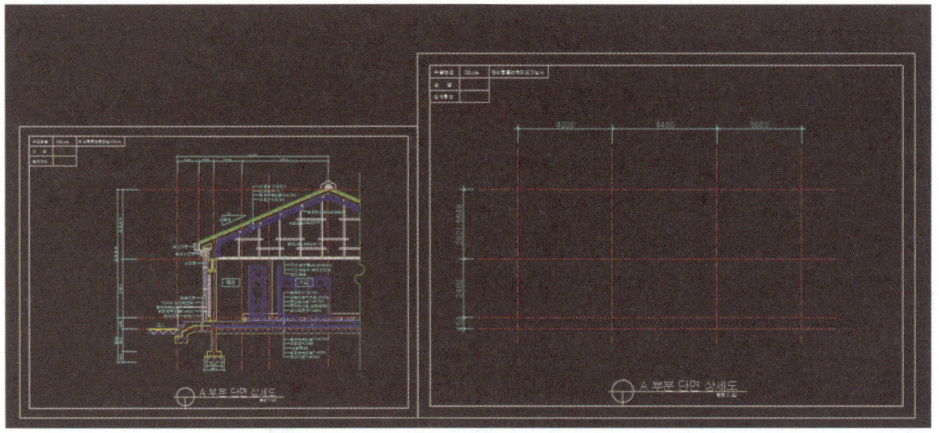

단면도에서는 입면도의 높이, 평면도에서 실의 위치를 중심선으로 작도합니다.

### 🔷 처마나옴 600, 벽체

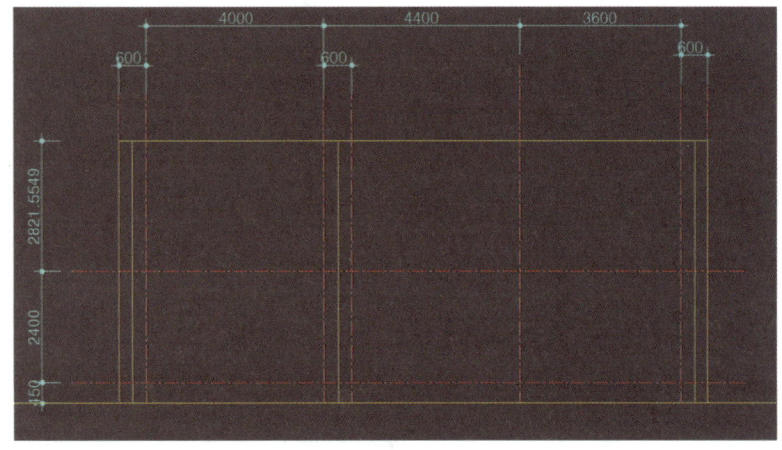

조건에 주어진 처마나옴의 치수로 작도합니다.

### 🔷 용마루선과 기본

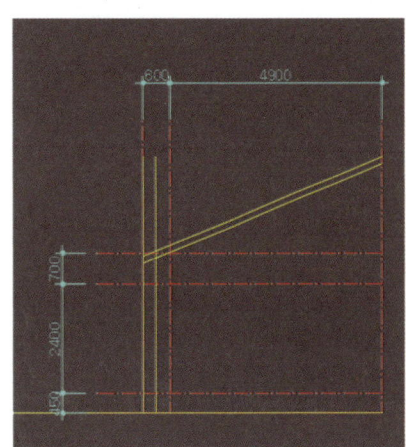

입면도 부분을 옆으로 복사해서 용마루선과 기본 보를 만듭니다.

### 🟩 각각의 처마선

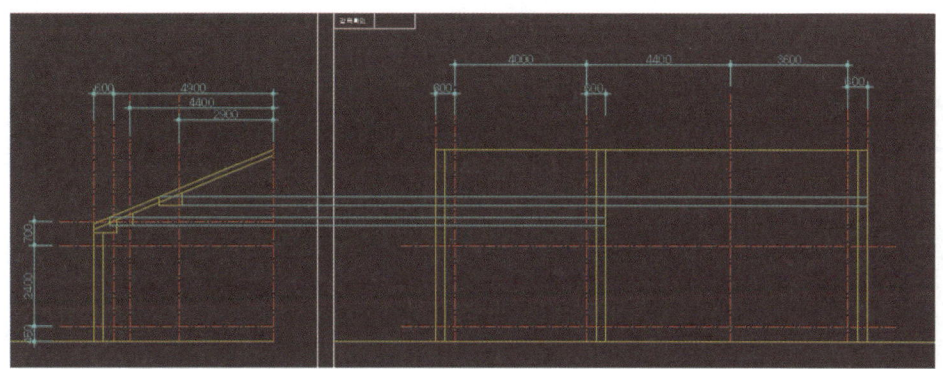

기본 처마선에 의해 만들어진 각각의 처마선을 입면도에 적용합니다.

### 🟩 처마선과 벽체 정리

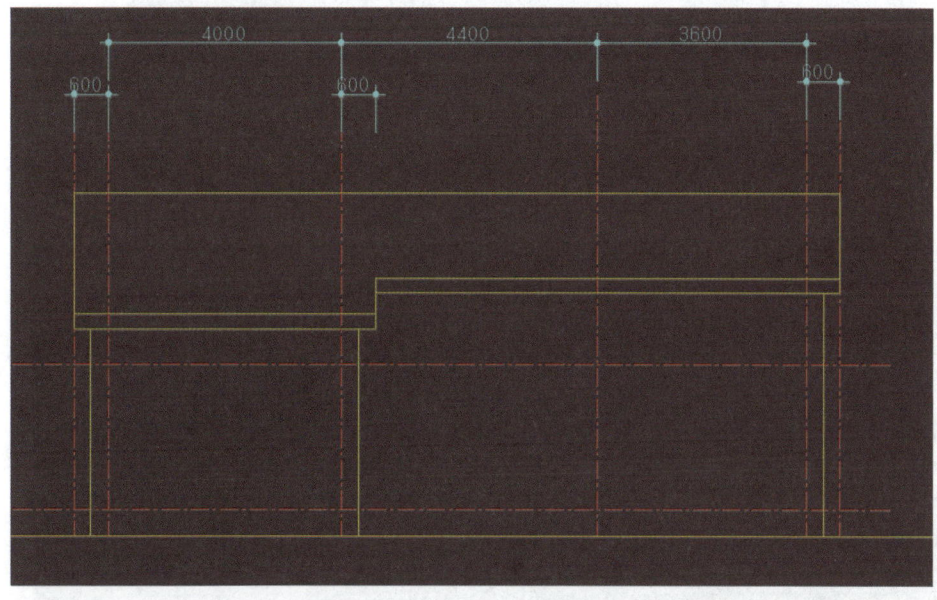

지붕 처마선과 벽체들을 정리합니다.

### 창문 달기

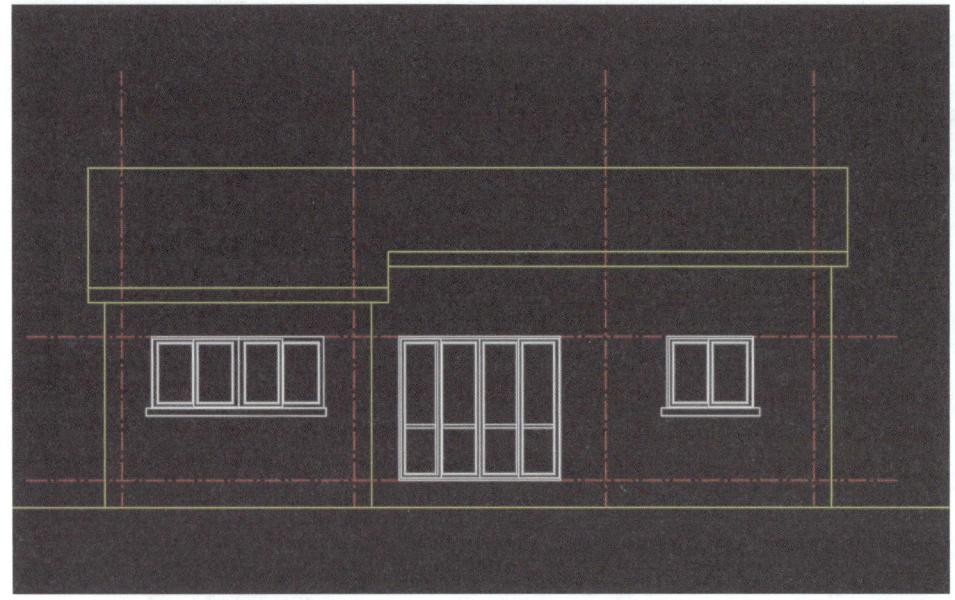

중심에 창문을 달아줍니다. (9일차 강의를 참고합니다.)

### 계단과 난간

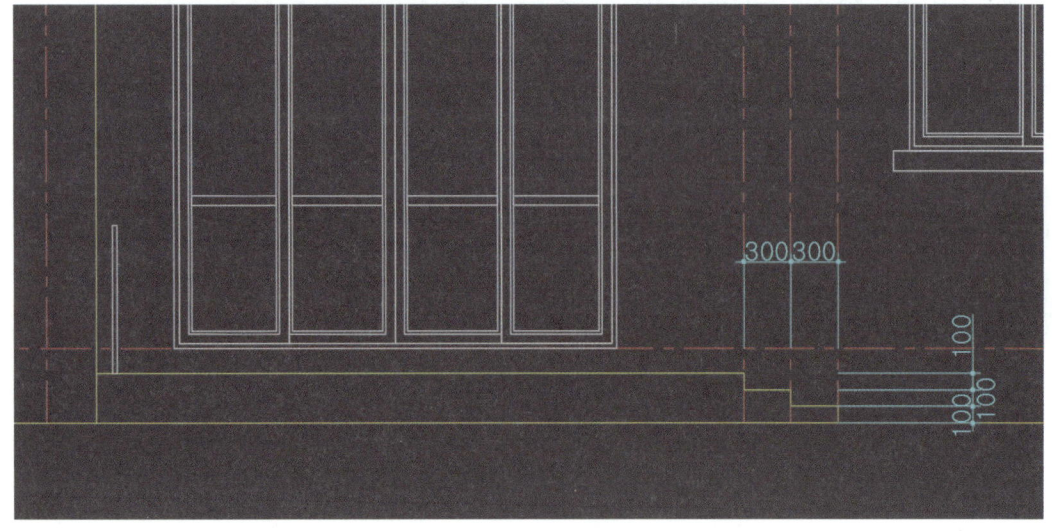

테라스 계단(폭 : 300, 높이 : 100)과 난간봉(@30,900)을 작도합니다.

## 난간

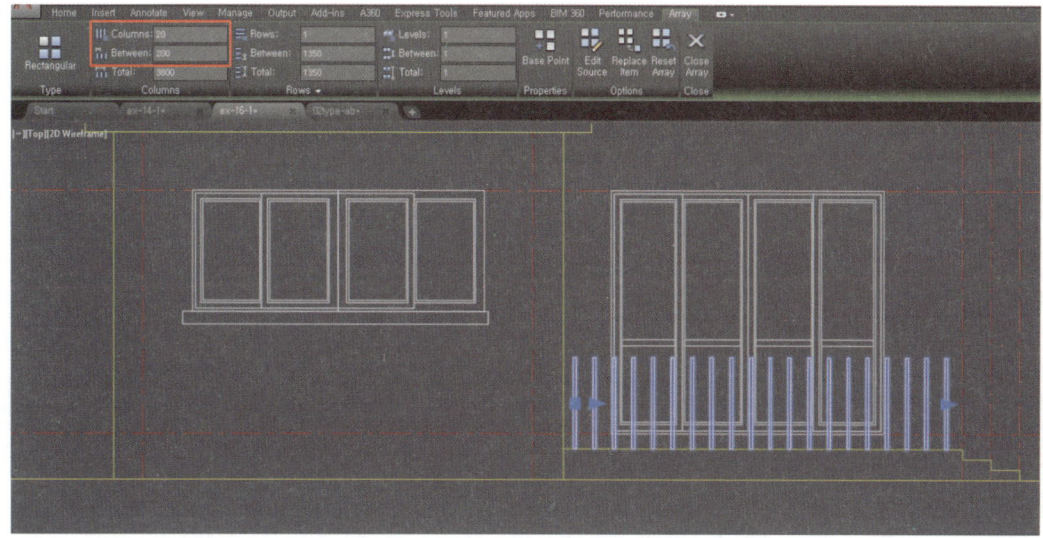

『Array』로 여러 개의 난간봉을 작도합니다.(간격 : 200)

## 난간대와 기와 작도

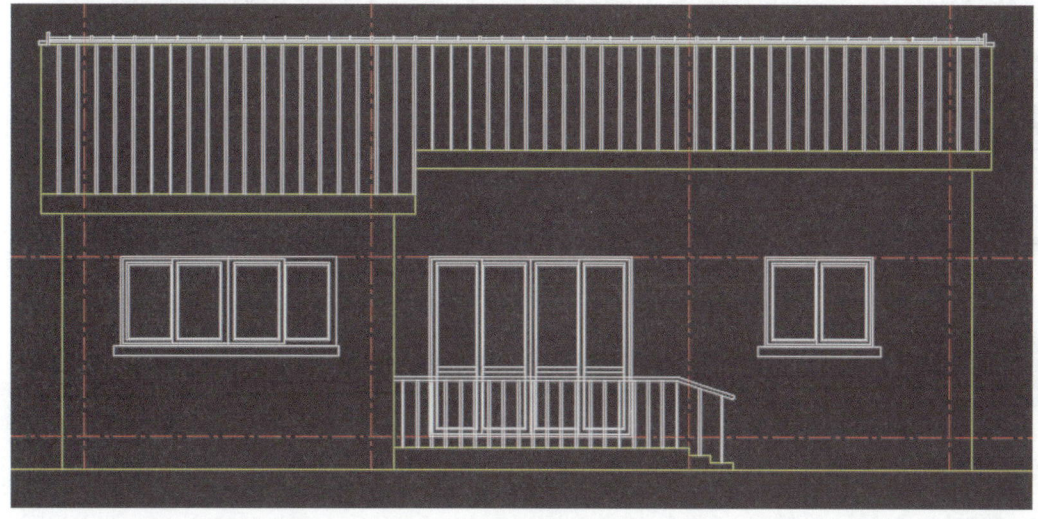

기와를 『Array』를 이용하여 작도합니다.(간격 : 260)

### 🔷 홈통과 재료명 기입

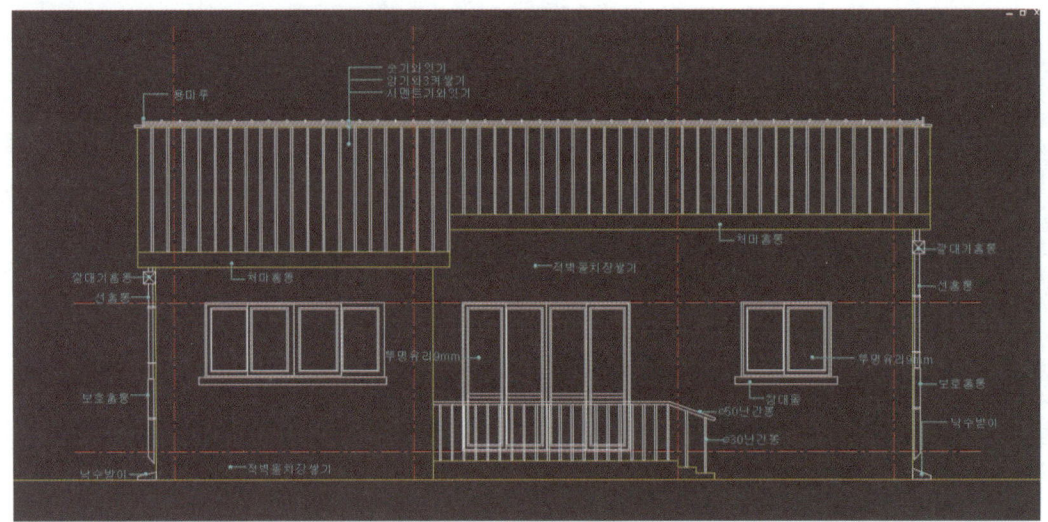

홈통과 재료명을 기입합니다.

### 🔷 벽돌 및 나무 주위 배경 작도

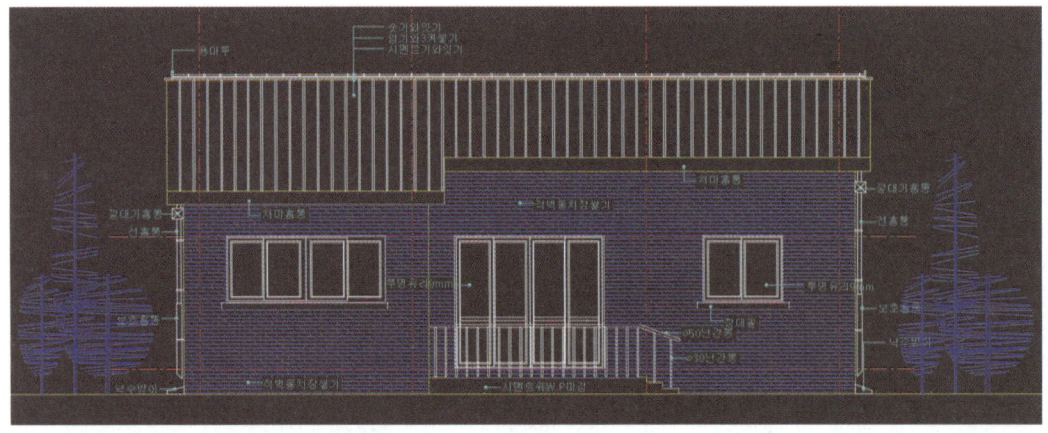

입면도 주위 배경을 나무로 장식하고 벽돌패턴 해치로 채웁니다.

 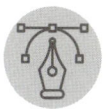 

Craftsman Computer
Aided Architectural
Drawing

# 17 일차

- 입면도 II

# 17일차 입면도 II

▶ 동영상 강의 : 건축제도실기-17

##  조건

### 1. 실의 높이
계단 수를 계산하여 실의 높이를 지반선(G.L)에서 환산합니다.

### 2. 천장고
매 시험마다 조건이 다를 수 있으므로 실기 시험 조건에 주어진 대로 작도하여야 합니다. 반자높이는 2400mm라고 주어집니다.

### 3. 기본 테두리보
처마에서 가장 긴 처마쪽에 기본 테두리보인 600~700보를 설치합니다.

### 4. 처마나옴
처마나옴을 시험조건에서 확인하고 처마의 두께를 250mm로 합니다.

### 5. 기본 보 이용 물매 계산
기본 보(700)에서 물매(4/10)로 계산합니다.

### 6. Insert 이용하기
표제란과 단면도를 『Insert』 명령을 사용하여 작도합니다.

### 7. 동측 입면도
동측 입면도를 작도합니다.

> **T·I·P**
> 입면도를 평면도만 보고도 예상할 수 있도록 연습을 합니다. 시험에 반드시 출제되기 때문입니다.

**17** 일 차

## 작도요령

### 🟢 기출문제 평면도

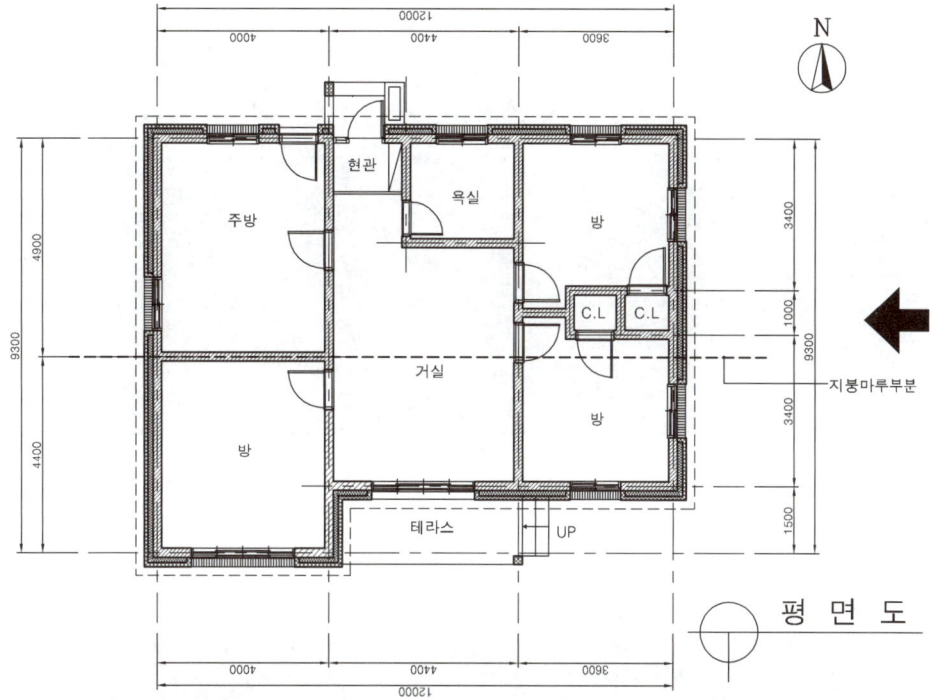

동측 입면도를 작도합니다.

### 🟢 입면도 표제란 만들기

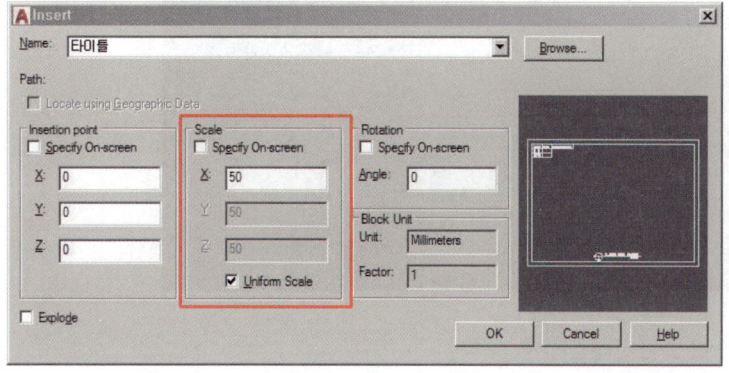

『Insert』 명령어를 실행해서 작성된 타이틀을 50배 확대해서 불러옵니다.

### 🔷 단면도와 평면도의 치수로 입면도 중심선 작도

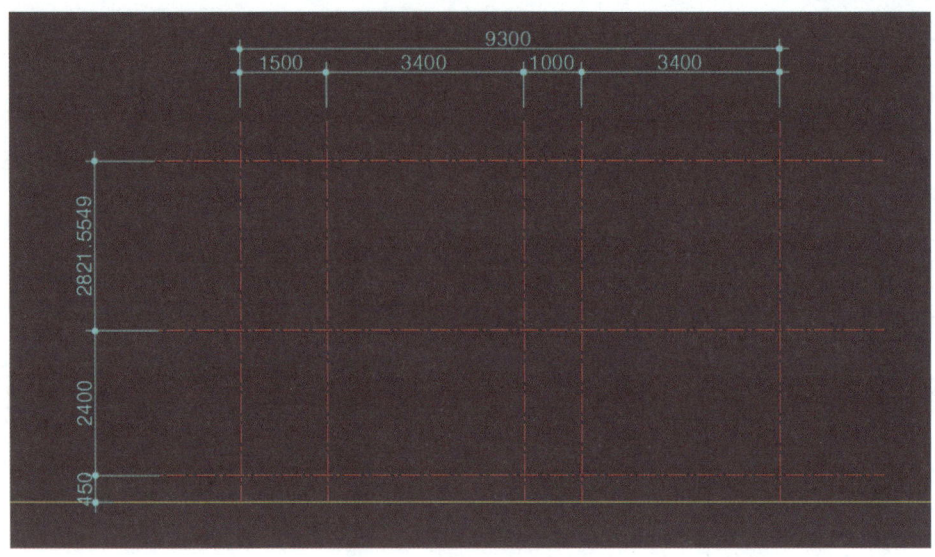

단면도에서는 입면도의 높이, 평면도에서 실의 위치를 중심선으로 작도합니다.

### 🔷 처마나옴 600, 벽체

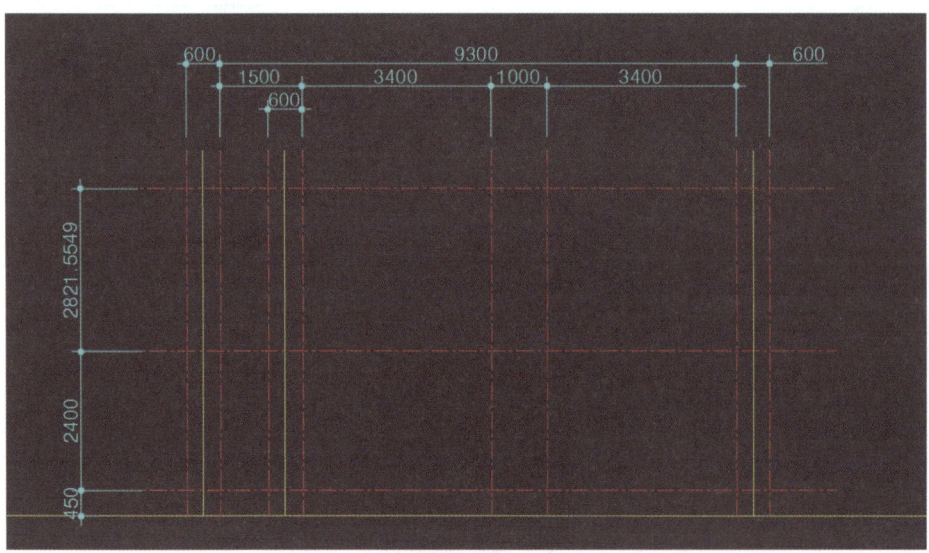

조건에 주어진 처마나옴의 치수로 작도합니다.

## 🟢 용마루선과 기본 보

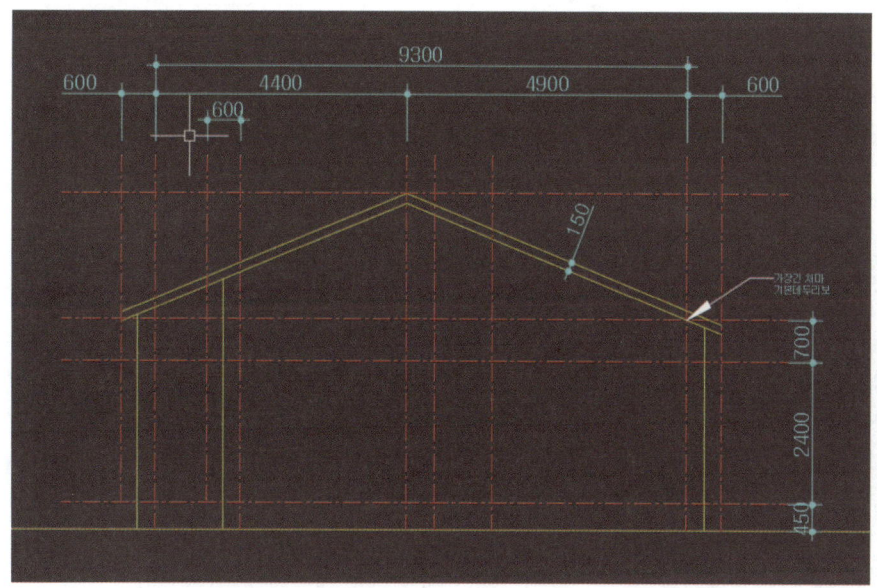

입면도 부분을 옆으로 복사해서 용마루선과 기본 보를 만듭니다.

## 🟢 각각의 처마선

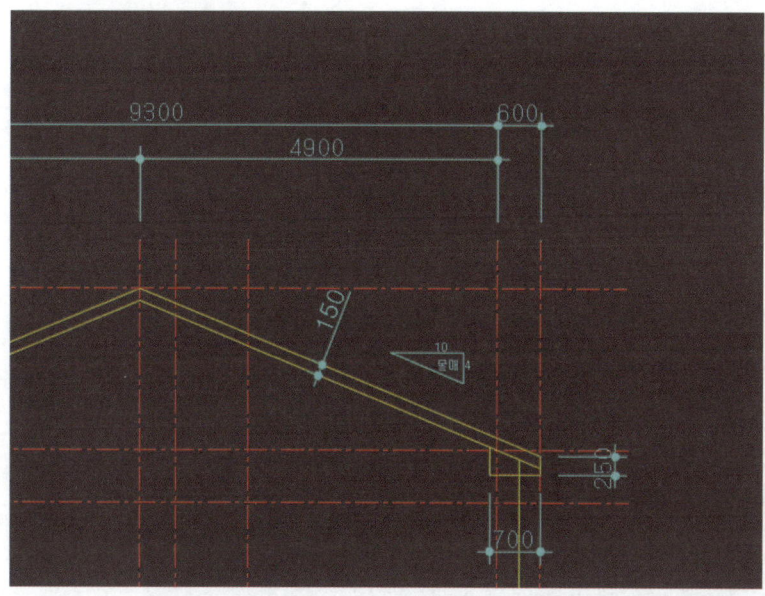

기본 처마선에 의해 만들어진 처마를 『Pline』으로 다음과 같은 치수로 만듭니다.

### 🔷 처마선과 벽체 정리

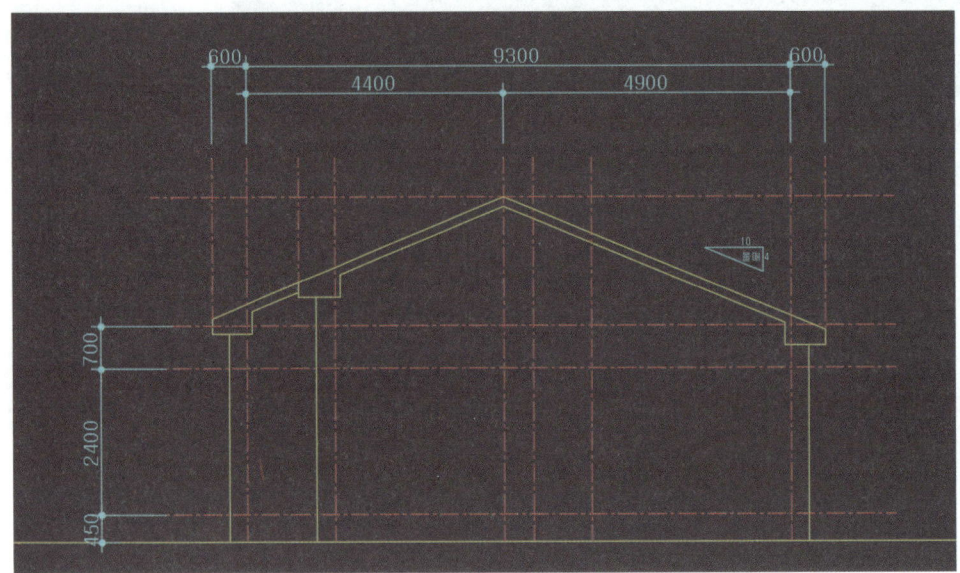

지붕 처마선과 벽체들을 정리합니다.

### 🔷 창문 달기

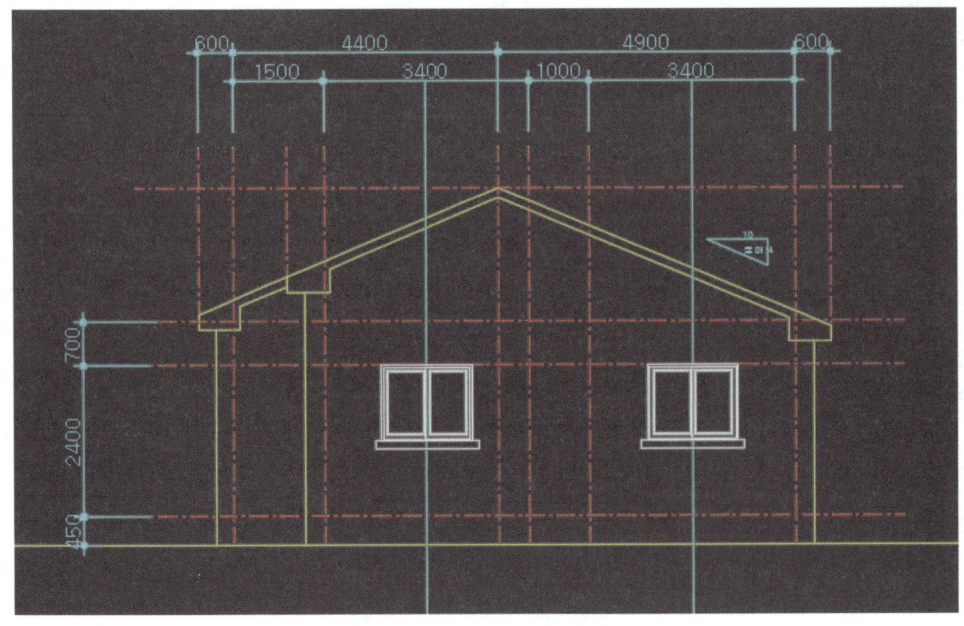

중심에 창문을 달아줍니다. (9일차 강의를 참고합니다.)

## 17 일차

### 입면기와 작도

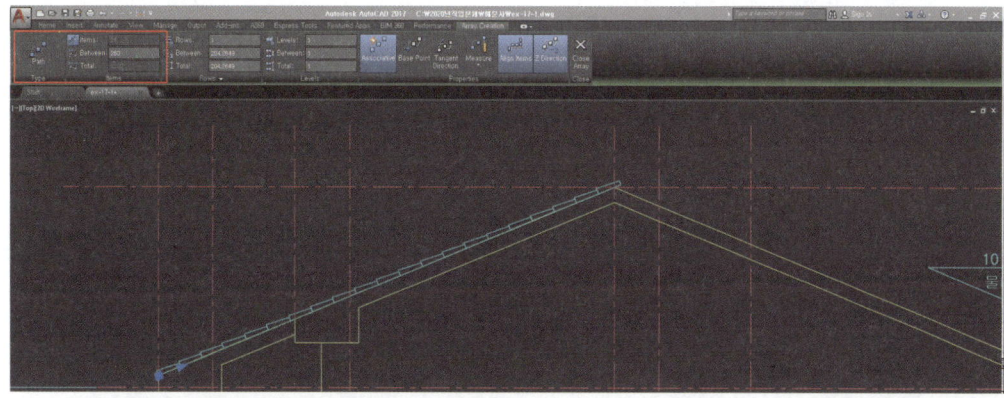

0일차 강의를 참고하여 입면기와를 작도합니다.

### 난간

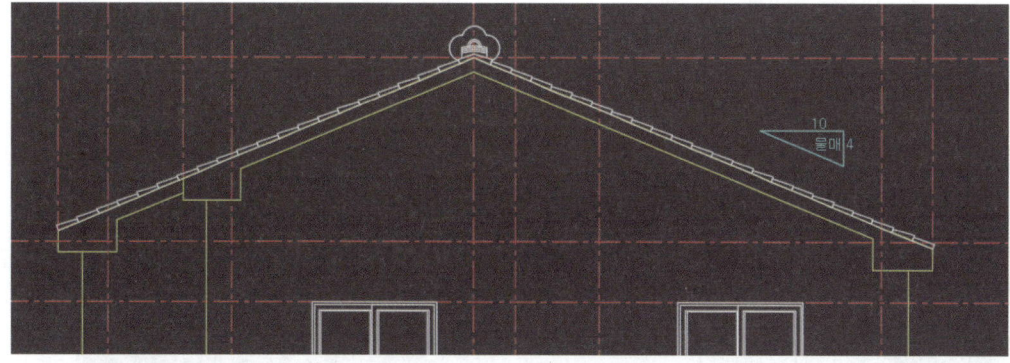

『Array』로 여러 개의 기와를 작도합니다.

### 계단과 홈통

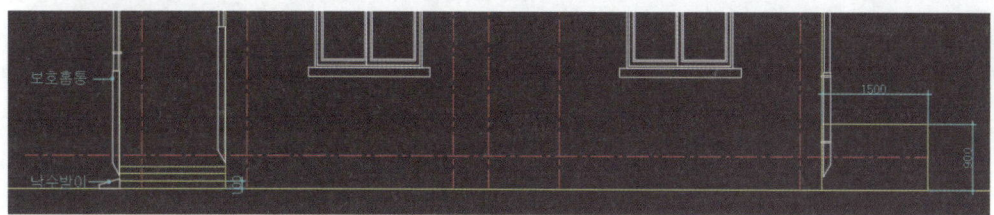

계단은 높이를 (100)으로 작도하고 홈통은 단면도를 복사하여 사용합니다.
화단을 (@1500,900)으로 작도합니다.

### 🟩 재료명 기입

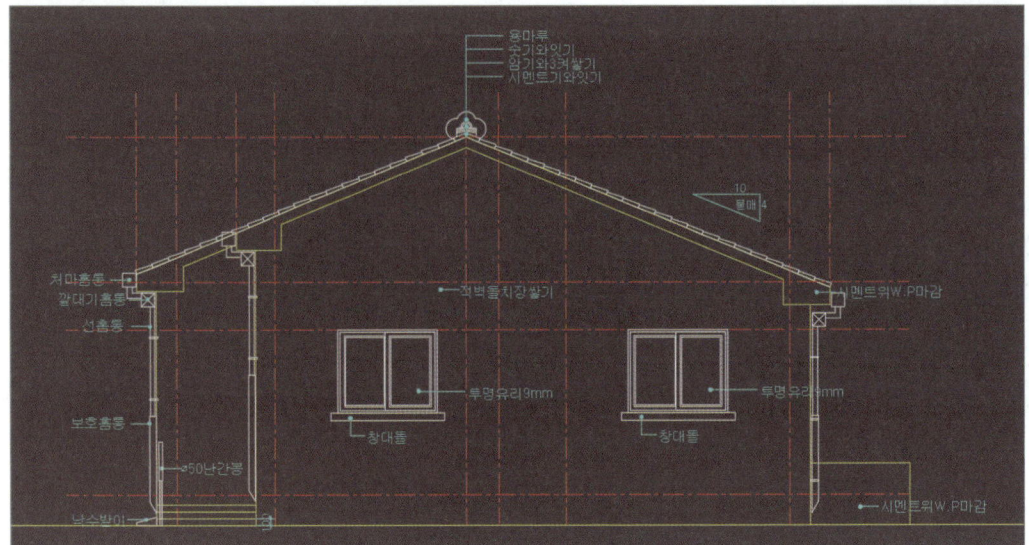

재료명을 기입합니다.

### 🟩 벽돌 및 나무 주위 배경 작도

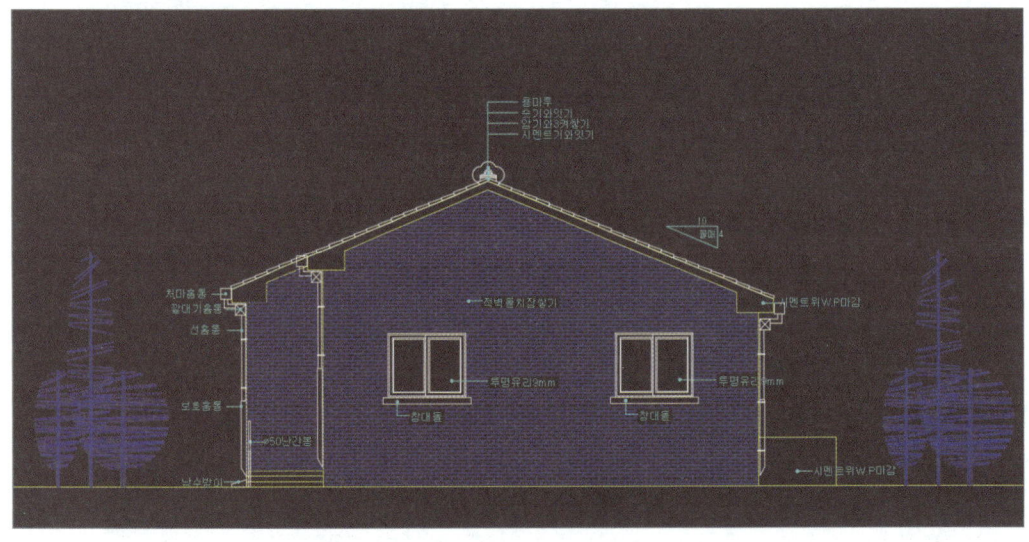

입면도 주위 배경을 나무로 장식하고 해치에서 벽돌패턴으로 채워 마무리합니다.

Craftsman Computer
Aided Architectural
D r a w i n g

# 18 일차

- 타이틀
- 출력

# 18일차 타이틀

▶ **동영상** 강의 : 건축제도실기-18-01

## 조건

### 1. 수검자 유의사항
수검자 유의사항을 읽어보고 테두리선의 여백과 수검번호, 성명 등의 표제란을 잘 만들어야 합니다.

### 2. 표제란
단면 상세도에 들어가는 표제란과 입면도에 들어가는 표제란의 크기는 동일하여야 합니다.

### 3. 용지
A3 용지에 흑백으로 도면을 출력하여야 합니다.

> **T·I·P**
> - 출력상태에 따른 감점이 가장 큽니다.
> - 스케일에 맞춰 정확하게 작도 또는 출력물이 스케일에 맞게 출력되었는지 확인하고, 스케일에 맞지 않을 경우 실격 처리됩니다.
> - 단면, 입면, 각종 선들이 제도 통칙에 준하여 작도되었는지 확인하고, 불합리할 경우 감점 처리됩니다.

18 일차

##  작도요령

### 🟩 표제란

완성된 표제란입니다.

## 🔷 Template 활용하기

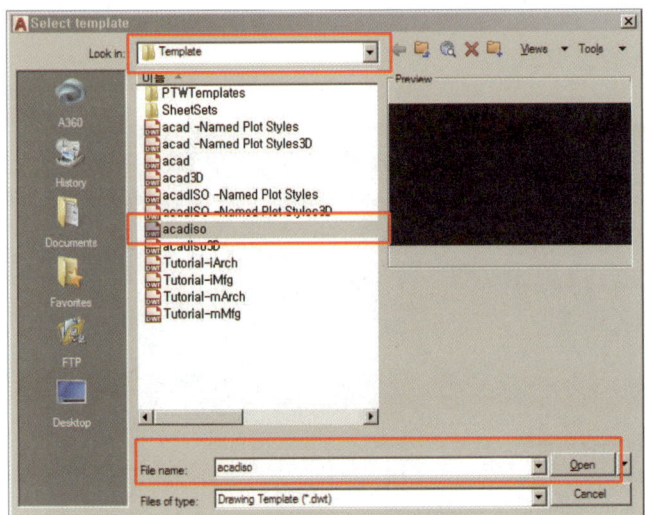

『Template』을 활용하면 손쉽게 작업할 수 있습니다.(1일차 강의 참고)

## 🔷 표제란을 사각형으로 그리기

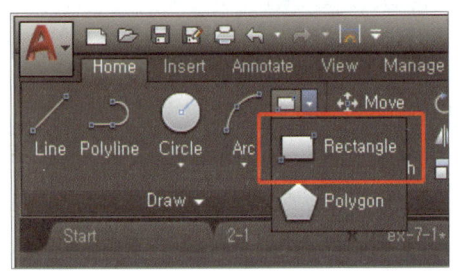

레이어(layer)를 만들 필요 없이 0번에서 작업을 시작합니다.

『Rectangle(rec)』로 작업을 합니다. 메뉴나 버튼, 명령어 중 편하고 빠르게 작도할 수 있는 방법으로 그립니다.

『Command』: 『rectangle』 [ENTER]

『Chamfer/Elevation/Fillet/Thickness/Width/〈First corner〉』: 〈Snap on〉 처음 코너를 절댓값 0,0으로 지정합니다.

『Other corner』: 다른 코너인 절댓값 420,297을 지정합니다.

## Offset

사각형을 안쪽으로 『Offset』 10을 해줍니다.
CAD 명령어에서 『Command』: Offset [ENTER]
『Offset distance or Through 〈10.0000〉』: 간격 띄우기 값인 10 입력 [ENTER]
『Select object to offset』: 〈Snap off〉 간격 띄우기 목적물 선택 [ENTER]
『Side to offset?』 간격 띄우기 목적물의 방향 [ENTER]

## 표제란 글자 스타일을 작성하기

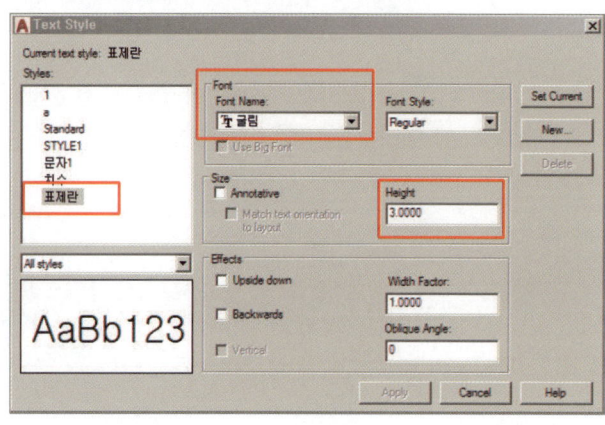

『Text Style』을 작성합니다. 『New』를 눌러서 꼭 『Style Name』을 만듭니다.
『Font Style』은 굴림체로 높이를 『3』으로 작도합니다.

## 표제란 치수 입력하기

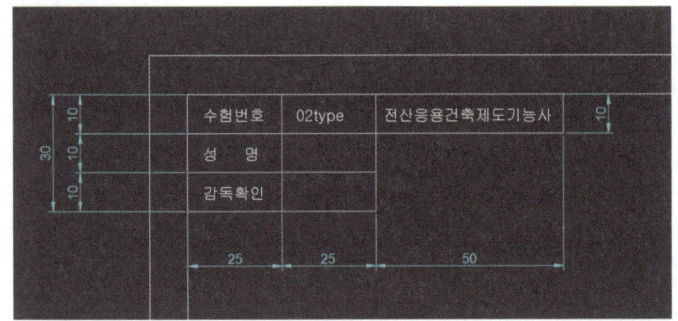

『Offset』을 아래로 10, 10, 10을 하고 오른쪽으로 25, 25, 50을 하여 표제란을 만들어줍니다. 그림과 같이 입력하고 수험번호와 본인의 성명 등을 기입합니다.

## 글 수정하기

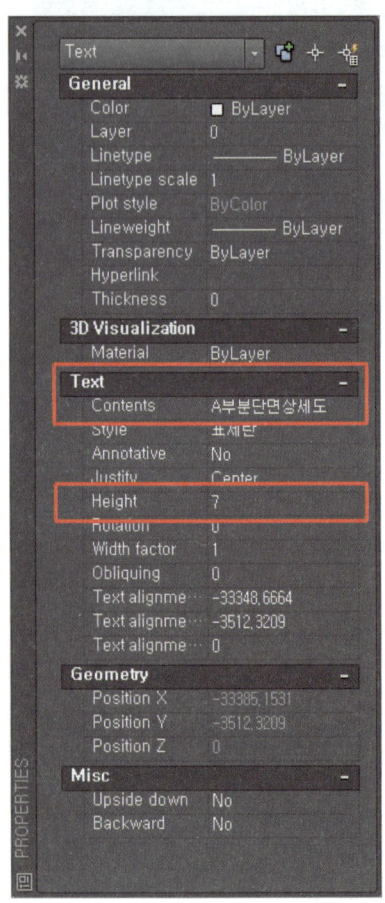

글을 수정할 때는『Properties』로 수정을 해줍니다.
도면명을 수정할 때는 CAD에서 표제란에 입력된 글 중 타이틀을『Copy』해서『Properties』로 수정을 해줍니다. 높이값은『7』로 작성하고 내용도 바꾸어줍니다.

## 표제란 정리하기

도면명은 주어진 시험지의 평면도 도면명과 같은 스타일로 만듭니다.
시험마다 다르게 나오니 유의하세요.

# 18일차 출력

▶ **동영상** 강의 : 건축제도실기-18-02

## 조건

### 1. 출력

프린터에서 단면도는 1/40로 출력하고, 입면도는 1/50로 출력합니다.

### 2. 표제란 Insert

 단면도 작도 전에 표제란 40배 확대하여 『Insert』하기

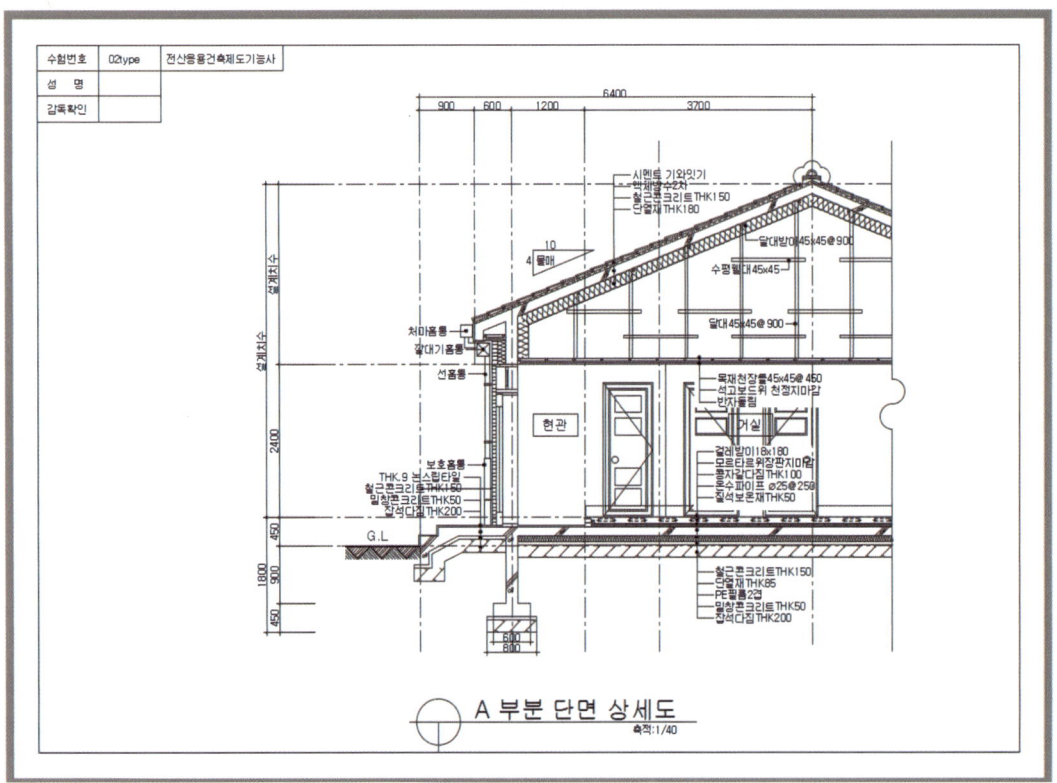

## 📦 입면도 작도 전에 표제란 50배 확대하여 『Insert』하기

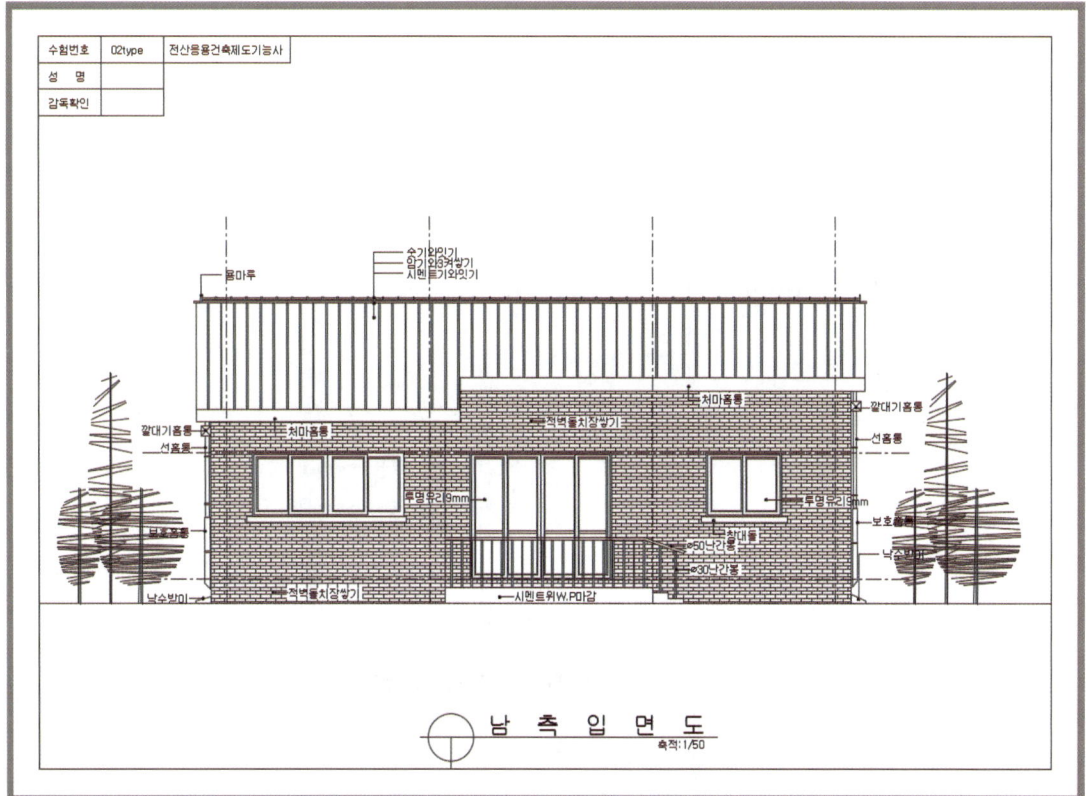

### T·I·P

- 표제란을 『Insert』할 때 스케일을 각 도면에 맞춰 불러옵니다.
- 출력할 때는 축척에 맞게 해야 합니다.
- 표제란은 단면도와 입면도가 동일해야 합니다.

## 작도요령

### 기출문제 평면도

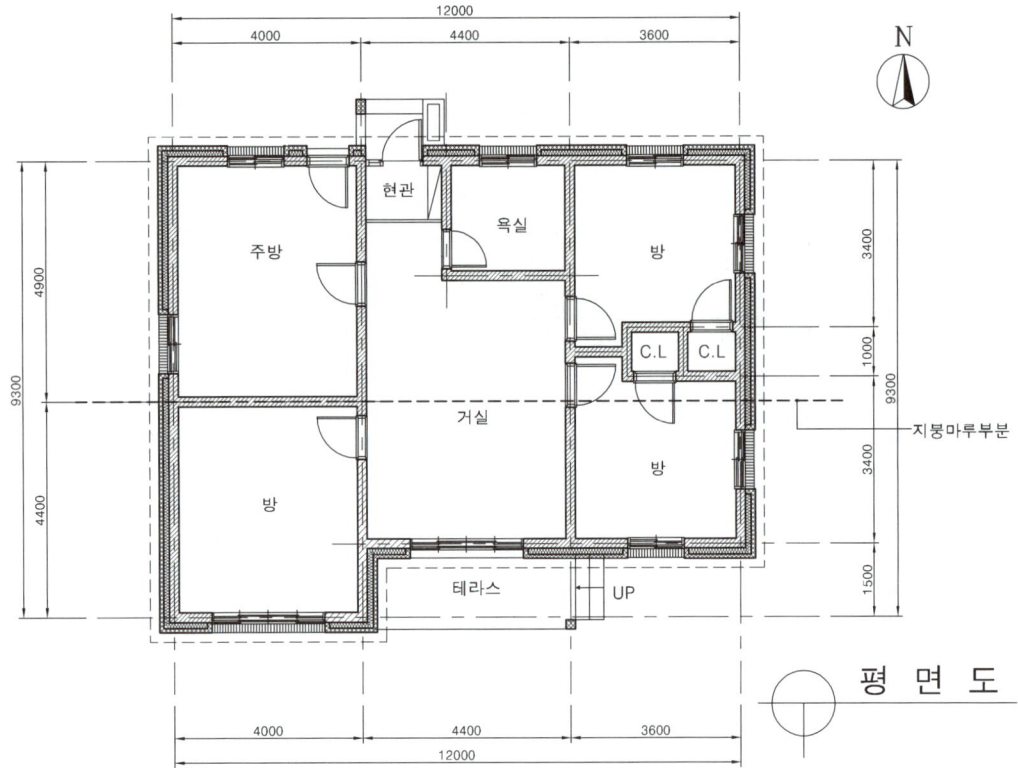

평 면 도

## A부분 단면 상세도

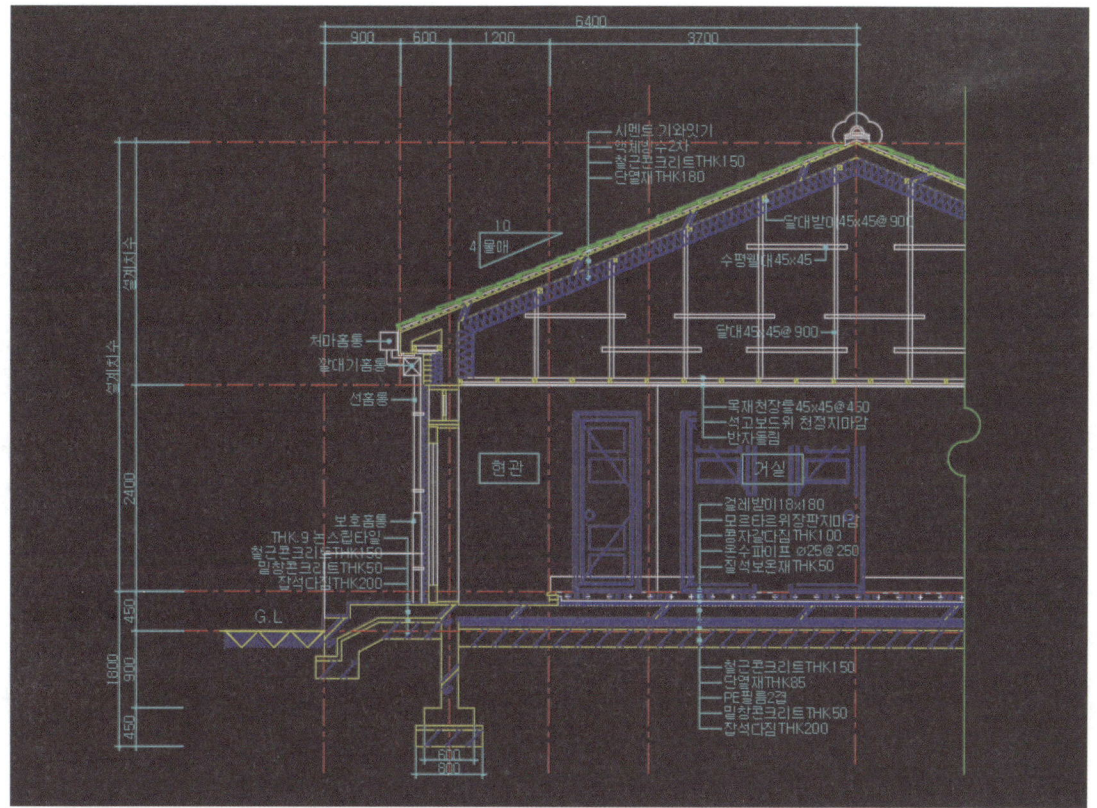

단면도를 작도할 때는 1:1로 작업을 합니다.

### 단면 Insert하기

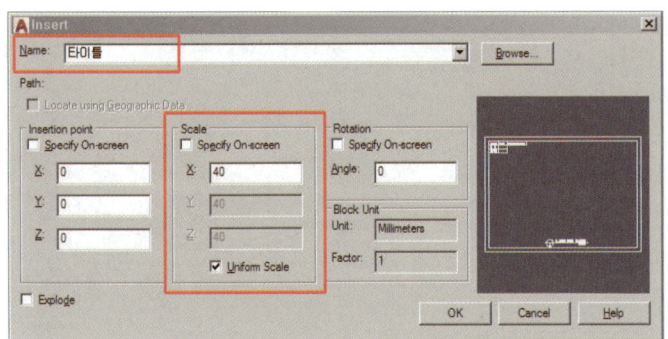

『Insert』의 『Browse』에서 표제란을 만든 경로에 따라 불러옵니다.
『Scale』의 『Specify on-Screen』 체크를 해제하고, 『Uniform Scale』 값을 체크하여 X값을 40으로 입력하여 표제도면을 불러옵니다.

### A부분 단면 상세도 표제란 포함

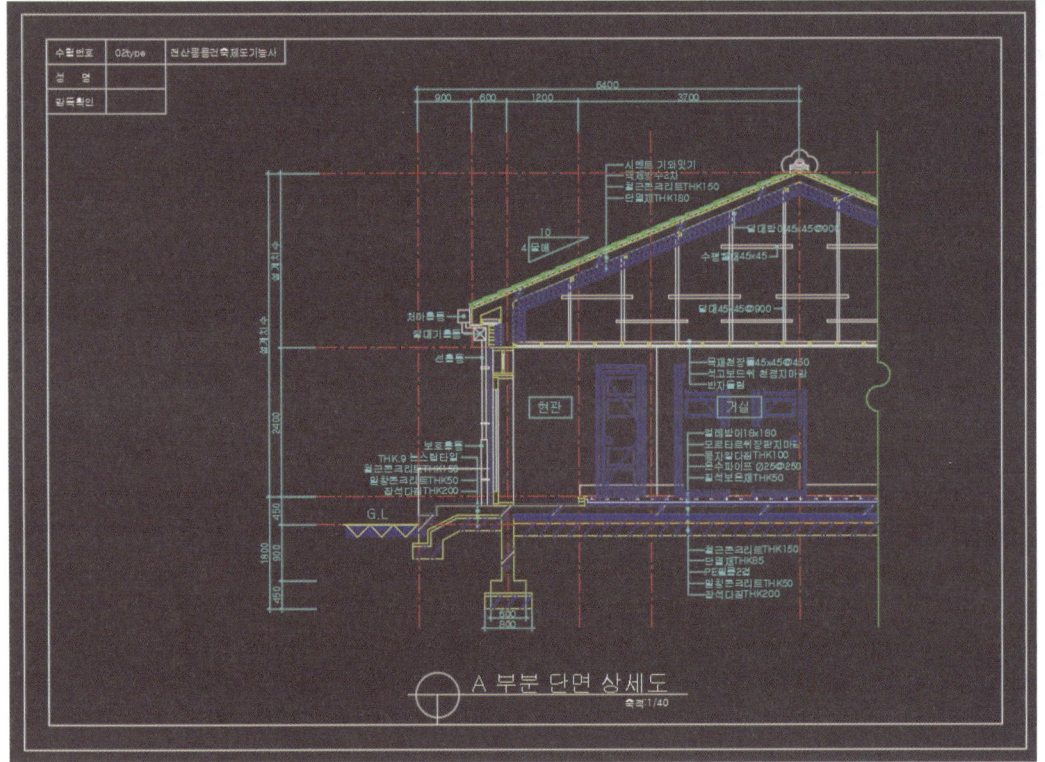

출력 시 상태는 위와 같습니다.

## 단면 Plot하기

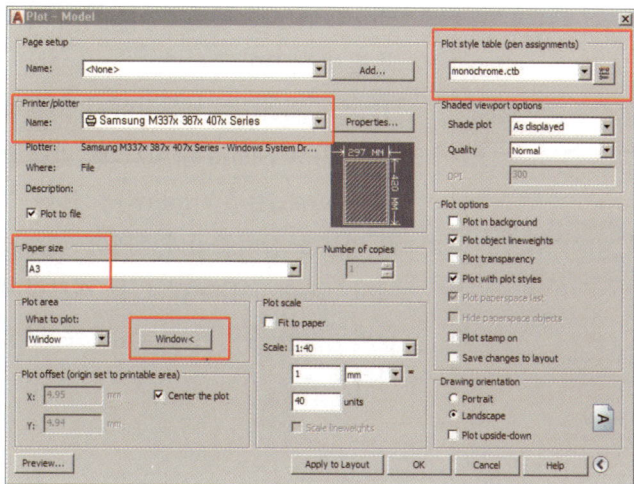

『Plot Device』 탭을 눌러 다음과 같이 이동하여 『Plot style table』에서 Name의 부분을 monochrome.ctb로 바꾸어 줍니다.
Edit 탭을 눌러 활성화를 시킵니다.

## 펜 두께 조건에 맞게 설정하기

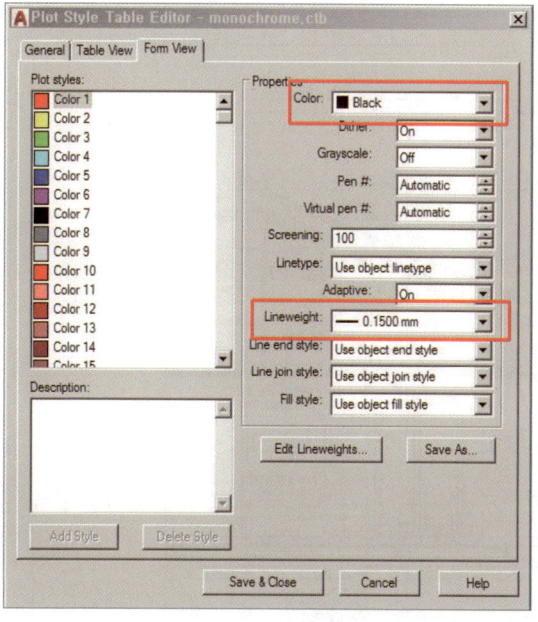

『Form View』 탭에서 Lineweight에서 펜 두께를 조건에 맞게 수정합니다.
Color는 monochrome.ctb으로 되어 있기 때문에 모두 Black으로 되어 있습니다.

207

### 단면 축척에 맞게 출력하기

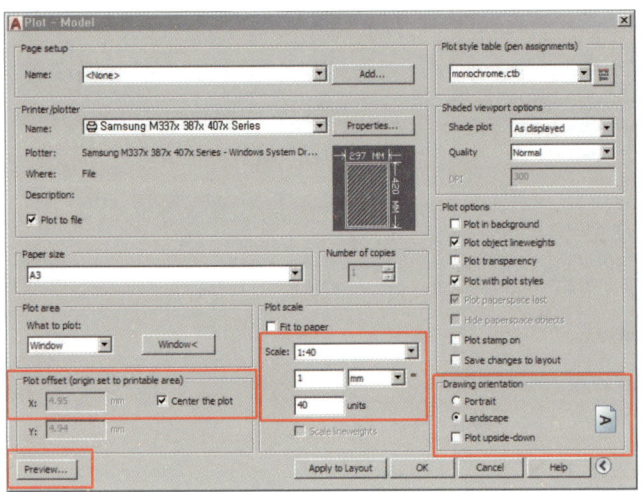

Plot Settings 탭으로 이동하여 다음과 같이 바꾸어 줍니다.
『Paper Size』는 시험장에서 조절해 주며 Plot Scale은 40으로 바꾸고 『Plot area』는 『Window』를 눌러 출력 영역을 잡아줍니다. 『Plot offset』에서 『Center the plot』을 체크하여 출력영역을 종이의 정중앙으로 맞춥니다.

### 미리보기로 확인

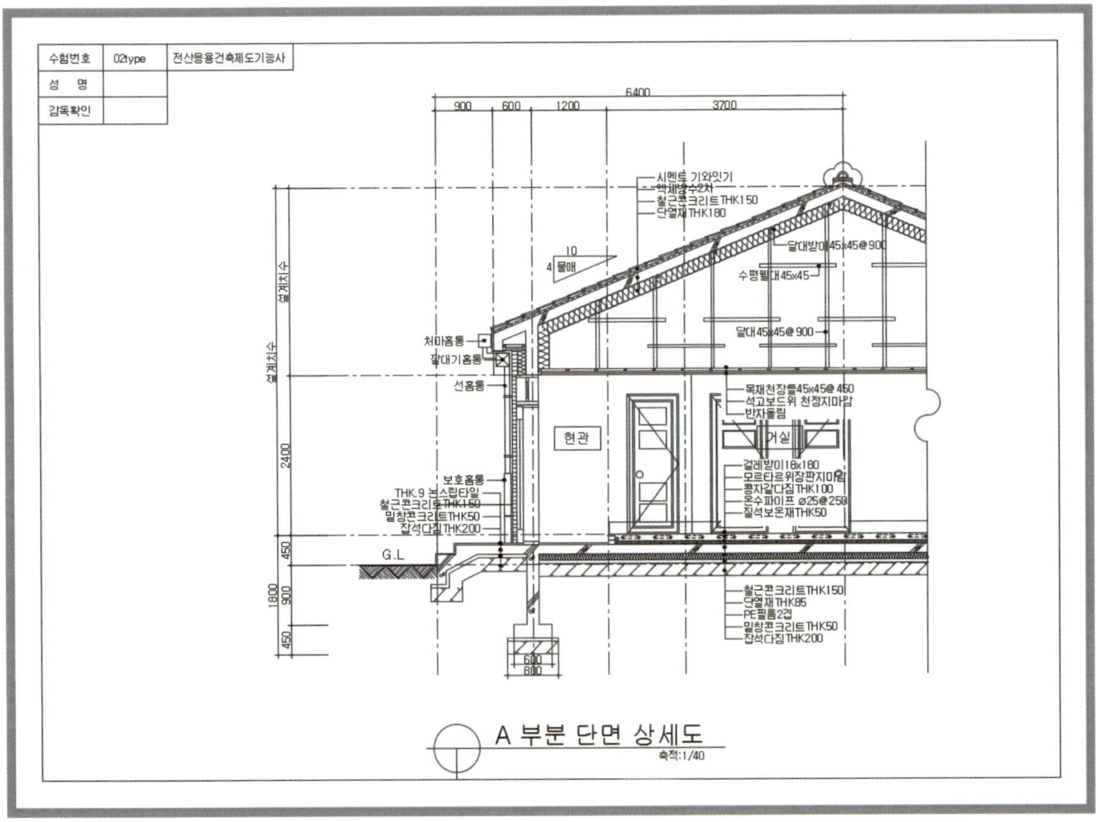

## 입면도

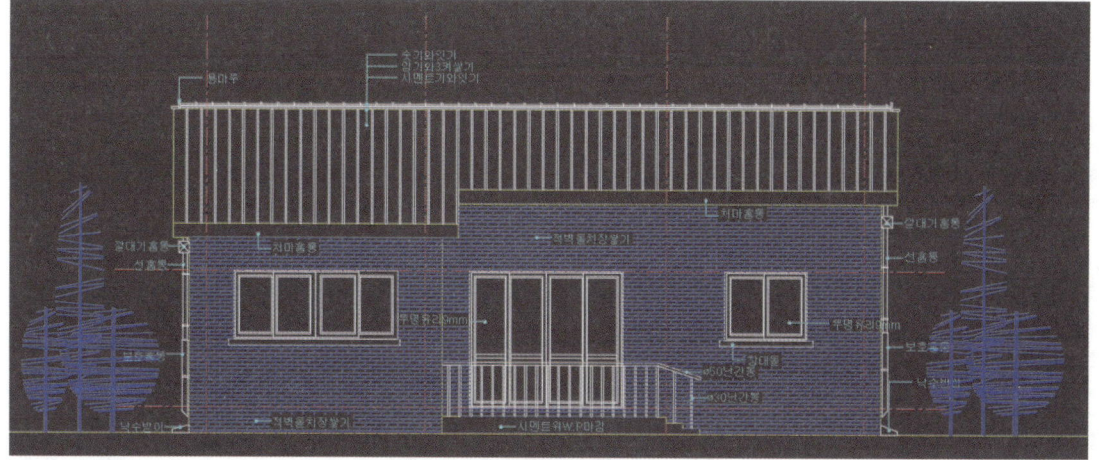

## 입면 Insert

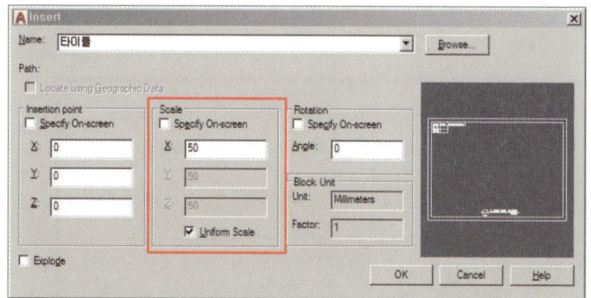

『Insert』의 『Browse…』를 눌러서 표제란을 만든 경로에 따라 불러옵니다.
Insertion point를 다음과 같이 바꾸어 줍니다. 단, 『Scale』의 『Uniform Scale』을 체크하여 고정비율 50을 적용합니다.

## 입면도 표제란 포함

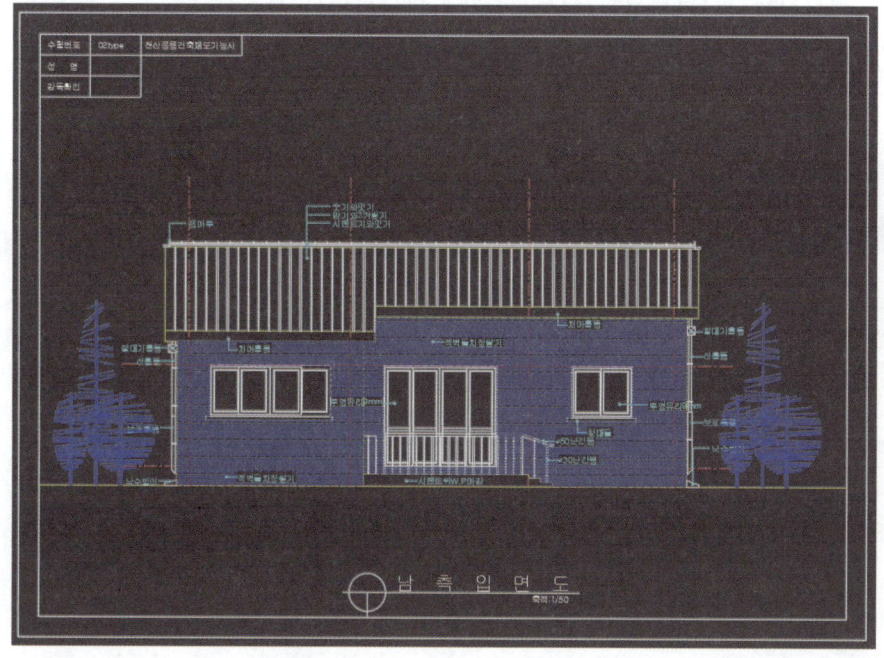

출력 시 상태는 위와 같습니다.

### 입면 축척에 맞게 출력하기

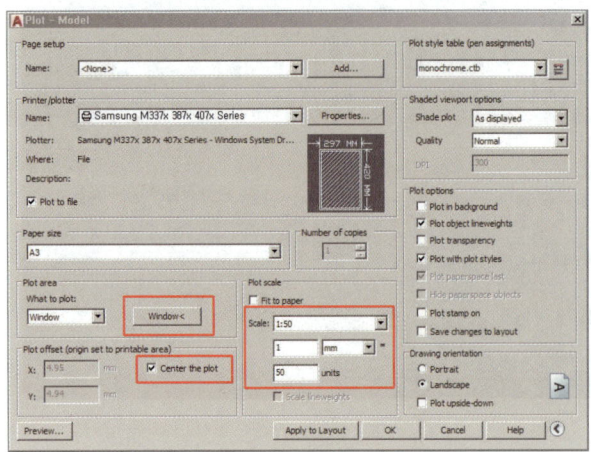

『Plot Device』는 단면도 출력 시 조정되었기 때문에 다시 조정할 필요가 없습니다. 『Plot Setting』 탭 중 『Plot Scale』을 『1mm=50units』으로 수정합니다. 『Plot area』의 『Window』를 눌러 출력 영역을 잡아줍니다.

### 미리보기로 확인

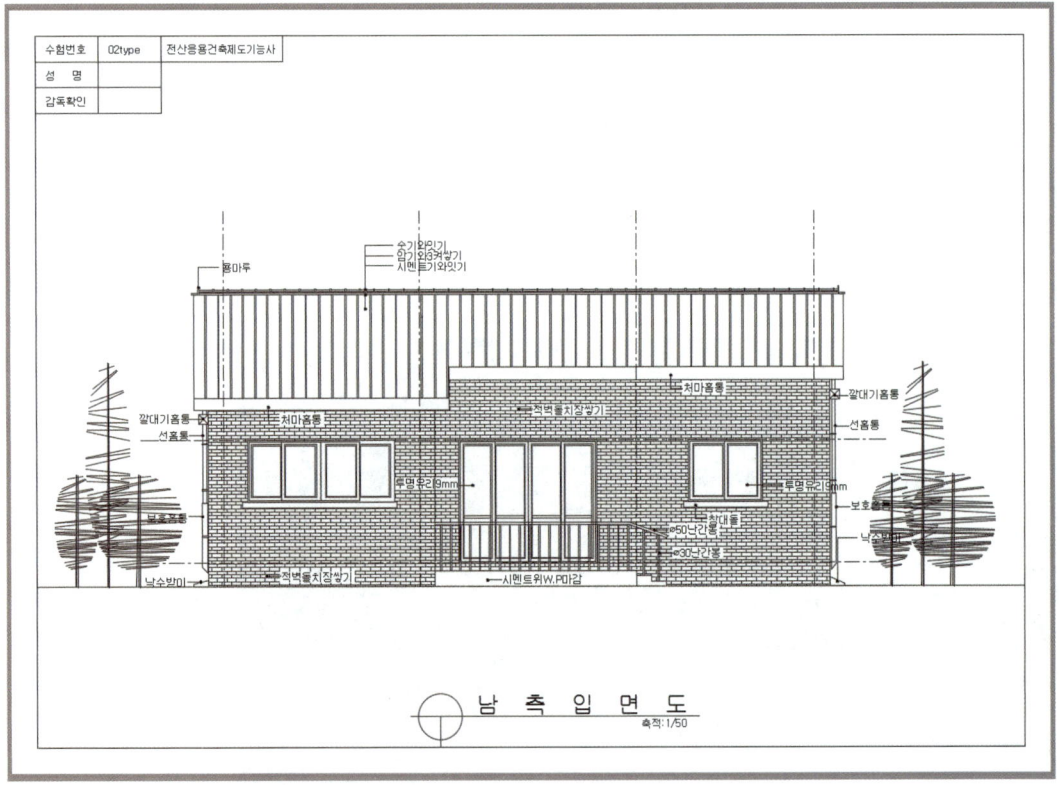

Craftsman Computer
Aided Architectural
D r a w i n g

# 19 일차

■ 2019년 6월 정시검정 문제 [A단면 상세도 풀이]

# 19일차 2019년 6월 정시검정 문제 [A단면 상세도 풀이]

▶ **동영상** 강의 : 건축제도실기-19-01
건축제도실기-19-02

 **조건**

## 1. 시험지의 요구 사항과 조건 확인

**1** 주어진 평면도를 보고 CAD를 이용하여 다음 도면을 작도한 후 지급된 용지에 본인이 직접 흑백으로 출력하여 USB에 저장하여 함께 제출하시오.
   ① A부분 단면 상세도를 축척 1/40로 작도하시오.
   ② 입면도를 축척 1/50로 작도하되 벽면재료 표시 및 주위의 배경 등 도면효과를 충분히 고려하시오.

**조 건**
- 기초 및 지하실 벽체 : 철근콘크리트 구조로 하시오.
- 벽체 : 외벽 – 외부로부터 붉은 벽돌 0.5B, 단열재, 시멘트 벽돌 1.0B로 하시오.
        내벽 – 두께 1.0B 시멘트 벽돌 쌓기로 하시오.
- 단열재 : 외벽 120mm, 바닥 85mm, 지붕 180mm로 하시오.
- 지붕 : 철근콘크리트 경사슬래브 위 시멘트 기와잇기 마감으로 하시오.(물매 4/10 이상)
- 처마나옴 : 벽체 중심에서 600mm
- 반자높이 : 2400mm, 처마 반자 설치
- 창호 : 목재창호로 하되 2중창인 경우 외부창호는 알루미늄새시로 하시오.
- 각 실의 난방 : 온수파이프 온돌난방으로 하시오.
- 1층 바닥슬래브와 기초는 일체식으로 표현하시오.
- 평면도에 표현되지 않은 현관 상부 캐노피는 작도하지 않습니다.
- 기타 각 부분의 마감, 치수 등 주어지지 않은 조건은 일반적인 시공수준으로 하시오.

**2** 선의 통일을 기하기 위하여 아래와 같이 선의 색을 정리하여 출력하시오.
- 흰색(7-white) – 0.3mm
- 녹색(3-green) – 0.2mm
- 노랑(2-yellow) – 0.4mm
- 하늘색(4-cyan) – 0.3mm
- 빨강(1-red) – 0.2mm
- 파랑(5-blue) – 0.1m

## 2. 작도 영역(Limits)

- AutoCAD 버전에 관계없이 작도환경 설정하기(1일차 강의 참고)를 이용하여 표제란을 만들어 작업 영역을 결정합니다.
- 단면도가 작업될 수 있도록 표제란을 블록화하고 『Insert』를 40배 확대합니다.

## 3. 단면 절단 표시

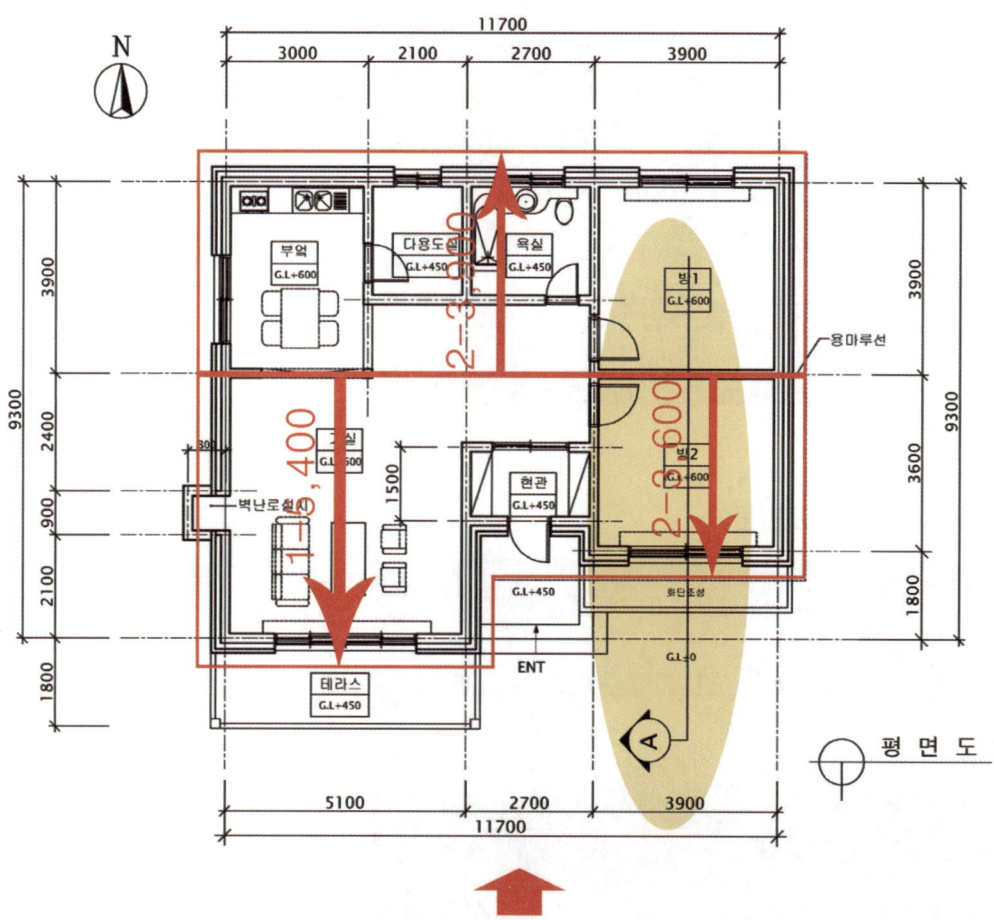

- 노란색으로 표시한 부분을 단면도로 작도합니다.
- 보는 방향 표시 A가 바로 보이게 도면을 돌려 놓습니다.
- 실외가 왼쪽, 실내가 오른쪽으로 되게 단면을 작도해야 합니다.
- 계단 단수확인(3단=450/150)하고 가장 긴처마의 치수를 수기로 적어 놓습니다.

## 작도요령

### G.L을 기준으로 거실 높이와 기초선까지

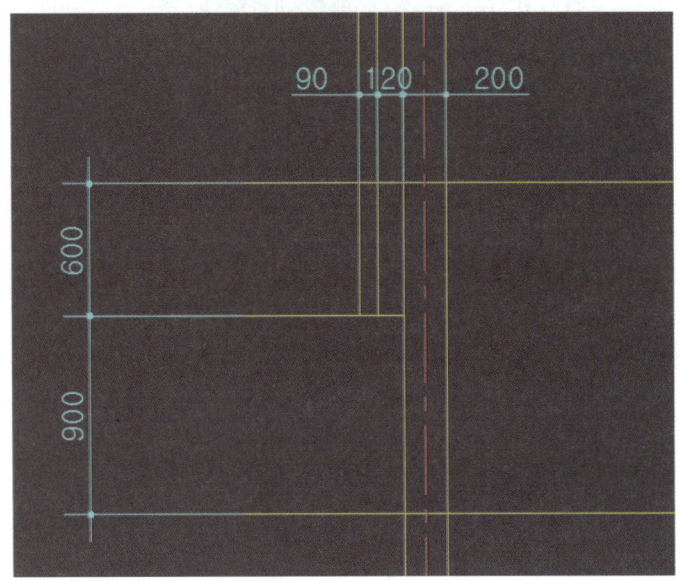

G.L을 기준선으로 해서 아래로 900(동결선)까지 내리고 기준선 위로 450(실 바닥선)까지 올라갑니다. 벽체는 중심선을 기준으로 100씩 『Offset』을 하고 외부쪽으로 단열재 120, 치장벽돌 90을 더 『Offset』을 합니다.

### Rectang으로 기초만들기

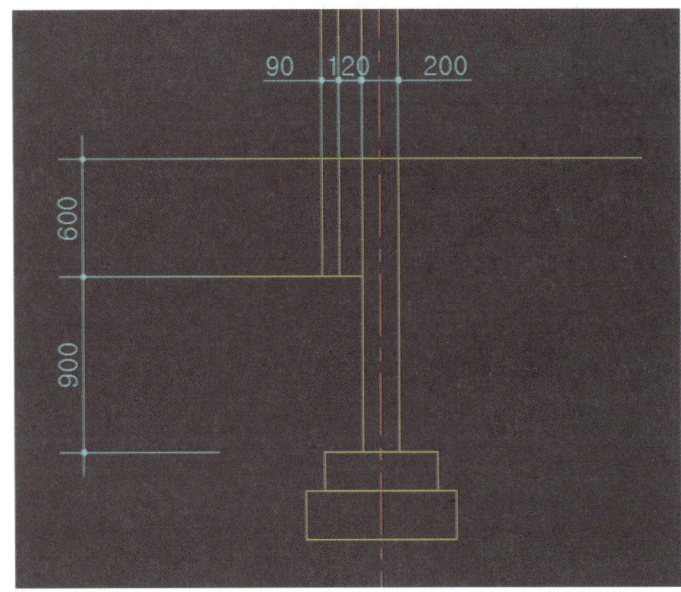

『Rectang』을 이용하여 기초(@600,200)과 지정(@800,250)을 작도하여 중심선에 위치합니다.

### 🔹 받침턱과 밑창콘크리트, 방선 정리

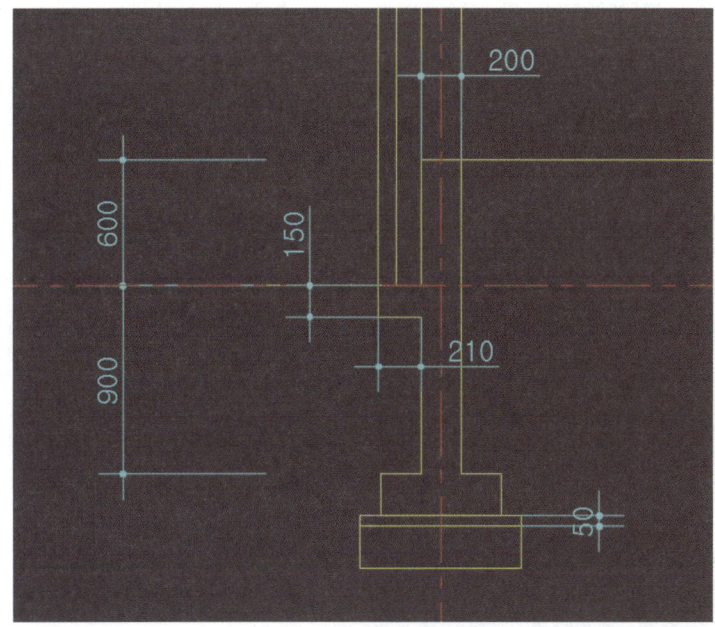

받침턱(@210,150)으로 단열재와 치장벽돌을 받치게 아래에 배치하고 지정부분에 밑창콘크리트(50)을 『Offset』을 하여 완성합니다.
외부의 치장 벽돌과 단열재는 G.L선까지 내려가서 받침턱이 받쳐줍니다.

### 🔹 용마루선과 절단선 위치 표시

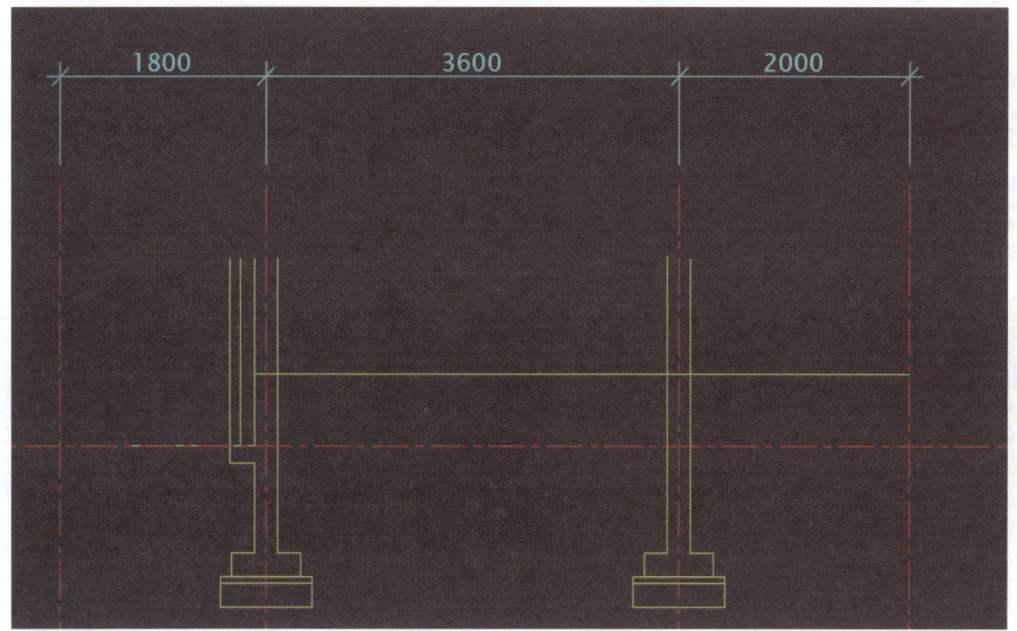

해설 평면도에서 표시한 노란색(절단)부분까지 『Offset』으로 작도 크기를 잡아줍니다.

### 🟩 방바닥 구조(3일차 강의 참고)

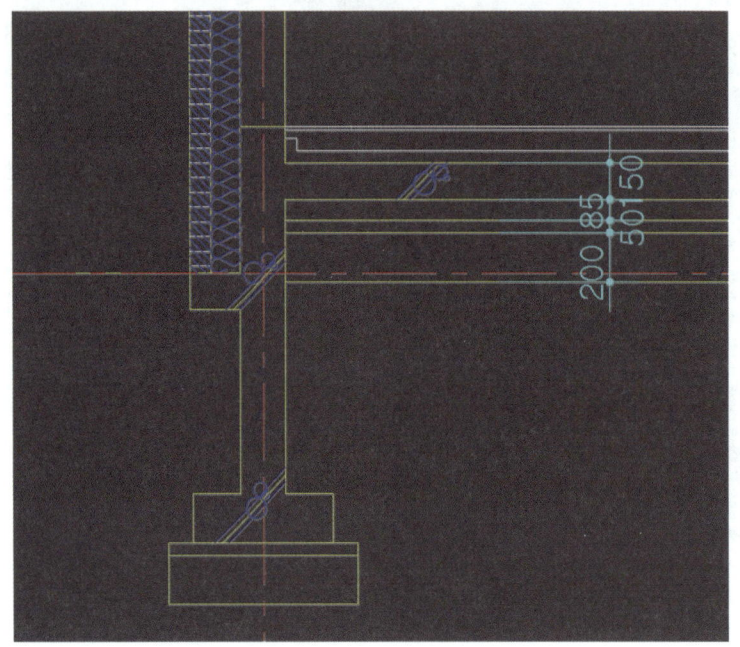

방(600)에서 아래로 150으로 온돌구조(흰색)로 만들어 줍니다. 철근콘크리트 바닥(150), 단열재(85), 밑창콘크리트(50), 잡석다짐(200) 순으로 선을 그립니다.

### 🟩 온돌난방 설치

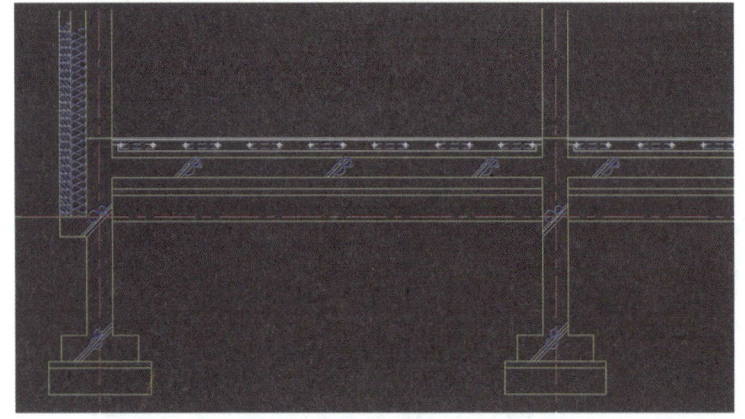

『Array』를 이용하여 온돌구조를 완성합니다.

### 방 창구조(5일차 강의 참고)

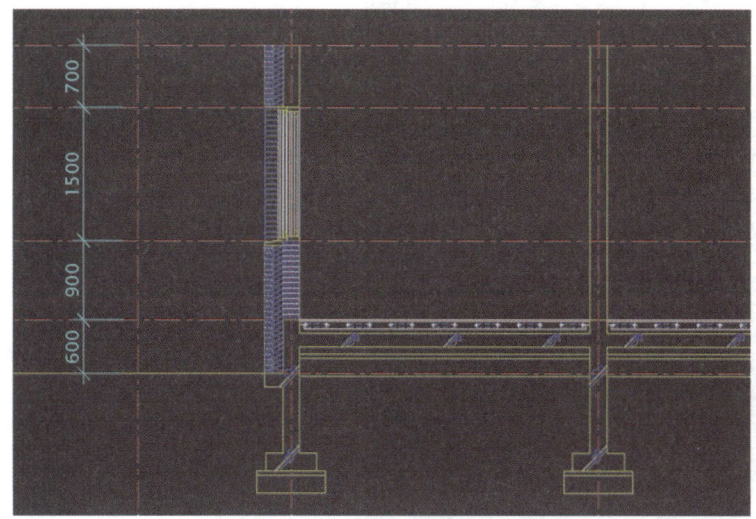

창 구조를 참고하여 완성합니다.

### 기본 물매 확인

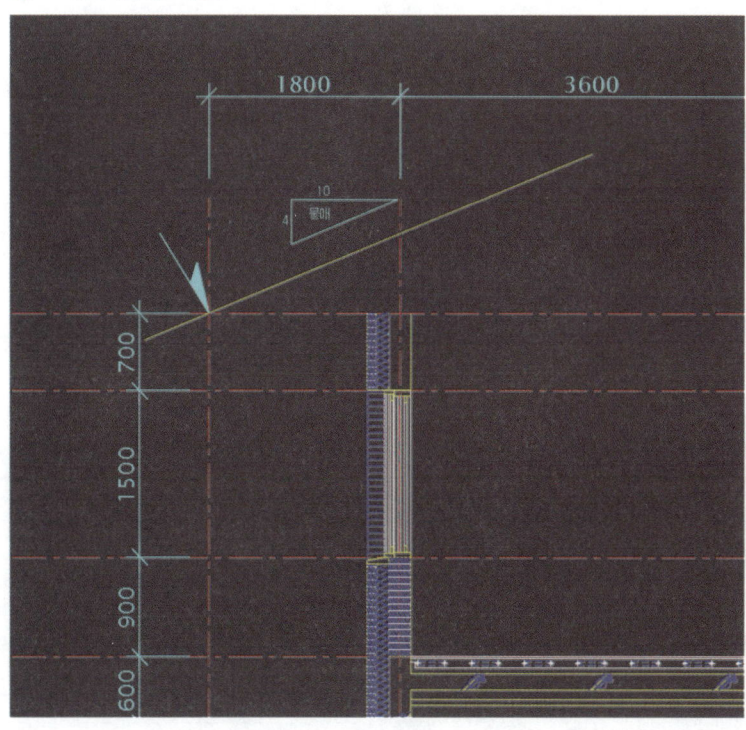

가장 긴 처마위치에 물매선을 위치시킵니다.

### 🟩 철근콘크리트 보와 지붕

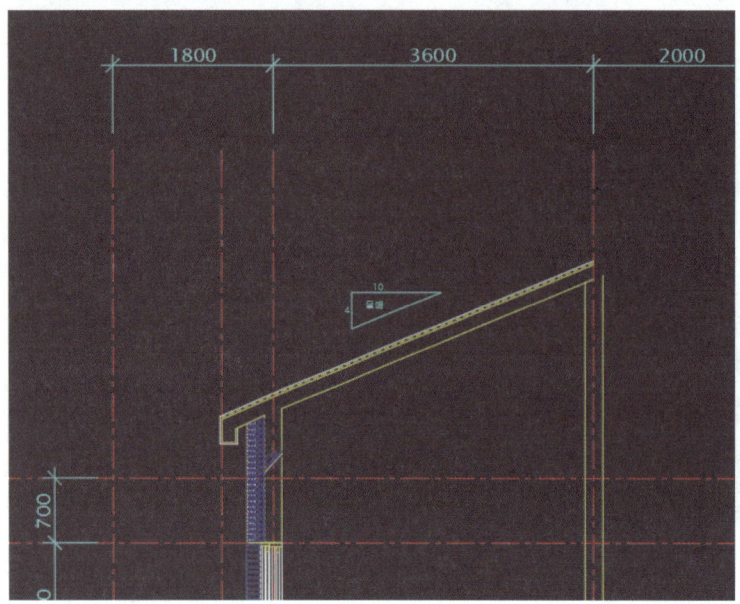

물매 4/10를 적용하여 박공 지붕의 선을 만들고 철근콘크리트 150 두께로 한다. 처마나옴(600)을 해줍니다.
(12일차 강의를 참고합니다.)

### 🟩 기와 작도

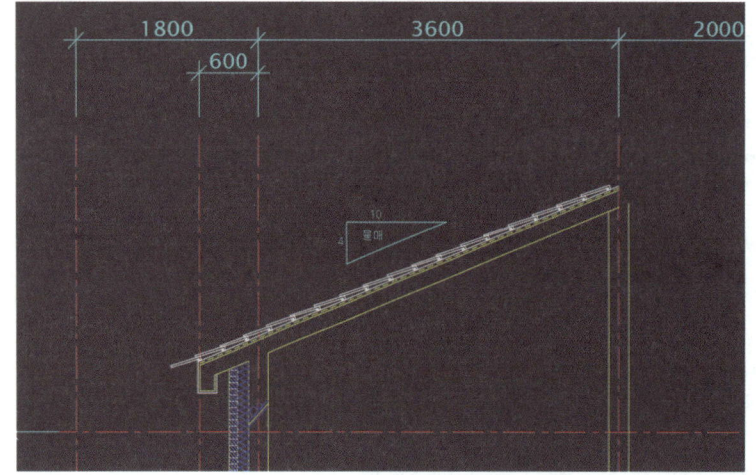

기와는 『Array』의 『Path』로 작업합니다.

### 천장 마감

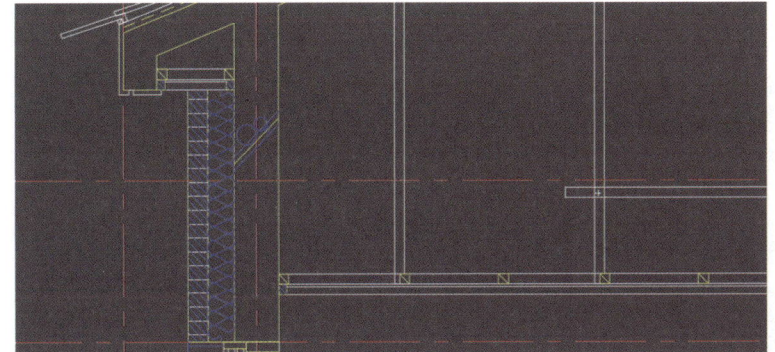

천장 마감은 방바닥에서 2400 이상 올라간 높이에 설치합니다. (11일차 강의를 참고합니다.)
처마반자는 천장반자를 복사해서 사용합니다.

### 단면의 기본 골격 완성

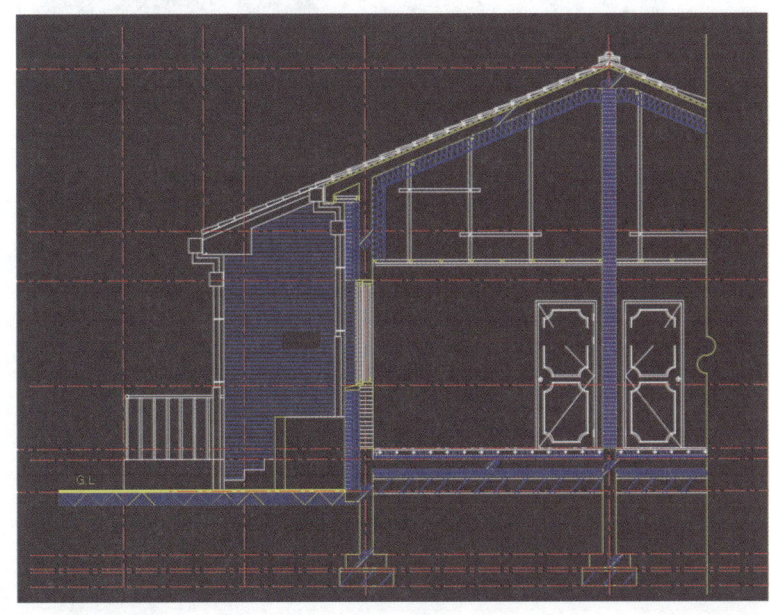

A절단부분의 전체적인 형태를 보면서 세부적인 입면 디테일까지 완성합니다. 화단과 계단, 뒤쪽 테라스가 보입니다.

## 문자와 치수, 마무리

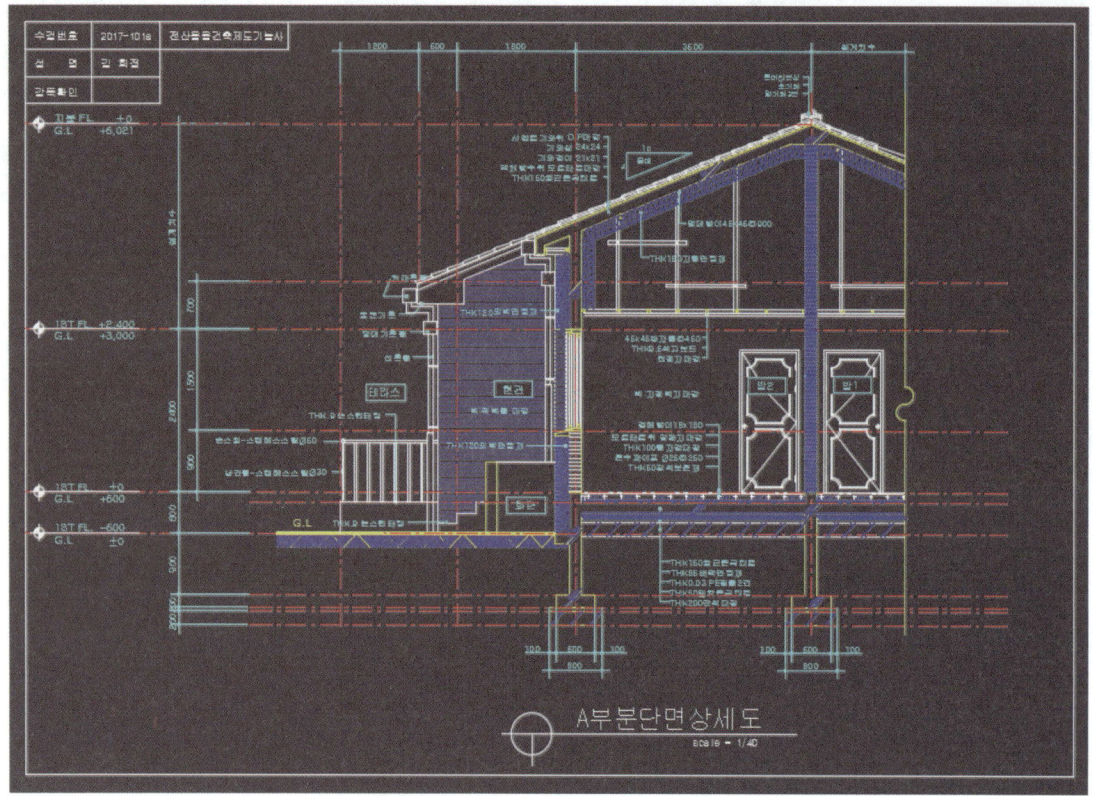

레이어를 하늘색으로 놓고 재료명과 치수를 작성합니다.

레이어를 파랑으로 놓고 철근콘크리트, 잡석, 단열재, G.L 등등 재료 표현을 해줍니다.

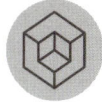  

Craftsman Computer
Aided Architectural
D r a w i n g

# 20 일차

■ 2019년 6월 정시검정 문제 [남측 입면도 풀이]

# 20일차 2019년 6월 정시검정 문제 [남측 입면도 풀이]

▶ **동영상** 강의 : 건축제도실기-20-01
건축제도실기-20-02

## 조건

### 1. 시험지의 요구 사항과 조건 확인

입면도를 축척 1/50로 작도하되 벽면재료 표시 및 주위의 배경 등 도면효과를 충분히 고려하시오.

### 2. 작도 영역(Limits)

- AutoCAD 버전에 관계없이 작도환경 설정하기(1일차 강의 참고)를 이용하여 표제란을 만들어 작업 영역을 결정합니다.
- 입면도가 작업될 수 있도록 표제란을 블록화 하고 50배 확대하여 『Insert』합니다.

### 3. 입면도 표시

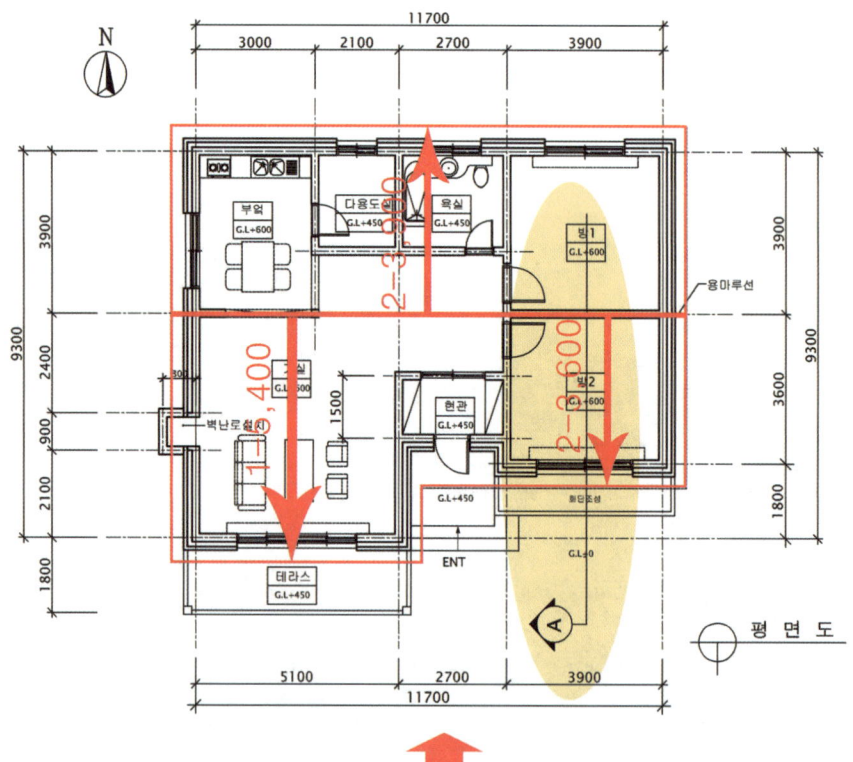

- 노란색으로 표시한 부분을 단면도로 작도합니다.

## 작도요령

### 입면도 표제란 만들기

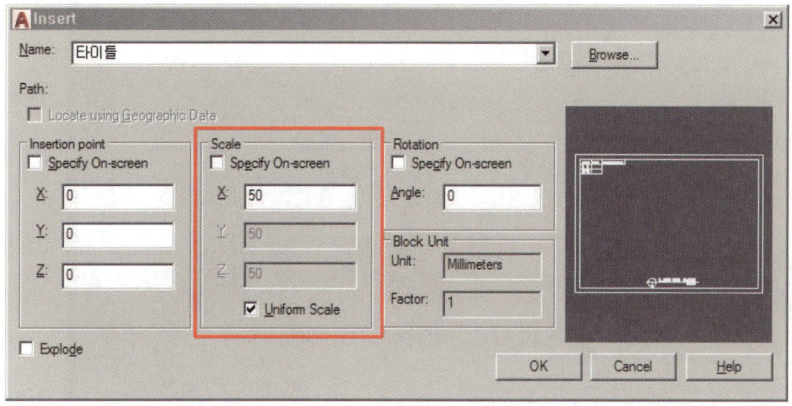

『Insert』 명령어를 실행해서 작성된 타이틀을 50배 확대해서 불러옵니다.

### 단면도와 평면도의 치수로 입면도 중심선 작도

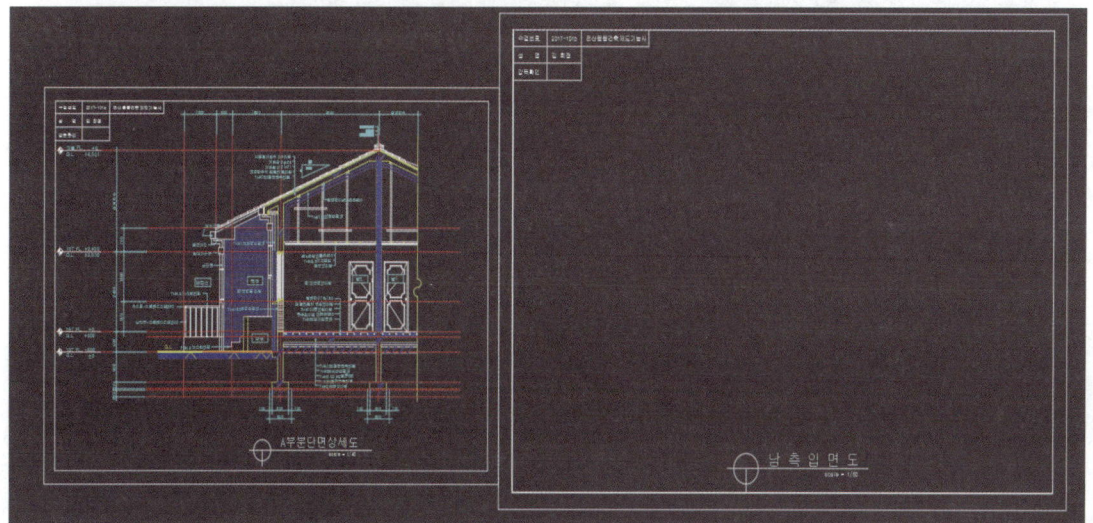

단면도에서는 입면도의 높이, 평면도에서 실의 위치를 중심선으로 작도합니다.

### 🟩 처마나옴 600, 벽체

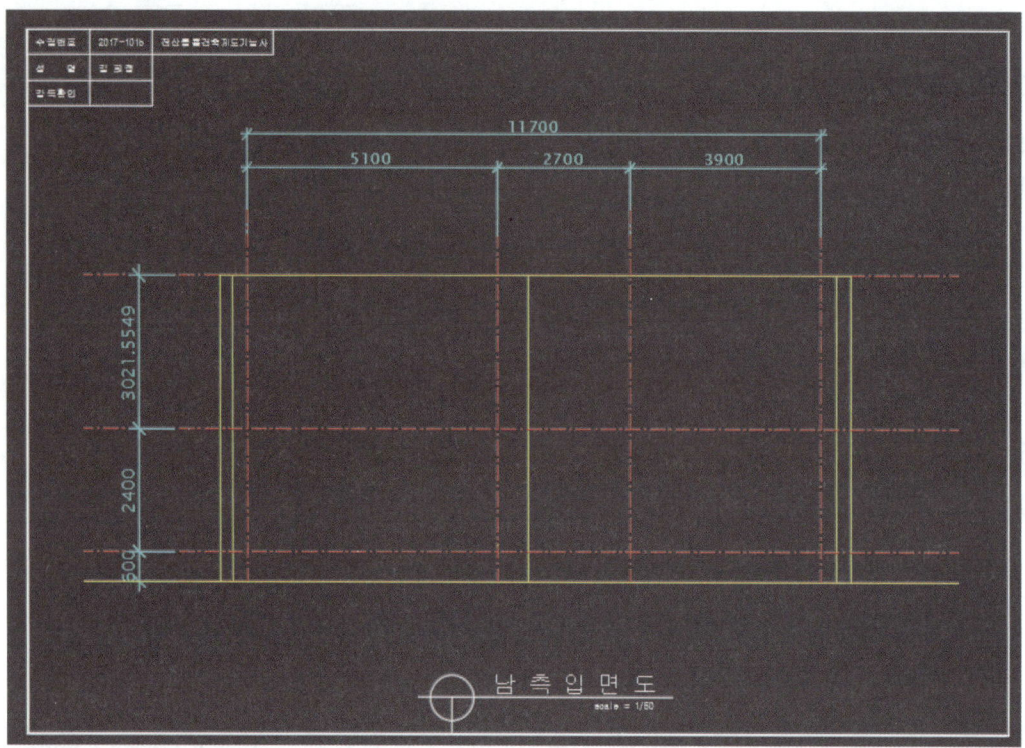

조건에 주어진 처마나옴의 치수로 작도합니다.

### 🟩 단면도에서 각각 처마선 가져오기

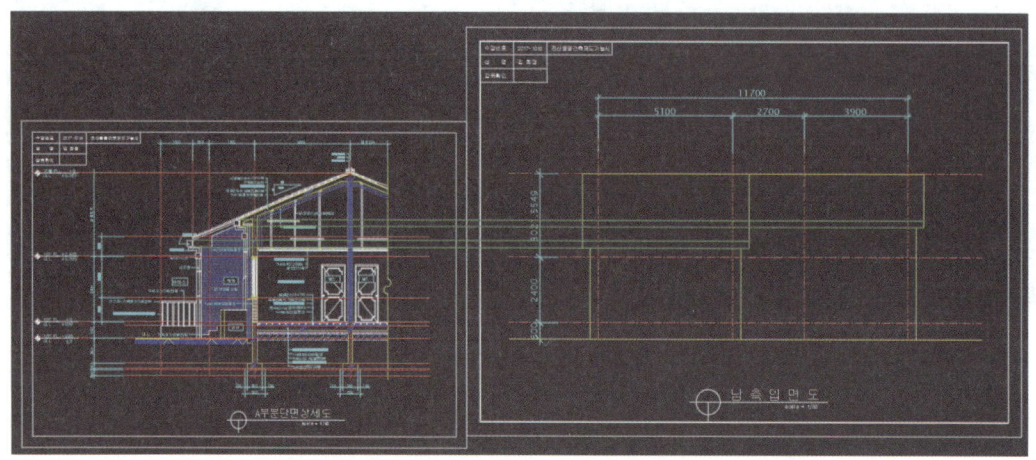

작도해놓았던 단면도에서 각각의 처마선과 용머리선을 가져와 사용합니다.

### 처마선과 벽체 정리

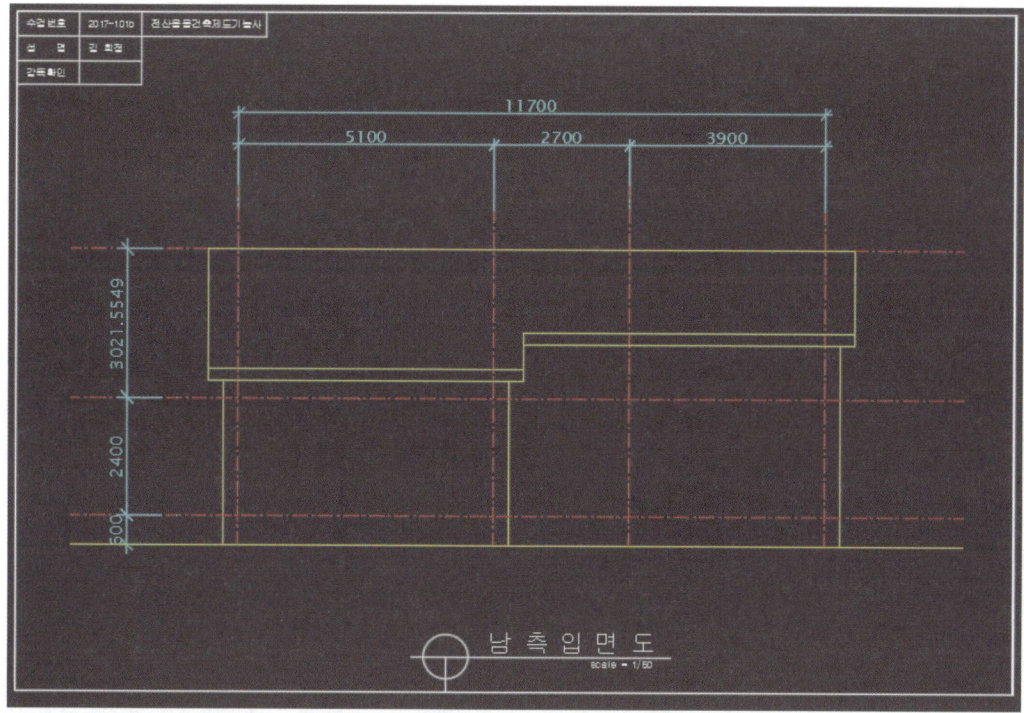

지붕 처마선과 벽체들을 정리합니다.

### 창문 달기

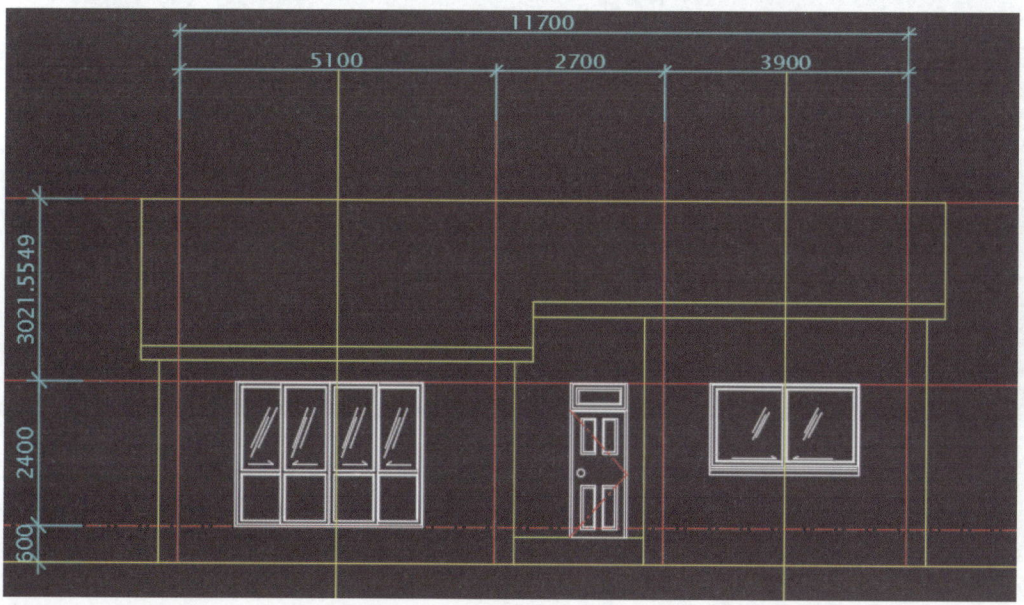

중심에 창문을 달아줍니다. (9일차 강의를 참고합니다.)

### 🟩 계단, 테라스, 화단, 굴뚝 작도

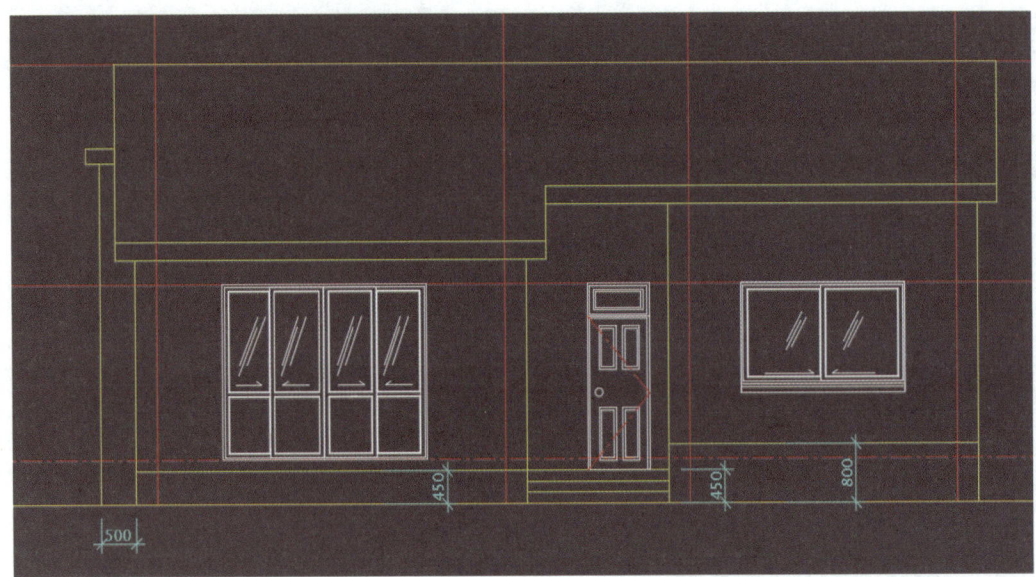

화단(H:800), 계단(H:450), 테라스(H:450), 굴뚝을 작도합니다.

### 🟩 테라스와 난간

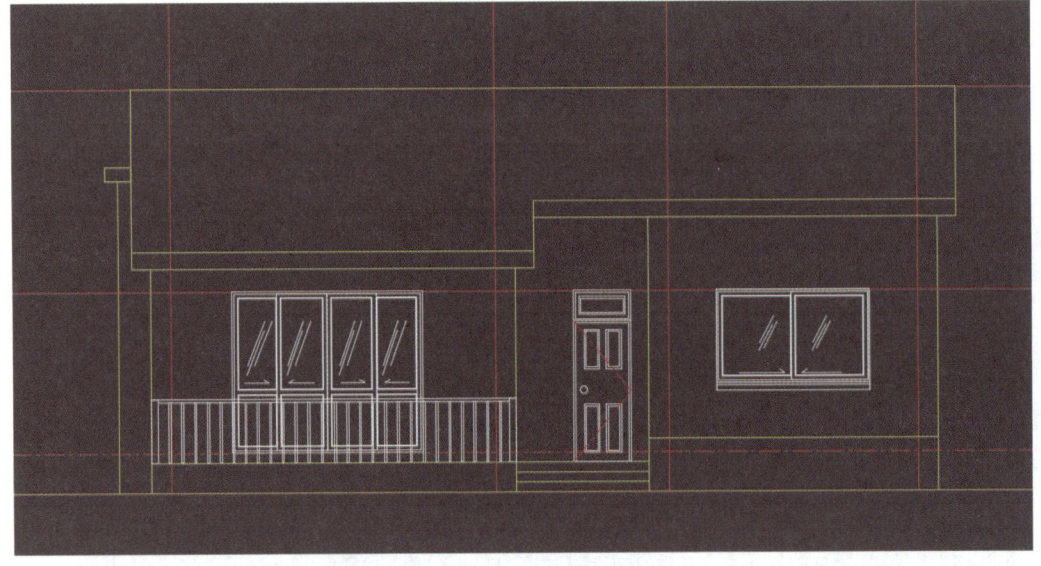

테라스와 난간봉(@30,900)을 작도합니다. 『Array』로 여러 개의 난간봉을 작도합니다.

## 기와 작도

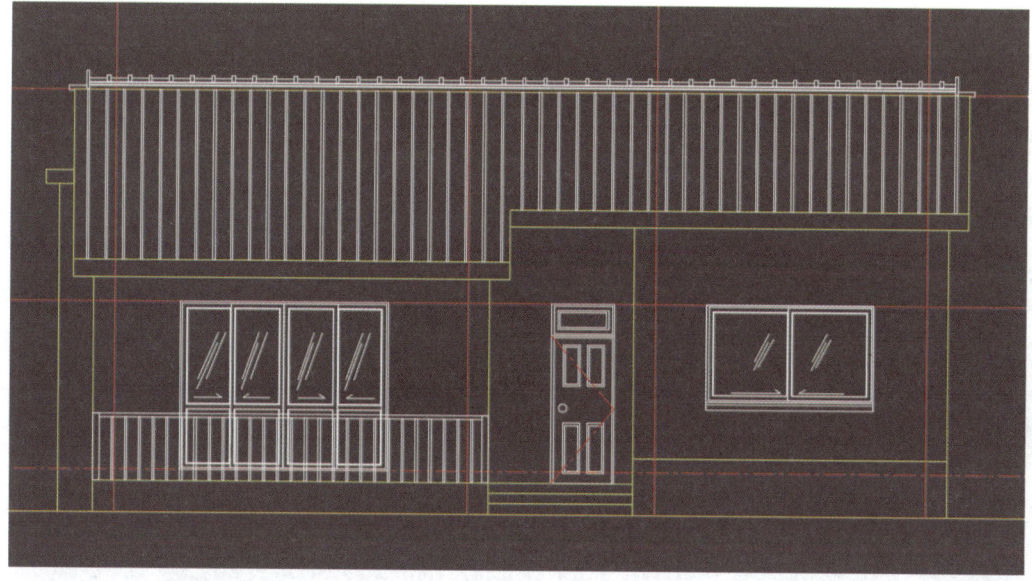

기와를 『Array』를 이용하여 작도합니다.

## 홈통과 재료명 기입

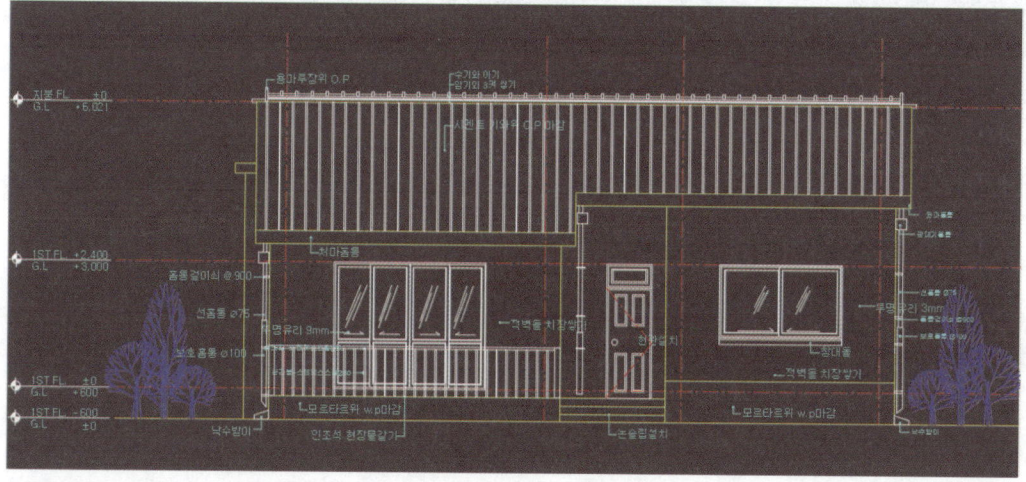

홈통과 재료명을 기입합니다.

## 벽돌 및 나무 주위 배경 작도

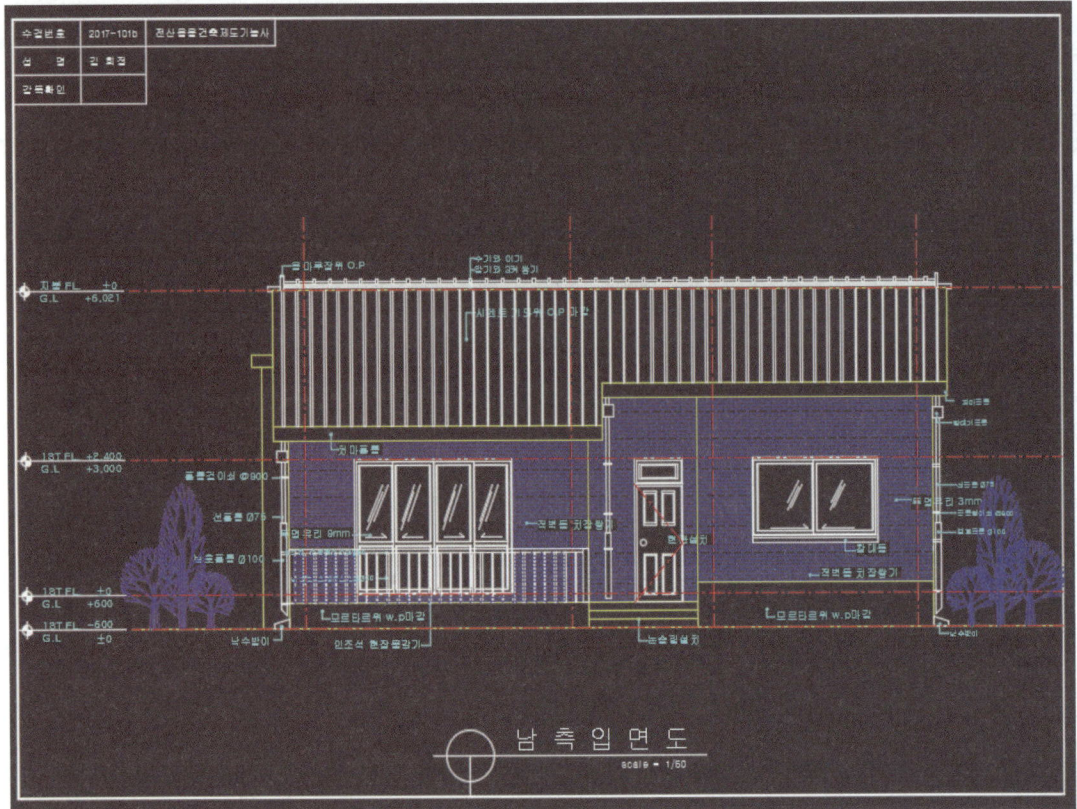

입면도 주위 배경을 나무로 장식하고 해치에서 벽돌패턴으로 작도합니다.

# Craftsman Computer Aided Architectural Drawing

## 21 일차

- 2021년 예상 문제 [도면목록표 정답 풀이]

# 21일차 2021년 예상 문제 [도면목록표 정답 풀이]

▶ 동영상 강의 : 건축제도실기-21

##  조건

### 1. 시험지의 요구 사항과 조건 확인
작도 요구사항을 확인합니다.

### 2. 작도 영역(Limits)
- AutoCAD 버전에 관계없이 작도환경 설정하기(1일차 강의 참고)를 이용하여 표제란을 만들어 작업 영역을 결정합니다.
- 도면목록표가 작업될 수 있도록 표제란을 블록화 하고 100배 확대하여 『Insert』합니다.

##  작도요령

### 🟢 도면목록표 표제란 만들기

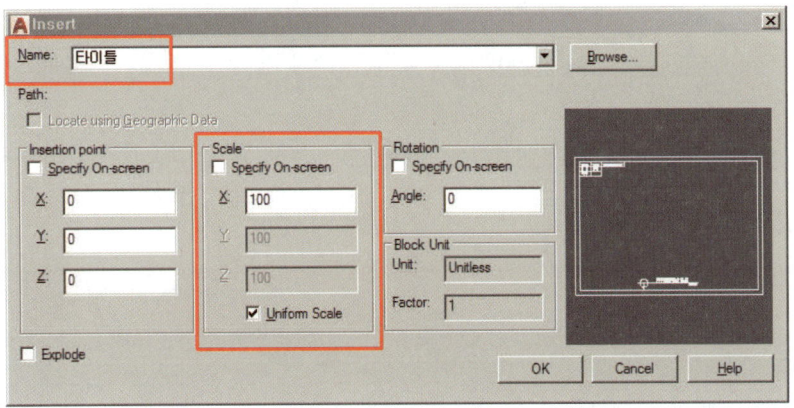

『Insert』명령어를 실행해서 작성된 타이틀을 100배 확대해서 불러옵니다.

## 도면목록표 만들기

축척은 NONE으로 합니다.

## Hatch 사용하기

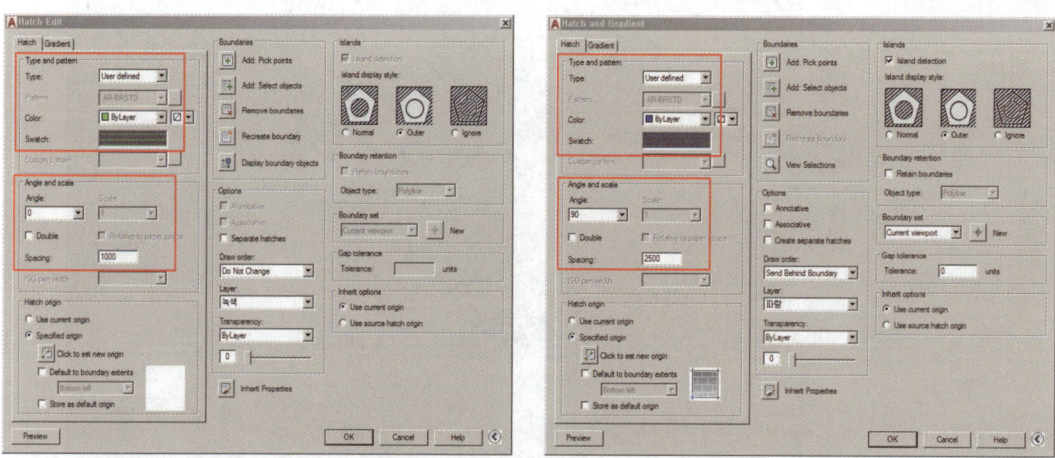

각도 0에 간격 1000으로 한 번하고, 다시 각도 90에 간격 2500으로 합니다.

### 칸 만들기

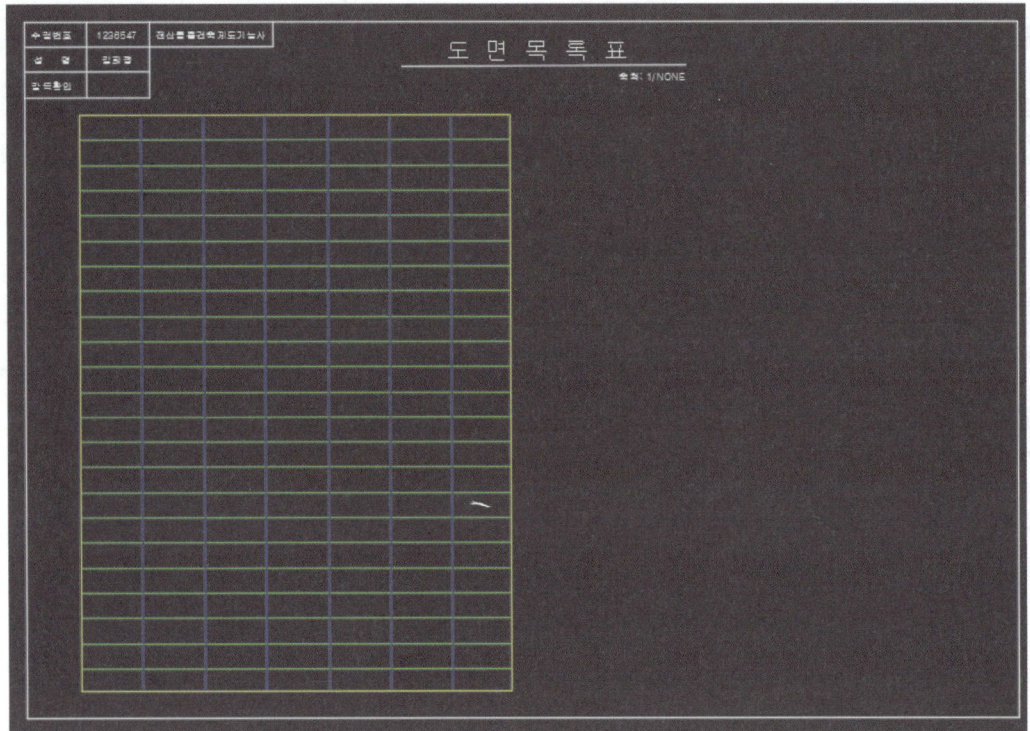

『Explode』를 사용하여 낱개선을 만들어줍니다.

### 문자 크기

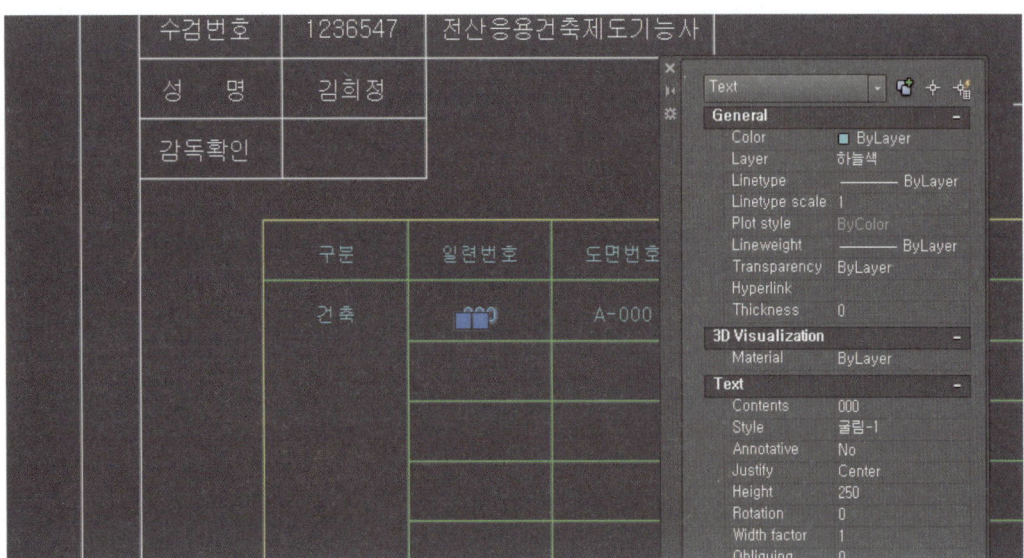

표제란 문자를 복사해서 수정합니다. 레이어는 하늘색으로 정렬방식은 Center, 높이는 250으로 수정합니다.

### 🔷 전체 문자 정리

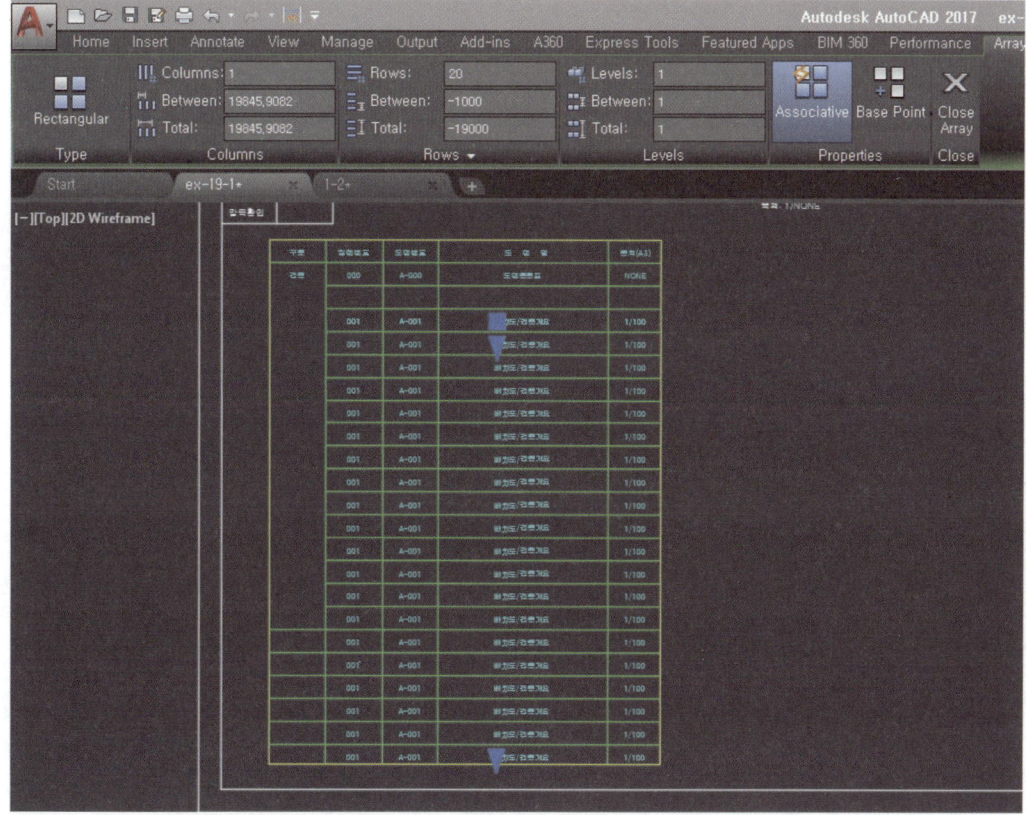

『Array』 명령어를 사용하여 간격 1000으로 합니다.

## 내용 수정

| 구분 | 일련번호 | 도면번호 | 도 면 명 | 축척(A3) |
|---|---|---|---|---|
| 건축 | 000 | A-000 | 도면목록표 | NONE |
| | 001 | A-001 | 배치도/건축개요 | 1/100 |
| | 000 | A-002 | 평면도/창호일람도 | 1/80 |
| | 000 | A-003 | 입면도1 | 1/100 |
| | 000 | A-004 | 입면도2 | 1/100 |
| | 000 | A-005 | 단면도1 | 1/100 |
| | 000 | A-006 | 단면도2 | 1/100 |
| | 000 | A-007 | 표준마감상세도 | 1/30 |
| | 000 | A-008 | 벽체단면상세도 | 1/30 |
| | 000 | A-009 | 부분단면상세도 | 1/40 |
| | 000 | A-001 | 창호일람표 | 1/100 |
| | 000 | A-001 | 천정평면도 | 1/100 |
| 구조 | 000 | S-001 | 기초평면도 | 1/100 |
| | 000 | S-002 | 1층바닥평면도 | 1/100 |
| | 000 | S-003 | 지붕층구조평면도 | 1/100 |
| | 000 | S-004 | 구조일람표 | NONE |

| 구분 | 일련번호 | 도면번호 | 도 면 명 | 축 척 |
|---|---|---|---|---|
| 기계 | 000 | M-001 | 도면목록표/일반사항 | NONE |
| | 001 | M-002 | 난방배관평면도 | 1/100 |
| | 000 | M-003 | 옥상배관평면도 | 1/100 |
| | 000 | M-004 | 환기/가스배관평면도 | 1/100 |
| 전기 | 000 | E-001 | 전기범례/주기사항 | 1/100 |
| | 000 | E-002 | 전로인입/옥외설비평면도 | 1/100 |
| | 000 | E-003 | 전열설비평면도 | 1/100 |
| | 000 | E-004 | 전등설비평면도 | 1/100 |
| | 000 | E-005 | 조명기구상세도 | 1/100 |
| | 000 | E-006 | 각종상세도 | NONE |
| 통신 | 000 | ET-001 | 통신범례/주기사항 | 1/100 |
| | 000 | ET-002 | 구외정보통신인입설비평면도 | 1/100 |
| | 000 | ET-003 | 정보통신/TV설비평면도 | 1/100 |
| | 000 | ET-004 | 각종상세도 | NONE |
| 소방 | 000 | F-001 | 소방범례/주기사항 | 1/100 |
| | 000 | F-002 | 소방설비평면도 | 1/100 |

내용을 수정하여 완성합니다.

# Craftsman Computer Aided Architectural Drawing

## 22 일차

- 2021년 예상 문제 [배치도 및 건축개요 정답 풀이]

# 2021년 예상 문제
# [배치도 및 건축개요 정답 풀이]

▶ 동영상 강의 : 건축제도실기-22-01
　　　　　　　　건축제도실기-22-02

## 조건

### 1. 시험지의 요구 사항과 조건 확인
요구사항에서 작도 요구사항을 확인합니다.

### 2. 작도 영역(Limits)
- AutoCAD 버전에 관계없이 작도환경 설정하기(1일차 강의 참고)를 이용하여 표제란을 만들어 작업 영역을 결정합니다.
- 도면목록표가 작업될 수 있도록 표제란을 블록화 하고 100배 확대하여 『Insert』합니다.

## 작도요령

### 도면목록표 표제란 만들기

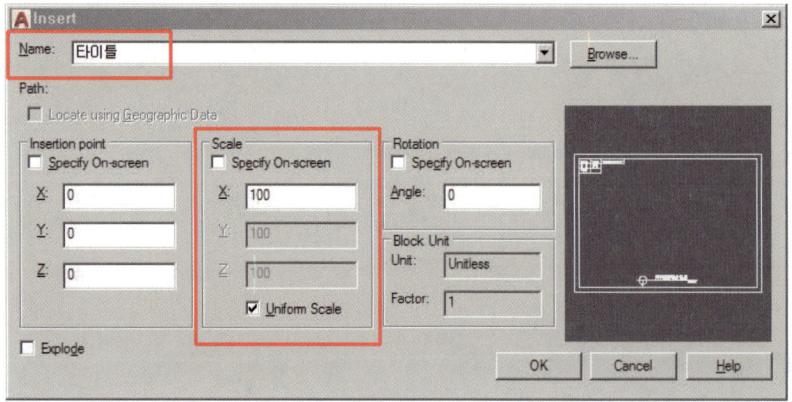

『Insert』 명령어를 실행해서 작성된 타이틀을 100배 확대해서 불러옵니다.

## 건축개요 만들기

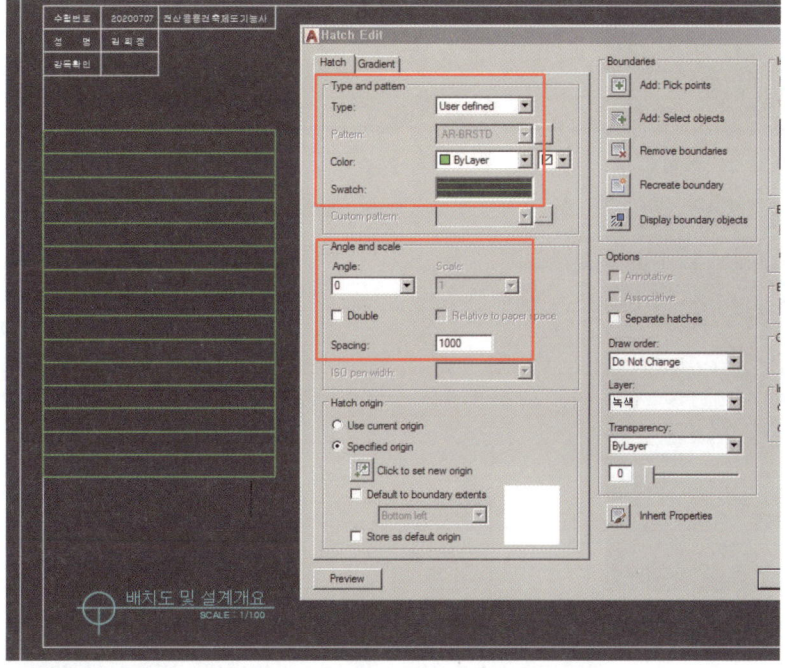

간격은 1000으로 하고 건축개요 작성의 위치를 정합니다.

## 문자 수정

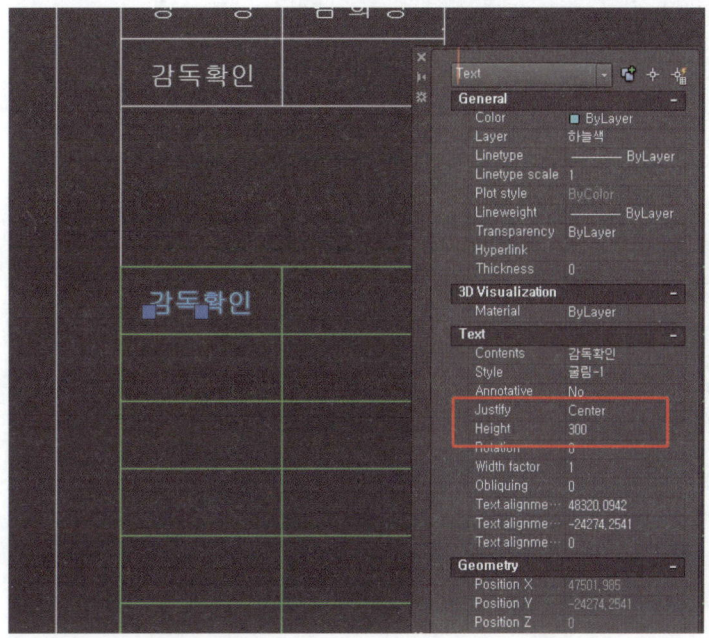

표제란 문자를 복사해서 사용합니다.

## 건축개요 내용 작성

| 건축개요 | |
|---|---|
| 대지면적 | 500㎡ |
| 건축면적 | 95.31㎡ |
| 연 면 적 | 95.31㎡ |
| 건폐율 | 95.31㎡/500㎡ ×100=19.06% |
| 용적율 | 95.31㎡/500㎡ ×100=19.06% |
| 구 조 | 조적조 + 철근콘크리트조 |
| 외벽재료 | 붉은벽돌치장쌓기 |
| 지붕재료 | 시멘트기와잇기 |
| 설 비 | 기름보일러/전열교환환기장치 |
| 오 수 | 시오수관 연결 |
| 주차대수 | 1가구-1대 |

요구조건에 주어진 것을 토대로 작성을 합니다. 대지면적은 임의로 크기를 만들어 사용합니다.

## 주택 중심 외각 작도

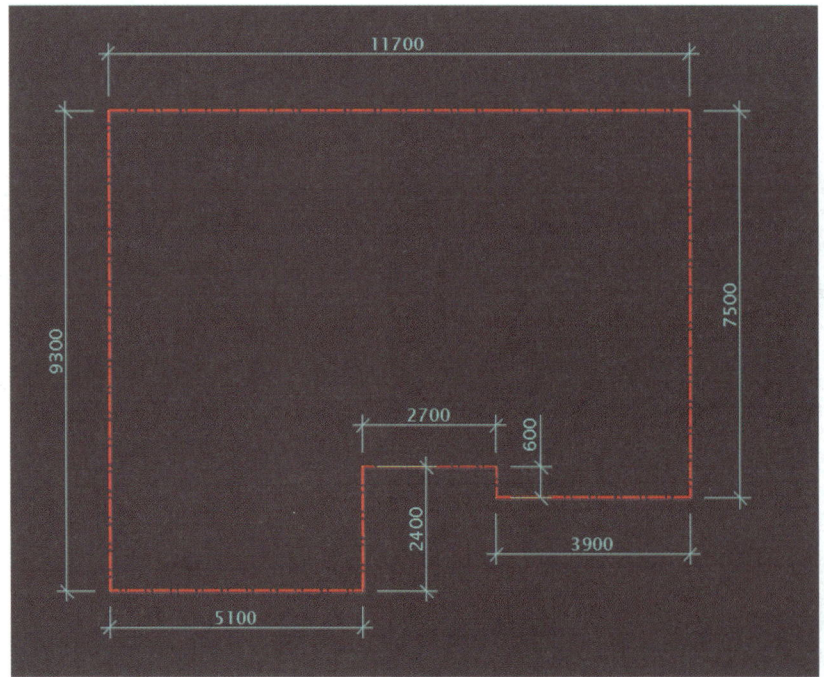

『Pline』을 이용하여 주어진 평면도를 보면서 외곽 형태를 잡아줍니다.

### 🔷 외벽선 처마선

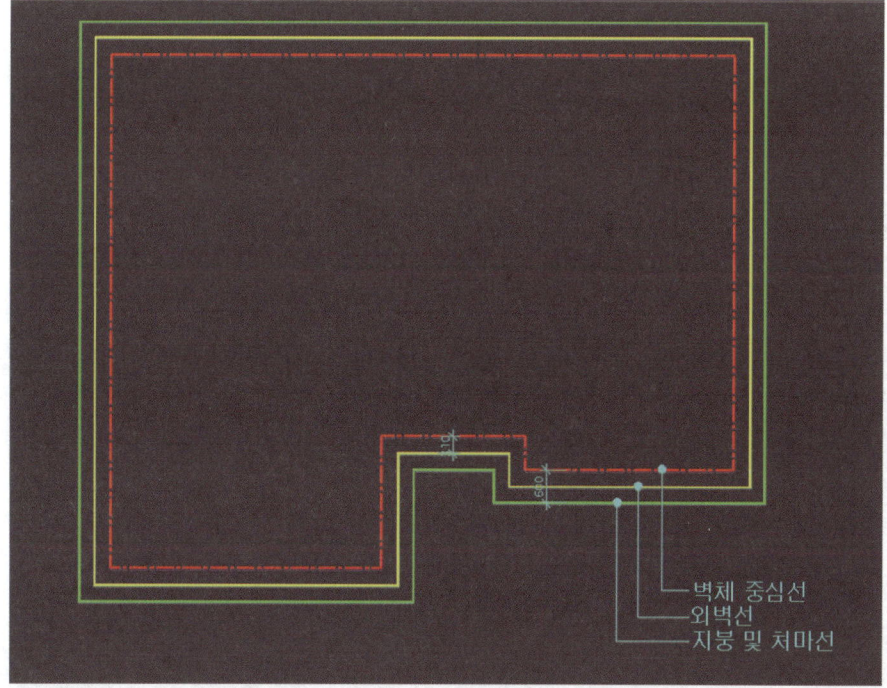

중심선을 기준으로 외벽선(310), 처마선(600)을 『Offset』합니다.

### 🔷 건축면적 확인하기

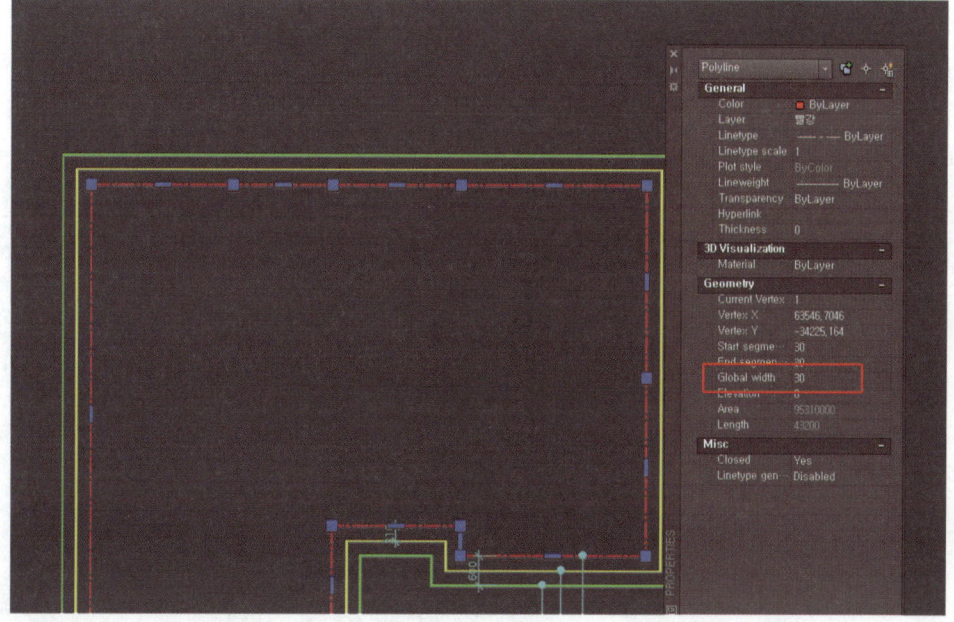

중심선을 선택하고 Ctrl+1을 누르면 특성이 나와서 Area를 확인할 수 있습니다.

## 대지면적

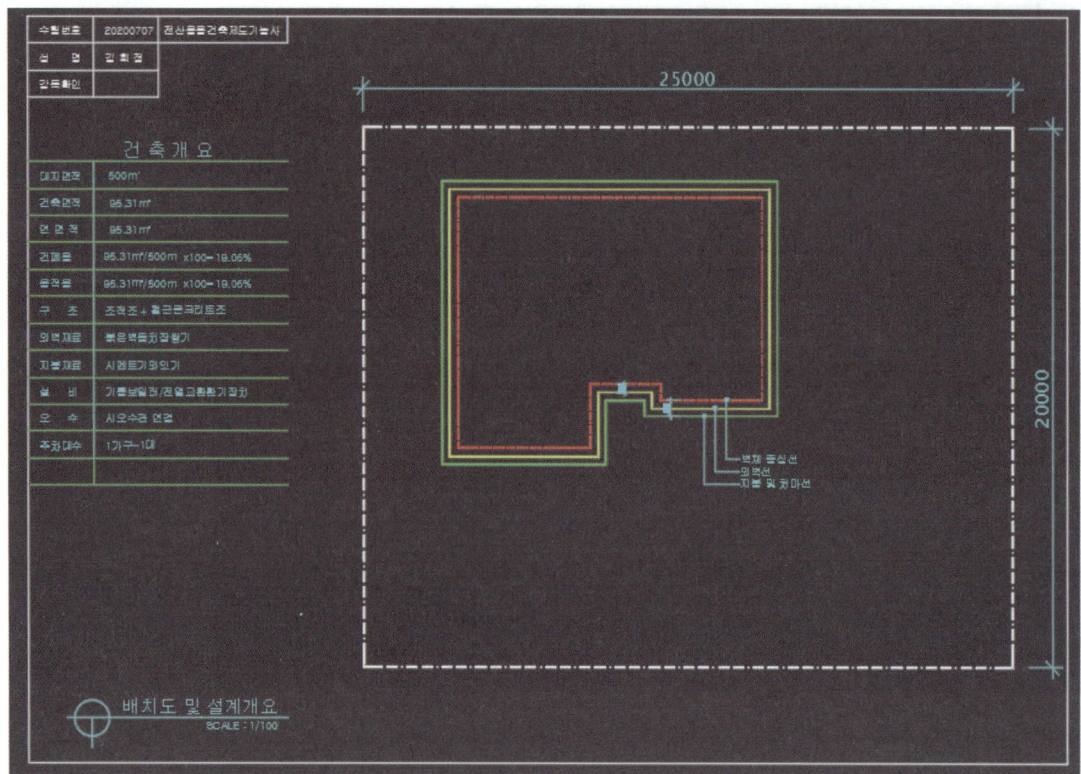

대지면적(@25000,20000)을 건폐율이 20% 정도 되게 만들어 줍니다.

- 건폐율 계산하기

  건축면적(95.31㎡)/대지면적(500㎡)×100 = 19.06%

- 용적율 계산하기

  연면적(95.31㎡)/대지면적(500㎡)×100 = 19.06%

따라서 대지면적의 크기에 따라 건폐율과 용적율이 변화합니다.

## 주출입구와 외부형태 및 치수선 작도

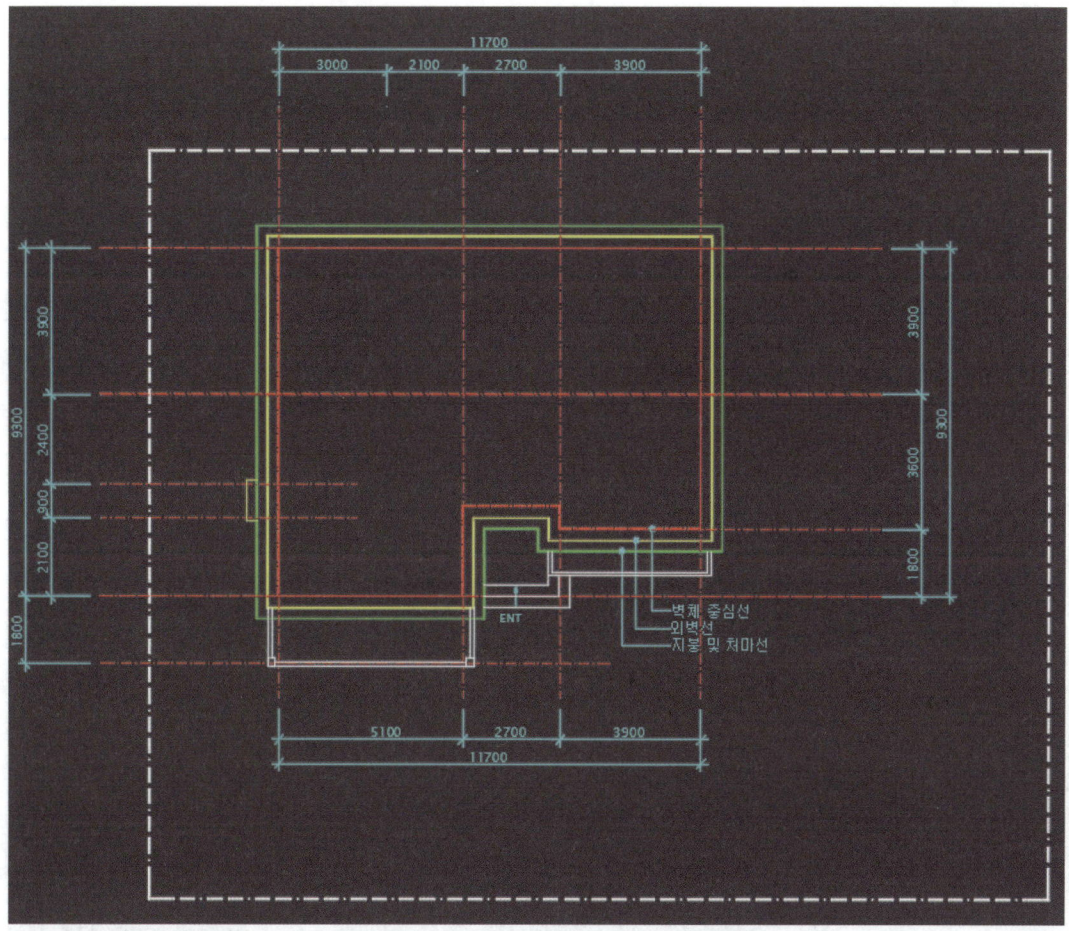

평면도에서 현관을 확인하고 그 부분을 주출입구로 결정합니다.
나머지 화단 및 테라스, 벽난로 설치부분도 보이기 때문에 표현해 줍니다.
전체 치수도 작도합니다.

**오수관, 우수관 작도**

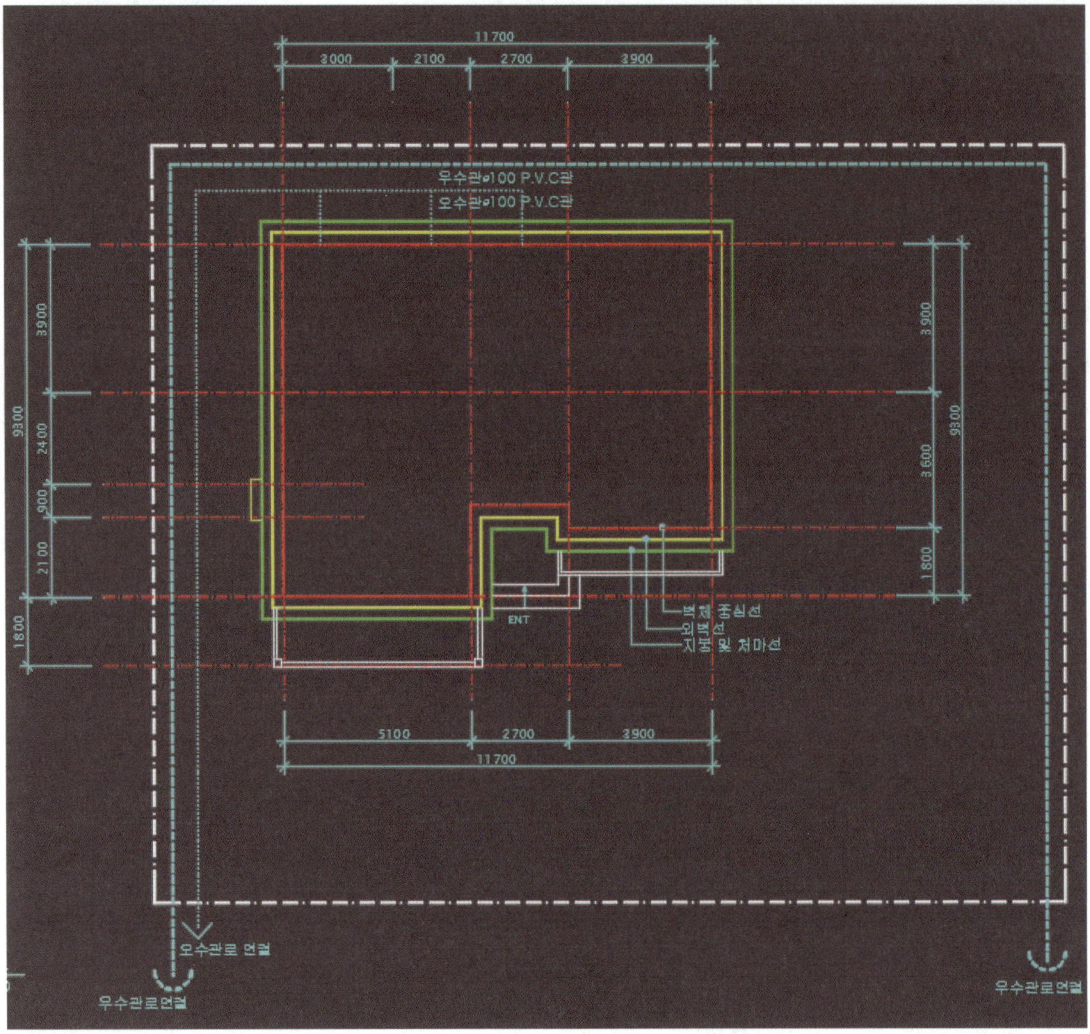

대지의 외곽으로 우수관을 설치하고 오수관은 평면도의 주방, 화장실에서 관이 나와 외곽으로 돌려주면 됩니다.

### 주변 담장(나무울타리)

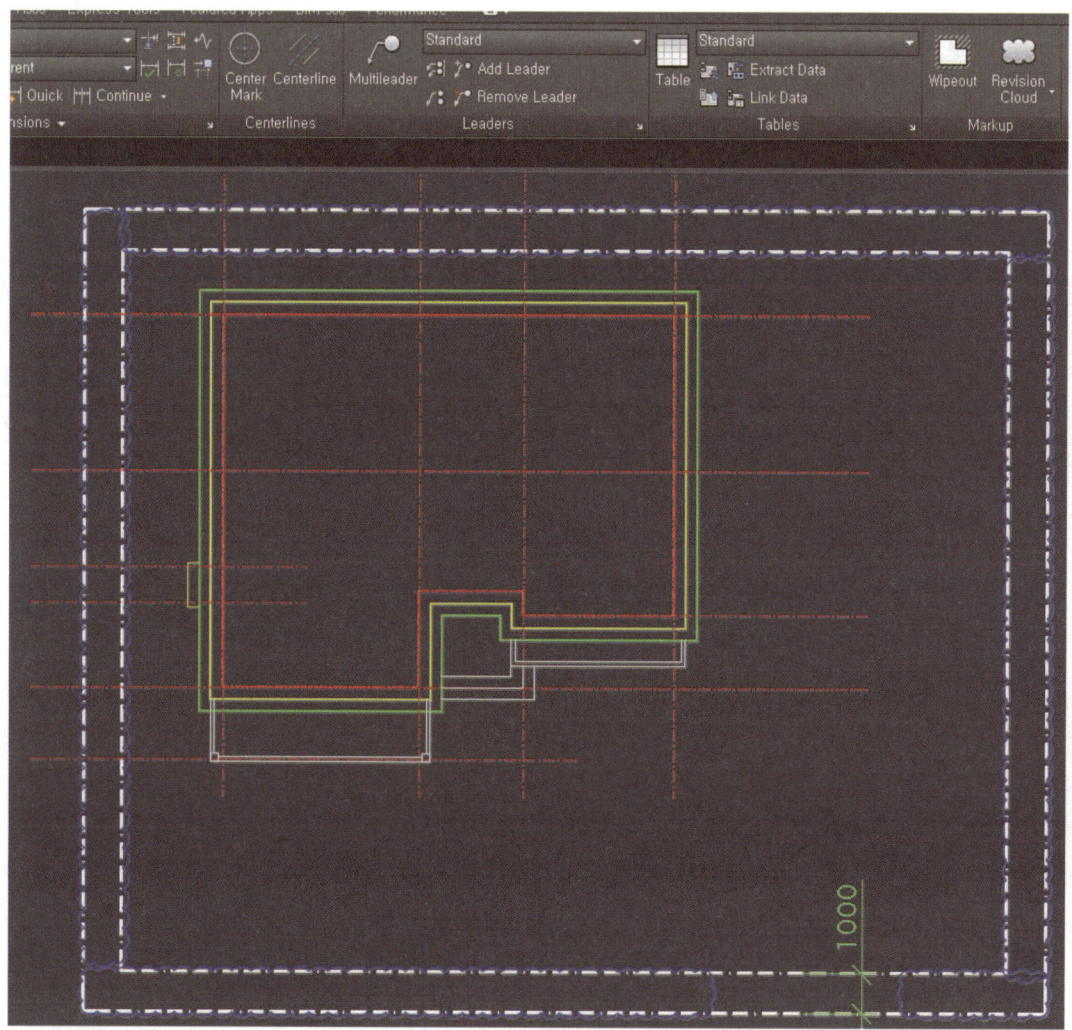

나무울타리 담장의 폭은 1000 정도 이상으로 합니다.
『Revcloud』 명령어를 사용하여 나무 울타리를 만들어 줍니다.

### 나무 울타리와 수목 정리

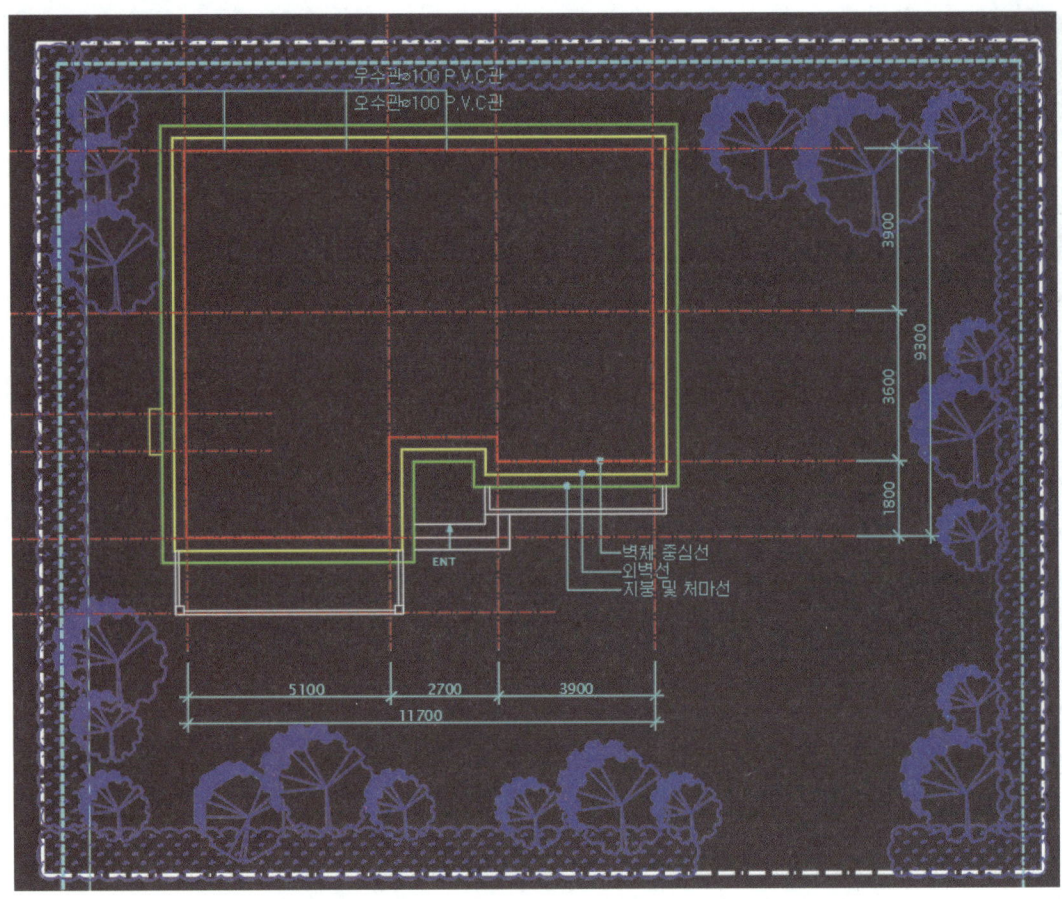

나무 울타리는 해치로 하고 수목을 작도하여 배치합니다.

## 배치도의 마무리

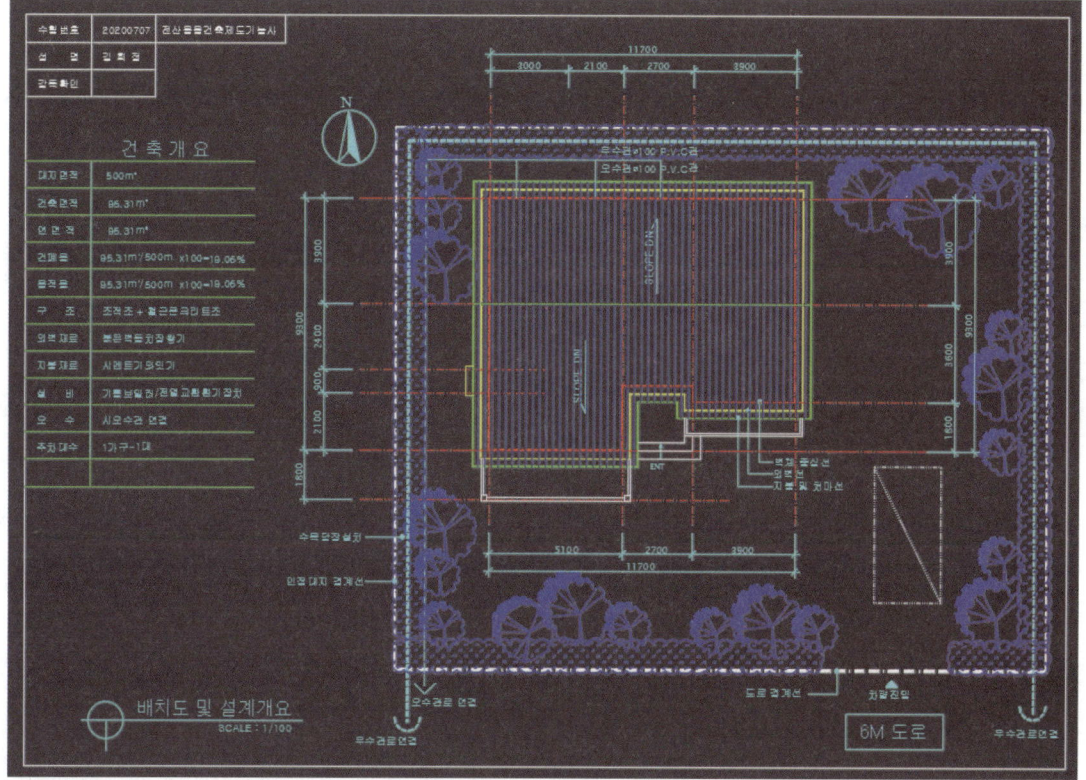

주차표시 및 차량진입구와 도로 표시, 인접대지경계표시 등으로 배치도를 완성합니다.

**MEMO**

  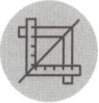

# Craftsman Computer Aided Architectural Drawing

## 23 일차

- 2021년 예상 문제 [평면도 정답 풀이]

# 23일차 2021년 예상 문제 [평면도 정답 풀이]

▶ **동영상** 강의 : 건축제도실기-23-01
건축제도실기-23-02

##  조건

### 1. 시험지의 요구 사항과 조건 확인
요구사항에서 작도 요구사항을 확인합니다.

### 2. 작도 영역(Limits)
- AutoCAD 버전에 관계없이 작도환경 설정하기(1일차 강의 참고)를 이용하여 표제란을 만들어 작업 영역을 결정합니다.
- 도면목록표가 작업될 수 있도록 표제란을 블록화 하고 100배 확대하여 『Insert』합니다.

##  작도요령

### ◆ 도면목록표 표제란 만들기

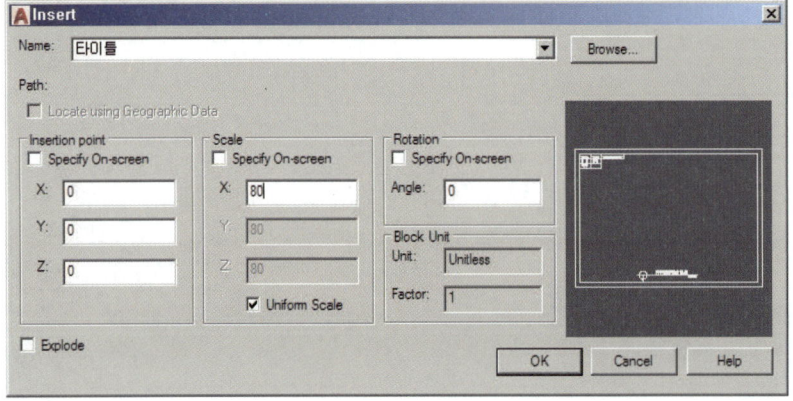

『Insert』 명령어를 실행해서 작성된 타이틀을 80배 확대해서 불러옵니다.

### 🟢 중심선 작업

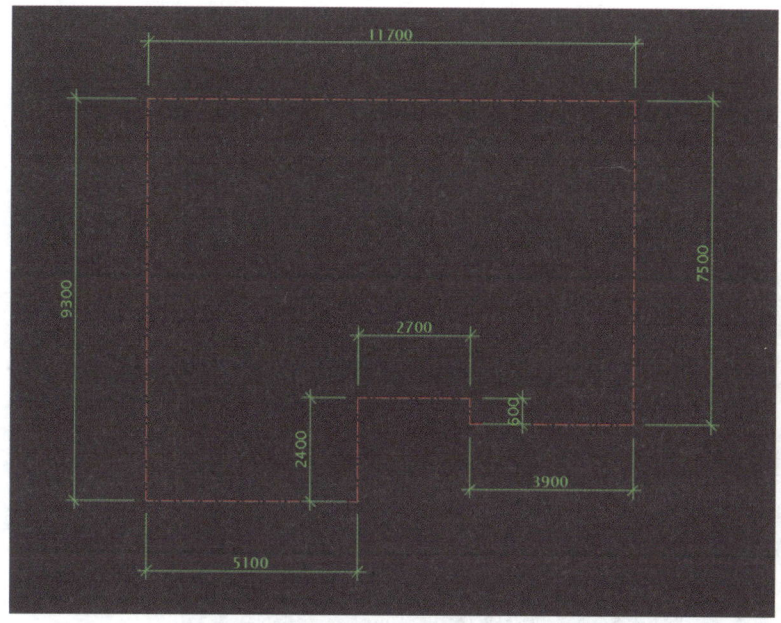

『Pline』을 이용하여 주어진 평면도를 보면서 외곽 형태를 잡아줍니다.

### 🟢 외벽체와 내벽

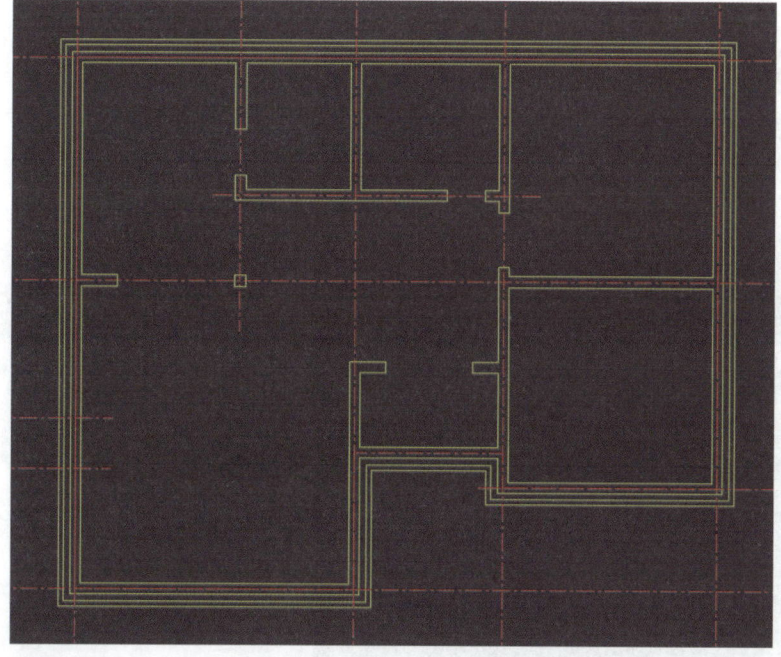

벽체 중심선에서 양쪽으로 95,95 한 다음, 바깥쪽으로 단열재(120), 붉은 벽돌(90)을 『Offset』합니다.

### 🟩 치수 입력

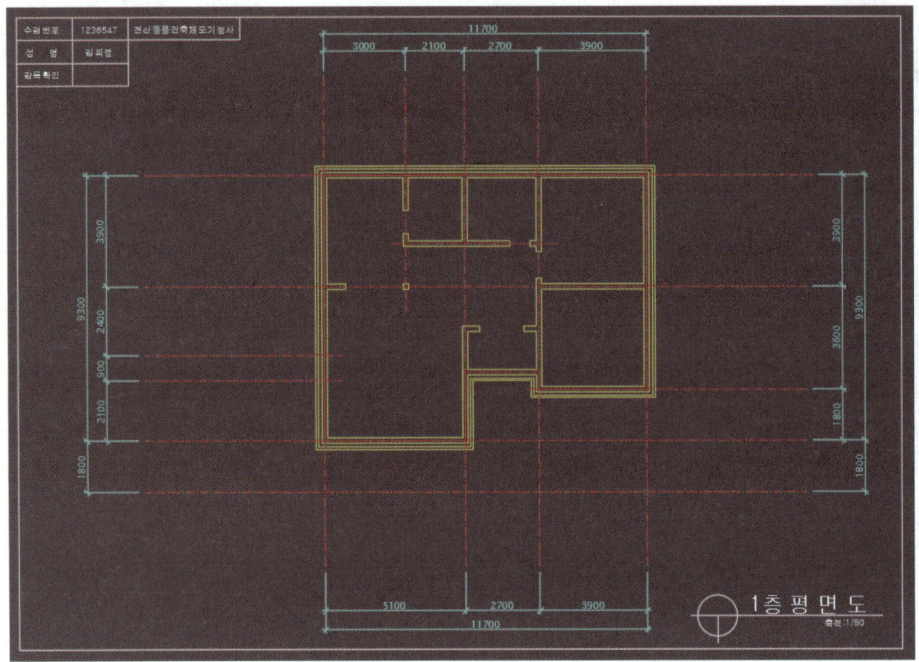

치수를 입력합니다.(14일차 강의를 참고합니다.)

### 🟩 창문과 문 설치

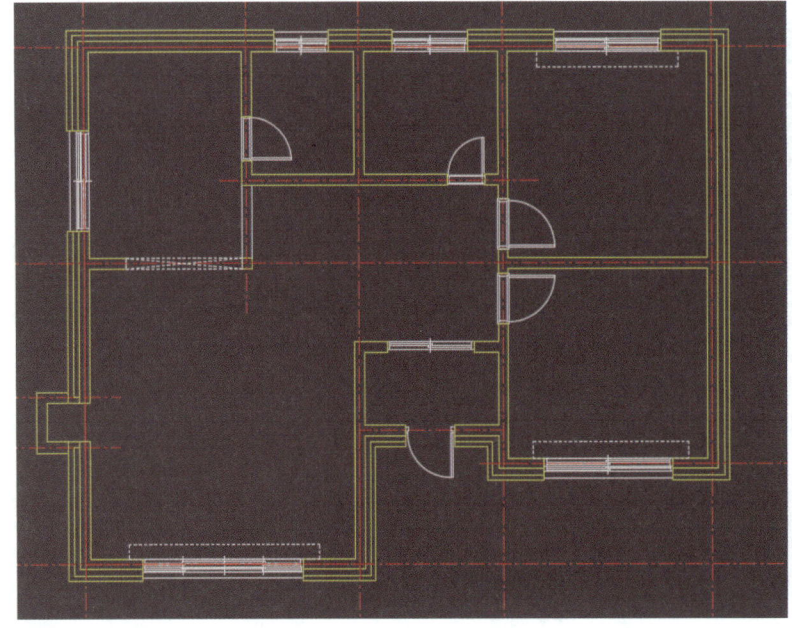

창문과 문을 작도합니다.

## 🟩 가구 작도

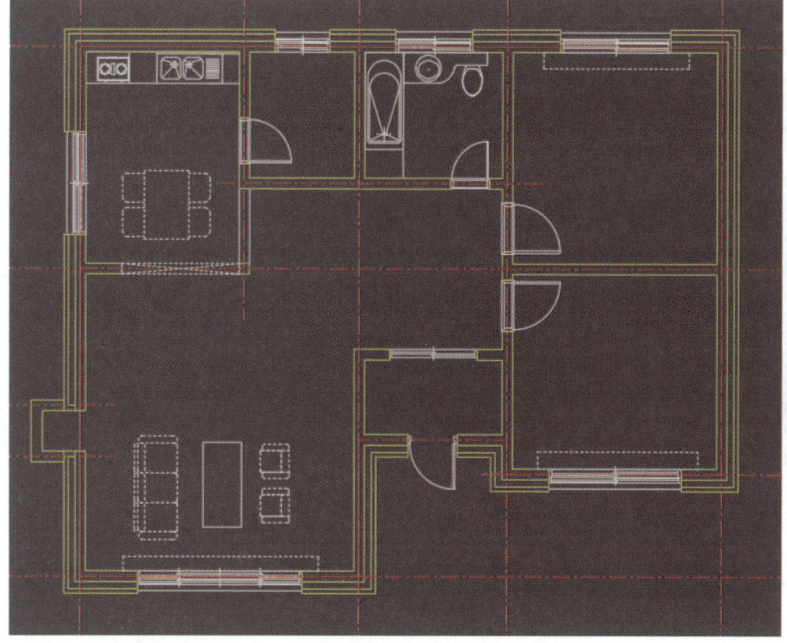

가구를 제작해서 실명에 맞게 작도하여 배치합니다.

## 🟩 창호 부호 작도

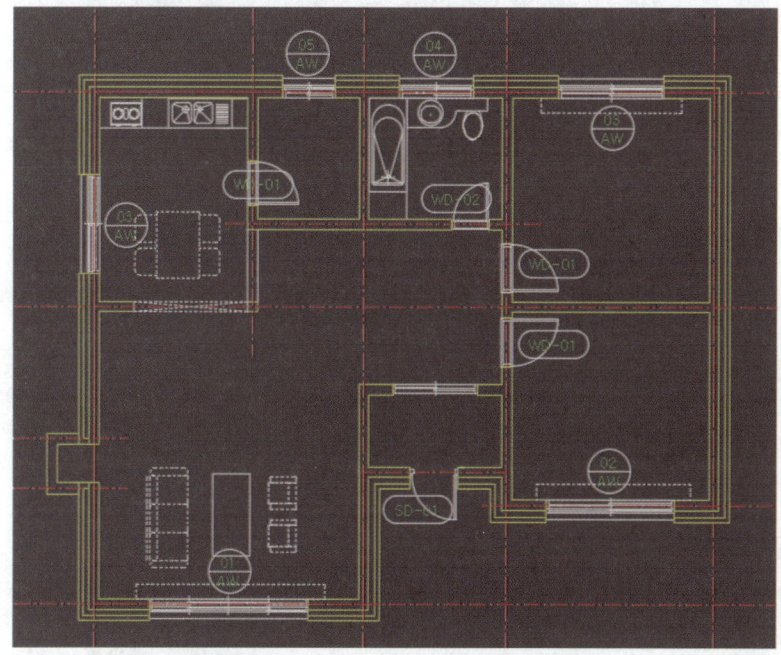

창의 부호와 문의 부호를 작도해서 넣어 줍니다.

## 실명 작도

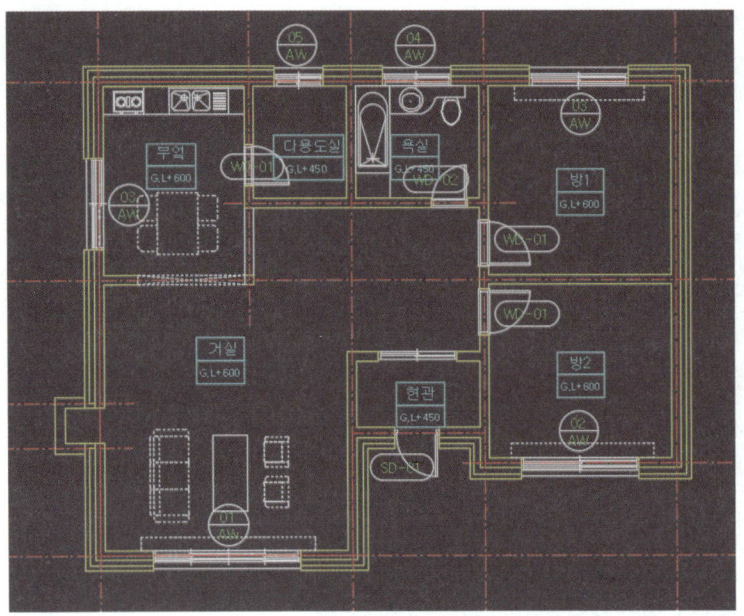

실명을 작도합니다.

## 재료명 작도

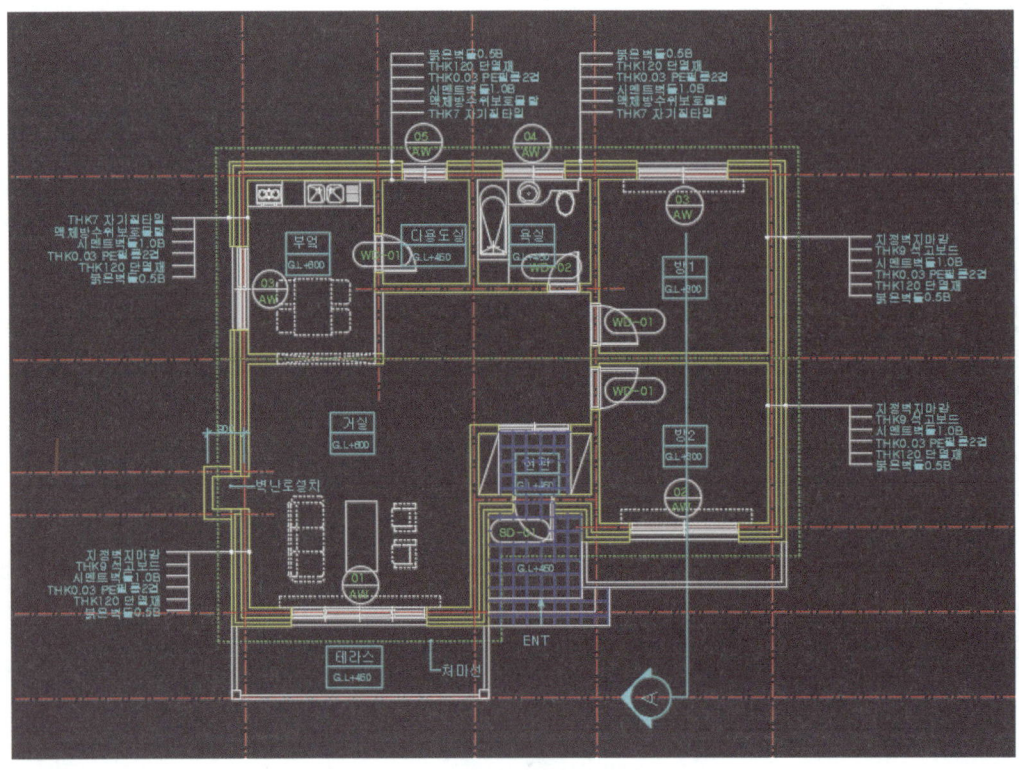

- 거실에 사용되는 재료
  지정벽지마감, 석고보드 THK9, 시멘트벽돌 1.0B, PE필름2겹 THK0.03, 단열재 THK120, 붉은 벽돌 0.5B
- 주방 및 화장실, 다용도실에 사용되는 재료
  자기질타일 THK7, 액체방수위 보호모르타르, 시멘트벽돌 1.0B, PE필름2겹 THK0.03, 단열재 THK120, 붉은 벽돌 0.5B

### 테라스 현관 출입구

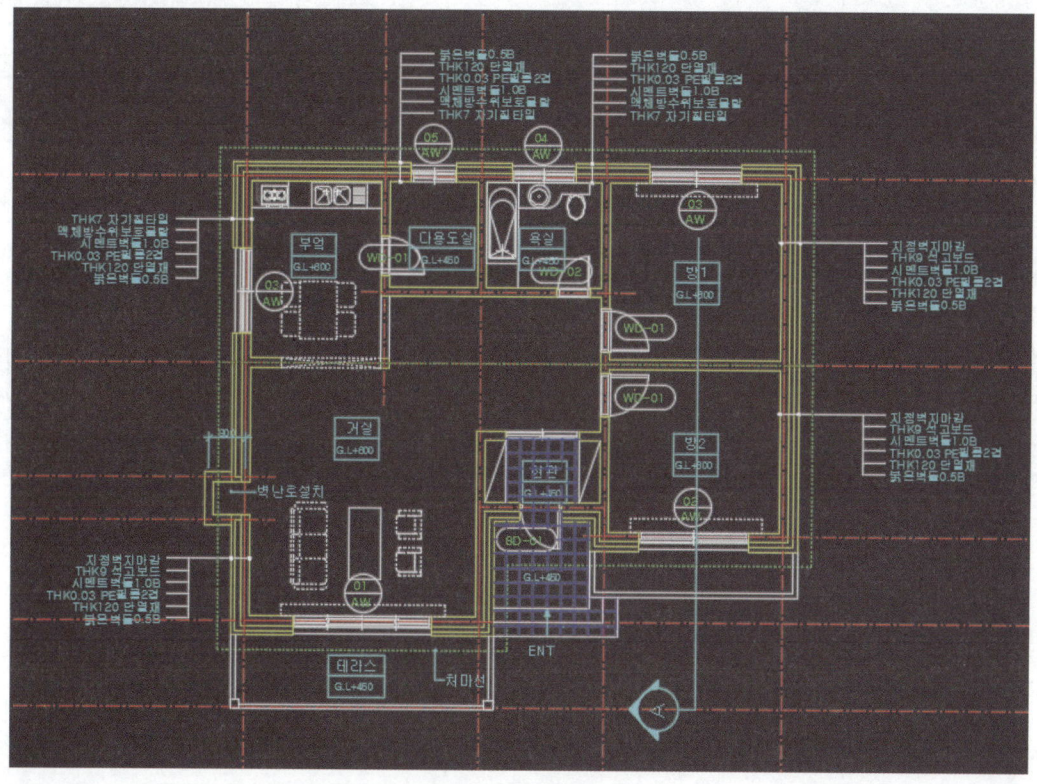

테라스와 현관 출입구 및 화단을 작도합니다.

## 마무리

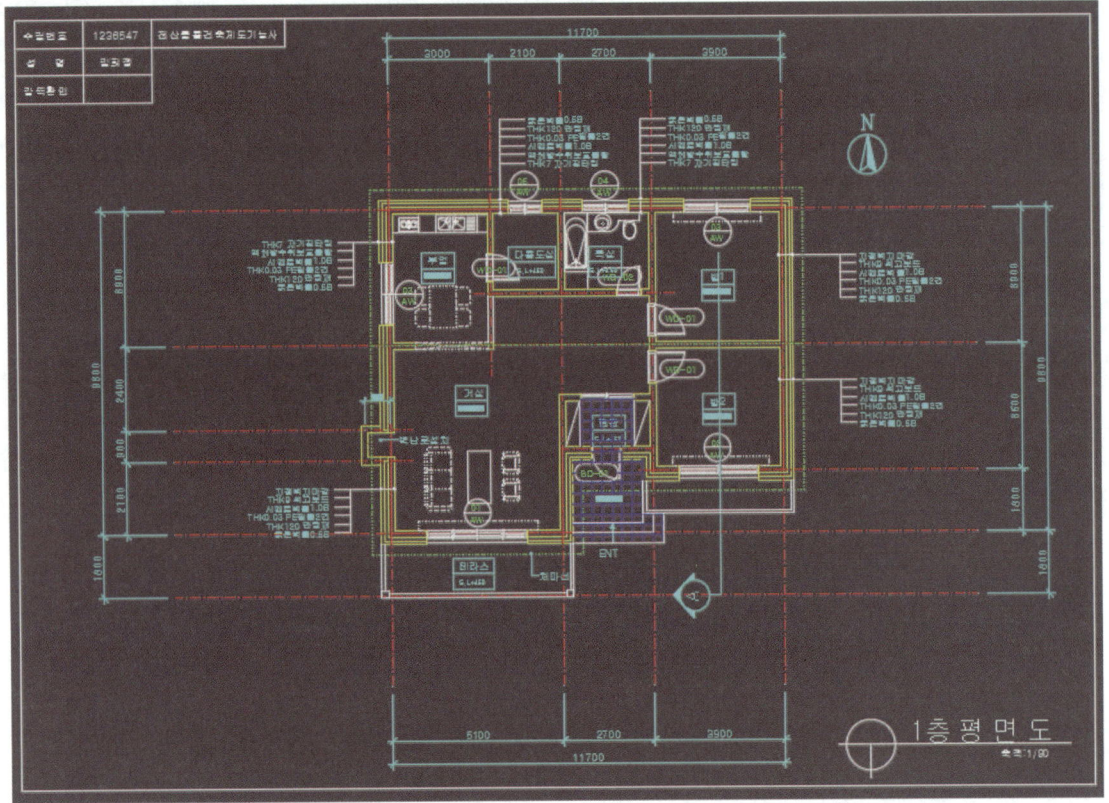

빠진 것은 없는지 확인하고 완성합니다.

Craftsman Computer
Aided Architectural
D r a w i n g

# 부록 1

■ 기출문제 유형별 문제 풀이

# 1 기출문제 유형 1

## 국가 기술자격 검정 실기 시험

| 자 격 종 목 | 전산응용건축제도기능사 | 작 품 명 | 주 택 |
|---|---|---|---|

비번호 :

시험시간 : 표준시간 4시간 10분

## 1. 요구사항

**1** 주어진 평면도를 보고 CAD를 이용하여 아래 조건에 맞게 다음 도면을 작도한 후 지급된 용지에 본인이 직접 흑백으로 출력하여 USB에 저장하여 함께 제출하시오.

① A부분 단면 상세도를 축척 1/40로 작도하시오.
② 남측 입면도를 축척 1/50로 작도하되 벽면재료 표시 및 주위의 배경 등 도면효과를 충분히 고려하시오.

### 조 건

- 기초 및 지하실 벽체 : 철근콘크리트 구조로 하시오.
- 벽체 : 외벽 – 외부로부터 붉은 벽돌 0.5B, 단열재, 시멘트 벽돌 1.0B로 하시오.
  내벽 – 두께 1.0B 시멘트 벽돌 쌓기로 하시오.
- 단열재 : 외벽 120mm, 바닥 85mm, 지붕 180mm로 하시오.
- 지붕 : 철근콘크리트 경사슬래브 위 시멘트 기와잇기 마감으로 하시오.(물매 4/10 이상)
- 처마내밈 : 벽체 중심에서 600mm
- 반자높이 : 2400mm, 처마 반자 설치
- 창호 : 합성수지 이중창호로 하시오.
- 각 실의 난방 : 온수파이프 온돌난방으로 하시오.
- 1층 바닥슬래브와 기초는 일체식으로 표현하시오.
- 평면도에 표현되지 않은 현관 상부 캐노피는 작도하지 않습니다.
- 기타 각 부분의 마감, 치수 등 주어지지 않은 조건은 일반적인 시공수준으로 하시오.

**2** 선의 통일을 기하기 위하여 아래와 같이 선의 색을 정리하여 출력하시오.

- 흰색(7-white) – 0.3mm
- 녹색(3-green) – 0.2mm
- 노랑(2-yellow) – 0.4mm
- 하늘색(4-cyan) – 0.3mm
- 빨강(1-red) – 0.2mm
- 파랑(5-blue) – 0.1mm

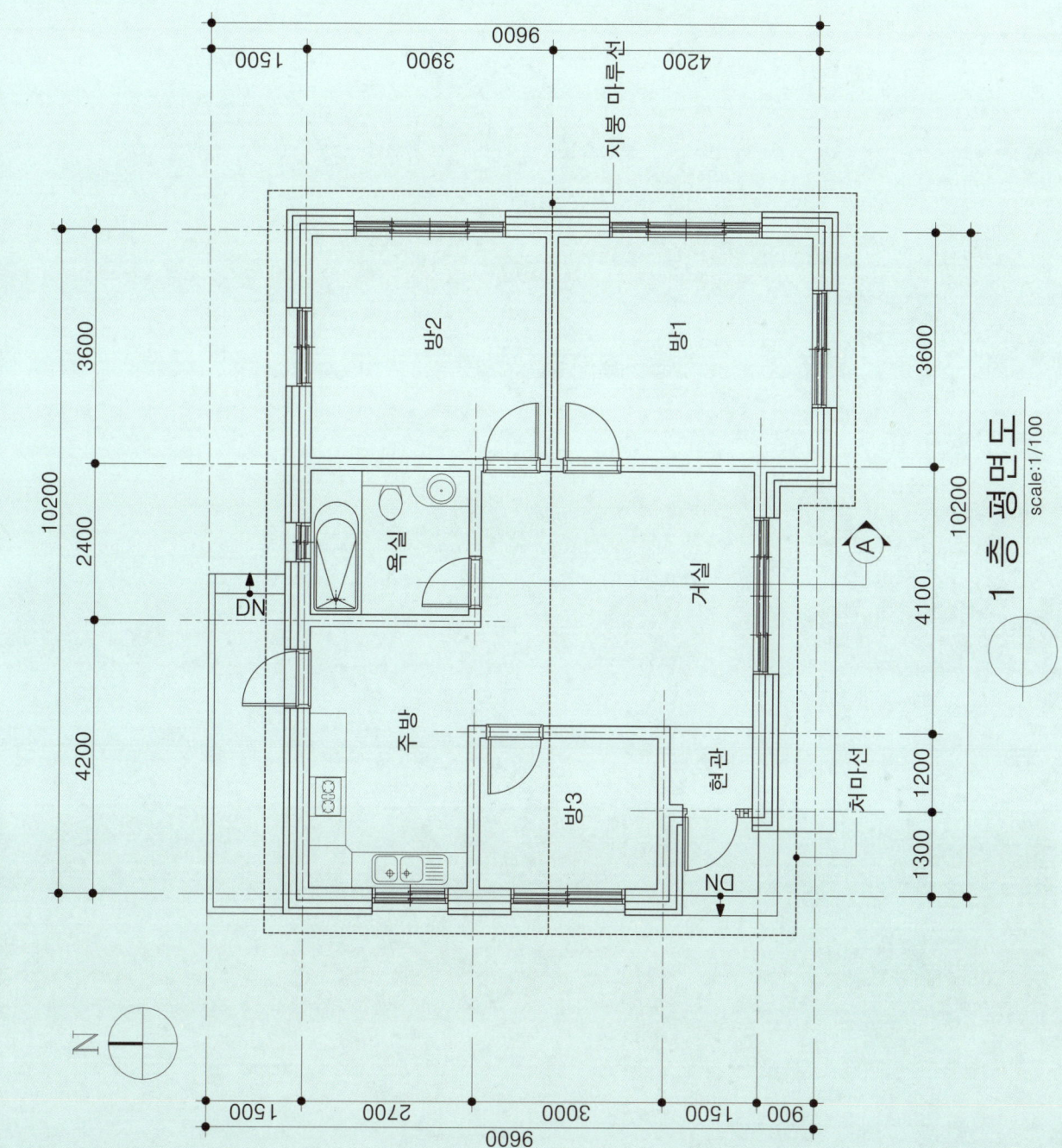

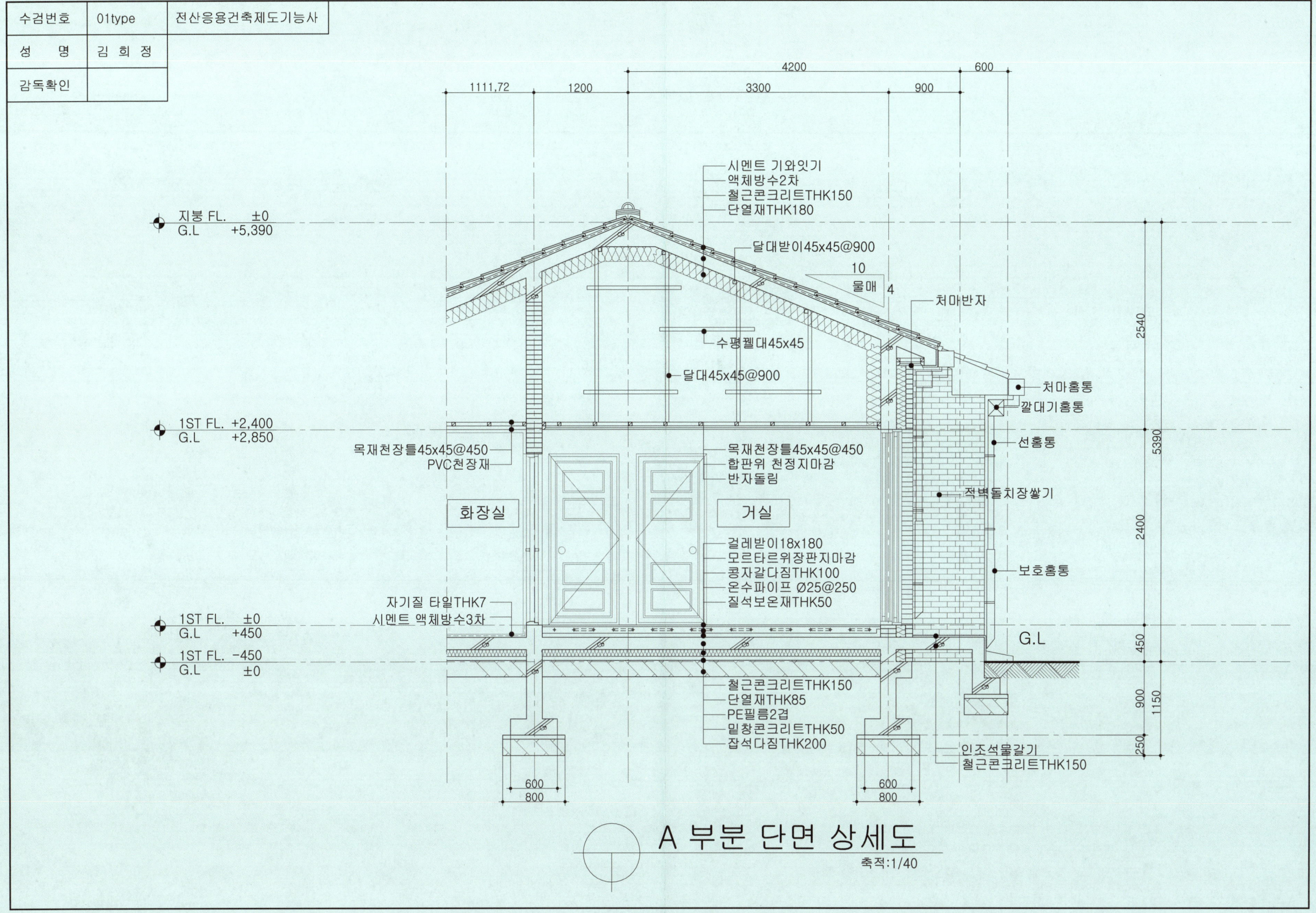

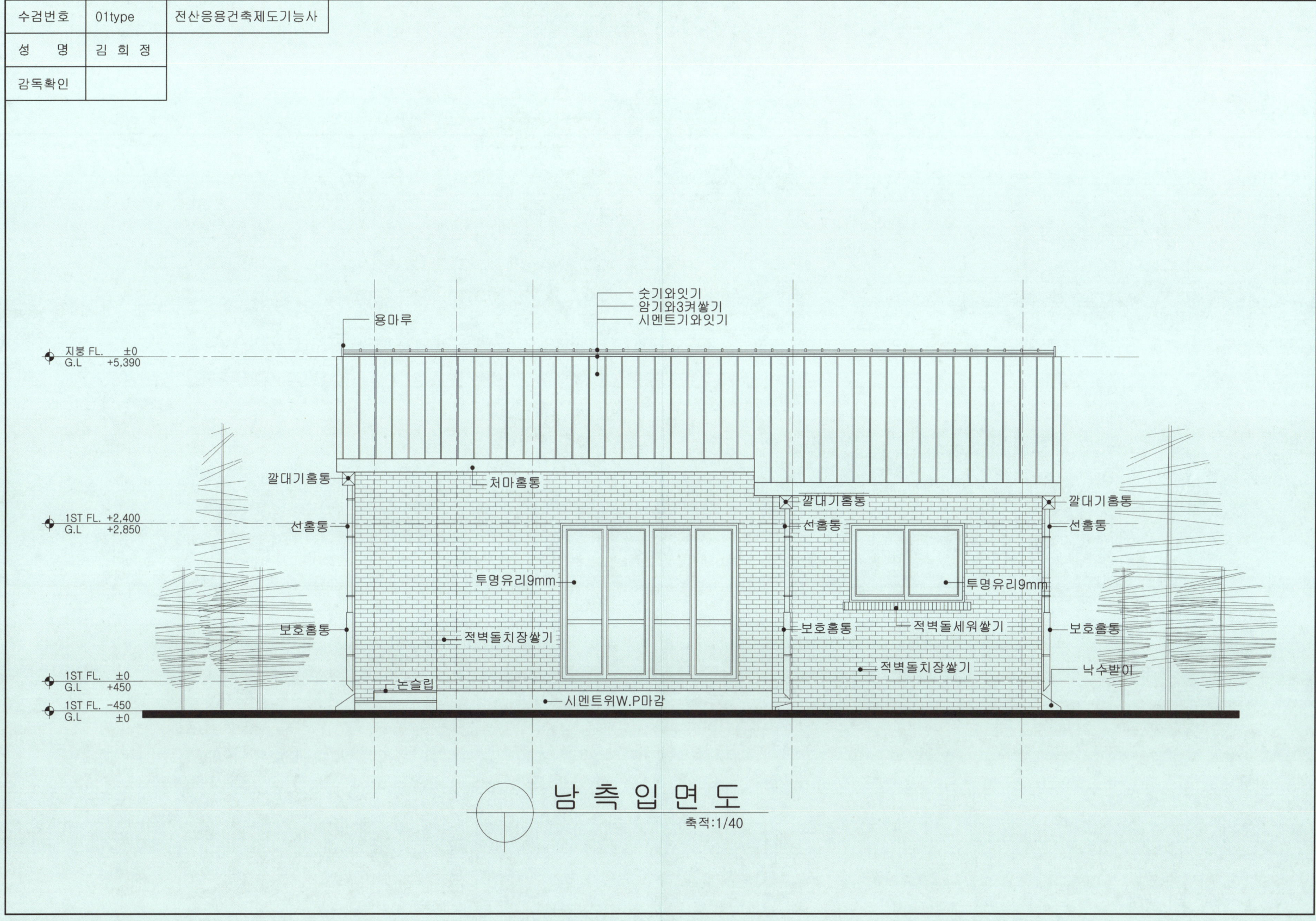

| 수검번호 | 01type | 전산응용건축제도기능사 |
|---|---|---|
| 성 명 | 김 희 정 | |
| 감독확인 | | |

## 도 면 목 록 표

| 구분 | 일련번호 | 도면번호 | 도 면 명 | 축척(A3) | 구분 | 일련번호 | 도면번호 | 도 면 명 | 축 척 |
|---|---|---|---|---|---|---|---|---|---|
| 건축 | 000 | A-000 | 도면목록표 | NONE | 기계 | 000 | M-001 | 도면목록표/일반범례 | NONE |
| | | | | | | 001 | M-002 | 난방배관평면도 | 1/100 |
| | 001 | A-001 | 배치도/건축개요 | 1/100 | | 000 | M-003 | 위생배관평면도 | 1/100 |
| | | | | | | 000 | M-004 | 환기/가스배관평면도 | 1/100 |
| | 000 | A-002 | 평면도/창호안내도 | 1/80 | | | | | |
| | 000 | A-003 | 입면도1 | 1/100 | 전기 | 000 | E-001 | 전기범례/주기사항 | 1/100 |
| | 000 | A-004 | 입면도2 | 1/100 | | 000 | E-002 | 전력인입/외등설비평면도 | 1/100 |
| | 000 | A-005 | 단면도1 | 1/100 | | 000 | E-003 | 전열설비평면도 | 1/100 |
| | 000 | A-006 | 단면도2 | 1/100 | | 000 | E-004 | 전등설비평면도 | 1/100 |
| | | | | | | 000 | E-005 | 조명기구상세도 | 1/100 |
| | 000 | A-007 | 표준마감상세도 | 1/30 | | 000 | E-006 | 각종상세도 | NONE |
| | 000 | A-008 | 벽체단면상세도 | 1/30 | | | | | |
| | 000 | A-009 | 부분단면상세도 | 1/40 | 통신 | 000 | ET-001 | 통신범례/주기사항 | 1/100 |
| | 000 | A-001 | 창호일람표 | 1/100 | | 000 | ET-002 | 옥외정보통신인입설비평면도 | 1/100 |
| | 000 | A-001 | 천정평면도 | 1/100 | | 000 | ET-003 | 정보통신/TV설비평면도 | 1/100 |
| | | | | | | 000 | ET-004 | 각종상세도 | NONE |
| 구조 | 000 | S-001 | 기초평면도 | 1/100 | | | | | |
| | 000 | S-002 | 1층바닥평면도 | 1/100 | 소방 | 000 | F-001 | 소방범례/주기사항 | 1/100 |
| | 000 | S-003 | 지붕층구조평면도 | 1/100 | | 000 | F-002 | 소방설비평면도 | 1/100 |
| | 000 | S-004 | 구조일람표 | NONE | | | | | |

| 수검번호 | 01type | 전산응용건축제도기능사 |
|---|---|---|
| 성 명 | 김희정 | |
| 감독확인 | | |

## 실내재료 마감표

| 층별 | 실명 | 바닥 | | 걸레받이 | | 벽 | | 천정 | |
|---|---|---|---|---|---|---|---|---|---|
| | | 바탕 | 마감 | 바탕 | 마감 | 바탕 | 마감 | 바탕 | 마감 |
| 1층 | 현관 | THK.24 고름몰탈 | THK.9 자기질타일(미끄럼방지) | - | PVC 걸레받이 | THK9.5석고보드-2겹(외기면한 벽:방습지) | 벽지(지정타입) | THK9.5석고보드-2겹 | 천정지(지정타입) |
| | 거실 | 온수온돌시스템 | THK.8강화마루 | - | PVC 걸레받이 | THK9.5석고보드-2겹(외기면한 벽:방습지) | 벽지(지정타입) | THK9.5석고보드-2겹 | 천정지(지정타입) |
| | 안방 | 온수온돌시스템 | THK.8강화마루 | - | PVC 걸레받이 | THK9.5석고보드-2겹(외기면한 벽:방습지) | 벽지(지정타입) | THK9.5석고보드-2겹 | 천정지(지정타입) |
| | 방1 | 온수온돌시스템 | THK.8강화마루 | - | PVC 걸레받이 | THK9.5석고보드-2겹(외기면한 벽:방습지) | 벽지(지정타입) | THK9.5석고보드-2겹 | 천정지(지정타입) |
| | 주방 | 온수온돌시스템 | THK.8강화마루 | - | PVC 걸레받이 | THK9.5석고보드-2겹(외기면한 벽:방습지) | THK.9 자기질타일(200x600지정타입) | THK9.5석고보드-2겹 | 천정지(지정타입) |
| | 다용도실 | 액체방수 위 보호몰탈 | THK.9 자기질타일(미끄럼방지) | - | - | 액체방수 위 보호몰탈 | THK.9 자기질타일(200x600지정타입) | THK9.5방수석고보드2겹 | 수성페인트(지정색) |
| | 보일러실 | 액체방수 위 보호몰탈 | THK.9 자기질타일(미끄럼방지) | - | - | 액체방수 위 보호몰탈 | THK.9 자기질타일(200x600지정타입) | THK9.5방수석고보드2겹 | 수성페인트(지정색) |
| | 욕실 | 액체방수 위 보호몰탈 | THK.9 자기질타일(미끄럼방지) | - | - | 액체방수 위 보호몰탈 | THK.9 자기질타일(200x600지정타입) | THK9.5방수석고보드2겹 | 수성페인트(지정색) |

## 실외재료 마감표

| 구분 | | 바탕 | 마감 | 비고 |
|---|---|---|---|---|
| 지붕 | 지붕부분 | 액체방수 2차 | 시멘트기와잇기 | |
| | 처마부분 | THK.6 내수합판 | THK.12 방수보드 위 수성페인트 | |
| 지상층 | 테라스 | 액체방수 2차 | THK.9 논스립타일 | |
| | 주차장 | - | 잔디블록설치 | |
| 외벽 | 외장재 | - | 붉은벽돌0.5B | |
| | 계단 | 액체방수 2차 | THK.9 논스립타일 | |

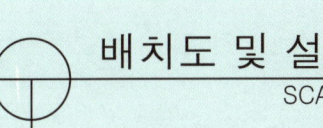

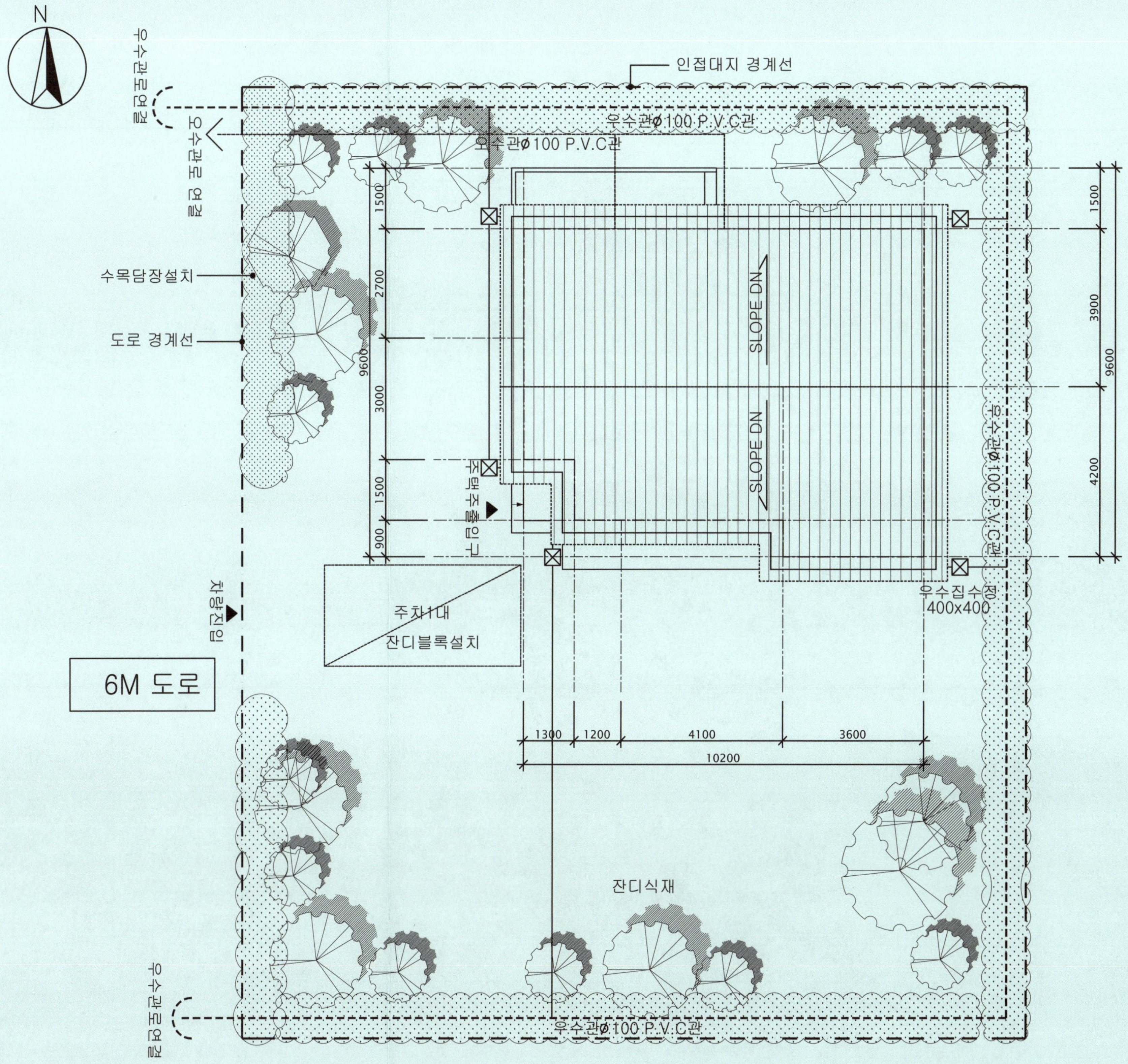

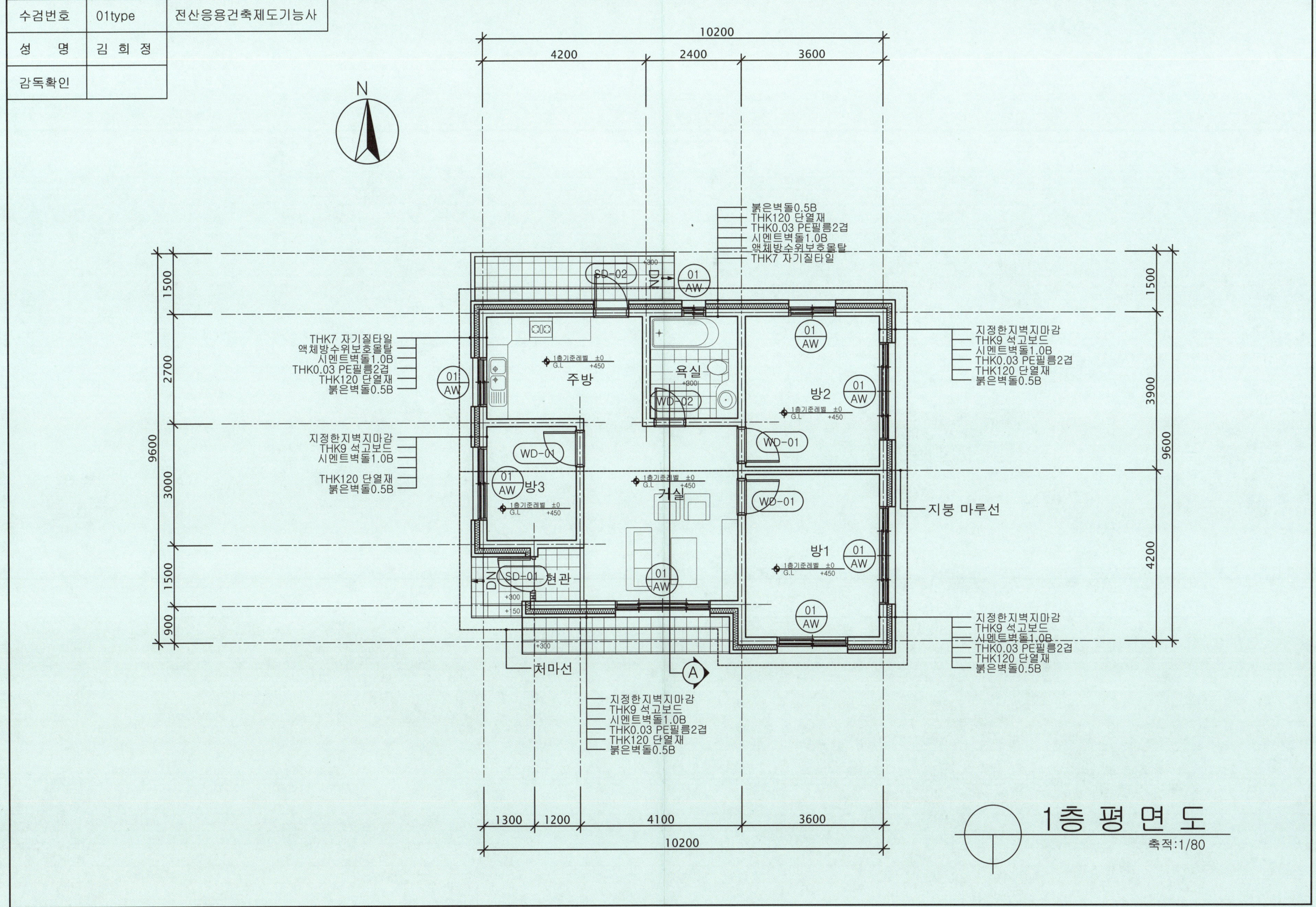

Craftsman Computer
Aided Architectural
D r a w i n g

# 부록 2

■ 기출문제와 해답

국가기술자격검정 실기시험 2014년~최근 기출문제

▶ 본 교재의 평면도는 SCALE : NONE으로 작성되었으나 시험에 실제로 출제되는 평면도는 1/100이 므로 시험장에서는 삼각scale자로 치수를 확인할 수 있습니다. 단면 상세도와 입면도는 실제 도면이 축 소되어 실제 scale과 차이가 있습니다. 참고용으로만 활용하세요.

# 기출문제

## 국가 기술자격 검정 실기 시험

| 자 격 종 목 | 전산응용건축제도기능사 | 작 품 명 | 주 택 |
|---|---|---|---|

비번호 _____

시험시간 : 표준시간 4시간 10분

## 1. 요구사항

**1** 주어진 평면도를 보고 CAD를 이용하여 아래 조건에 맞게 다음 도면을 작도한 후 지급된 용지에 본인이 직접 흑백으로 출력하여 USB에 저장하여 함께 제출하시오.

① A부분 단면 상세도를 축척 1/40로 작도하시오.
② 남측 입면도를 축척 1/50로 작도하되 벽면재료 표시 및 주위의 배경 등 도면효과를 충분히 고려하시오.

### 조 건

- 기초 및 지하실 벽체 : 철근콘크리트 구조로 하고 1층 슬래브는 기초와 일체식이 되게 하시오.
- 벽체 : 외벽 – 외부로부터 붉은 벽돌 0.5B, 단열재 120mm, 시멘트 벽돌 1.0B로 하고 외부마감은 제물치장으로 하시오.
  내벽 – 두께 1.0B 시멘트 벽돌 쌓기로 하시오.
- 단열재 : 외벽은 120mm, 바닥은 85mm, 천정은 180mm으로 하시오.
- 지붕 : 철근콘크리트 경사슬래브 위 시멘트 기와잇기 마감으로 하시오.(물매 3.5/10 이상)
- 처마나옴 : 벽체 중심에서 600mm
- 반자높이 : 2400mm, 처마 반자 설치
- 창호 : 목재창호로 하되 2중창인 경우 외부창호는 합성수지로 하시오.
- 각 실의 난방 : 온수파이프 온돌난방으로 하시오.
- 기타 각 부분의 마감, 치수 등 주어지지 않은 조건은 일반적인 시공수준으로 하시오.

**2** 선의 통일을 기하기 위하여 아래와 같이 선의 색을 정리하여 출력하시오.

- 흰색(7-white) – 0.3mm
- 노랑(2-yellow) – 0.4mm
- 빨강(1-red) – 0.2mm
- 녹색(3-green) – 0.2mm
- 하늘색(4-cyan) – 0.3mm
- 파랑(5-blue) – 0.1mm

# 01 기출문제 해답

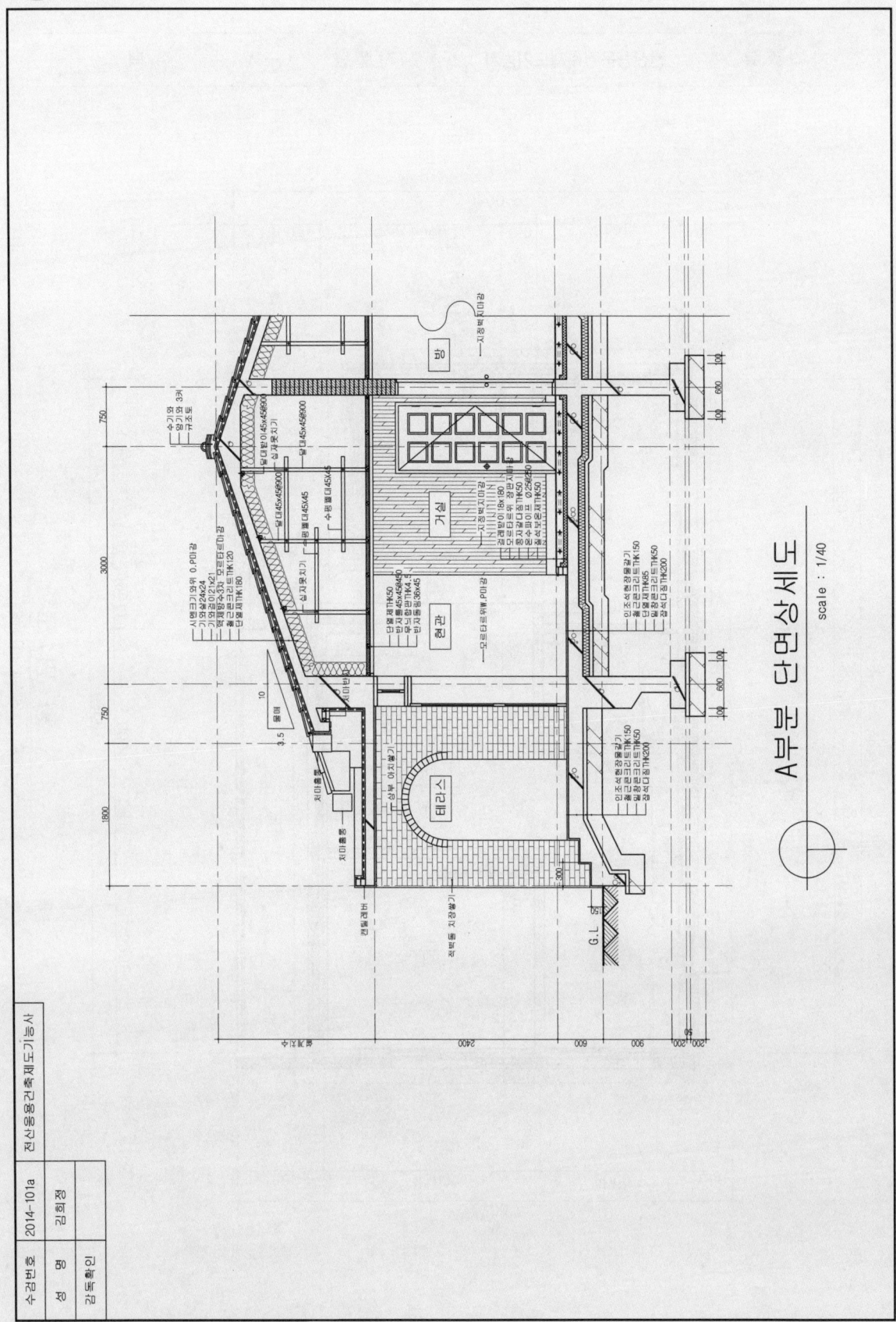

| 자 격 종 목 | 전산응용건축제도기능사 | 작 품 명 | 주 택 |

2014년 3월 시험 ①형 01

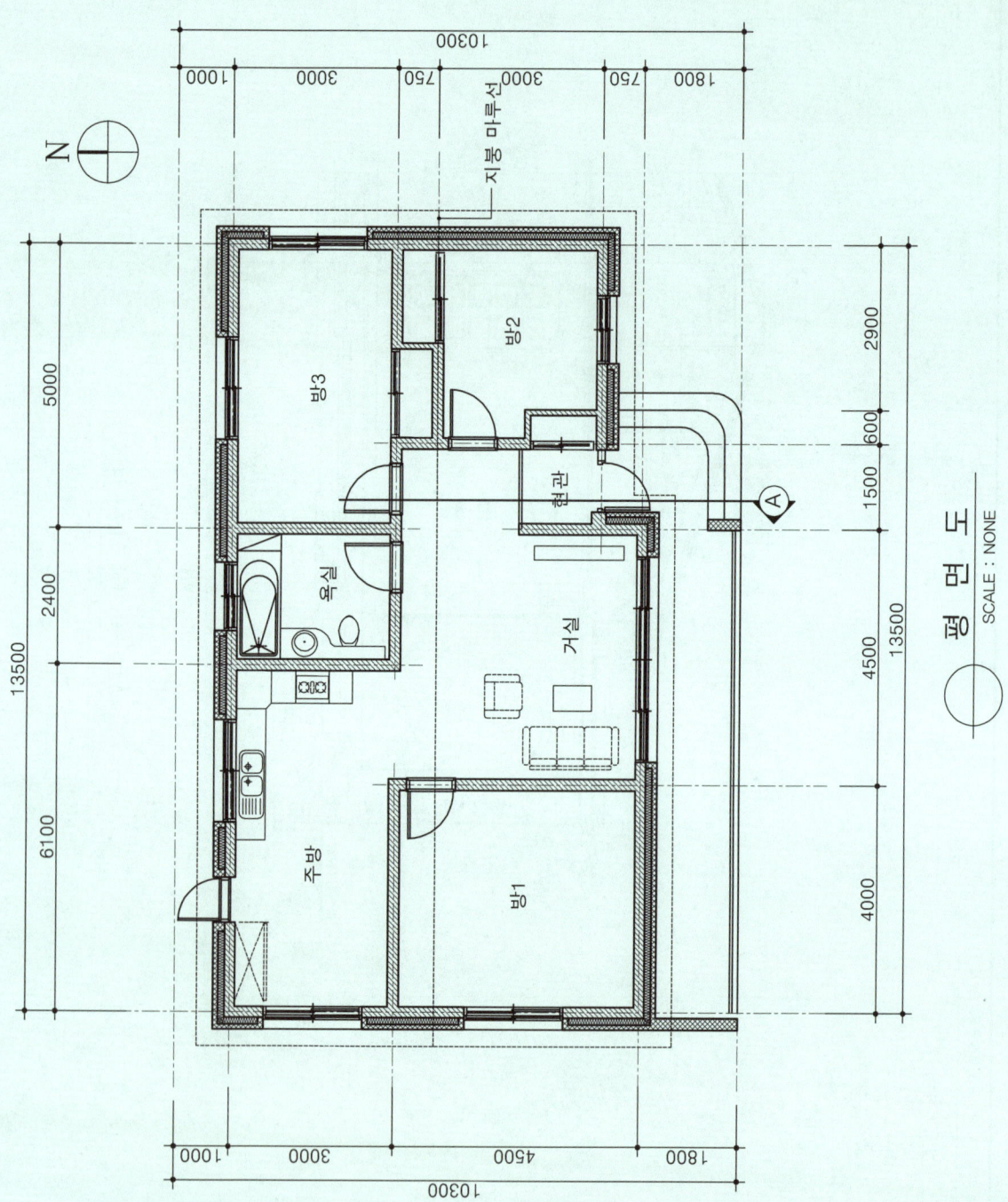

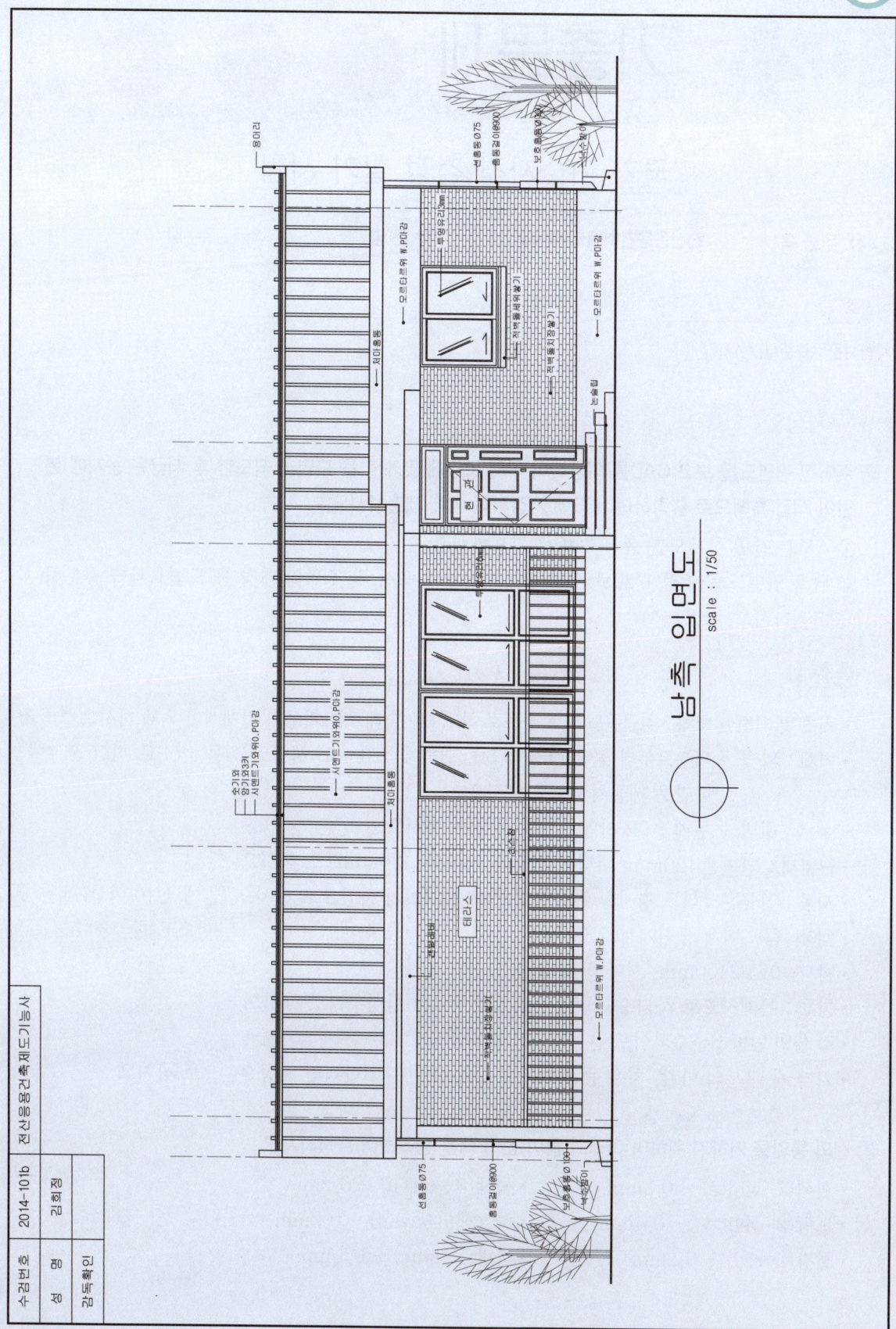

# 기출문제

## 국가 기술자격 검정 실기 시험

| 자 격 종 목 | 전산응용건축제도기능사 | 작 품 명 | 주 택 |
|---|---|---|---|

비번호 _____

시험시간 : 표준시간 4시간 10분

## 1. 요구사항

**1** 주어진 평면도를 보고 CAD를 이용하여 아래 조건에 맞게 다음 도면을 작도한 후 지급된 용지에 본인이 직접 흑백으로 출력하여 USB에 저장하여 함께 제출하시오.

① A부분 단면 상세도를 축척 1/40로 작도하시오.
② 남측 입면도를 축척 1/50로 작도하되 벽면재료 표시 및 주위의 배경 등 도면효과를 충분히 고려하시오.

**조 건**

- 기초 및 지하실 벽체 : 철근콘크리트 구조로 하고 1층 슬래브는 기초와 일체식이 되게 하시오.
- 벽체 : 외벽 – 외부로부터 붉은 벽돌 0.5B, 단열재 120mm, 시멘트 벽돌 1.0B로 하고 외부 마감은 제물치장으로 하시오.
  내벽 – 두께 1.0B 시멘트 벽돌 쌓기로 하시오.
- 단열재 : 외벽은 120mm, 바닥은 85mm, 천정은 180mm으로 하시오.
- 지붕 : 철근콘크리트 경사슬래브 위 시멘트 기와잇기 마감으로 하시오.(물매 4/10 이상)
- 처마나옴 : 벽체 중심에서 600mm
- 반자높이 : 2400mm, 처마 반자 설치
- 창호 : 목재창호로 하되 2중창인 경우 외부창호는 합성수지로 하시오.
- 각 실의 난방 : 온수파이프 온돌난방으로 하시오.
- 기타 각 부분의 마감, 치수 등 주어지지 않은 조건은 일반적인 시공수준으로 하시오.

**2** 선의 통일을 기하기 위하여 아래와 같이 선의 색을 정리하여 출력하시오.

- 흰색(7-white) – 0.3mm
- 노랑(2-yellow) – 0.4mm
- 빨강(1-red) – 0.2mm
- 녹색(3-green) – 0.2mm
- 하늘색(4-cyan) – 0.3mm
- 파랑(5-blue) – 0.1mm

| 자 격 종 목 | 전산응용건축제도기능사 | 작 품 명 | 주 택 |

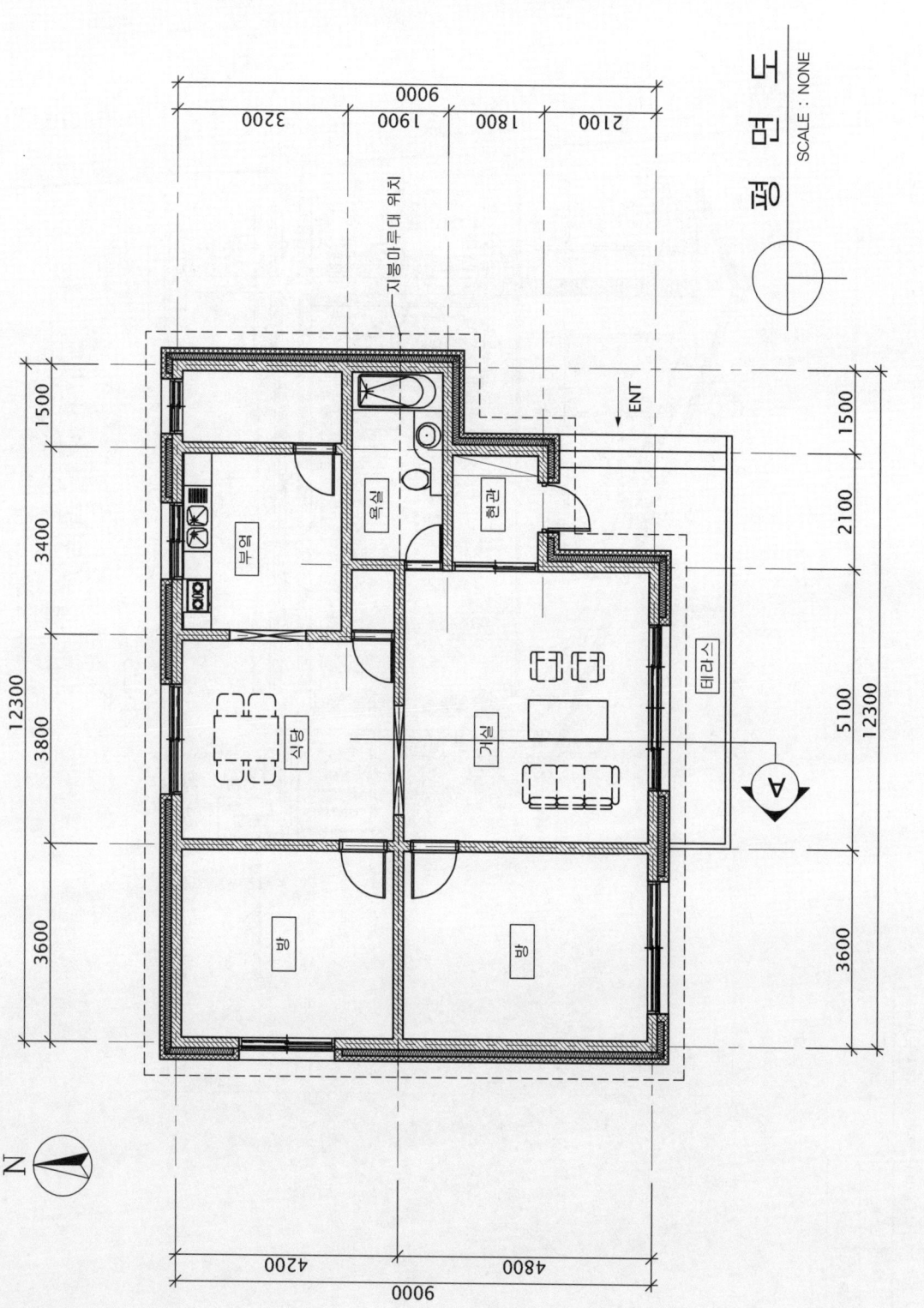

## 02 기출문제 해답

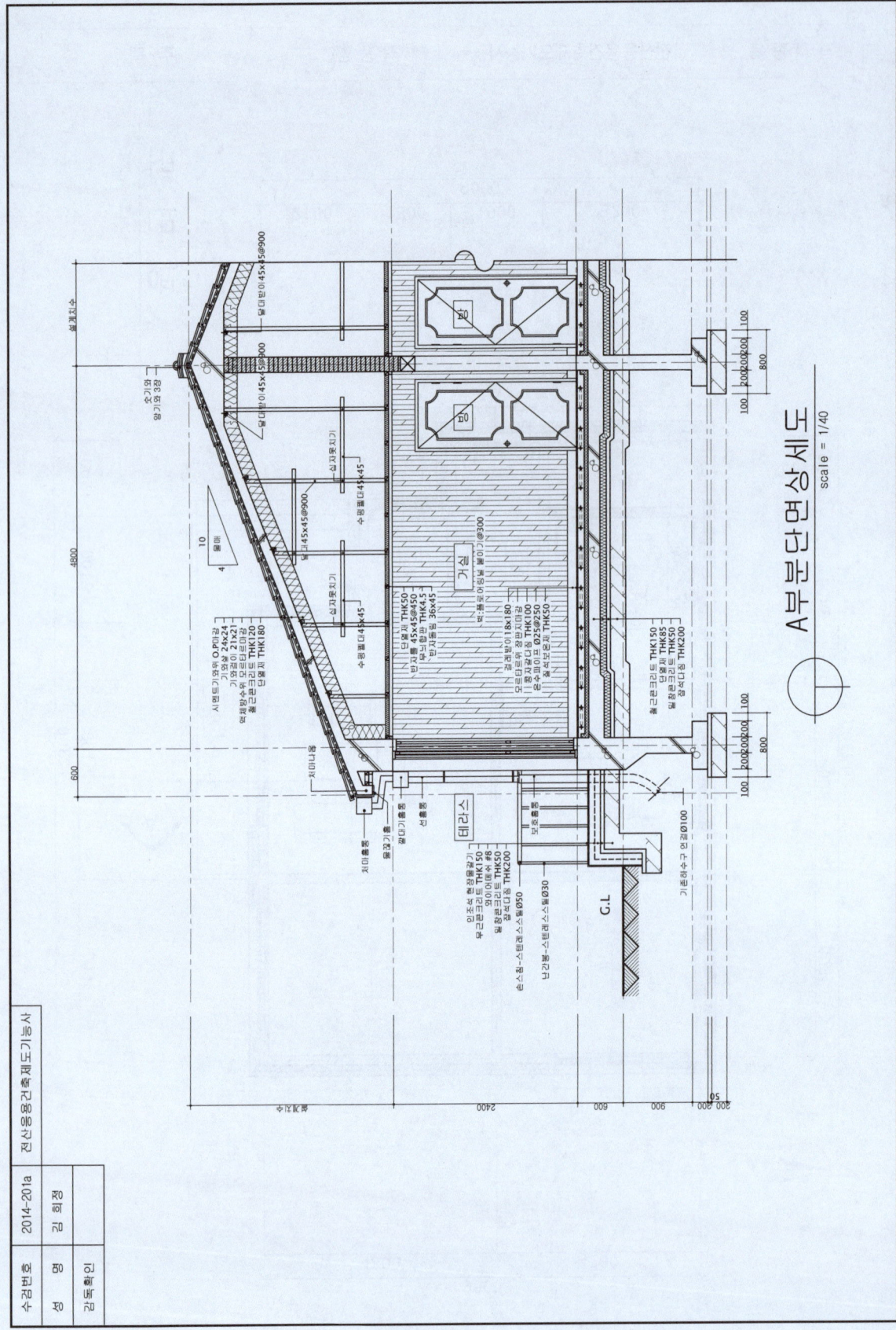

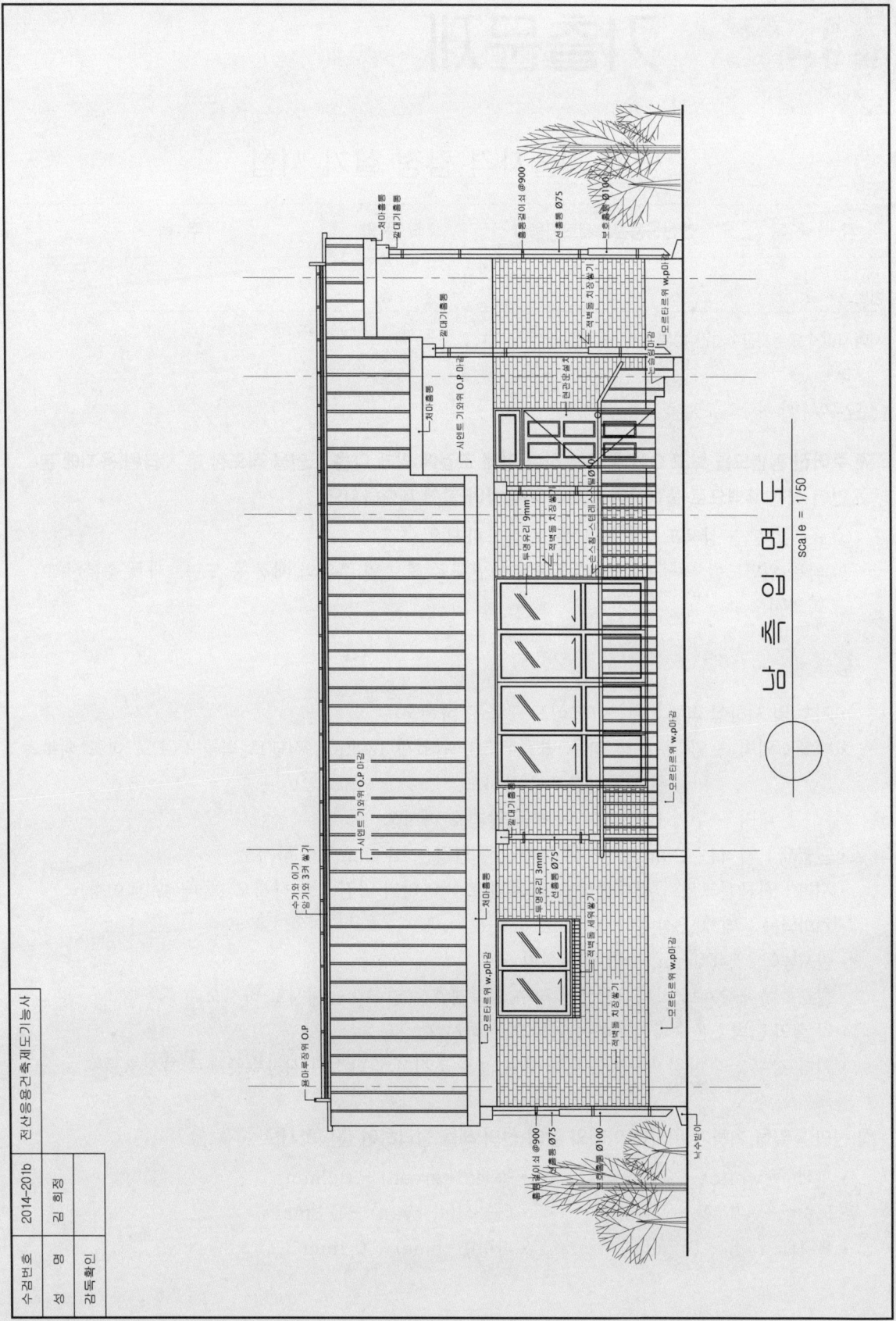

# 03 기출문제

## 국가 기술자격 검정 실기 시험

| 자 격 종 목 | 전산응용건축제도기능사 | 작 품 명 | 주 택 |
|---|---|---|---|

비번호

시험시간 : 표준시간 4시간 10분

## 1. 요구사항

**1** 주어진 평면도를 보고 CAD를 이용하여 아래 조건에 맞게 다음 도면을 작도한 후 지급된 용지에 본인이 직접 흑백으로 출력하여 USB에 저장하여 함께 제출하시오.
  ① A부분 단면 상세도를 축척 1/40로 작도하시오.
  ② 남측 입면도를 축척 1/50로 작도하되 벽면재료 표시 및 주위의 배경 등 도면효과를 충분히 고려하시오.

### 조 건

- 기초 및 지하실 벽체 : 철근콘크리트 구조로 하시오.
- 벽체 : 외벽 – 외부로부터 붉은 벽돌 0.5B, 단열재 120mm, 시멘트 벽돌 1.0B로 하고 외부 마감은 제물치장으로 하시오.
  내벽 – 두께 1.0B 시멘트 벽돌 쌓기로 하시오.
- 단열재 : 외벽은 120mm, 바닥은 85mm, 천정은 180mm으로 하시오.
- 지붕 : 철근콘크리트 경사슬래브 위 시멘트 기와잇기 마감으로 하시오.(물매 4/10 이상)
- 처마나옴 : 벽체 중심에서 600mm
- 반자높이 : 2400mm, 처마반자 설치
- 창호 : 목재창호로 하되 2중창인 경우 외부창호는 알루미늄새시로 하시오.
- 각 실의 난방 : 온수파이프 온돌난방으로 하시오.
- 기타 각부분의 마감, 치수 등 주어지지 않은 조건은 일반적인 시공수준으로 하시오.

**2** 선의 통일을 기하기 위하여 아래와 같이 선의 색을 정리하여 출력하시오.

- 흰색(7-white) - 0.3mm
- 노랑(2-yellow) - 0.4mm
- 빨강(1-red) - 0.2mm
- 녹색(3-green) - 0.2mm
- 하늘색(4-cyan) - 0.3mm
- 파랑(5-blue) - 0.1mm

| 자 격 종 목 | 전산응용건축제도기능사 | 작 품 명 | 주 택 |
|---|---|---|---|

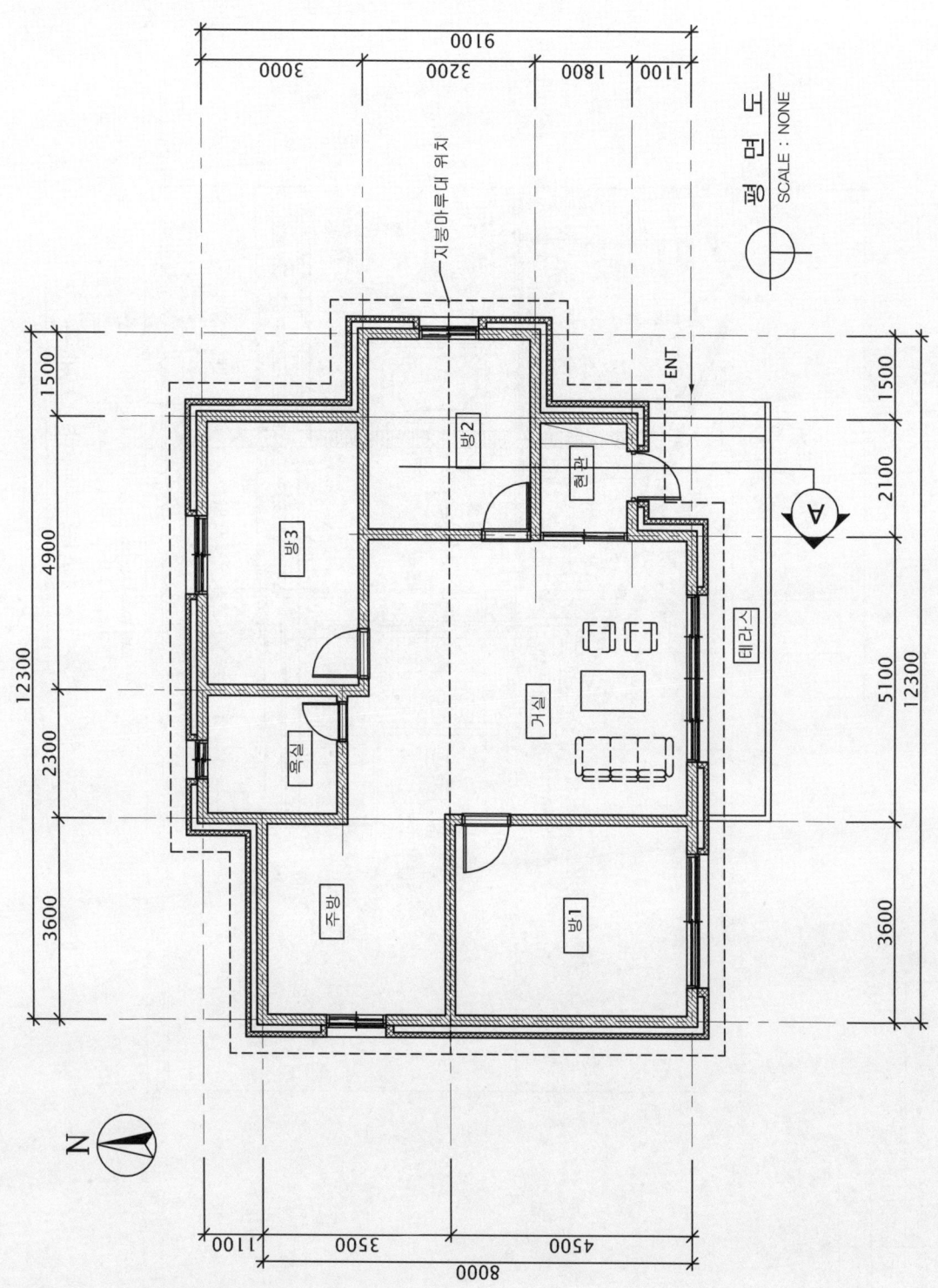

## 03 기출문제 해답

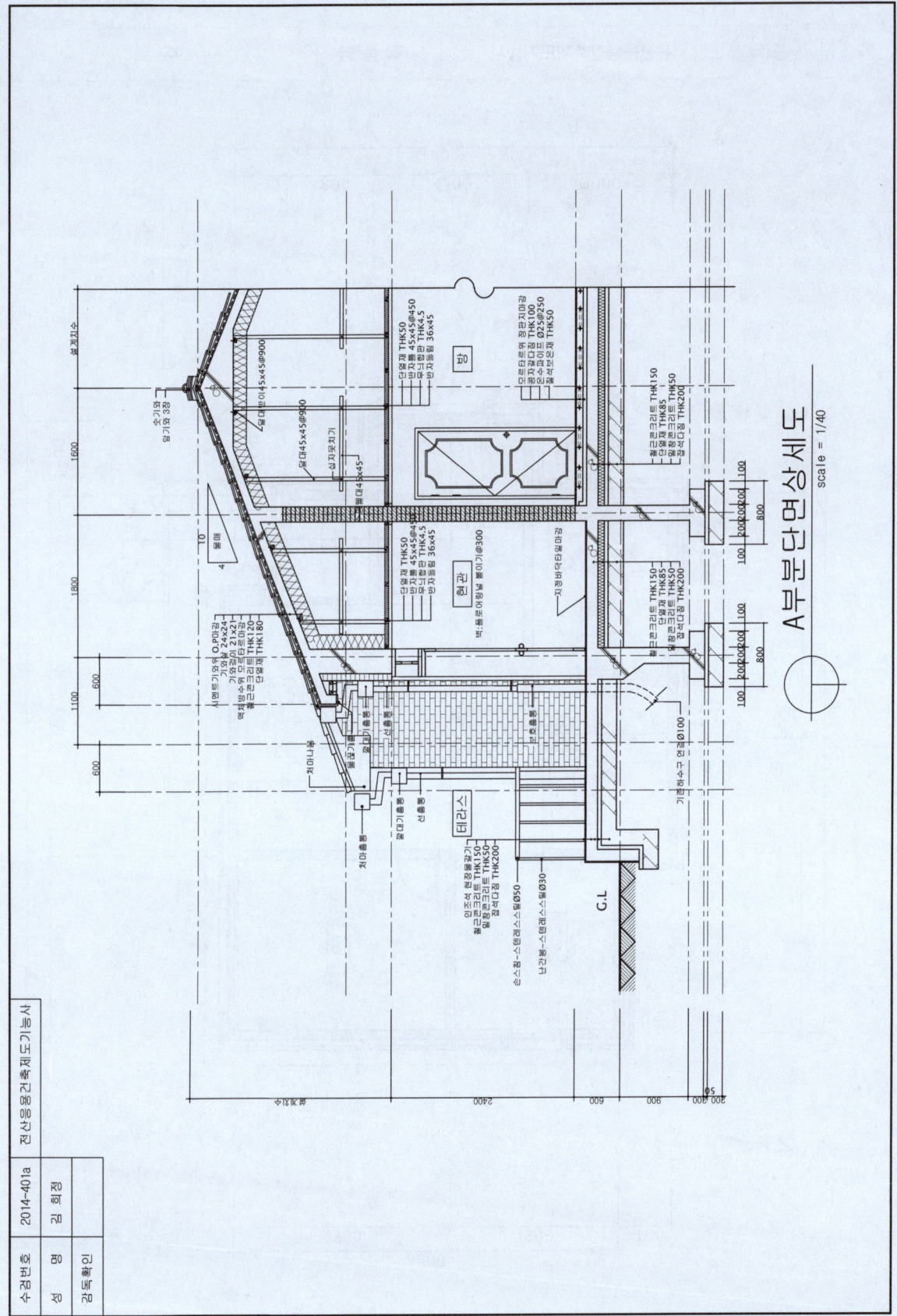

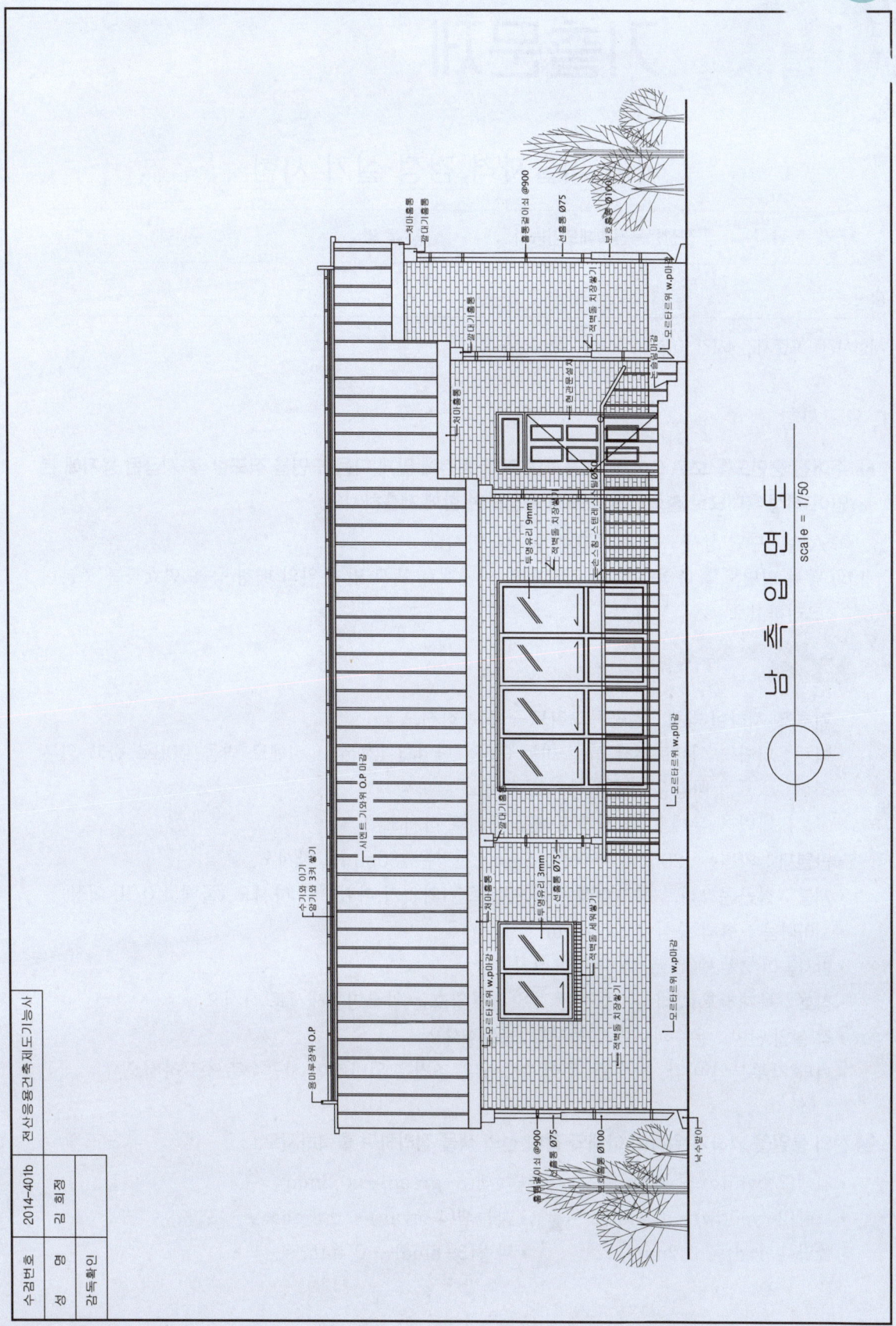

# 기출문제

## 국가 기술자격 검정 실기 시험

| 자 격 종 목 | 전산응용건축제도기능사 | 작 품 명 | 주 택 |

비번호 _____

시험시간 : 표준시간 4시간 10분

## 1. 요구사항

**1** 주어진 평면도를 보고 CAD를 이용하여 아래 조건에 맞게 다음 도면을 작도한 후 지급된 용지에 본인이 직접 흑백으로 출력하여 USB에 저장하여 함께 제출하시오.

① A부분 단면 상세도를 축척 1/40로 작도하시오.
② 남측 입면도를 축척 1/50로 작도하되 벽면재료 표시 및 주위의 배경 등 도면효과를 충분히 고려하시오.

### 조 건

- 기초 및 지하실 벽체 : 철근콘크리트 구조로 하시오.
- 벽체 : 외벽 – 외부로부터 붉은 벽돌 0.5B, 단열재 120mm, 시멘트 벽돌 1.0B로 하고 외부 마감은 제물치장으로 하시오.
  내벽 – 두께 1.0B 시멘트 벽돌 쌓기로 하시오.
- 단열재 : 외벽은 120mm, 바닥은 85mm, 천정은 180mm로 하시오.
- 지붕 : 철근콘크리트 경사슬래브 위 시멘트 기와잇기 마감으로 하시오.(물매 4.0/10 이상)
- 처마나옴 : 벽체 중심에서 600mm
- 반자높이 : 2,300mm, 처마반자 설치
- 창호 : 목재창호로 하되 2중창인 경우 외부창호는 알루미늄새시로 하시오.
- 각 실의 난방 : 온수파이프 온돌난방으로 하시오.
- 기타 각부분의 마감, 치수 등 주어지지 않은 조건은 일반적인 시공수준으로 하시오.

**2** 선의 통일을 기하기 위하여 아래와 같이 선의 색을 정리하여 출력하시오.

- 흰색(7-white) – 0.3mm
- 노랑(2-yellow) – 0.4mm
- 빨강(1-red) – 0.2mm
- 녹색(3-green) – 0.2mm
- 하늘색(4-cyan) – 0.3mm
- 파랑(5-blue) – 0.1mm

| 자격종목 | 전산응용건축제도기능사 | 작품명 | 주 택 |
|---|---|---|---|

평면도 SCALE : NONE

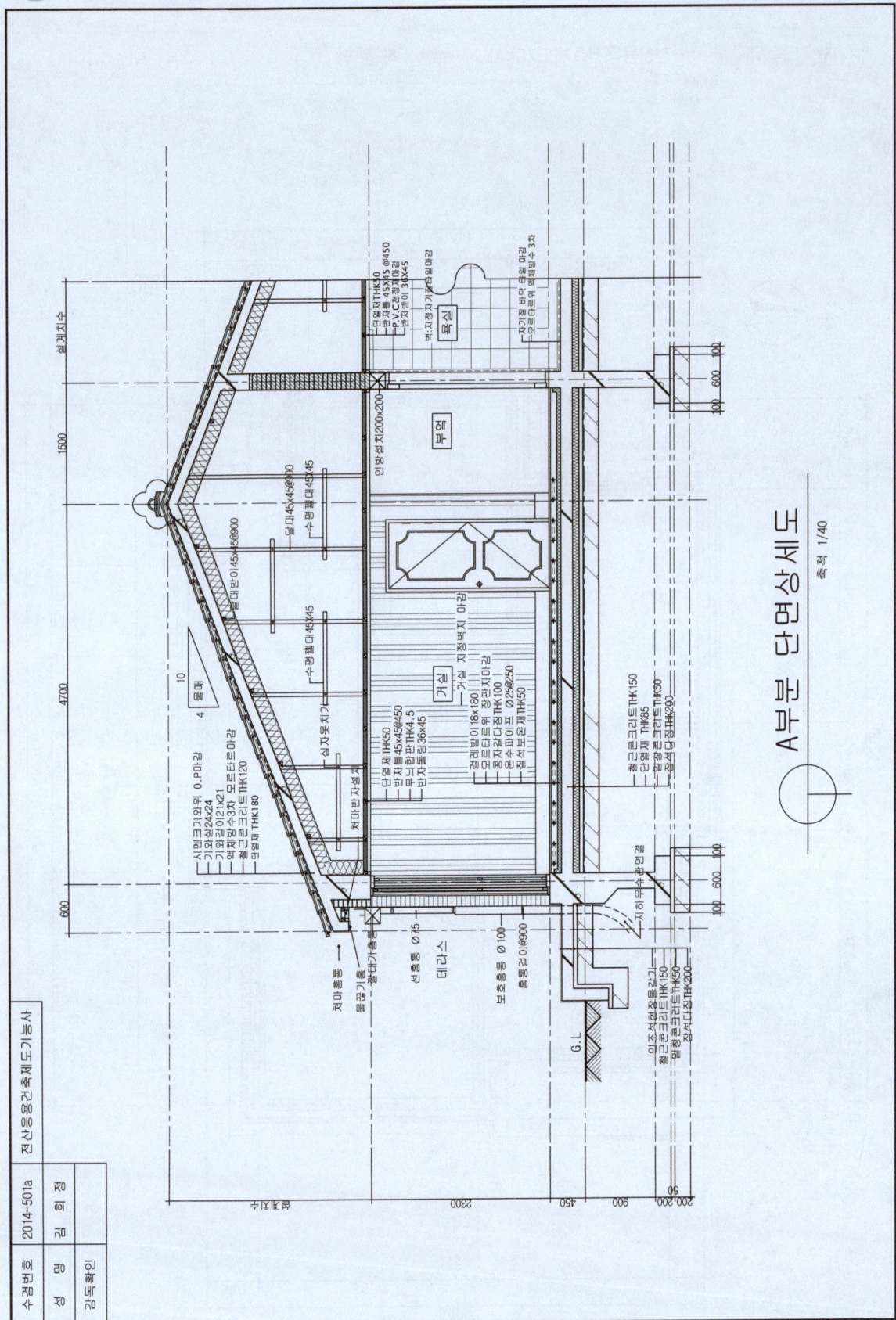

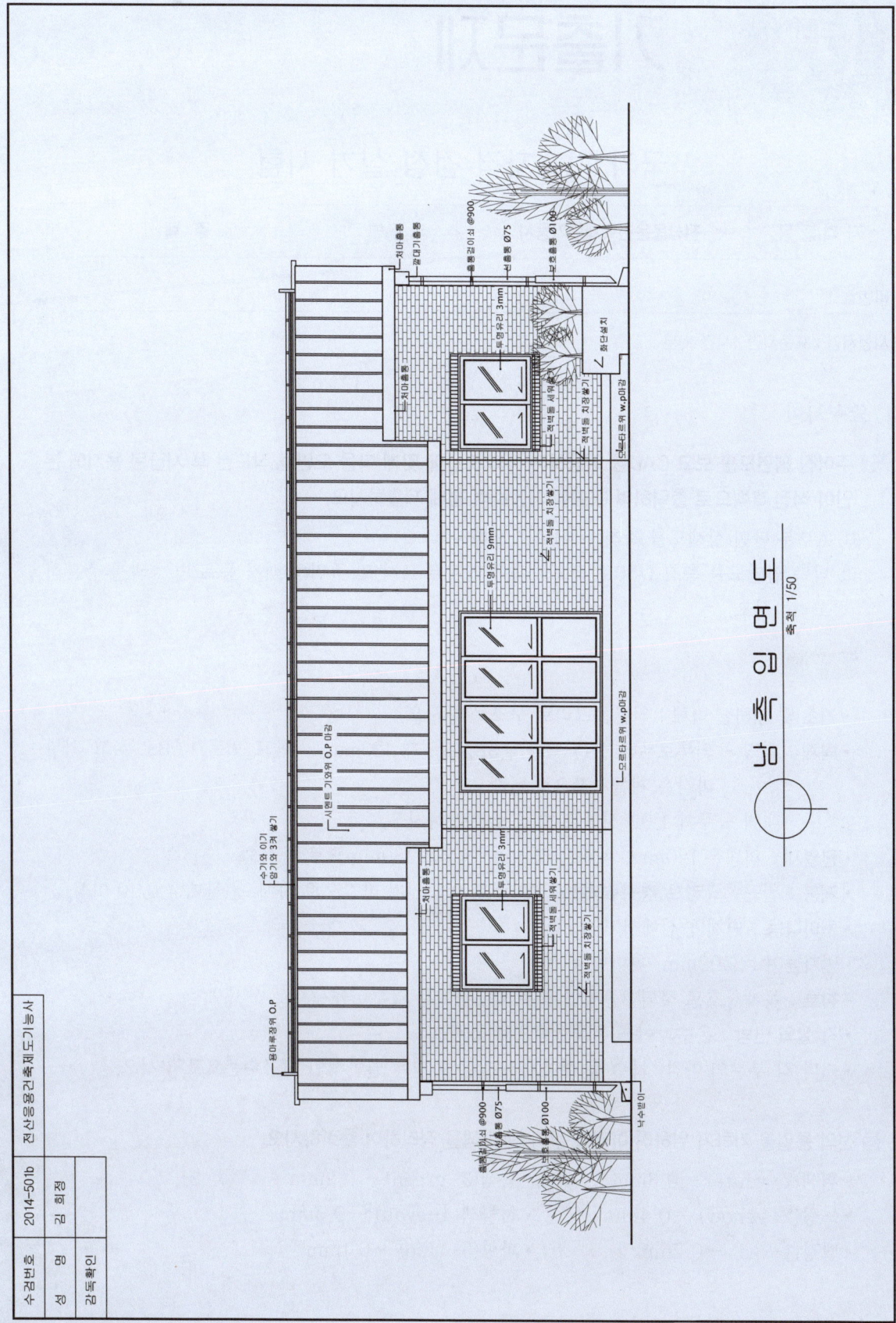

# 기출문제

## 국가 기술자격 검정 실기 시험

| 자 격 종 목 | 전산응용건축제도기능사 | 작 품 명 | 주 택 |
|---|---|---|---|

비번호 _____

시험시간 : 표준시간 4시간 10분

## 1. 요구사항

**1** 주어진 평면도를 보고 CAD를 이용하여 아래 조건에 맞게 다음 도면을 작도한 후 지급된 용지에 본인이 직접 흑백으로 출력하여 USB에 저장하여 함께 제출하시오.

① A부분 단면 상세도를 축척 1/40로 작도하시오.
② 남측 입면도를 축척 1/50로 작도하되 벽면재료 표시 및 주위의 배경 등 도면 효과를 충분히 고려하시오.

### 조건

- 기초 및 지하실 벽체 : 철근콘크리트 구조로 하시오.
- 벽체 : 외벽 – 외부로부터 붉은 벽돌 0.5B, 단열재 120mm, 시멘트 벽돌 1.0B로 하고 외부 마감은 제물치장으로 하시오.
  내벽 – 두께 1.0B 시멘트 벽돌 쌓기로 하시오.
- 단열재 : 외벽은 120mm, 바닥은 85mm, 천정은 180mm으로 하시오.
- 지붕 : 철근콘크리트 경사슬래브 위 시멘트 기와잇기 마감으로 하시오.(물매 4.0/10 이상)
- 처마나옴 : 벽체 중심에서 600mm
- 반자높이 : 2400mm, 처마반자 설치
- 창호 : 목재창호로 하되 2중창인 경우 외부창호는 알루미늄새시로 하시오.
- 각 실의 난방 : 온수파이프 온돌난방으로 하시오.
- 기타 각 부분의 마감, 치수 등 주어지지 않은 조건은 일반적인 시공수준으로 하시오.

**2** 선의 통일을 기하기 위하여 아래와 같이 선의 색을 정리하여 출력하시오.

- 흰색(7-white) – 0.3mm
- 노랑(2-yellow) – 0.4mm
- 빨강(1-red) – 0.2mm
- 녹색(3-green) – 0.2mm
- 하늘색(4-cyan) – 0.3mm
- 파랑(5-blue) – 0.1mm

| 자 격 종 목 | 전산응용건축제도기능사 | 작 품 명 | 주 택 |
|---|---|---|---|

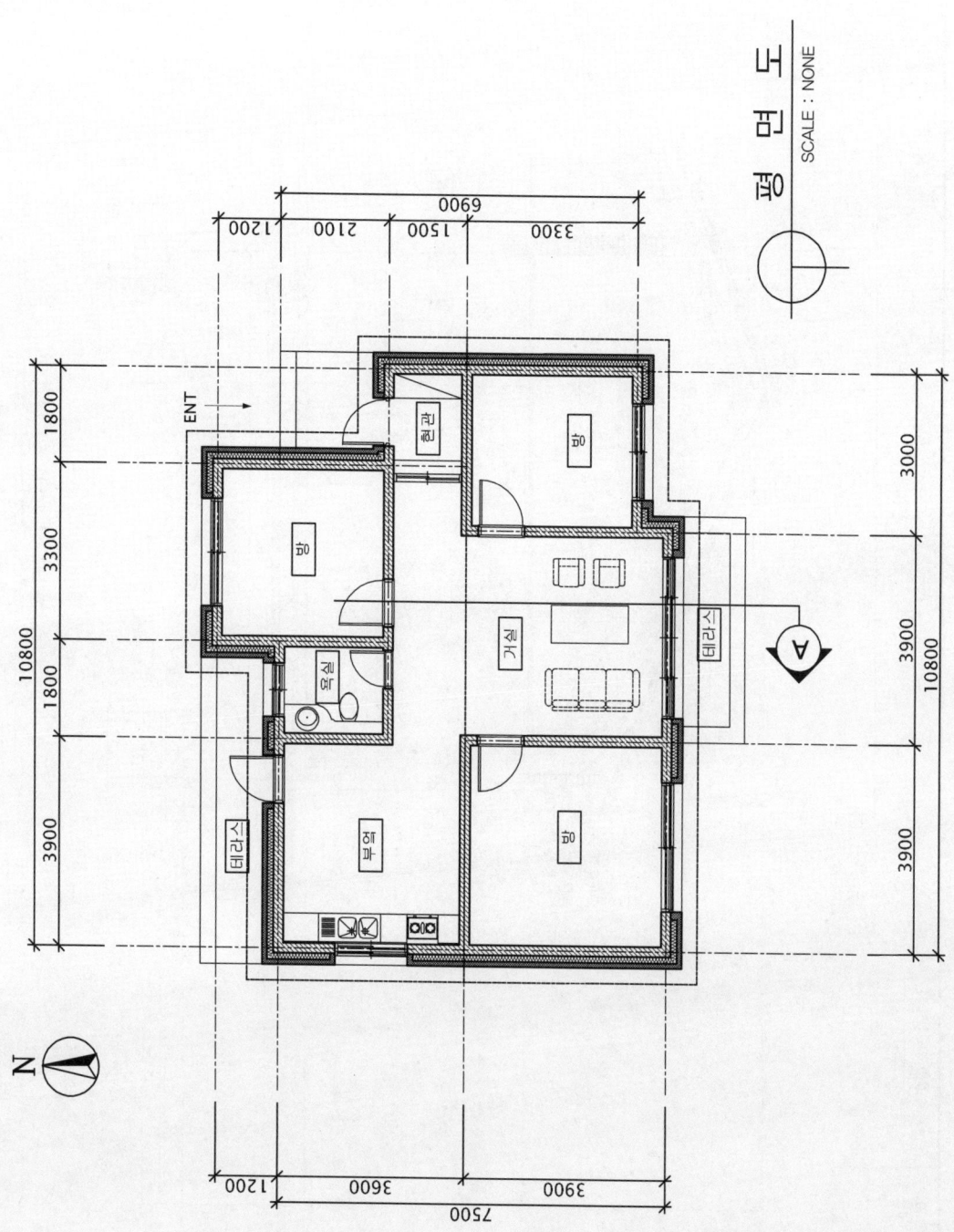

## 05 기출문제 해답

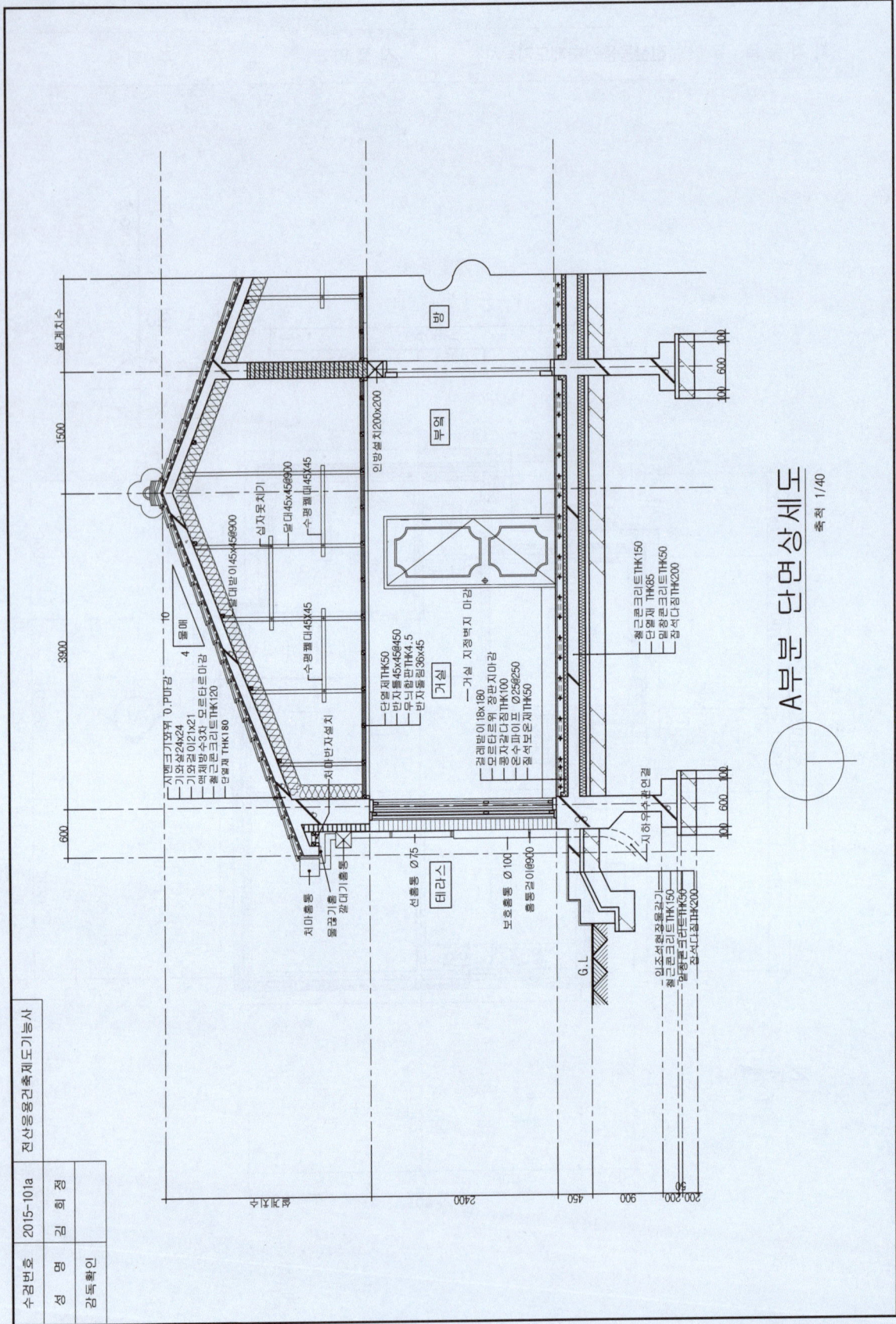

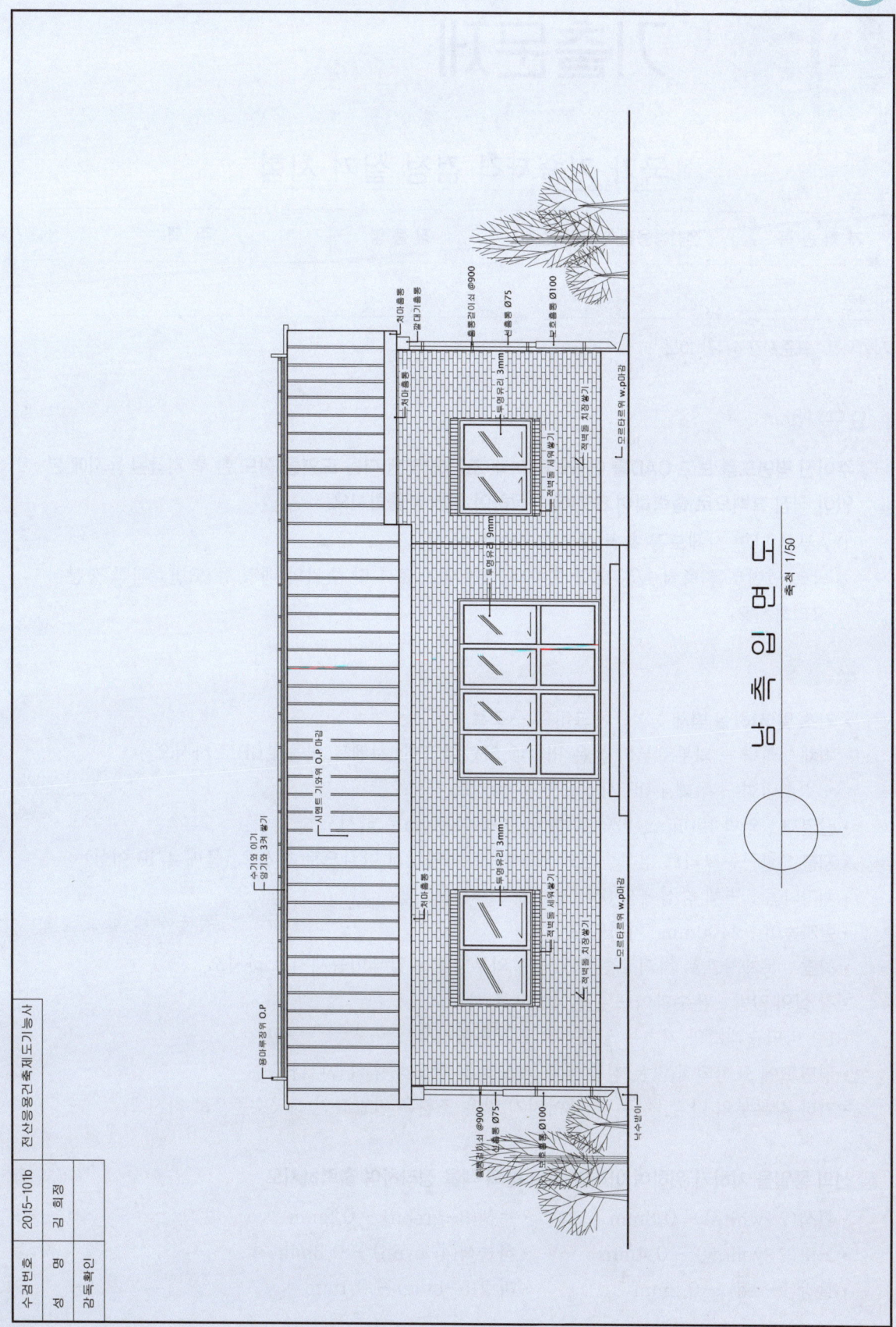

# 기출문제

## 국가 기술자격 검정 실기 시험

| 자격종목 | 전산응용건축제도기능사 | 작품명 | 주 택 |
|---|---|---|---|

비번호 _____

시험시간 : 표준시간 4시간 10분

## 1. 요구사항

**1** 주어진 평면도를 보고 CAD를 이용하여 아래 조건에 맞게 다음 도면을 작도 한 후 지급된 용지에 본인이 직접 흑백으로 출력하여 USB에 저장하여 함께 제출하시오.

① A부분 단면 상세도를 축척 1/40로 작도하시오.
② 남측 입면도를 축척 1/50로 작도하되 벽면재료 표시 및 주위의 배경 등 도면효과를 충분히 고려하시오.

### 조건

- 기초 및 지하실 벽체 : 철근콘크리트 구조로 하시오.
- 벽체 : 외벽 – 외부로부터 붉은 벽돌 0.5B, 단열재, 시멘트 벽돌 1.0B로 하시오.
   내벽 – 두께 1.0B 시멘트 벽돌 쌓기로 하시오.
- 단열재 : 외벽 120mm, 바닥 85mm, 지붕 180mm로 하시오.
- 지붕 : 철근콘크리트 경사슬래브 위 시멘트 기와잇기 마감으로 하시오.(물매 4/10 이상)
- 처마나옴 : 벽체 중심에서 600mm
- 반자높이 : 2400mm, 처마반자 설치
- 창호 : 목재창호로 하되 2중창인 경우 외부창호는 알루미늄새시로 하시오.
- 각 실의 난방 : 온수파이프 온돌난방으로 하시오.
- 1층 바닥슬래브와 기초는 일체식으로 표현하시오.
- 평면도에 표현되지 않은 현관 상부 캐노피는 작도하지 않습니다.
- 기타 각부분의 마감, 치수 등 주어지지 않은 조건은 일반적인 시공수준으로 하시오.

**2** 선의 통일을 기하기 위하여 아래와 같이 선의 색을 정리하여 출력하시오.

- 흰색(7-white) – 0.3mm
- 노랑(2-yellow) – 0.4mm
- 빨강(1-red) – 0.2mm
- 녹색(3-green) – 0.2mm
- 하늘색(4-cyan) – 0.3mm
- 파랑(5-blue) – 0.1mm

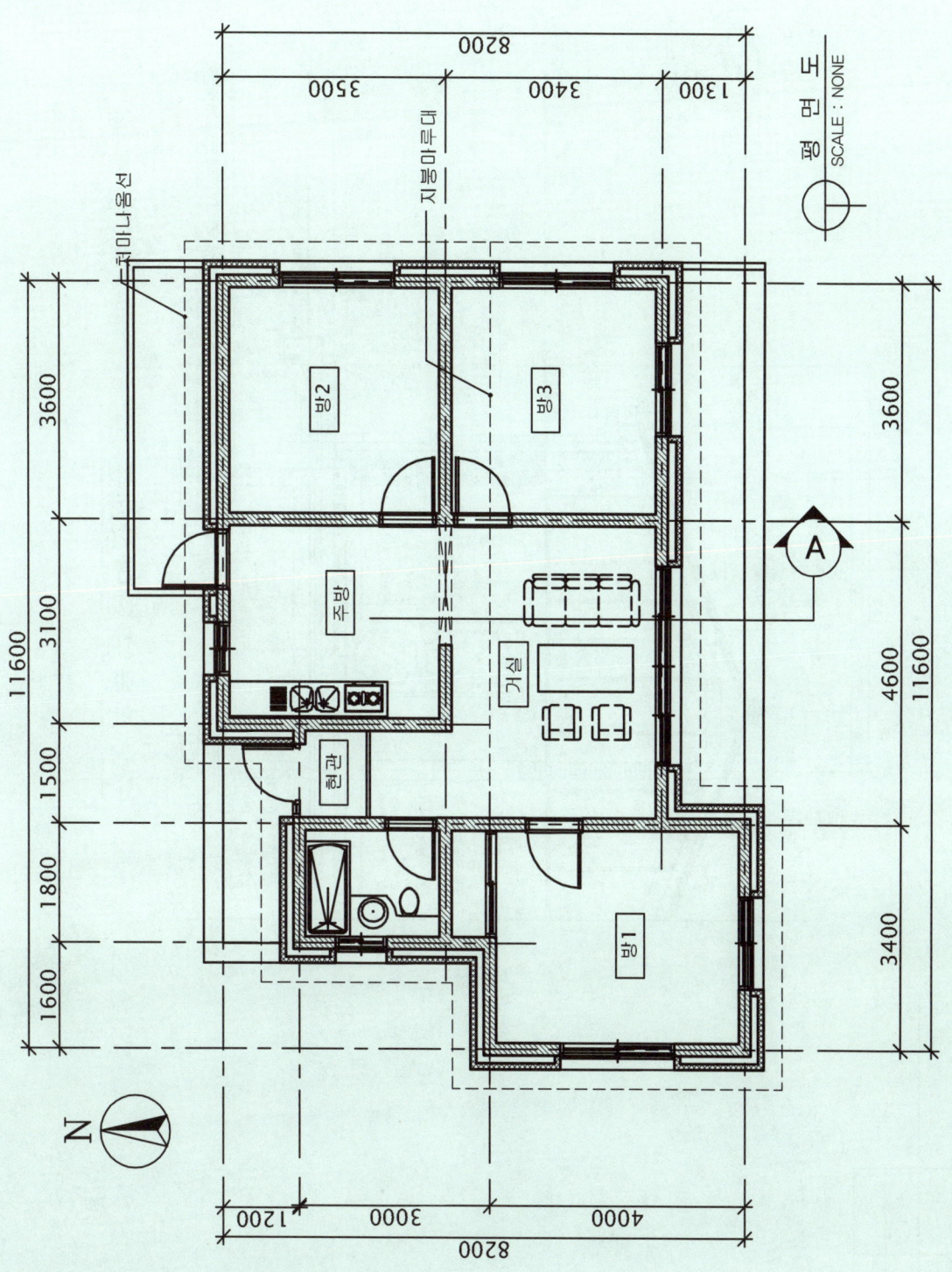

# 06 기출문제 해답

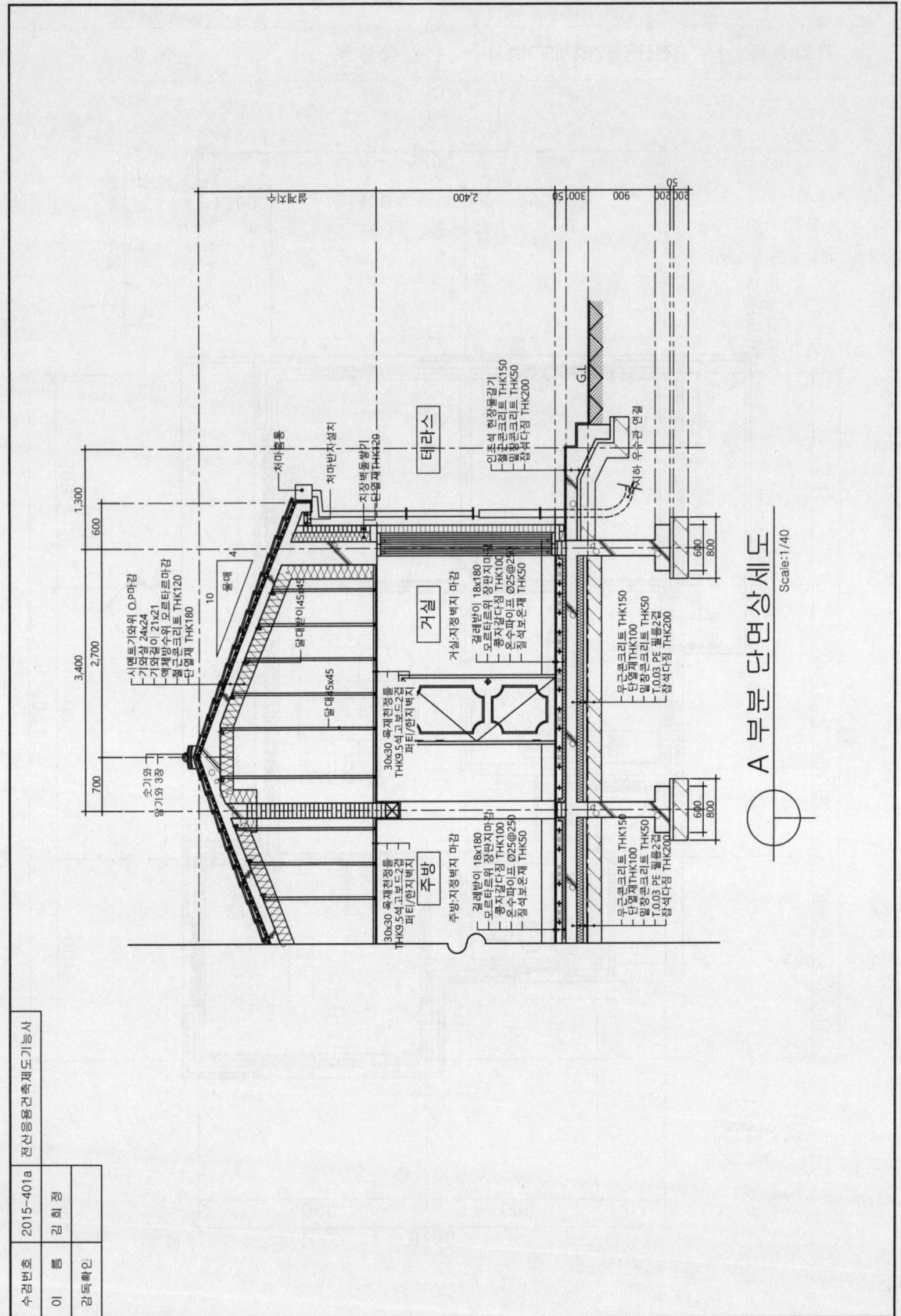

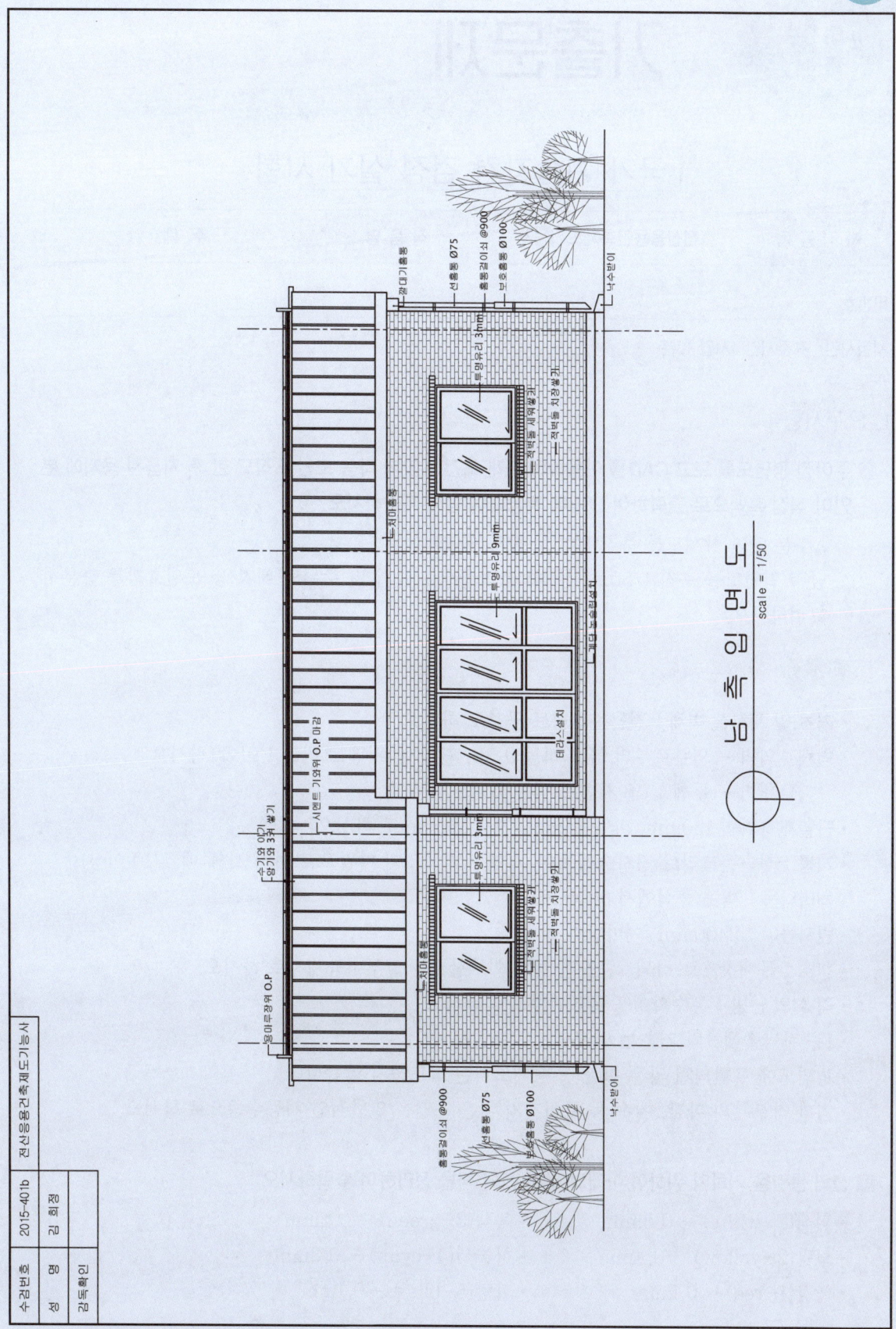

# 기출문제

## 국가 기술자격 검정 실기 시험

| 자 격 종 목 | 전산응용건축제도기능사 | 작 품 명 | 주 택 |
|---|---|---|---|

비번호 _____

시험시간 : 표준시간 4시간 10분

## 1. 요구사항

**1** 주어진 평면도를 보고 CAD를 이용하여 아래 조건에 맞게 다음 도면을 작도 한 후 지급된 용지에 본인이 직접 흑백으로 출력하여 USB에 저장하여 함께 제출하시오.

① A부분 단면 상세도를 축척 1/40로 작도하시오.
② 남측 입면도를 축척 1/50로 작도하되 벽면재료 표시 및 주위의 배경 등 도면효과를 충분히 고려하시오.

### 조 건

- 기초 및 지하실 벽체 : 철근콘크리트 구조로 하시오.
- 벽체 : 외벽 - 외부로부터 붉은 벽돌 0.5B, 단열재, 시멘트 벽돌 1.0B로 하시오.
  내벽 - 두께 1.0B 시멘트 벽돌 쌓기로 하시오.
- 단열재 : 외벽 120mm, 바닥 85mm, 지붕 180mm로 하시오.
- 지붕 : 철근콘크리트 경사슬래브 위 시멘트 기와잇기 마감으로 하시오.(물매 4/10 이상)
- 처마나옴 : 벽체 중심에서 600mm
- 반자높이 : 2400mm, 처마반자 설치
- 창호 : 목재창호로 하되 2중창인 경우 외부창호는 알루미늄새시로 하시오.
- 각 실의 난방 : 온수파이프 온돌난방으로 하시오.
- 1층 바닥슬래브와 기초는 일체식으로 표현하시오.
- 평면도에 표현되지 않은 현관 상부 캐노피는 작도하지 않습니다.
- 기타 각부분의 마감, 치수 등 주어지지 않은 조건은 일반적인 시공수준으로 하시오.

**2** 선의 통일을 기하기 위하여 아래와 같이 선의 색을 정리하여 출력하시오.

- 흰색(7-white) - 0.3mm
- 녹색(3-green) - 0.2mm
- 노랑(2-yellow) - 0.4mm
- 하늘색(4-cyan) - 0.3mm
- 빨강(1-red) - 0.2mm
- 파랑(5-blue) - 0.1mm

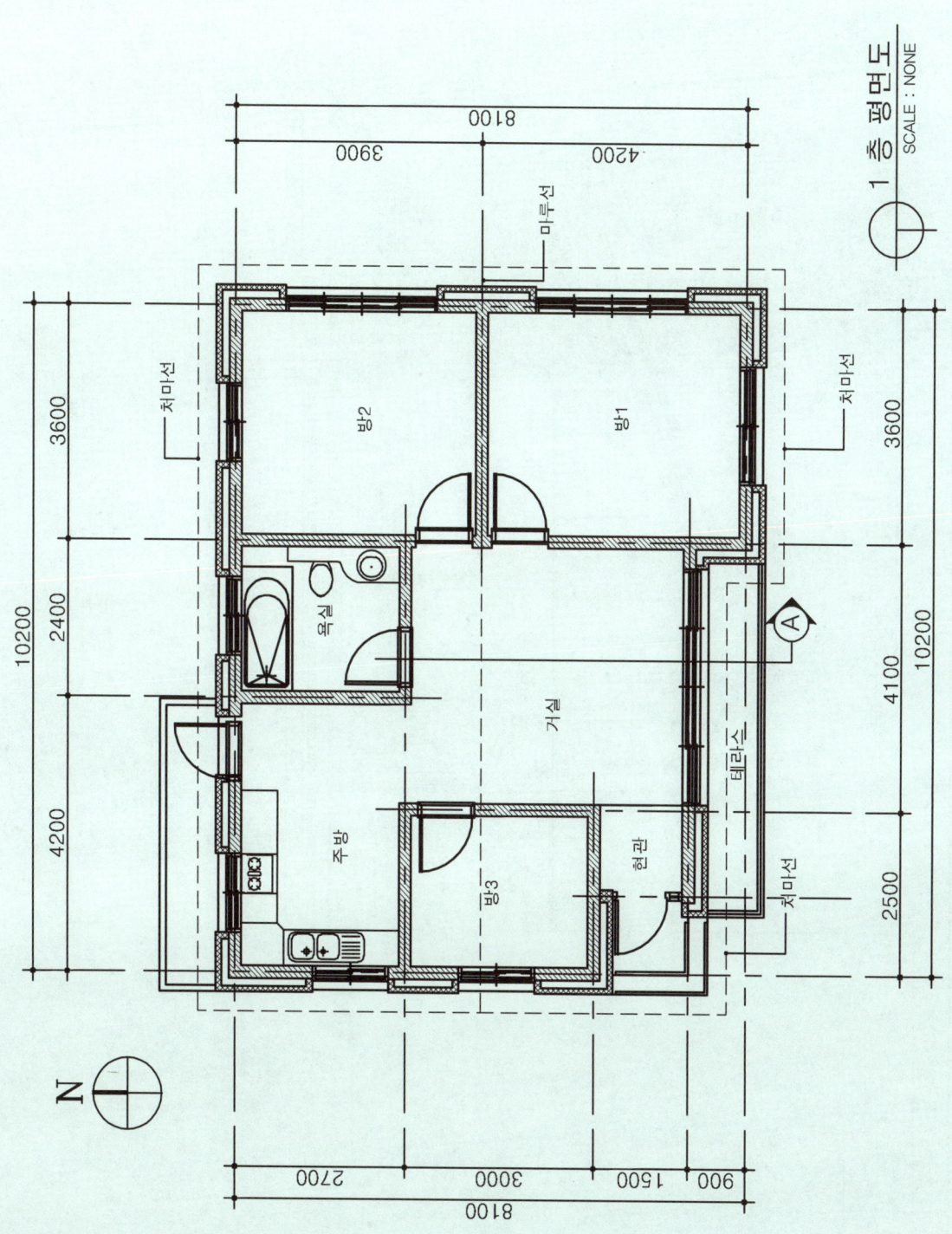

## 07 기출문제 해답

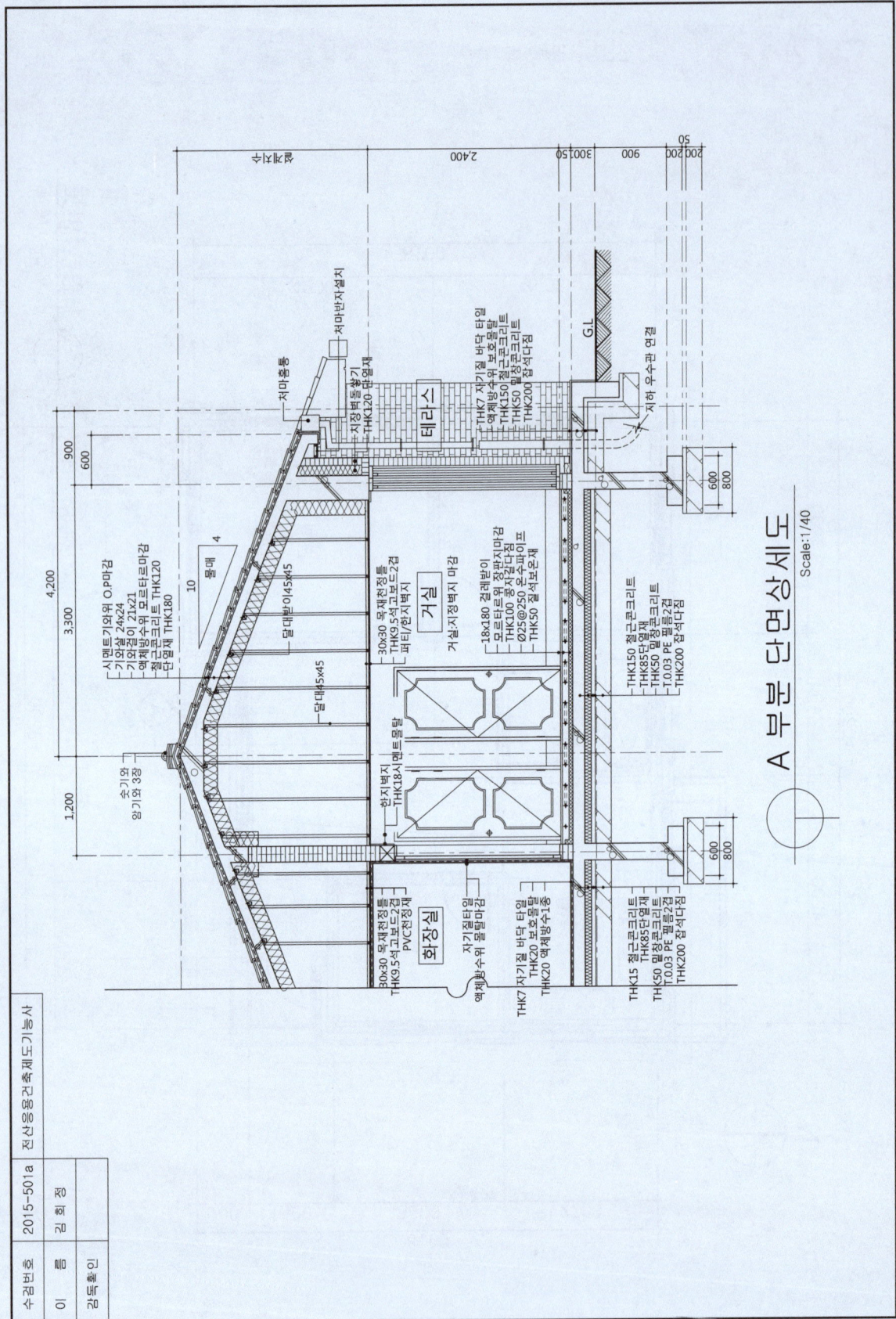

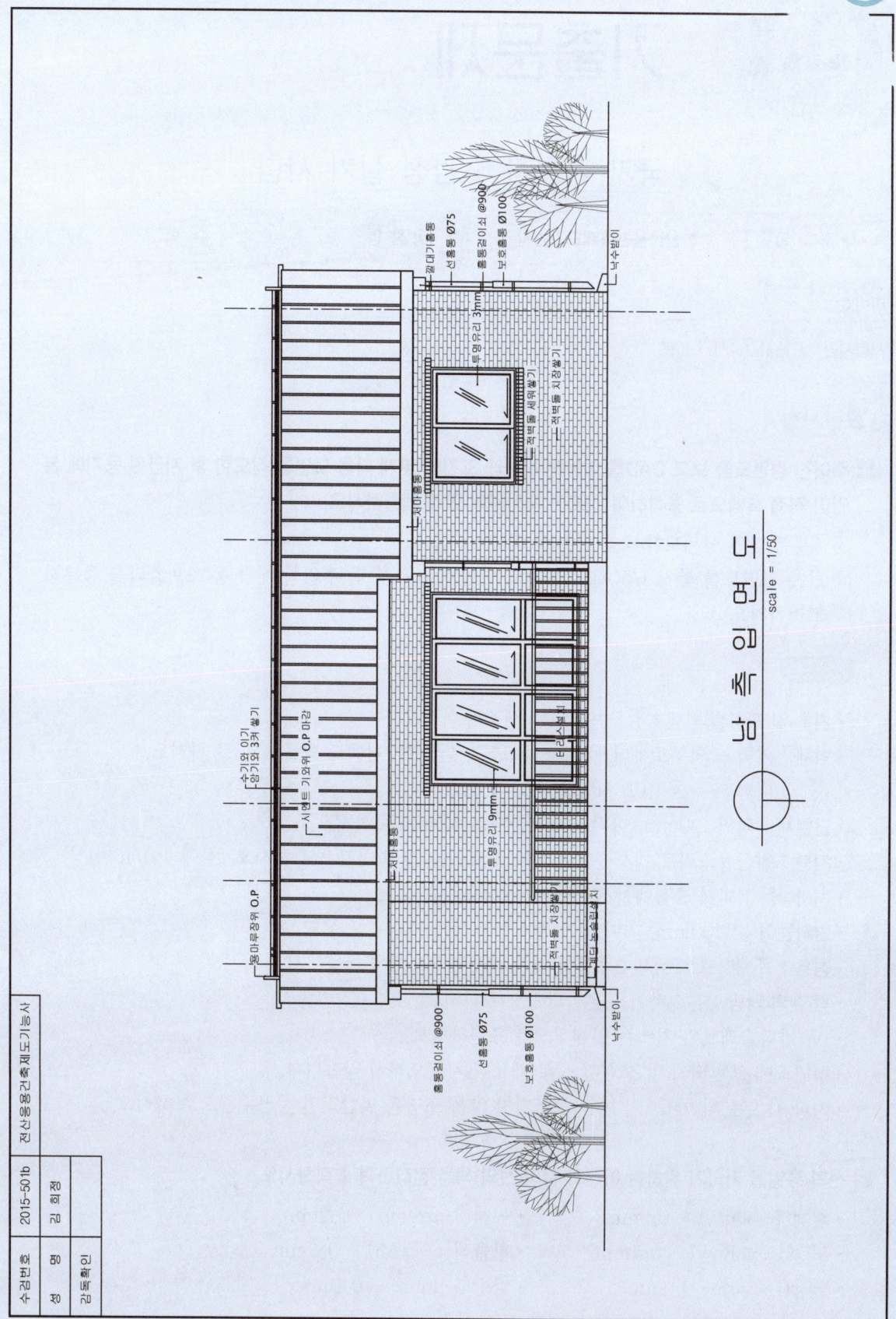

# 08 기출문제

## 국가 기술자격 검정 실기 시험

| 자 격 종 목 | 전산응용건축제도기능사 | 작 품 명 | 주 택 |

비번호

시험시간 : 표준시간 4시간 10분

## 1. 요구사항

**1** 주어진 평면도를 보고 CAD를 이용하여 아래 조건에 맞게 다음 도면을 작도한 후 지급된 용지에 본인이 직접 흑백으로 출력하여 USB에 저장하여 함께 제출하시오.

① A부분 단면 상세도를 축척 1/40로 작도하시오.
② 남측 입면도를 축척 1/50로 작도하되 벽면재료 표시 및 주위의 배경 등 도면효과를 충분히 고려하시오.

### 조건

- 기초 및 지하실 벽체 : 철근콘크리트 구조로 하시오.
- 벽체 : 외벽 – 외부로부터 붉은 벽돌 0.5B, 단열재, 시멘트 벽돌 1.0B로 하시오.
  내벽 – 두께 1.0B 시멘트 벽돌 쌓기로 하시오.
- 단열재 : 외벽 120mm, 바닥 85mm, 지붕 180mm로 하시오.
- 지붕 : 철근콘크리트 경사슬래브 위 시멘트 기와잇기 마감으로 하시오.(물매 4.0/10 이상)
- 처마나옴 : 벽체 중심에서 600mm
- 반자높이 : 2400mm, 처마 반자 설치
- 창호 : 목재창호로 하되 2중창인 경우 외부창호는 알루미늄새시로 하시오.
- 각 실의 난방 : 온수파이프 온돌난방으로 하시오.
- 1층 바닥슬래브와 기초는 일체식으로 표현하시오.
- 평면도에 표현되지 않은 현관 상부 캐노피는 작도하지 않습니다.
- 기타 각 부분의 마감, 치수 등 주어지지 않은 조건은 일반적인 시공수준으로 하시오.

**2** 선의 통일을 기하기 위하여 아래와 같이 선의 색을 정리하여 출력하시오.

- 흰색(7-white) – 0.3mm
- 녹색(3-green) – 0.2mm
- 노랑(2-yellow) – 0.4mm
- 하늘색(4-cyan) – 0.3mm
- 빨강(1-red) – 0.2mm
- 파랑(5-blue) – 0.1mm

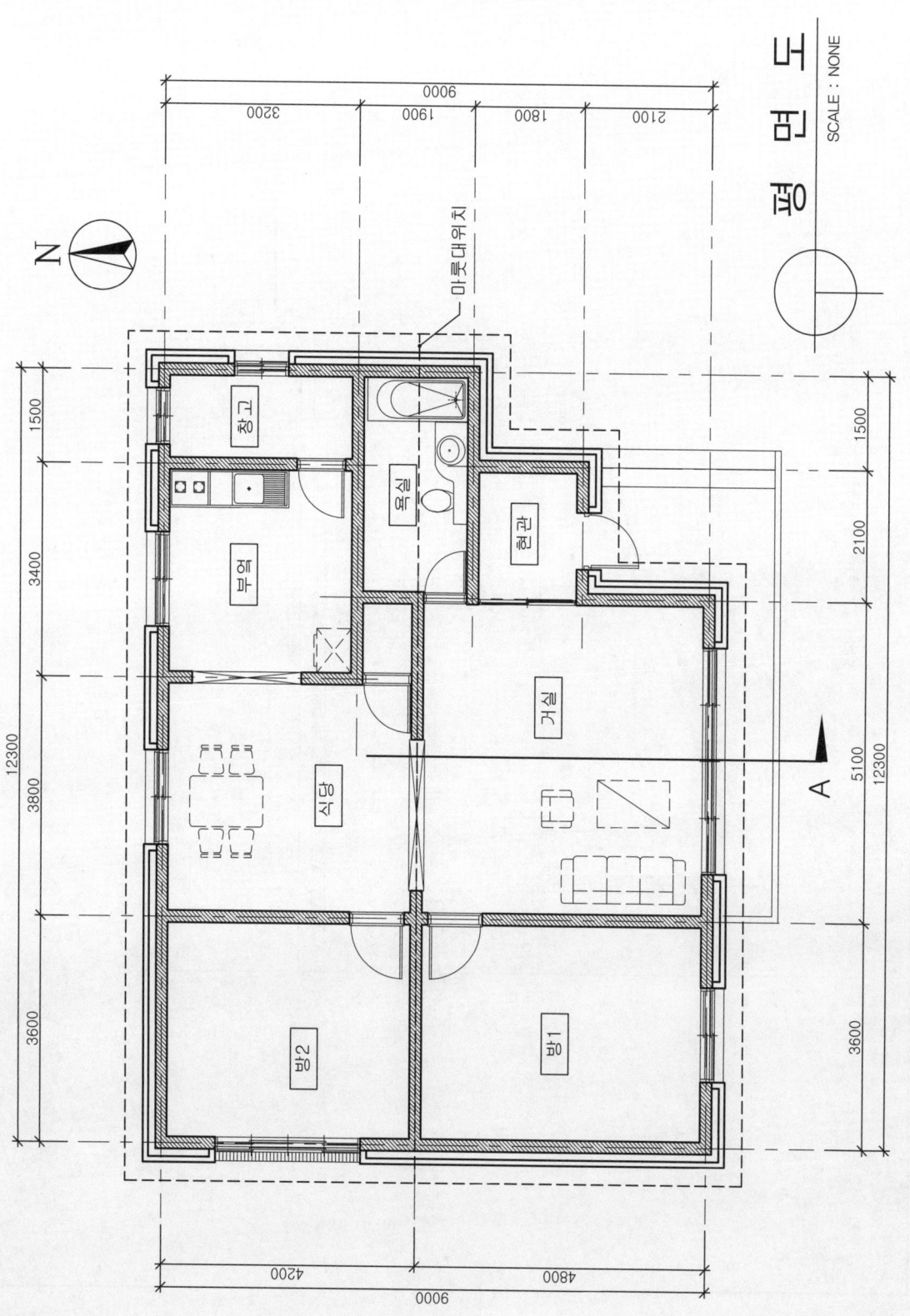

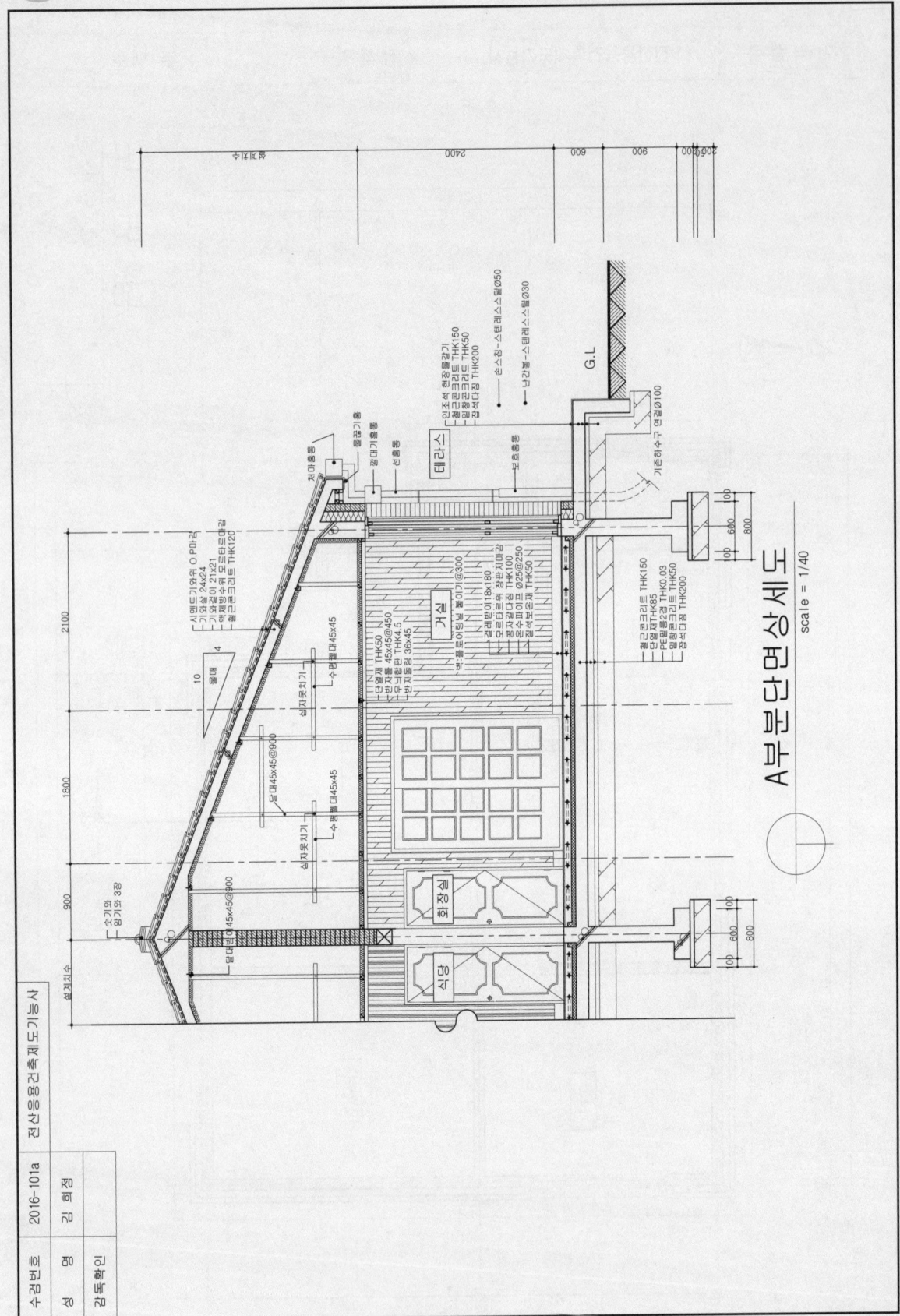

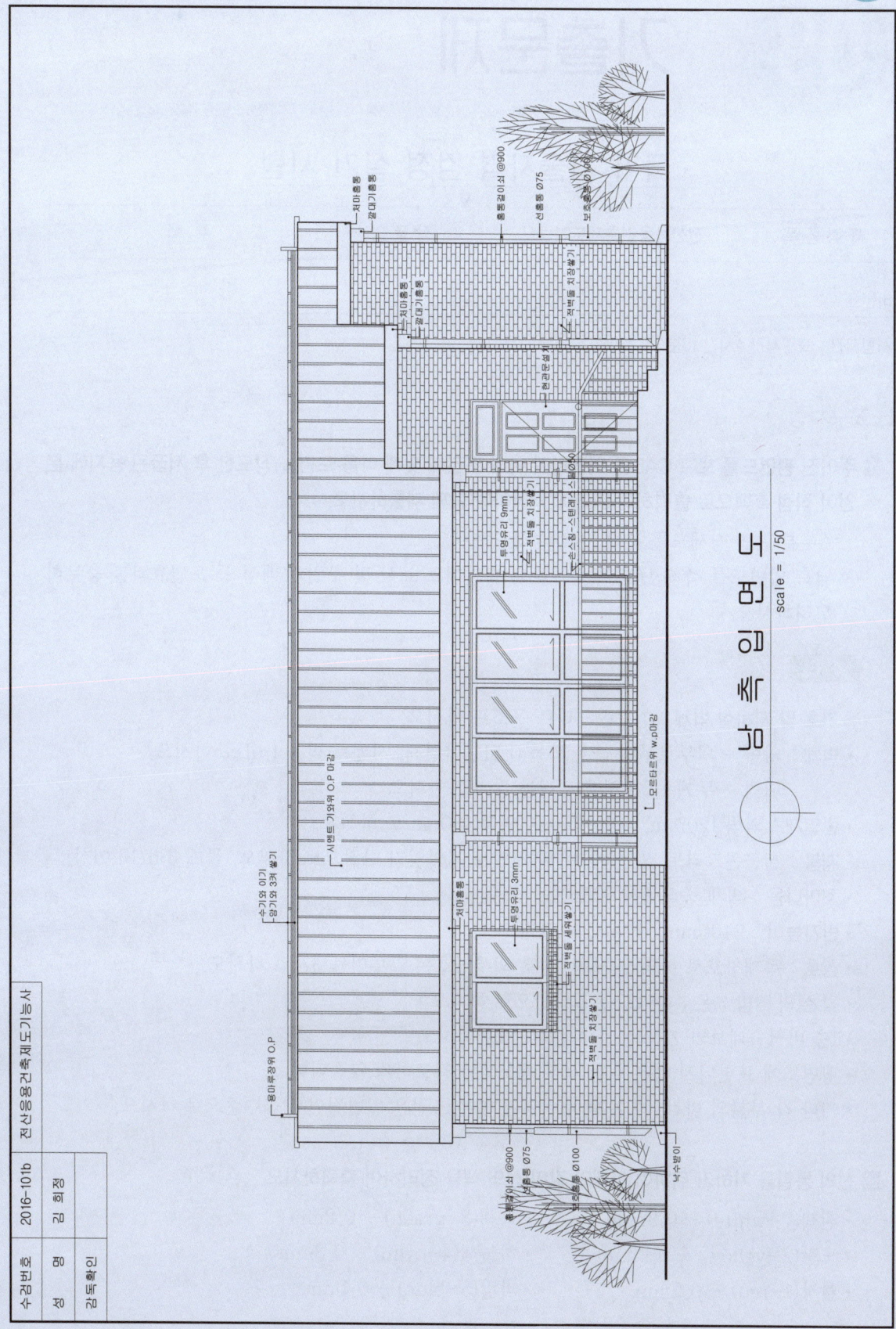

# 09 기출문제

## 국가 기술자격 검정 실기 시험

| 자 격 종 목 | 전산응용건축제도기능사 | 작 품 명 | 주 택 |
|---|---|---|---|

비번호 _____

시험시간 : 표준시간 4시간 10분

## 1. 요구사항

**1** 주어진 평면도를 보고 CAD를 이용하여 아래 조건에 맞게 다음 도면을 작도한 후 지급된 용지에 본인이 직접 흑백으로 출력하여 USB에 저장하여 함께 제출하시오.

① A부분 단면 상세도를 축척 1/40로 작도하시오.
② 남측 입면도를 축척 1/50로 작도하되 벽면재료 표시 및 주위의 배경 등 도면효과를 충분히 고려하시오.

### 조건

- 기초 및 지하실 벽체 : 철근콘크리트 구조로 하시오.
- 벽체 : 외벽 - 외부로부터 붉은 벽돌 0.5B, 단열재, 시멘트 벽돌 1.0B로 하시오.
  내벽 - 두께 1.0B 시멘트 벽돌 쌓기로 하시오.
- 단열재 : 외벽 120mm, 바닥 85mm, 지붕 180mm로 하시오.
- 지붕 : 철근콘크리트 경사슬래브 위 시멘트 기와잇기 마감으로 하시오.(물매 3.5/10 이상)
- 처마나옴 : 벽체 중심에서 600mm
- 반자높이 : 2400mm, 처마 반자 설치
- 창호 : 목재창호로 하되 2중창인 경우 외부창호는 알루미늄새시로 하시오.
- 각 실의 난방 : 온수파이프 온돌난방으로 하시오.
- 1층 바닥슬래브와 기초는 일체식으로 표현하시오.
- 평면도에 표현되지 않은 현관 상부 캐노피는 작도하지 않습니다.
- 기타 각 부분의 마감, 치수 등 주어지지 않은 조건은 일반적인 시공수준으로 하시오.

**2** 선의 통일을 기하기 위하여 아래와 같이 선의 색을 정리하여 출력하시오.

- 흰색(7-white) - 0.3mm
- 노랑(2-yellow) - 0.4mm
- 빨강(1-red) - 0.2mm
- 녹색(3-green) - 0.2mm
- 하늘색(4-cyan) - 0.3mm
- 파랑(5-blue) - 0.1mm

| 자 격 종 목 | 전산응용건축제도기능사 | 작 품 명 | 주 택 |
|---|---|---|---|

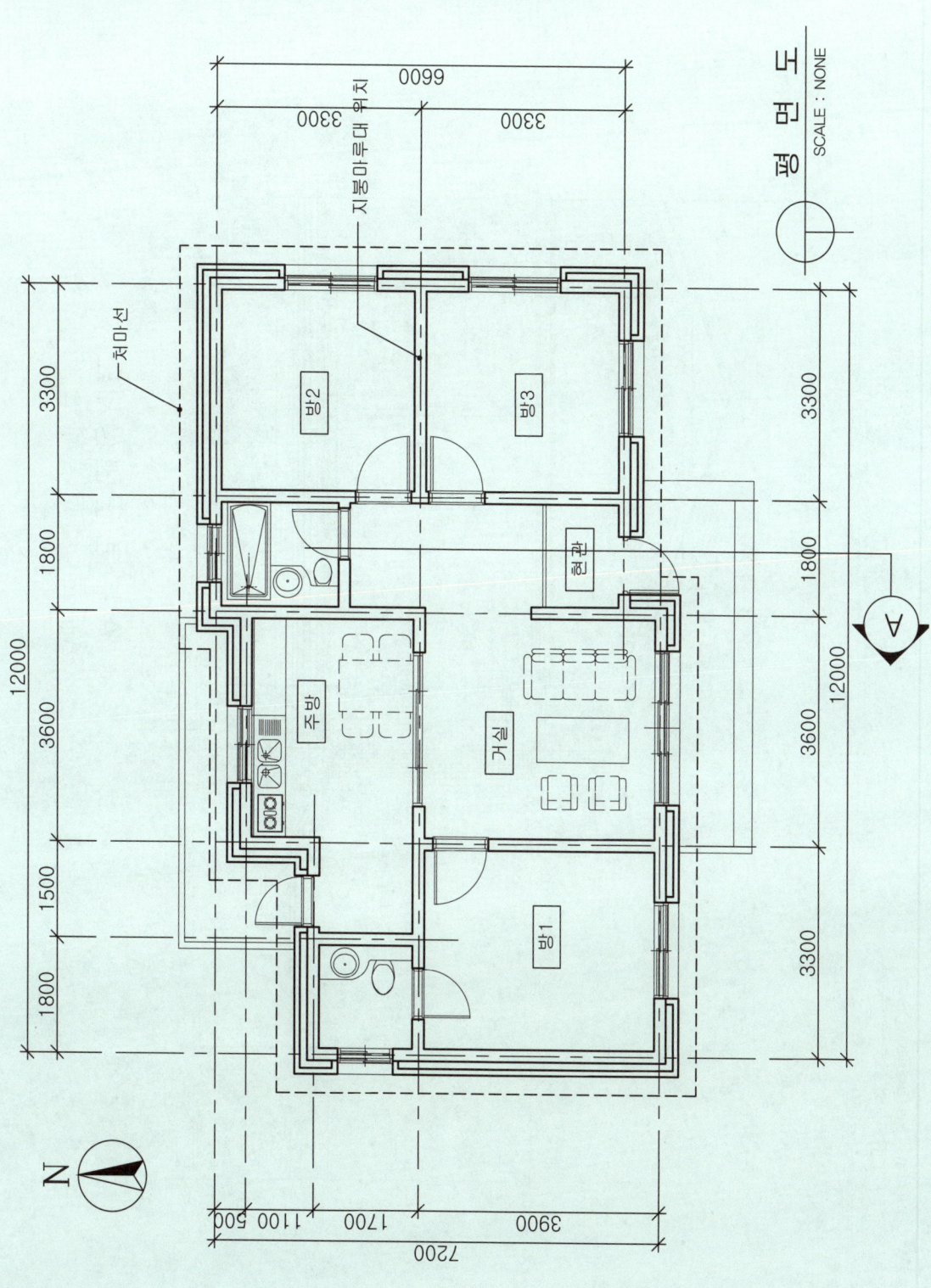

# 09 기출문제 해답

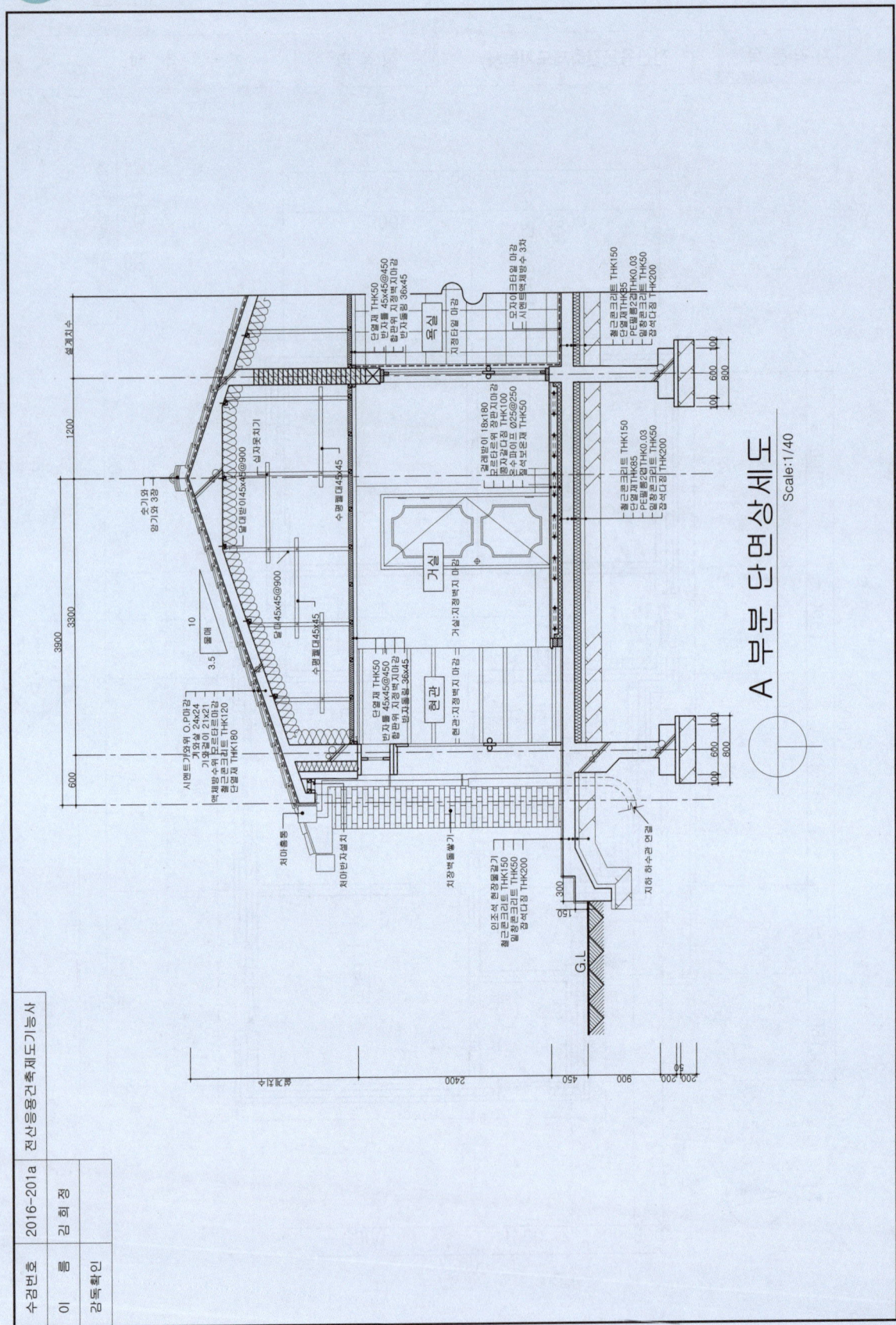

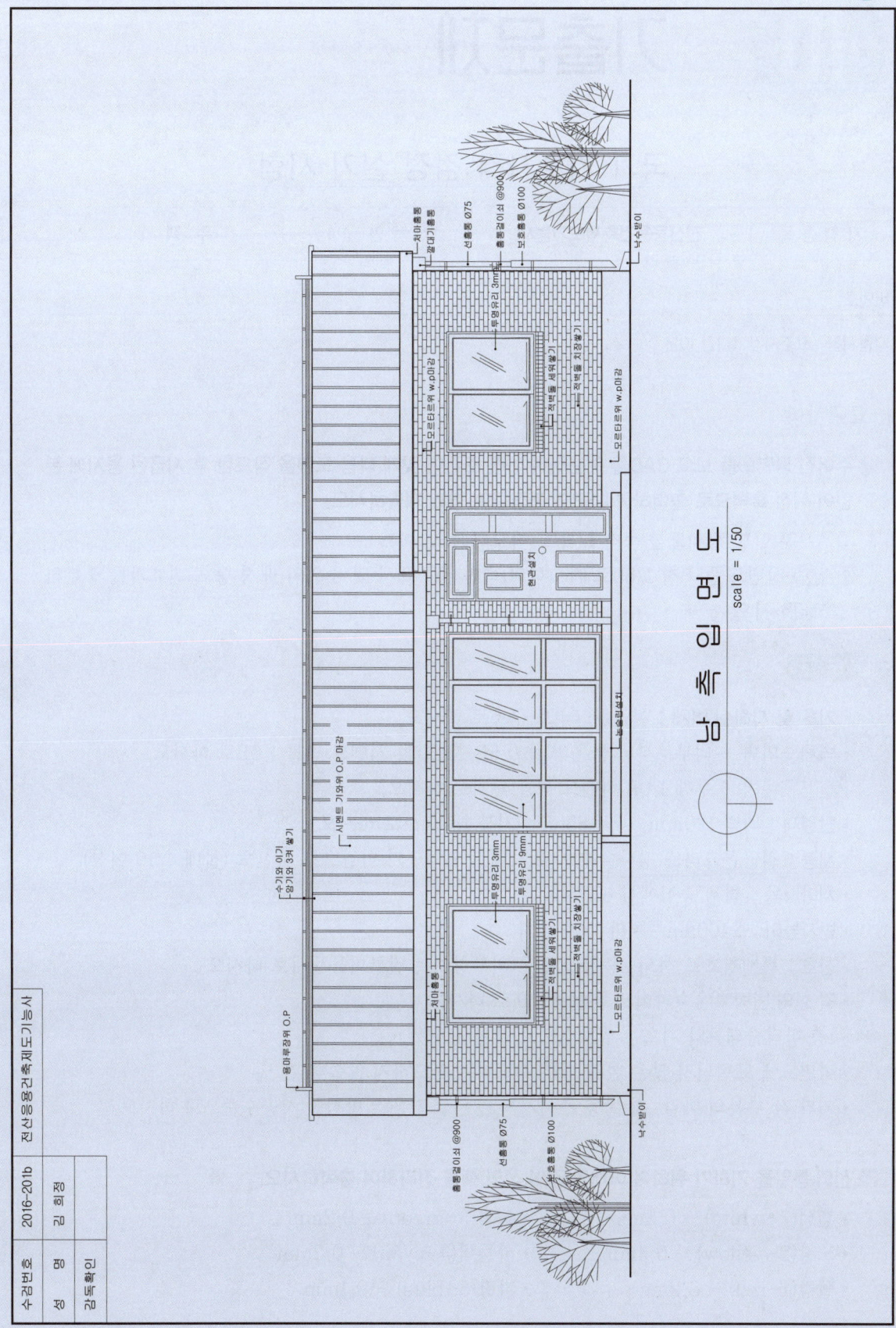

# 기출문제

## 국가 기술자격 검정 실기 시험

| 자 격 종 목 | 전산응용건축제도기능사 | 작 품 명 | 주 택 |
|---|---|---|---|

비번호 _____

시험시간 : 표준시간 4시간 10분

## 1. 요구사항

**1** 주어진 평면도를 보고 CAD를 이용하여 아래 조건에 맞게 다음 도면을 작도한 후 지급된 용지에 본인이 직접 흑백으로 출력하여 USB에 저장하여 함께 제출하시오.

① A부분 단면 상세도를 축척 1/40로 작도하시오.
② 남측 입면도를 축척 1/50로 작도하되 벽면재료 표시 및 주위의 배경 등 도면효과를 충분히 고려하시오.

### 조 건

- 기초 및 지하실 벽체 : 철근콘크리트 구조로 하시오.
- 벽체 : 외벽 – 외부로부터 붉은 벽돌 0.5B, 단열재, 시멘트 벽돌 1.0B로 하시오.
  내벽 – 두께 1.0B 시멘트 벽돌 쌓기로 하시오.
- 단열재 : 외벽 120mm, 바닥 85mm, 지붕 180mm로 하시오.
- 지붕 : 철근콘크리트 경사슬래브 위 시멘트 기와잇기 마감으로 하시오. (물매 4/10 이상)
- 처마나옴 : 벽체 중심에서 600mm
- 반자높이 : 2400mm, 처마 반자 설치
- 창호 : 목재창호로 하되 2중창인 경우 외부창호는 알루미늄새시로 하시오.
- 각 실의 난방 : 온수파이프 온돌난방으로 하시오.
- 1층 바닥슬래브와 기초는 일체식으로 표현하시오.
- 평면도에 표현되지 않은 현관 상부 캐노피는 작도하지 않습니다.
- 기타 각 부분의 마감, 치수 등 주어지지 않은 조건은 일반적인 시공수준으로 하시오.

**2** 선의 통일을 기하기 위하여 아래와 같이 선의 색을 정리하여 출력하시오.

- 흰색(7-white) – 0.3mm
- 노랑(2-yellow) – 0.4mm
- 빨강(1-red) – 0.2mm
- 녹색(3-green) – 0.2mm
- 하늘색(4-cyan) – 0.3mm
- 파랑(5-blue) – 0.1mm

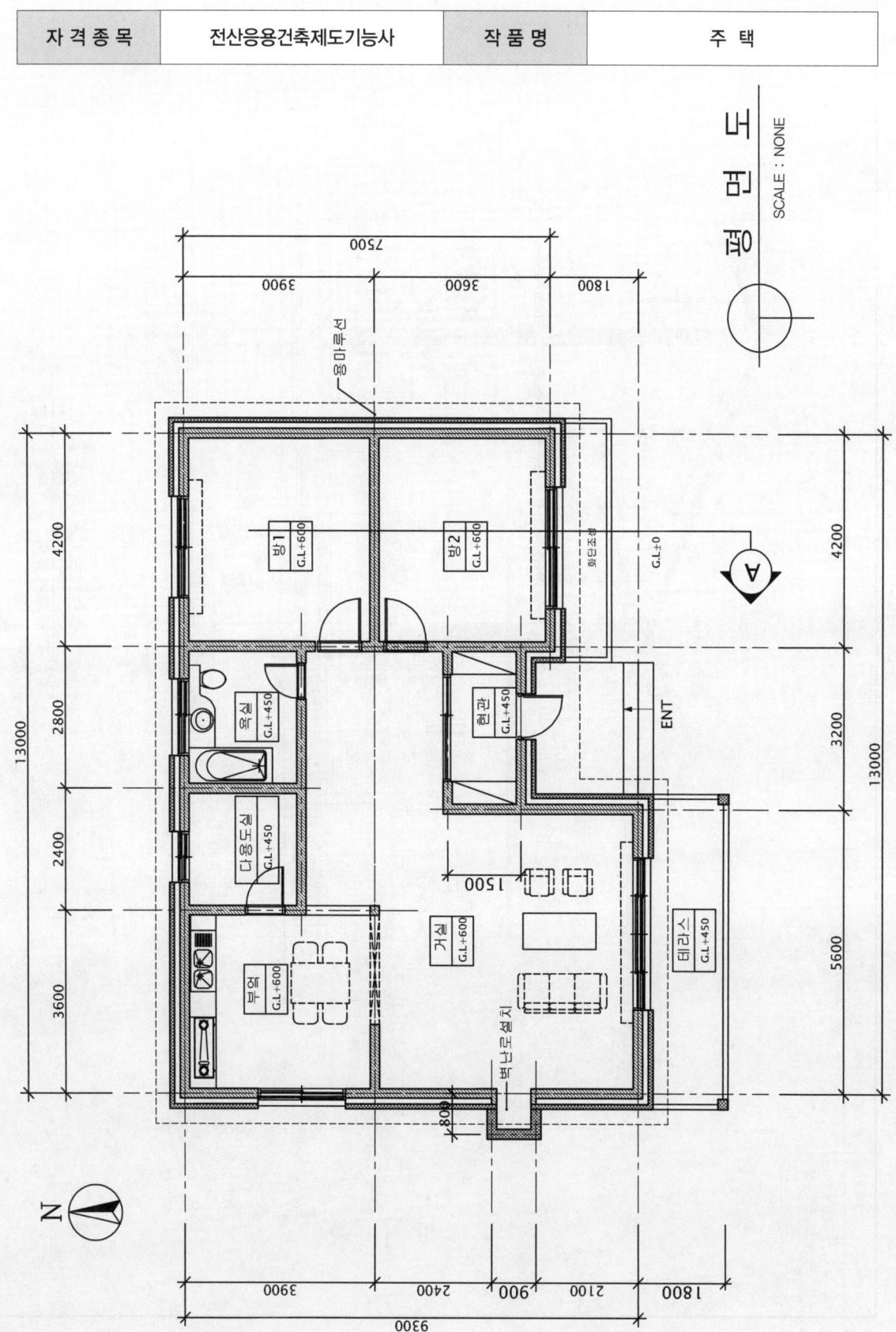

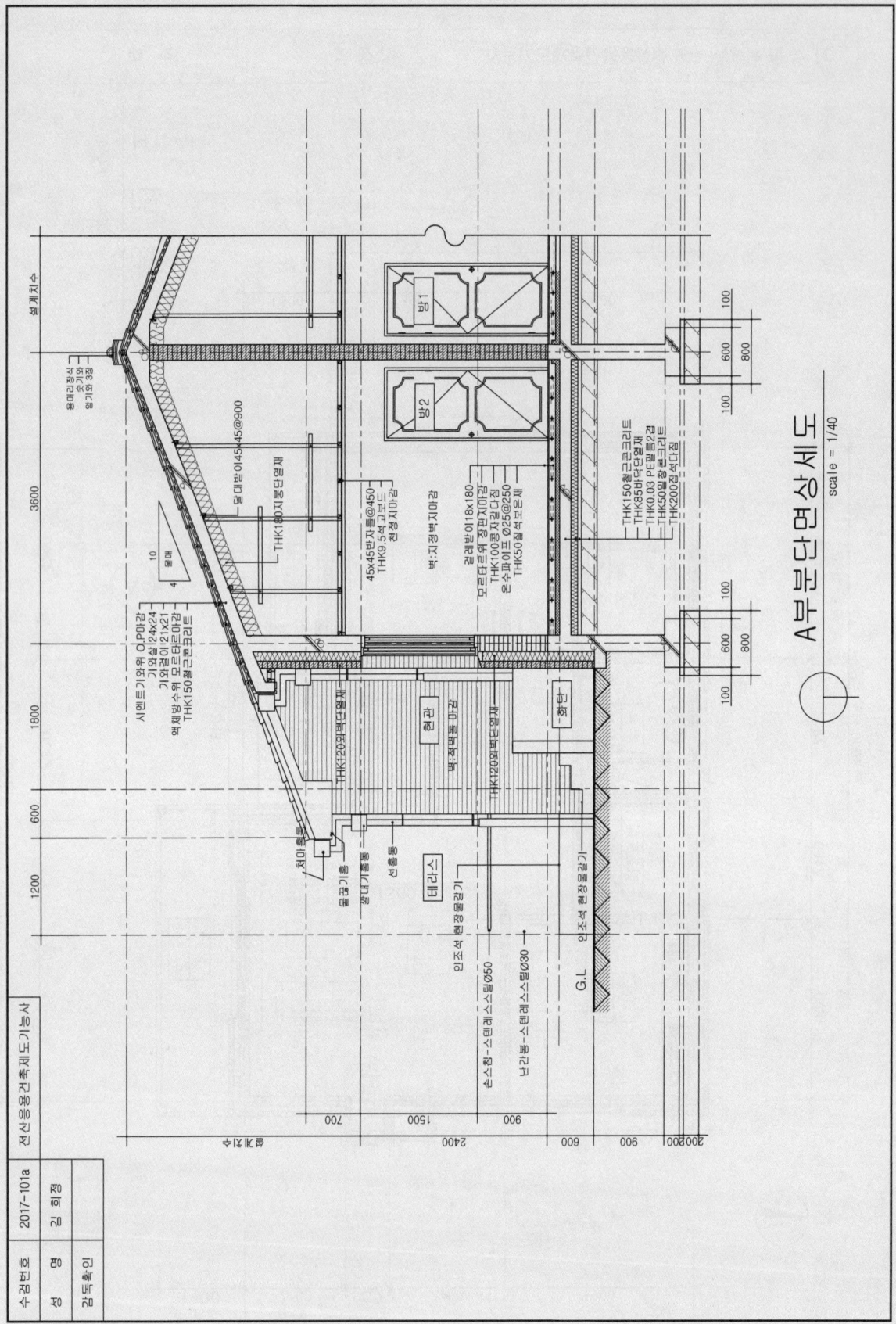

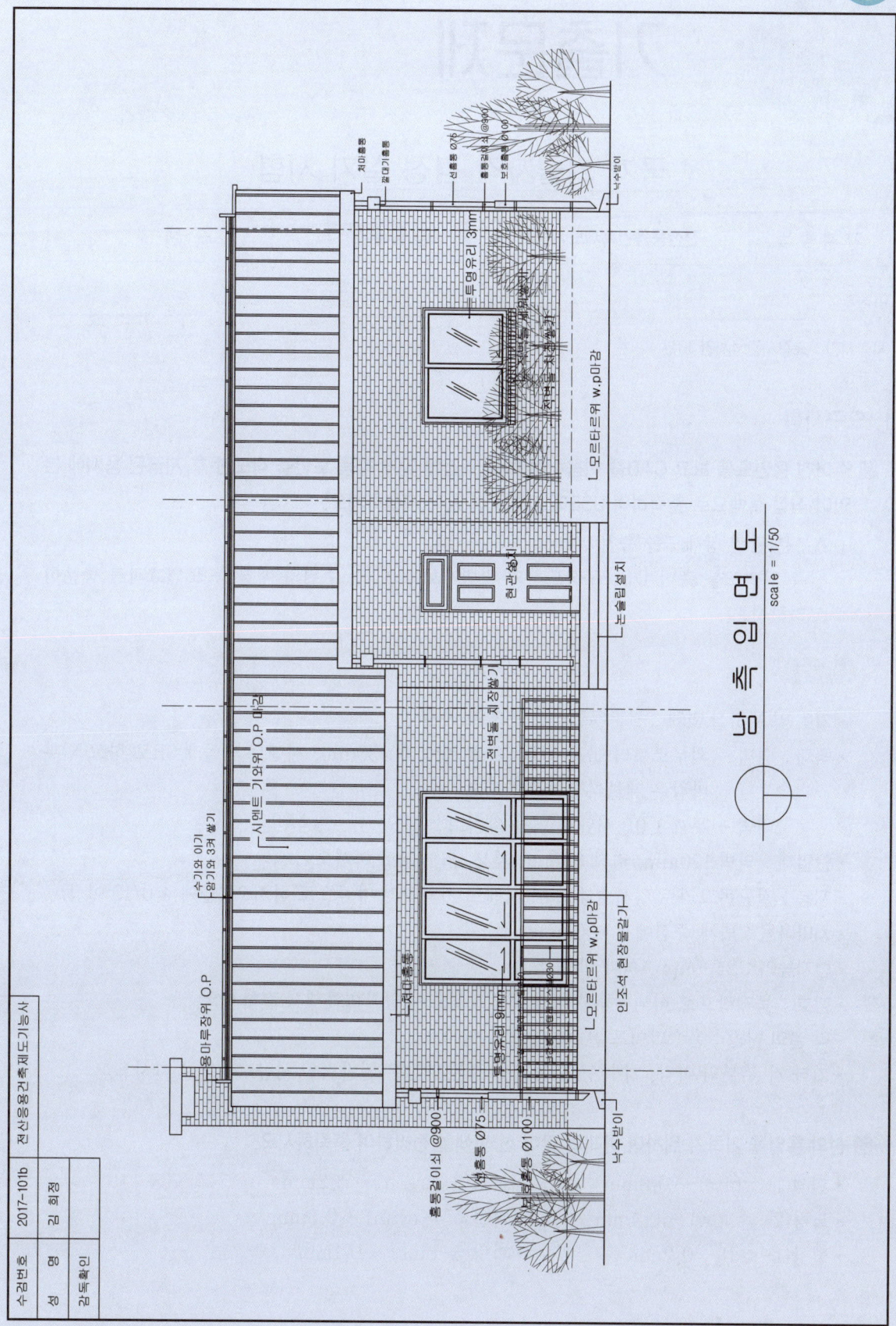

# 기출문제

## 국가 기술자격 검정 실기 시험

| 자 격 종 목 | 전산응용건축제도기능사 | 작 품 명 | 주 택 |

비번호

시험시간 : 표준시간 4시간 10분

## 1. 요구사항

**1** 주어진 평면도를 보고 CAD를 이용하여 아래 조건에 맞게 다음 도면을 작도한 후 지급된 용지에 본인이 직접 흑백으로 출력하여 USB에 저장하여 함께 제출하시오.

① A부분 단면 상세도를 축척 1/40로 작도하시오.
② 남측 입면도를 축척 1/50로 작도하되 벽면재료 표시 및 주위의 배경 등 도면효과를 충분히 고려하시오.

### 조건

- 기초 및 지하실 벽체 : 철근콘크리트 구조로 하시오.
- 벽체 : 외벽 – 외부로부터 붉은 벽돌 0.5B, 단열재 120mm, 시멘트 벽돌 1.0B로 하고 외부 마감은 제물치장으로 하시오.
  내벽 – 두께 1.0B 시멘트 벽돌 쌓기로 하시오.
- 단열재 : 외벽 120mm, 바닥 85mm, 지붕 180mm로 하시오.
- 지붕 : 철근콘크리트 경사슬래브 위 시멘트 기와잇기 마감으로 하시오.(물매 4.0/10 이상)
- 처마나옴 : 벽체 중심에서 600mm
- 반자높이 : 2400mm, 처마 반자 설치
- 창호 : 목재창호로 하되 2중창인 경우 외부창호는 알루미늄새시로 하시오.
- 각 실의 난방 : 온수파이프 온돌난방으로 하시오.
- 기타 각 부분의 마감, 치수 등 주어지지 않은 조건은 일반적인 시공수준으로 하시오.

**2** 선의 통일을 기하기 위하여 아래와 같이 선의 색을 정리하여 출력하시오.

- 흰색(7-white) – 0.3mm
- 노랑(2-yellow) – 0.4mm
- 빨강(1-red) – 0.2mm
- 녹색(3-green) – 0.2mm
- 하늘색(4-cyan) – 0.3mm
- 파랑(5-blue) – 0.1mm

| 자격종목 | 전산응용건축제도기능사 | 작품명 | 주 택 |

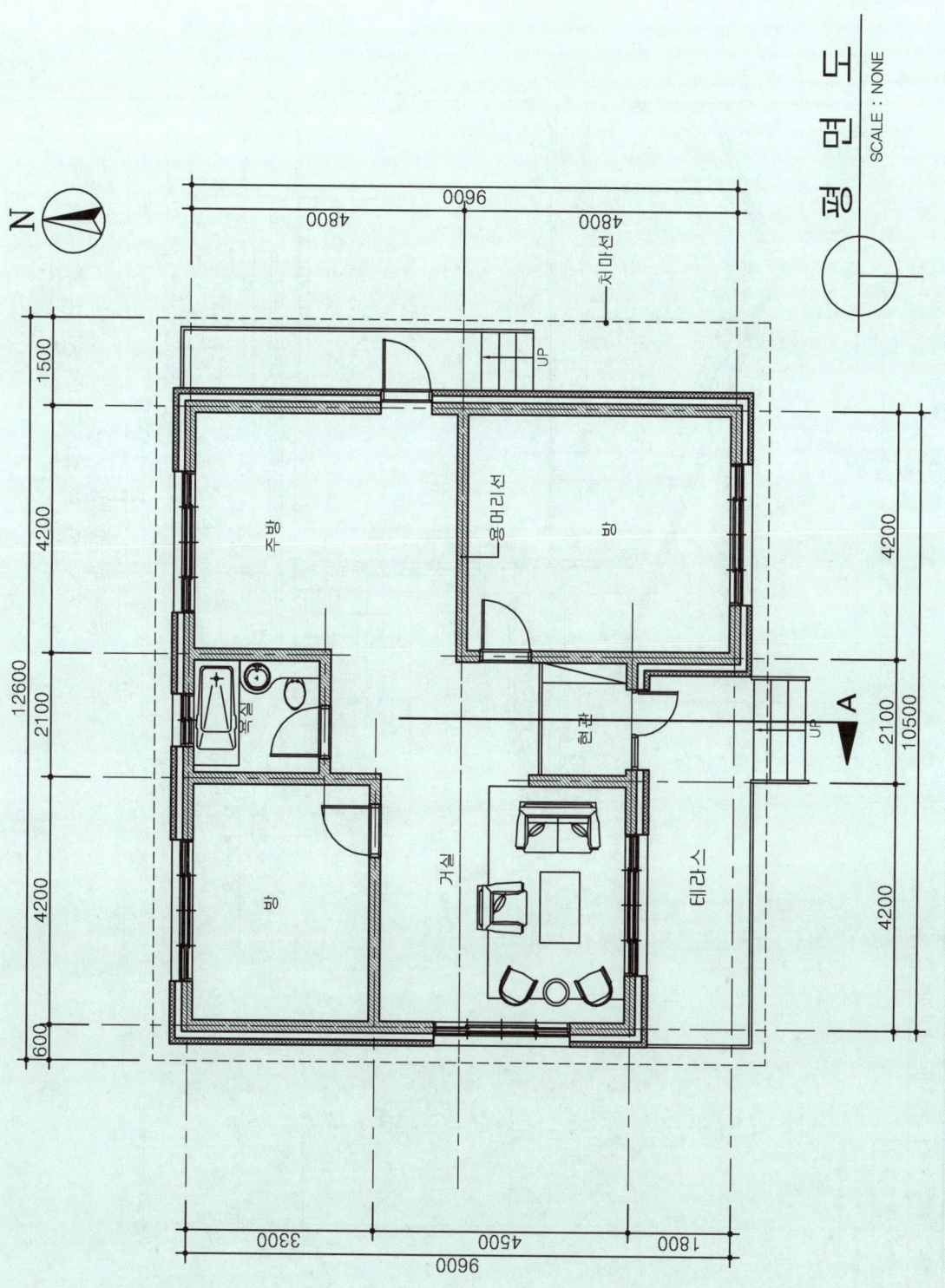

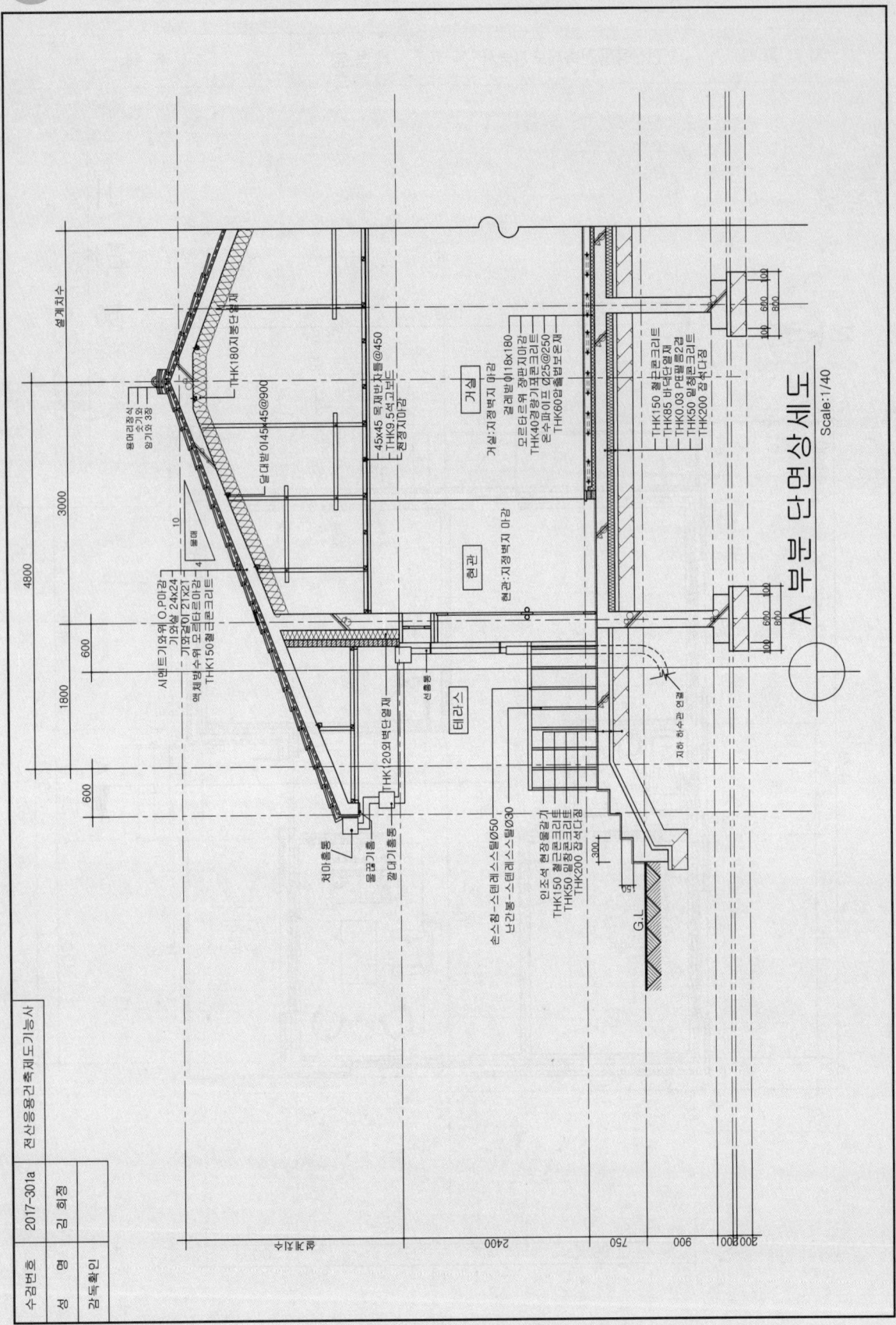

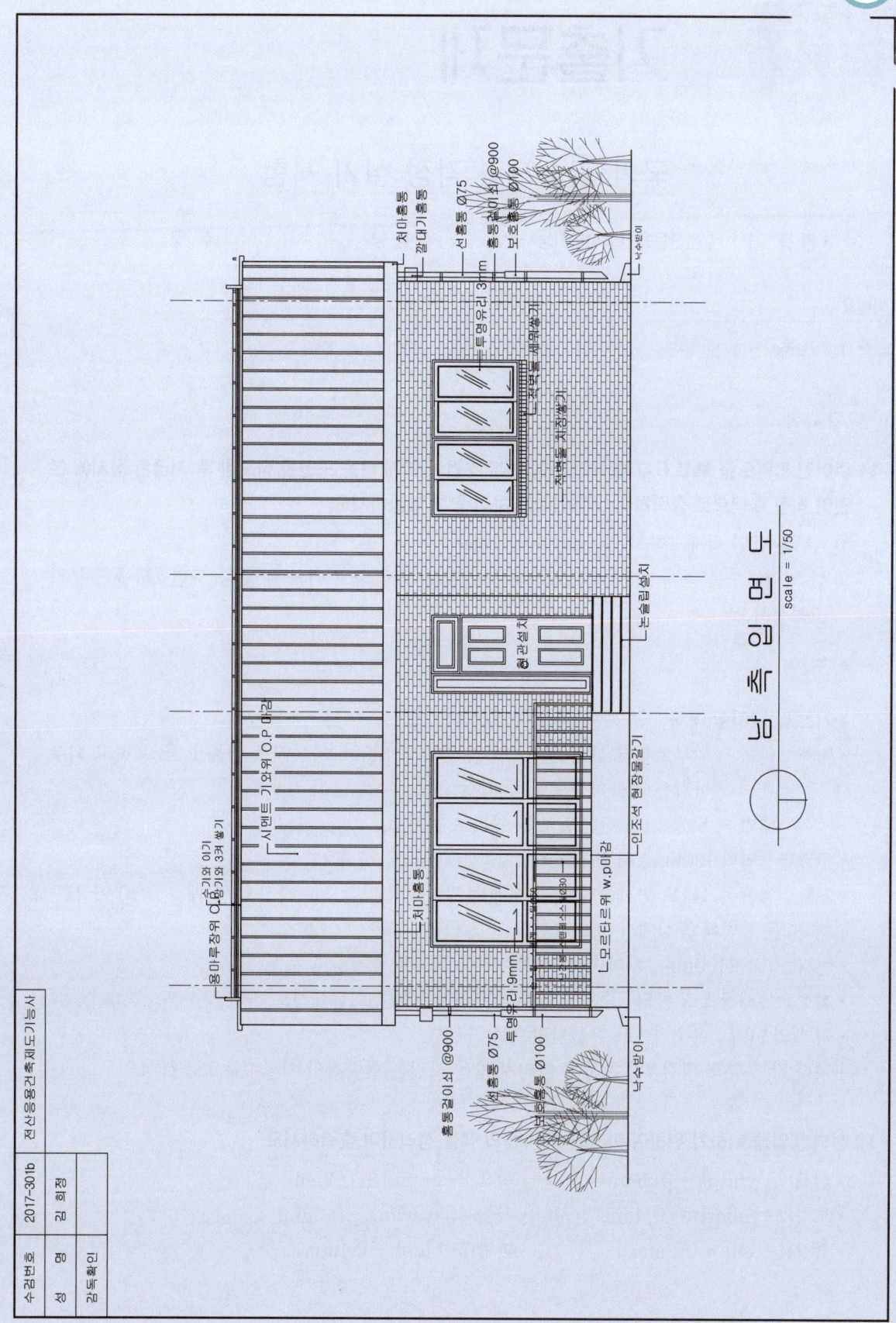

# 기출문제

## 국가 기술자격 검정 실기 시험

| 자 격 종 목 | 전산응용건축제도기능사 | 작 품 명 | 주 택 |
|---|---|---|---|

비번호

시험시간 : 표준시간 4시간 10분

## 1. 요구사항

**1** 주어진 평면도를 보고 CAD를 이용하여 아래 조건에 맞게 다음 도면을 작도한 후 지급된 용지에 본인이 직접 흑백으로 출력하여 USB에 저장하여 함께 제출하시오.

① A부분 단면 상세도를 축척 1/40로 작도하시오.
② 남측 입면도를 축척 1/50로 작도하되 벽면재료 표시 및 주위의 배경 등 도면효과를 충분히 고려하시오.

**조 건**

- 기초 및 지하실 벽체 : 철근콘크리트 구조로 하시오.
- 벽체 : 외벽 – 외부로부터 붉은 벽돌 0.5B, 단열재 120mm, 시멘트 벽돌 1.0B로 하고 외부 마감은 제물치장으로 하시오.
  내벽 – 두께 1.0B 시멘트 벽돌 쌓기로 하시오.
- 단열재 : 외벽 120mm, 바닥 85mm, 지붕 180mm로 하시오.
- 지붕 : 철근콘크리트 경사슬래브 위 시멘트 기와잇기 마감으로 하시오.(물매 4.0/10 이상)
- 처마나옴 : 벽체 중심에서 600mm
- 반자높이 : 2400mm, 처마 반자 설치
- 창호 : 목재창호로 하되 2중창인 경우 외부창호는 알루미늄새시로 하시오.
- 각 실의 난방 : 온수파이프 온돌난방으로 하시오.
- 기타 각 부분의 마감, 치수 등 주어지지 않은 조건은 일반적인 시공수준으로 하시오.

**2** 선의 통일을 기하기 위하여 아래와 같이 선의 색을 정리하여 출력하시오.

- 흰색(7-white) – 0.3mm
- 노랑(2-yellow) – 0.4mm
- 빨강(1-red) – 0.2mm
- 녹색(3-green) – 0.2mm
- 하늘색(4-cyan) – 0.3mm
- 파랑(5-blue) – 0.1mm

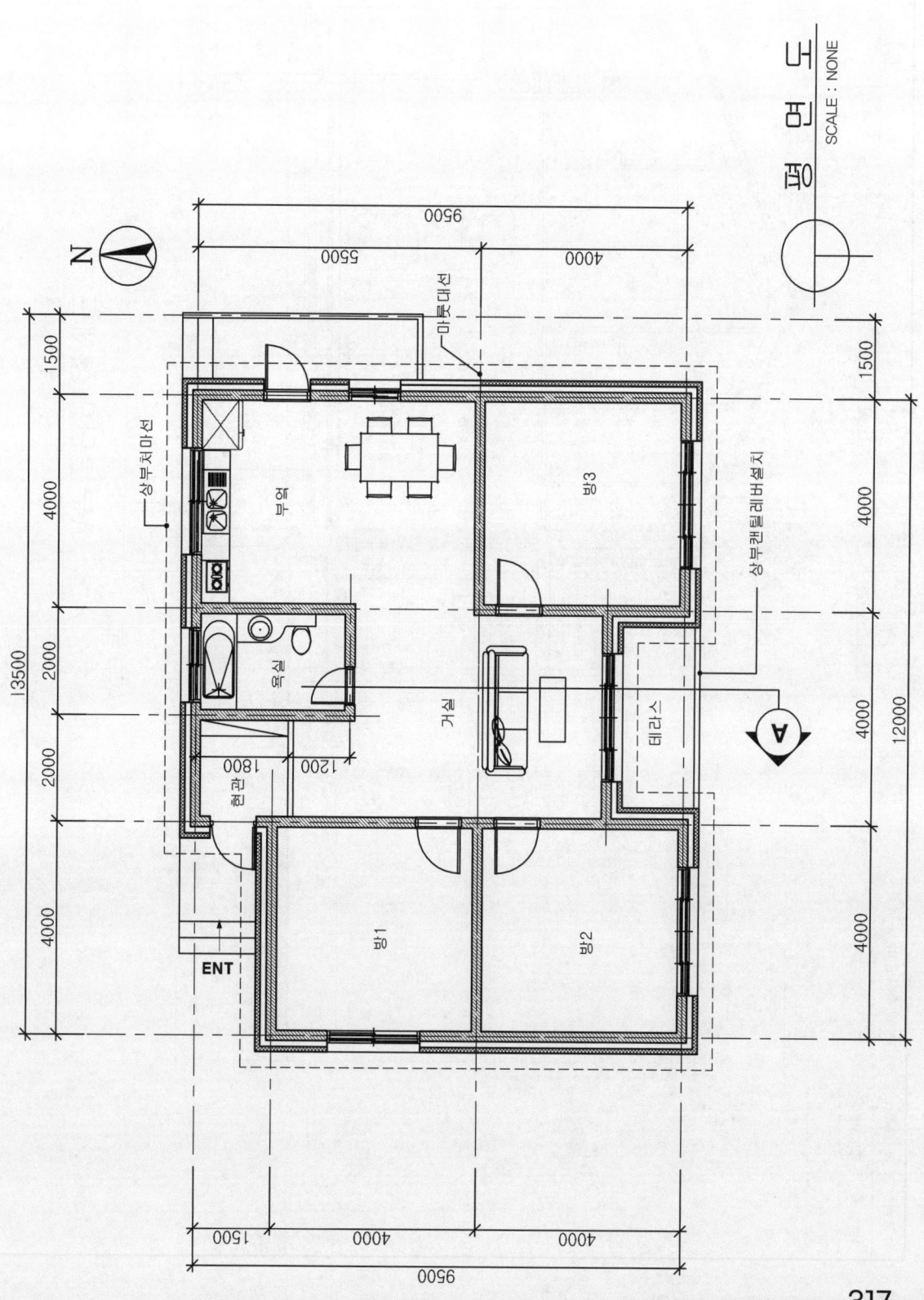

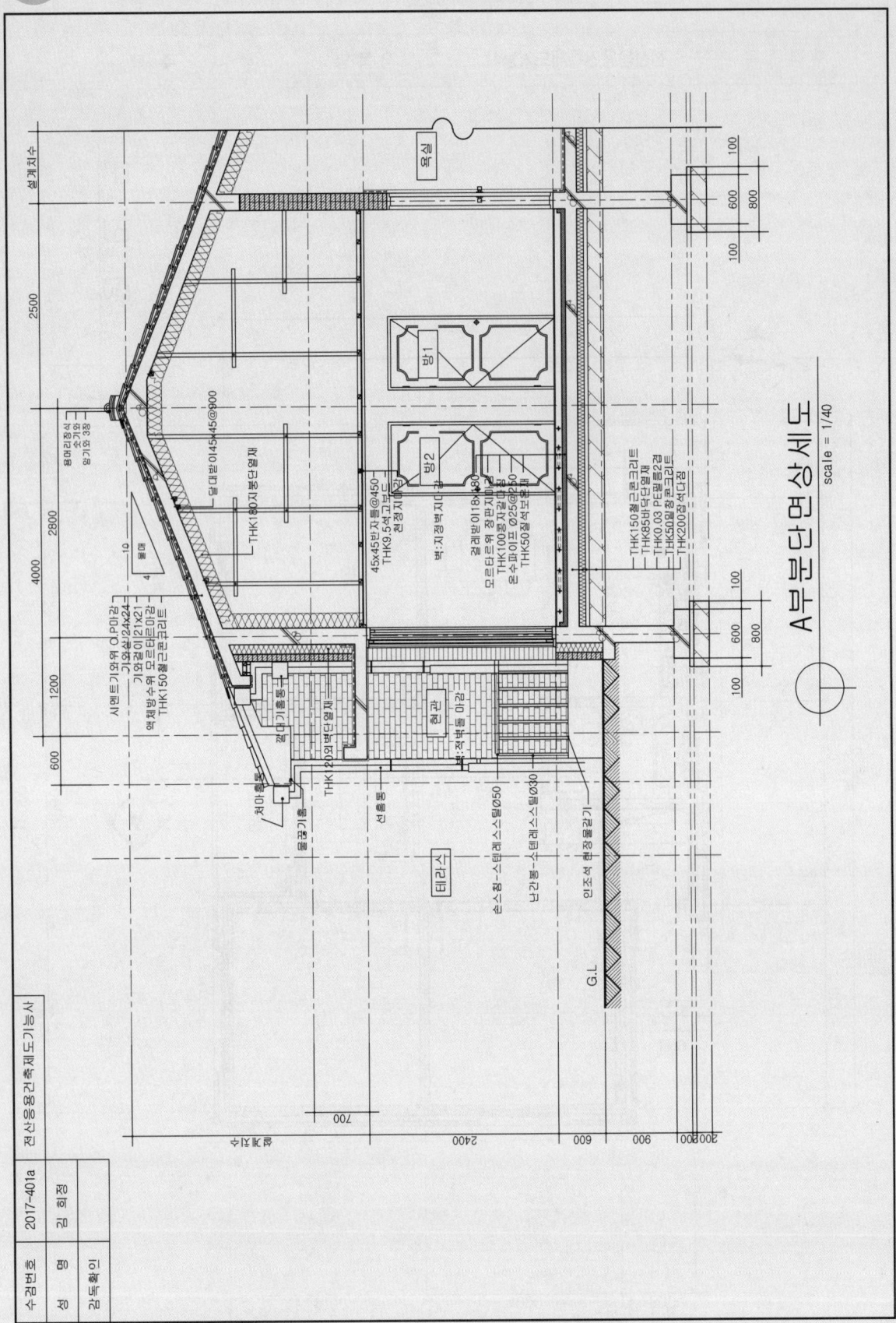

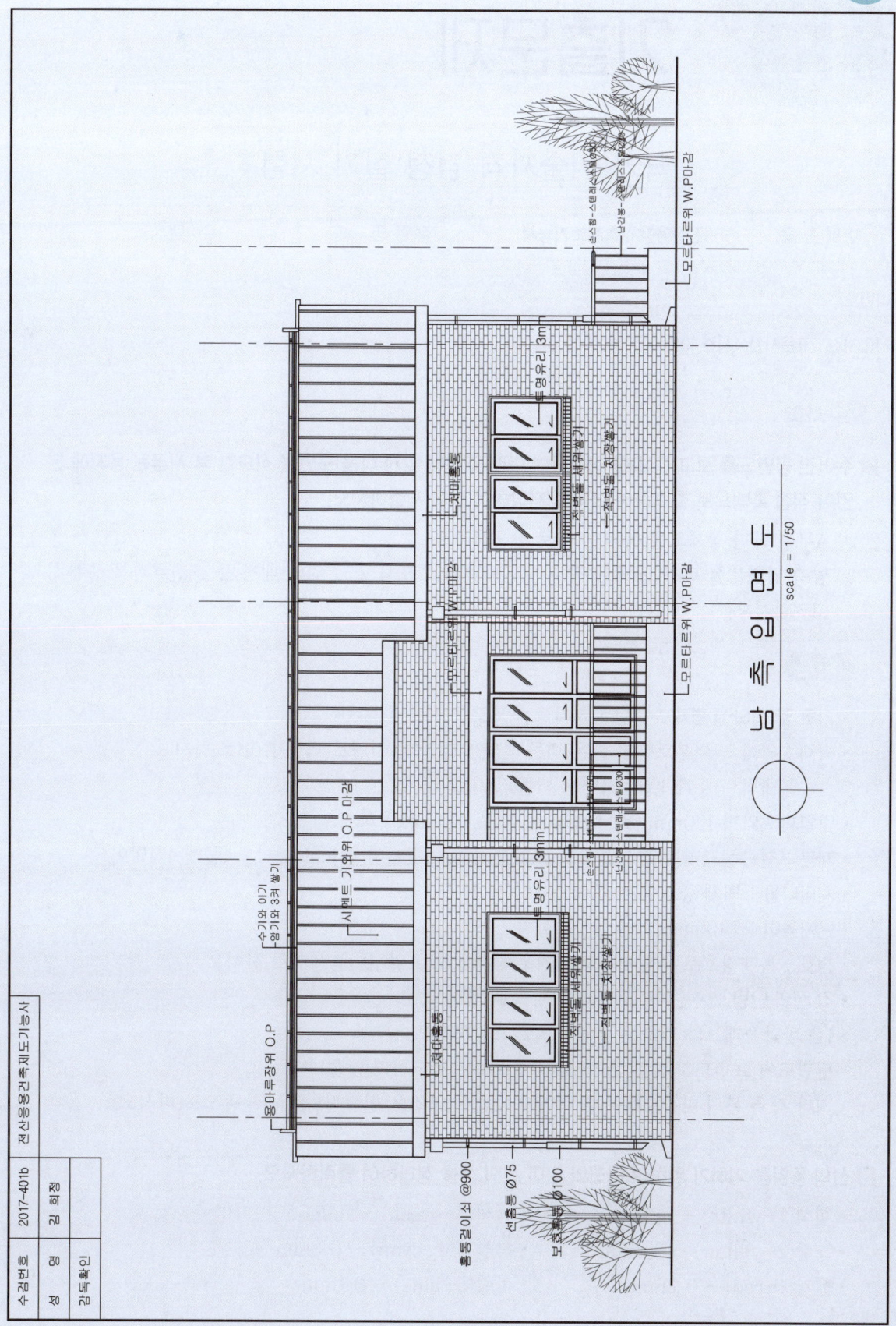

# 기출문제

## 국가 기술자격 검정 실기 시험

| 자 격 종 목 | 전산응용건축제도기능사 | 작 품 명 | 주 택 |

비번호 _____

시험시간 : 표준시간 4시간 10분

### 1. 요구사항

**1** 주어진 평면도를 보고 CAD를 이용하여 아래 조건에 맞게 다음 도면을 작도한 후 지급된 용지에 본인이 직접 흑백으로 출력하여 USB에 저장하여 함께 제출하시오.
  ① A부분 단면 상세도를 축척 1/40로 작도하시오.
  ② 남측 입면도를 축척 1/50로 작도하되 벽면재료 표시 및 주위의 배경 등 도면효과를 충분히 고려하시오.

#### 조건

- 기초 및 지하실 벽체 : 철근콘크리트 구조로 하시오.
- 벽체 : 외벽 – 외부로부터 붉은 벽돌 0.5B, 단열재, 시멘트 벽돌 1.0B로 하시오.
         내벽 – 두께 1.0B 시멘트 벽돌 쌓기로 하시오.
- 단열재 : 외벽 120mm, 바닥 85mm, 지붕 180mm로 하시오.
- 지붕 : 철근콘크리트 경사슬래브 위 시멘트 기와잇기 마감으로 하시오.(물매 4/10 이상)
- 처마나옴 : 벽체 중심에서 600mm
- 반자높이 : 2400mm, 처마 반자 설치
- 창호 : 목재창호로 하되 2중창인 경우 외부창호는 알루미늄새시로 하시오.
- 각 실의 난방 : 온수파이프 온돌난방으로 하시오.
- 1층 바닥슬래브와 기초는 일체식으로 표현하시오.
- 평면도에 표현되지 않은 현관 상부 캐노피는 작도하지 않습니다.
- 기타 각 부분의 마감, 치수 등 주어지지 않은 조건은 일반적인 시공수준으로 하시오.

**2** 선의 통일을 기하기 위하여 아래와 같이 선의 색을 정리하여 출력하시오.

- 흰색(7-white) – 0.3mm
- 노랑(2-yellow) – 0.4mm
- 빨강(1-red) – 0.2mm
- 녹색(3-green) – 0.2mm
- 하늘색(4-cyan) – 0.3mm
- 파랑(5-blue) – 0.1mm

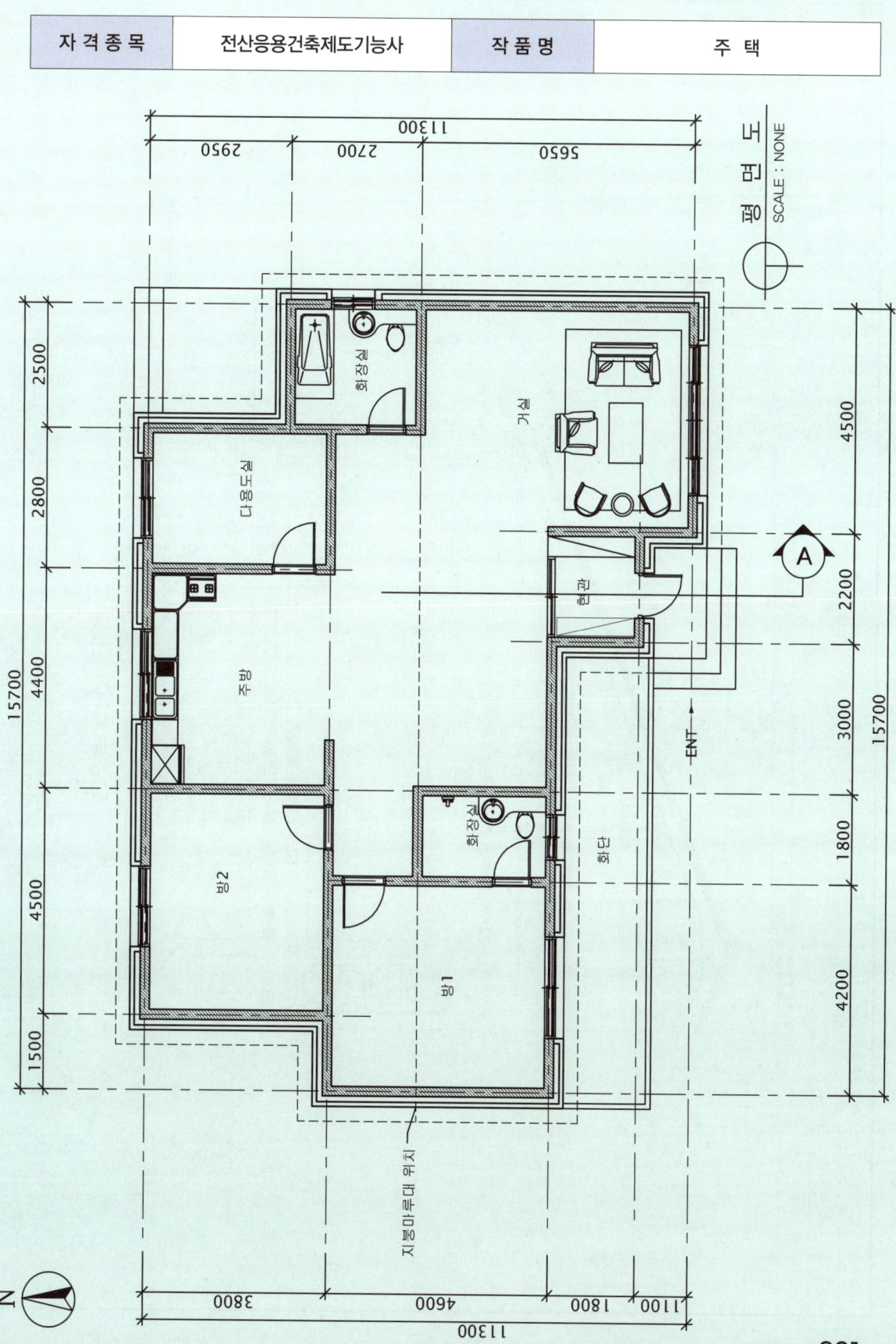

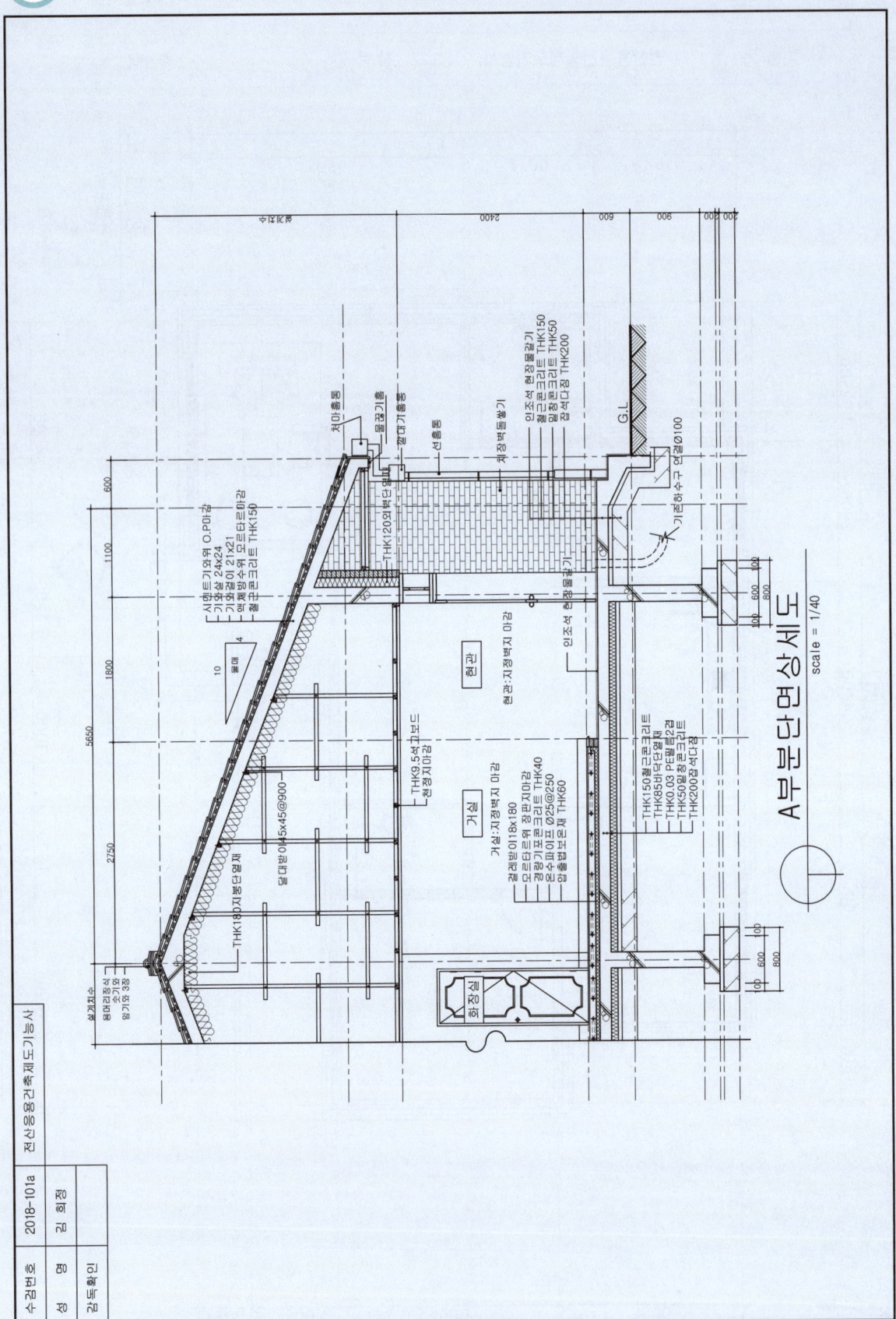

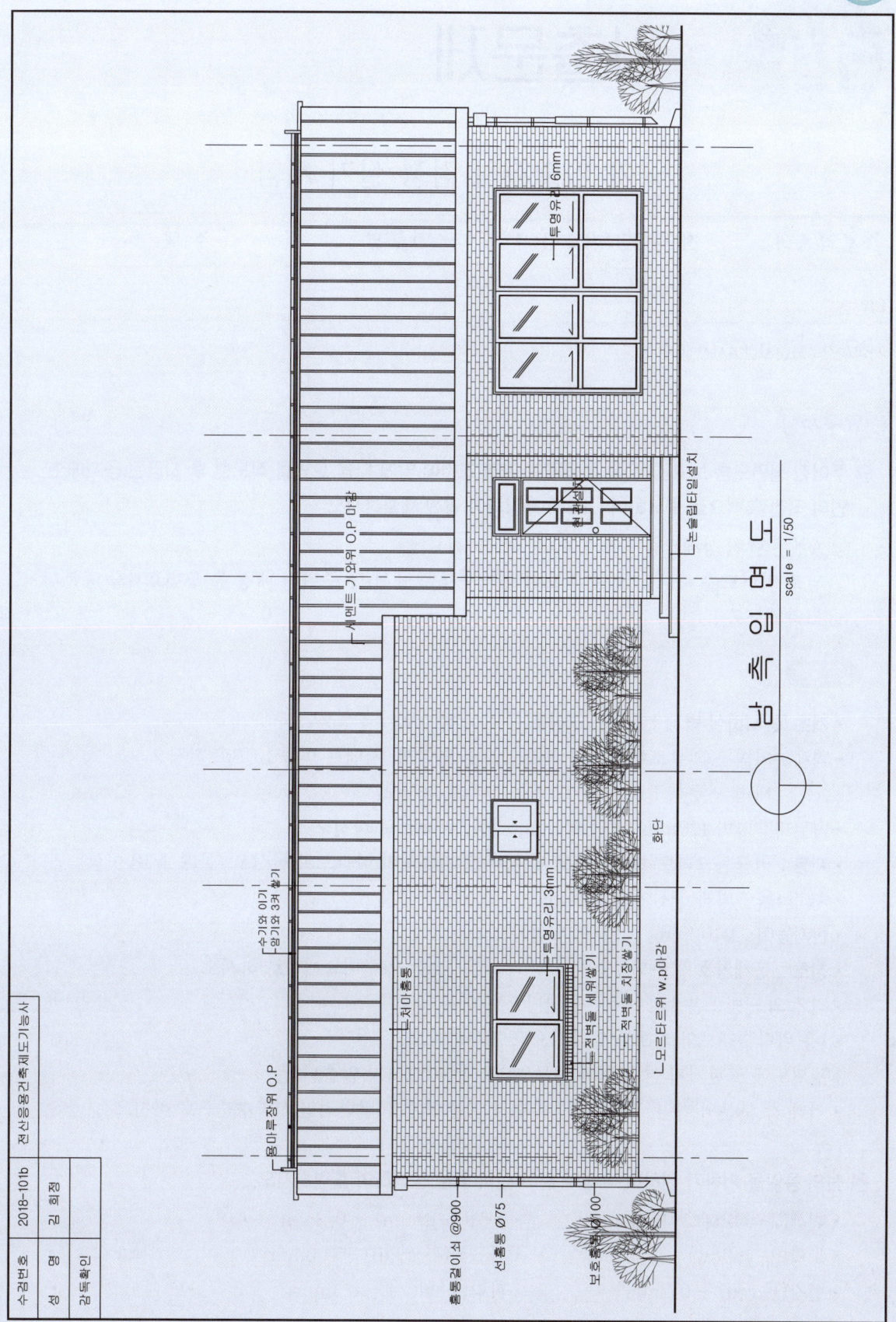

# 14 기출문제

## 국가 기술자격 검정 실기 시험

| 자 격 종 목 | 전산응용건축제도기능사 | 작 품 명 | 주 택 |
|---|---|---|---|

비번호 _____

시험시간 : 표준시간 4시간 10분

## 1. 요구사항

**1** 주어진 평면도를 보고 CAD를 이용하여 아래 조건에 맞게 다음 도면을 작도한 후 지급된 용지에 본인이 직접 흑백으로 출력하여 USB에 저장하여 함께 제출하시오.

① A부분 단면 상세도를 축척 1/40로 작도하시오.
② 남측 입면도를 축척 1/50로 작도하되 벽면재료 표시 및 주위의 배경 등 도면효과를 충분히 고려하시오.

### 조건

- 기초 및 지하실 벽체 : 철근콘크리트 구조로 하시오.
- 벽체 : 외벽 – 외부로부터 붉은 벽돌 0.5B, 단열재, 시멘트 벽돌 1.0B로 하시오.
  내벽 – 두께 1.0B 시멘트 벽돌 쌓기로 하시오.
- 단열재 : 외벽 120mm, 바닥 85mm, 지붕 180mm로 하시오.
- 지붕 : 철근콘크리트 경사슬래브 위 시멘트 기와잇기 마감으로 하시오.(물매 4/10 이상)
- 처마나옴 : 벽체 중심에서 600mm
- 반자높이 : 2400mm, 처마 반자 설치
- 창호 : 목재창호로 하되 2중창인 경우 외부창호는 알루미늄새시로 하시오.
- 각 실의 난방 : 온수파이프 온돌난방으로 하시오.
- 1층 바닥슬래브와 기초는 일체식으로 표현하시오.
- 평면도에 표현되지 않은 현관 상부 캐노피는 작도하지 않습니다.
- 기타 각 부분의 마감, 치수 등 주어지지 않은 조건은 일반적인 시공수준으로 하시오.

**2** 선의 통일을 기하기 위하여 아래와 같이 선의 색을 정리하여 출력하시오.

- 흰색(7-white) – 0.3mm
- 녹색(3-green) – 0.2mm
- 노랑(2-yellow) – 0.4mm
- 하늘색(4-cyan) – 0.3mm
- 빨강(1-red) – 0.2mm
- 파랑(5-blue) – 0.1mm

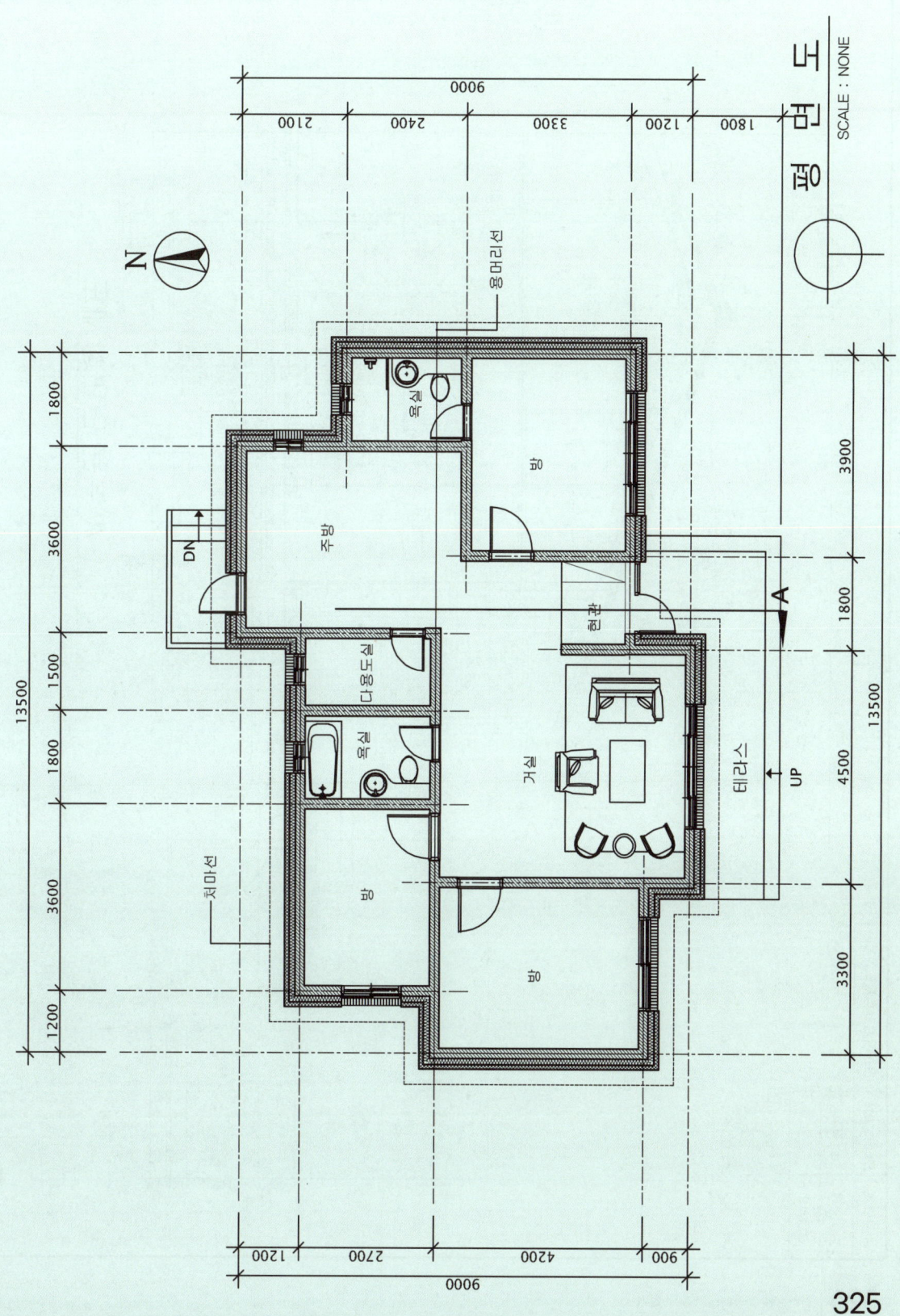

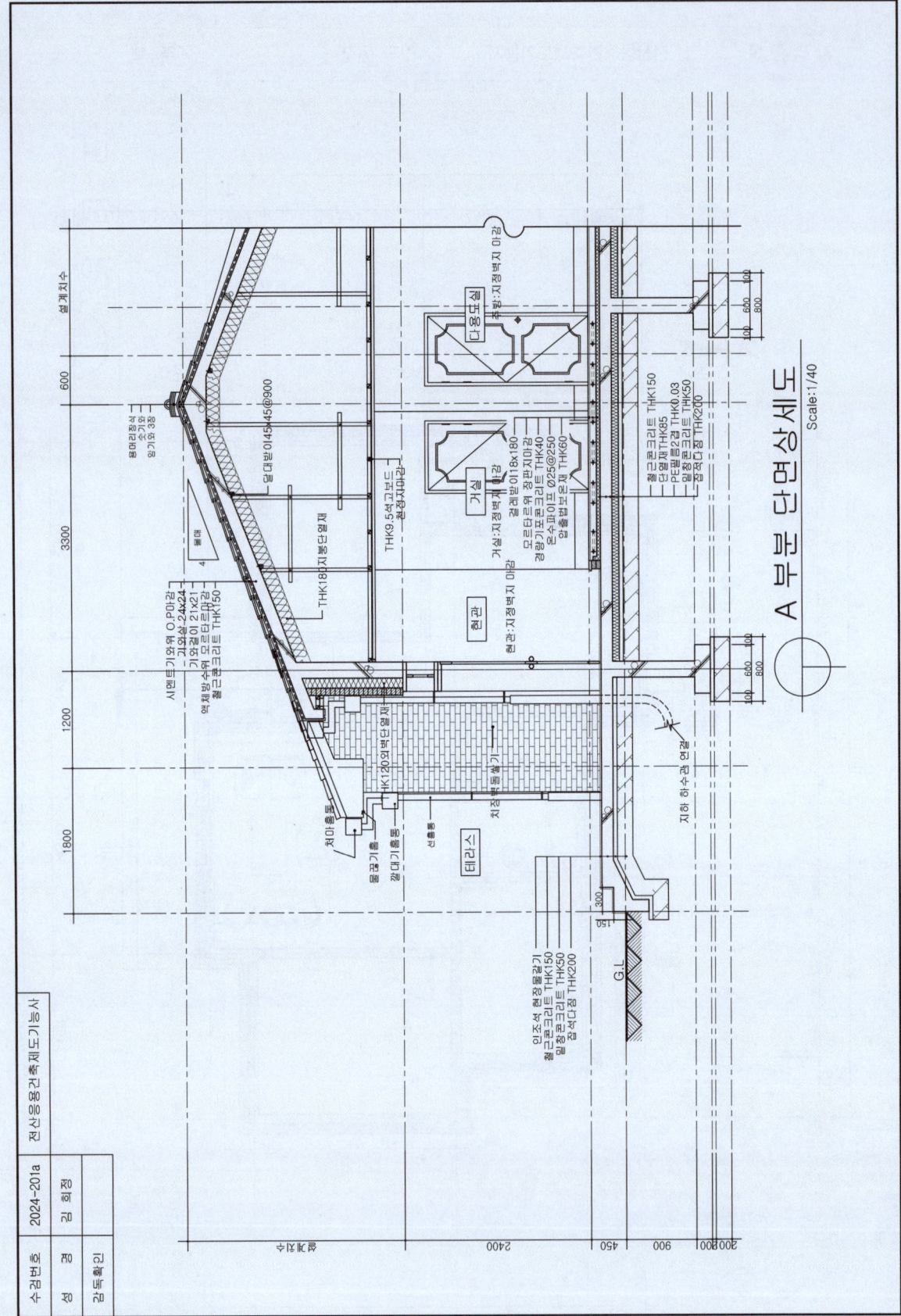

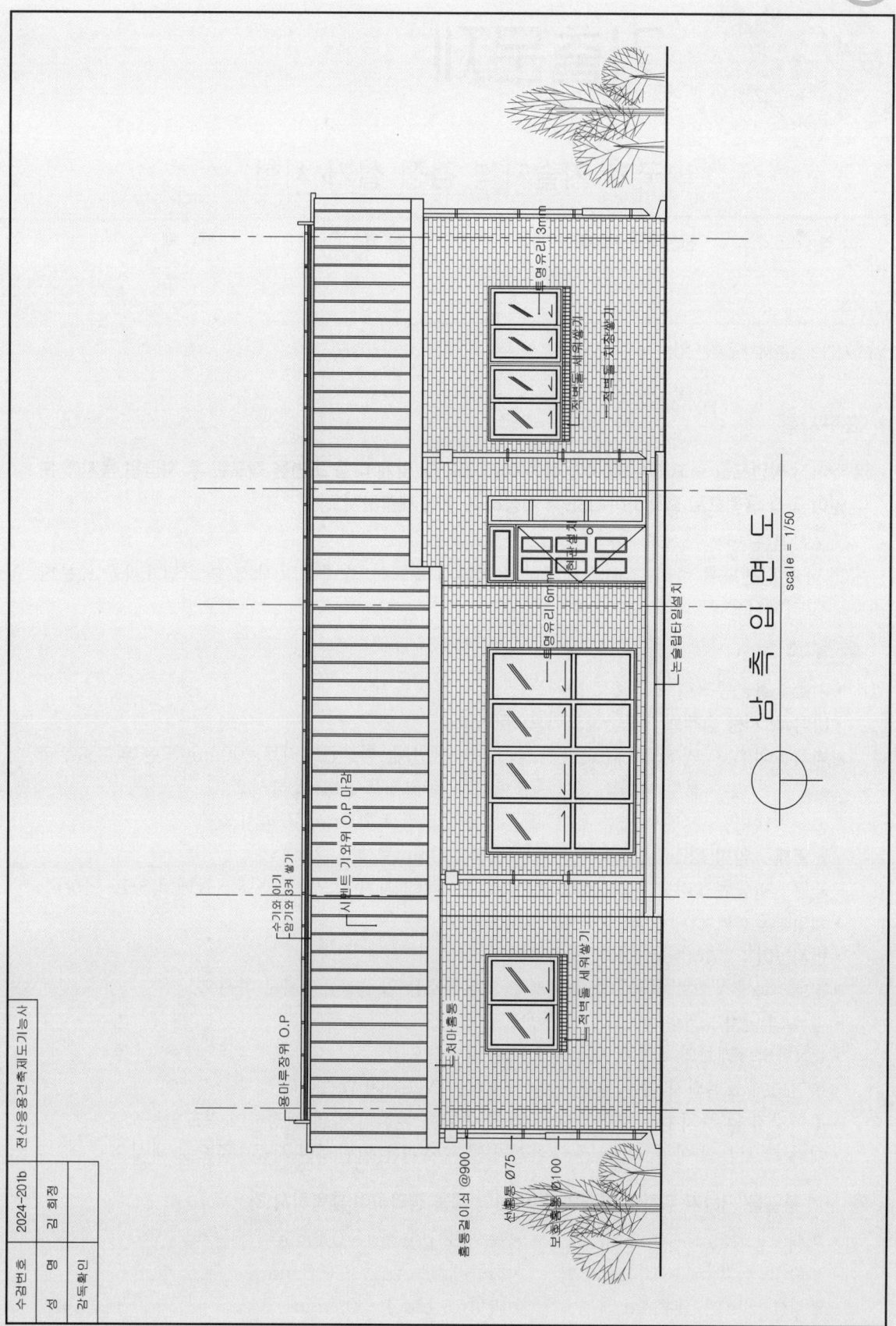

#  기출문제

## 국가 기술자격 검정 실기 시험

| 자 격 종 목 | 전산응용건축제도기능사 | 작 품 명 | 주 택 |
|---|---|---|---|

비번호 _____

시험시간 : 표준시간 4시간 10분

## 1. 요구사항

**1** 주어진 평면도를 보고 CAD를 이용하여 아래 조건에 맞게 다음 도면을 작도한 후 지급된 용지에 본인이 직접 흑백으로 출력하여 USB에 저장하여 함께 제출하시오.

① A부분 단면 상세도를 축척 1/40로 작도하시오.
② 남측 입면도를 축척 1/50로 작도하되 벽면재료 표시 및 주위의 배경 등 도면효과를 충분히 고려하시오.

### 조 건

- 기초 : 철근콘크리트 구조로 하시오.
- 바닥 및 지붕 슬래브 : 철근콘크리트(150mm)
- 벽체 : 외벽 － 외부로부터 붉은 벽돌 0.5B, 단열재, 철근콘크리트 200mm 또는 외부로부터
  붉은 벽돌 0.5B, 단열재, 철근콘크리트 1.0B로 하시오.
  내벽 － 시멘트 벽돌 1.0B 또는 철근콘크리트 200mm로 하시오.
- 단열재 : 외벽 120mm, 바닥 85mm, 지붕 180mm로 하시오.
- 지붕 : 철근콘크리트 경사슬래브 위 시멘트 기와잇기 마감으로 하시오.(물매 3.5/10 이상)
- 처마나옴 : 벽체(내력벽) 중심에서 1,000mm
- 반자높이 : 2,400mm, 처마 반자 설치
- 창호 : 목재창호로 하되 2중창인 경우 외부창호는 알루미늄새시로 하시오.
- 각 실의 난방 : 온수파이프 온돌난방으로 하시오.
- 1층 바닥슬래브와 기초는 일체식으로 표현하시오.
- 평면도에 표현되지 않은 현관 상부 캐노피는 작도하지 않습니다.
- 주어지지 않은 치수는 도면 축척에 맞게 수험자 본인이 임의 선정하여 작도하시오.
- 기타 각 부분의 마감, 치수 등 주어지지 않은 조건은 일반적인 시공수준으로 하시오.

**2** 선의 통일을 기하기 위하여 아래와 같이 선의 색을 정리하여 출력하시오.

- 흰색(7-white) - 0.3mm
- 녹색(3-green) - 0.2mm
- 노랑(2-yellow) - 0.4mm
- 하늘색(4-cyan) - 0.3mm
- 빨강(1-red) - 0.2mm
- 파랑(5-blue) - 0.1mm

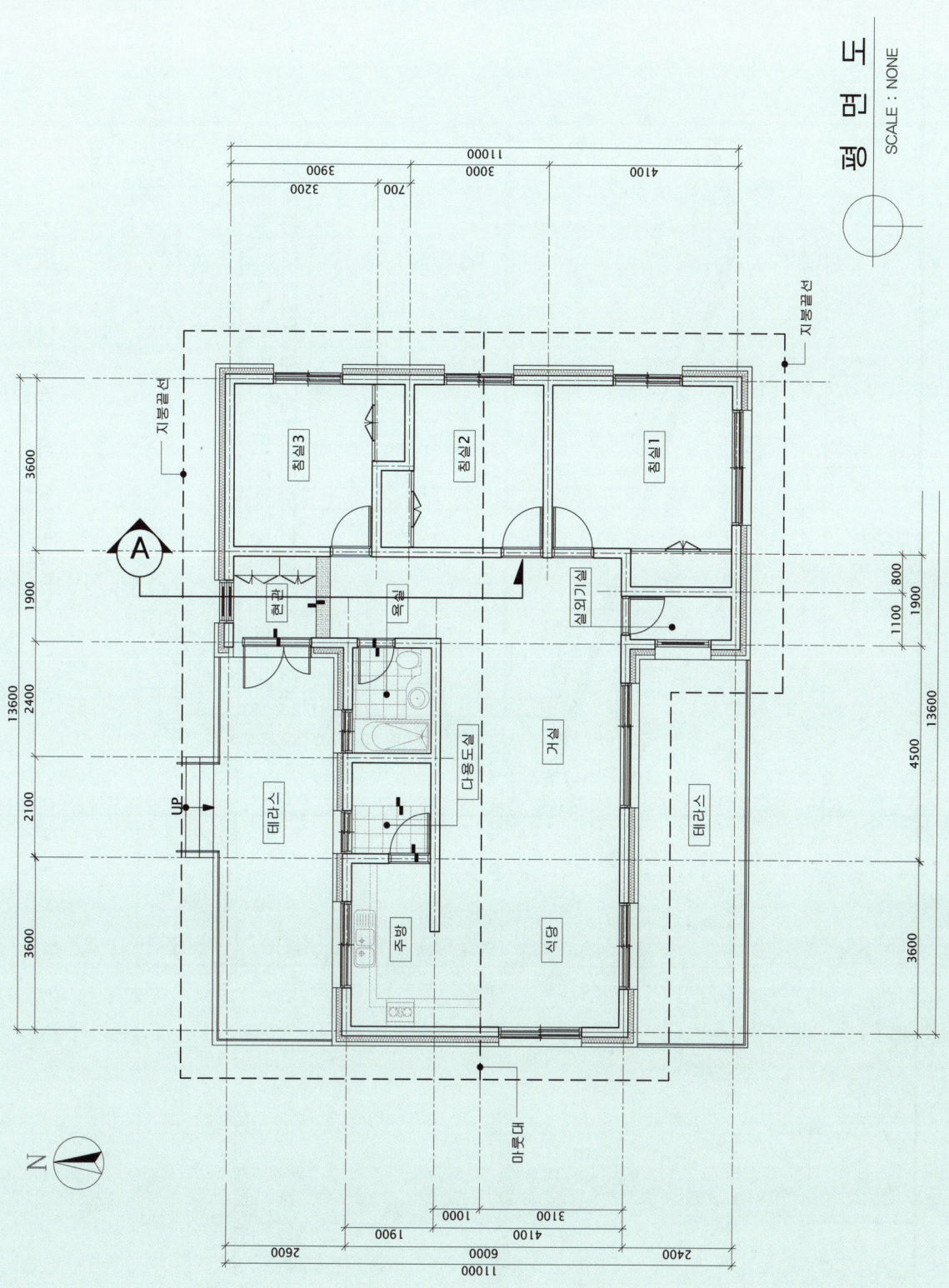

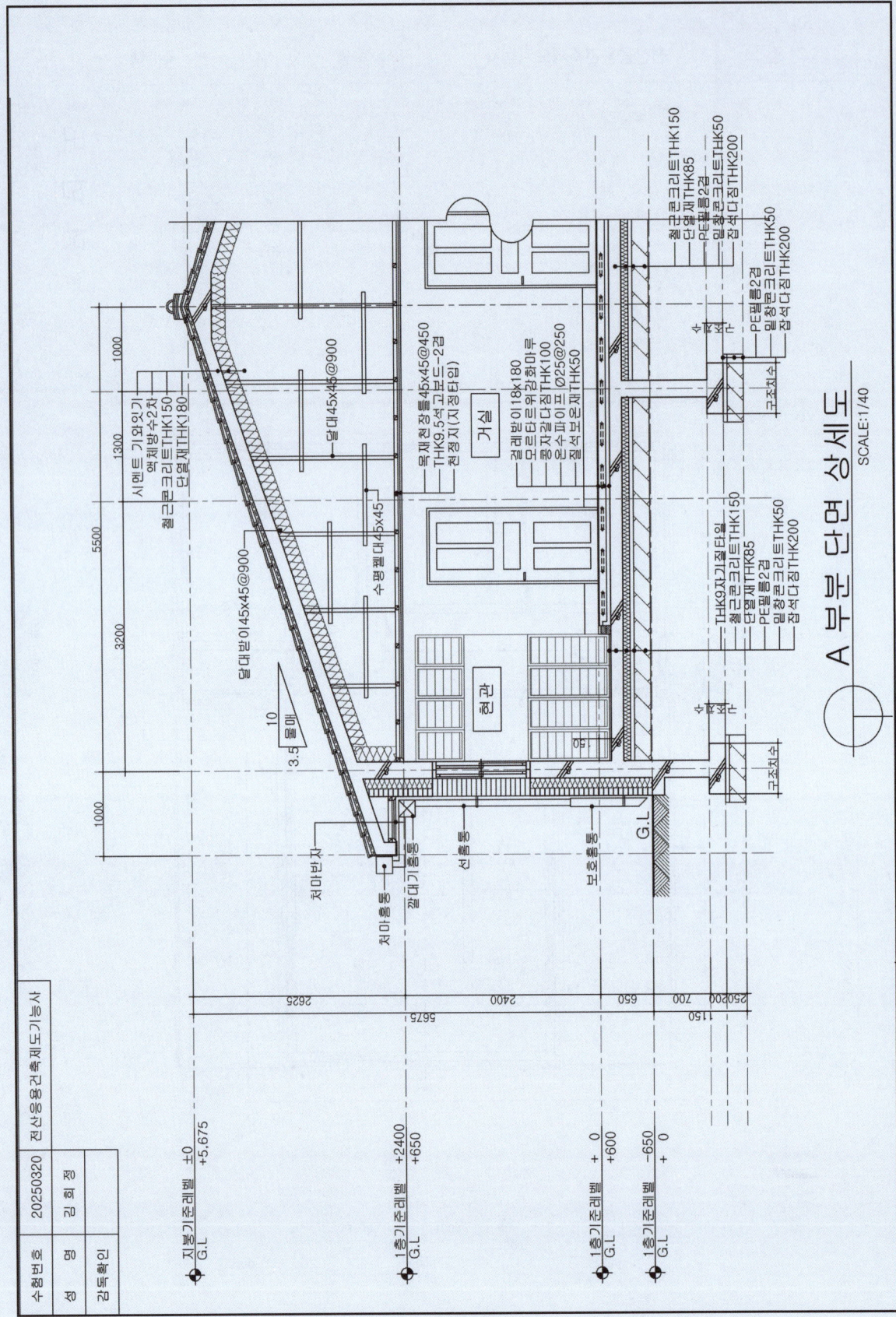

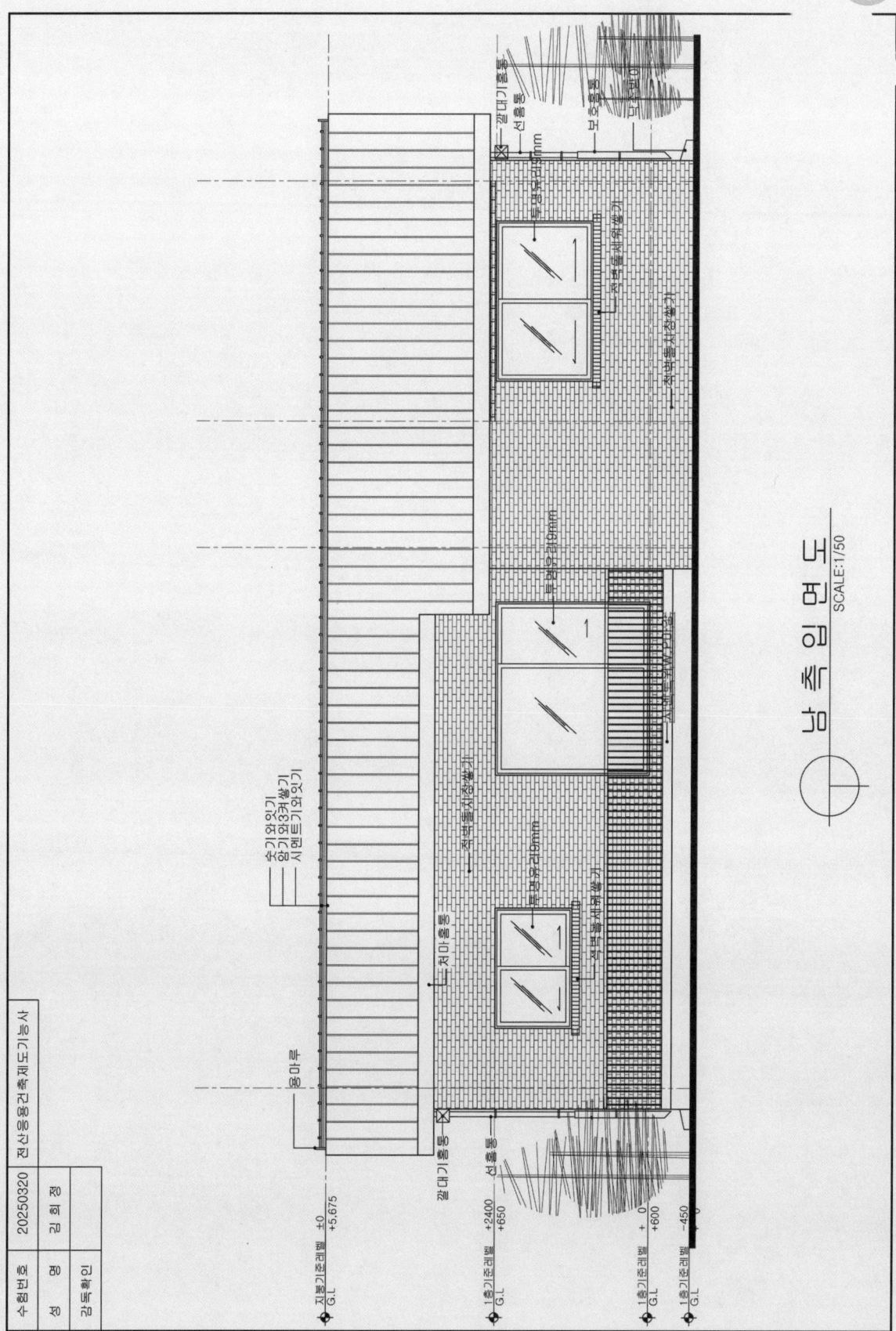

### 2026 독학
# 전산응용건축제도
## 기능사 실기 무료동영상

| 발행일 | 2002년 | 5월 | 30일 | 초판 발행 |
|---|---|---|---|---|
| | 2012년 | 9월 | 10일 | 20차 개정 |
| | 2013년 | 3월 | 05일 | 21차 개정 |
| | 2013년 | 8월 | 25일 | 22차 개정 |
| | 2014년 | 1월 | 15일 | 23차 개정 |
| | 2014년 | 9월 | 10일 | 24차 개정 |
| | 2015년 | 2월 | 20일 | 25차 개정 |
| | 2015년 | 8월 | 20일 | 26차 개정 |
| | 2016년 | 1월 | 15일 | 27차 개정 |
| | 2016년 | 3월 | 10일 | 27차 2쇄 |
| | 2016년 | 9월 | 10일 | 28차 개정 |
| | 2017년 | 5월 | 20일 | 28차 2쇄 |
| | 2018년 | 2월 | 10일 | 29차 개정 |
| | 2019년 | 1월 | 10일 | 30차 개정 |
| | 2021년 | 1월 | 15일 | 31차 개정 |
| | 2022년 | 1월 | 10일 | 32차 개정 |
| | 2023년 | 2월 | 10일 | 33차 개정 |
| | 2024년 | 1월 | 10일 | 34차 개정 |
| | 2025년 | 1월 | 10일 | 35차 개정 |
| | 2026년 | 1월 | 20일 | 36차 개정 |

**저 자** 김희정
**발행인** 정용수
**발행처** 예문사

**주 소** 경기도 파주시 직지길 460(출판도시) 도서출판 예문사
　　　　 Tel. (031) 955-0550
　　　　 Fax. (031) 955-0660

**등록번호** 11-76호

**정가 26,000원**

■ 이 책의 어느 부분도 저작권자나 발행인의 승인 없이 무단 복제하여 이용할 수 없습니다.
■ 파본 및 낙장은 구입하신 서점에서 교환하여 드립니다.
■ 예문사 홈페이지 : www.yeamoonsa.com

ISBN 978-89-274-6067-1  13540